"十二五"国家重点图书出版规划项目

材料科学技术著作丛书

碳陶摩擦材料的制备、性能与应用

肖鹏 熊翔 李专 著

科学出版社

北京

内 容 简 介

炭纤维增强碳基和碳化硅基（碳陶）摩擦材料，是20世纪90年代中期发展起来的新一代高性能制动材料，具有耐高温、抗腐蚀、摩擦系数高且稳定、耐磨损、全环境适用和使用寿命长等一系列特点。本书深入地总结作者15年来在碳陶摩擦材料领域的研究成果，系统地介绍碳陶摩擦材料的发展历史、不同方法制备碳陶摩擦材料的工艺与原理、材料的本征结构和性能、碳陶摩擦材料在不同制动系统上的考核和应用情况等。

本书可供碳基、陶瓷基复合材料领域的大专院校师生、科研与生产人员及高性能摩擦材料产品应用单位人员参考使用。

图书在版编目(CIP)数据

碳陶摩擦材料的制备、性能与应用/肖鹏，熊翔，李专著．—北京：科学出版社，2016.7

（材料科学技术著作丛书）

“十二五”国家重点图书出版规划项目

ISBN 978-7-03-049381-1

Ⅰ.①碳… Ⅱ.①肖… ②熊… ③李… Ⅲ.①陶瓷复合材料-炭纤维增强复合材料-摩擦材料-研究 Ⅳ.①TB39

中国版本图书馆CIP数据核字(2016)第159934号

责任编辑：牛宇锋 罗 娟 / 责任校对：桂伟利

责任印制：吴兆东 / 封面设计：蓝正设计

科学出版社 出版

北京东黄城根北街16号

邮政编码：100717

http://www.sciencep.com

北京虎彩文化传播有限公司 印刷

科学出版社发行 各地新华书店经销

*

2016年7月第 一 版 开本：720×1000 1/16

2022年6月第四次印刷 印张：24 1/4

字数：470 000

定价：168.00元

（如有印装质量问题，我社负责调换）

《材料科学技术著作丛书》编委会

序

如今，全球面临资源、能源与环境的严峻挑战，不可再生资源严重短缺，节能、节材和降耗压力空前。随着我国国民经济的快速发展，航空工业、高速铁路、现代汽车、工程机械、石油化工和冶金工业等诸多领域对摩擦材料行业提出了更高的要求。摩擦材料研究对于减少能源和材料消耗具有十分重大的意义，同时可为高技术机械装备的先进设计和制造奠定材料基础，可解决影响系统可靠性和寿命的瓶颈问题。

我国已经是摩擦材料生产大国，但远不是强国，我国的摩擦材料行业仍未摆脱低水平重复的怪圈，在市场上仍然是以低端产品为主。越来越高的质量要求和各种门槛，使我们进入高端市场面临重重难关；而越来越严格的环保要求，将可能危及企业的生存。中南大学粉末冶金研究院从 20 世纪 70 年代开始一直从事摩擦材料的研究与开发，已成功应用于海、陆、空、天各个领域，包括合成摩擦材料、粉末冶金摩擦材料、炭/炭摩擦材料和碳陶摩擦材料。碳陶摩擦材料具有低密度、耐高温、能载水平高、寿命长和全环境适用等优点，被公认为是极具竞争力的新一代制动材料。

该书作者于 2001 年在国内率先开展了碳陶摩擦材料的理论和应用基础研究，主持了科技部国际合作、863 计划、国家自然科学基金等 10 余项国家级科研项目，申请了 20 余项国家发明专利，发表了 100 余篇高水平学术论文。《碳陶摩擦材料的制备、性能与应用》一书代表了作者 15 年来的工作思路和成果总结。该书共包含 13 章内容，可以分为四部分来解读。

第 1 章和第 2 章为第一部分，即碳陶(C/C-SiC)摩擦材料的研究背景和性能特点，介绍摩擦材料的性能特点、分类和发展趋势，在此基础上阐述 C/C-SiC 摩擦材料的发展，包括 C/C-SiC 摩擦材料的来源、材料组成、材料结构和性能。

第 3 章到第 8 章为第二部分，即 C/C-SiC 摩擦材料的制备。首先介绍 C/C-SiC 摩擦材料不同类别的制备方法，包括气相法、液相法、固相法和综合法；其次介绍 C/C-SiC 摩擦材料用预制体的结构、致密化方法和不同预制体采用化学气相渗透法致密化的模拟仿真；然后分别介绍化学气相渗透法、熔硅浸渗法和温压-原位反应法制备 C/C-SiC 摩擦材料的理论分析、影响因素、显微结构和界面形貌等；最后介绍不同基体改性 C/C-SiC 摩擦材料的制备及微观结构。

第 9 章到第 12 章为第三部分，即 C/C-SiC 摩擦材料的性能，详细介绍采用化学气相渗透法、熔硅浸渗法和温压-原位反应法制备 C/C-SiC 摩擦材料的热物理性能及影响因素、力学性能及其失效机制、氧化行为及机制，以及摩擦磨损行为及机理等。

第13章单独为第四部分，即C/C-SiC摩擦材料在不同制动系统上的应用，主要介绍中南大学研发的C/C-SiC摩擦材料在汽车、轨道交通车辆、工程机械和磁悬浮列车等不同领域的应(试)用情况。

我国快速发展的现代交通运输装备，以及新能源、海洋工程等重大装备，对速度、载荷、能效和安全性等的要求越来越高，研究轻质、高性能新材料在现代装备设计及制造中的应用，实现其自重轻量化、性能高端化、节约环保化、服役全域化，是材料研究者面临的新挑战。我相信读者会对该书的内容感兴趣并能从中得到许多收获。

中国工程院院士 黄伯云

2016年6月

前　言

随着高速列车、汽车、风力发电机组等现代交通运输工具和动力机械向高速高能载发展，对制动摩擦材料提出了更高制动效能、更高安全性和可靠性、更苛刻环境适应性等要求。碳陶摩擦材料，源自航空航天器热端部件用陶瓷基复合材料，是一种炭纤维(C_f)增韧碳基(C_P)和陶瓷基(SiC 为主) 双基体先进复合材料，不仅继承了炭/炭(C/C)摩擦材料“三高一低”(即耐高温(≥1650℃)、高比强、高耐磨、低密度(~2.0g/cm^3))的优点，还因基体中引入了 SiC，有效提高了材料的抗氧化性能和摩擦系数，显著改善了摩擦性能在各种外界环境介质(潮气、霉菌和油污等)中的稳定性，已成为轻量化、高制动效能和全环境适用摩擦材料的一个重要研究方向，在飞机、高速列车、地铁、赛车、汽车、工程机械等高速、高能载、苛刻环境制动系统上具有广泛的应用前景。

20 世纪 90 年代初，德国斯图加特大学和德国宇航院等率先开始碳陶摩擦材料的研究，并于 2002 年研制出碳陶制动盘应用于 Porsche(保时捷)轿车；法国 TGV 高速列车和日本新干线已试用碳陶制动盘；美国碳陶飞机刹车盘现已进入装机考核与飞行验证阶段。我国中南大学在 2001 年开始碳陶摩擦材料的研究，在后续西北工业大学、国防科技大学等高校，以及湖南博科瑞新材料有限责任公司、西安鑫垚陶瓷复合材料有限公司等单位的共同努力下，碳陶摩擦材料的制备技术、性能和应用技术等方面都取得了长足进展，在汽车、赛车领域的应用与世界先进水平的差距在逐步缩小，在军机、坦克、高速列车等领域的应用研究已走到国际前列。

作者肖鹏博士师从西北工业大学材料学院张立同院士期间，奠定了 SiC 陶瓷基复合材料的理论和制备技术基础；毕业后有幸进入中南大学在合作导师黄伯云院士协助下从事碳基和陶瓷基复合材料基础理论、低成本制备技术、环境服役与防护的研究。在过去 15 年间，作者先后承担了十多项与碳陶摩擦材料相关的 863 计划项目、国家自然科学基金项目、科技部国际合作项目、教育部重点项目、铁道部科技项目、国防军工项目和湖南省重大专项等研究工作，积累了较丰富的研究经验，获得了多项省部级以上科技奖励，研制的碳陶摩擦材料产品已成功应用于坦克、上海磁悬浮列车和港口工程机械等制动系统，显示了优异的制动性能，并取得了显著的经济与社会效益。为了总结以往的研究成果，促进今后的研究和应用向纵深发展，作者撰写了本学术专著，希望通过本书的出版，能够让更多的科技人员、高校师生和管理人员增进对这个领域的了解，进而推动碳陶摩擦材料的研究和应用。

在本课题组攻读博士和硕士学位的李专、闫志巧、时启龙、王林山、任芸芸、吴庆军、付美容、谢建伟、旷文敏、杨阳、龙莹、秦明升、韩团辉、李鹏涛、周伟、张本固、刘逸众、李娜、岳静、逯雨海、曾志伟、李金伟和李杨等在碳陶摩擦材料的基础理论、制备技术和应用技术等方面开展了诸多富有成效的工作，为本书的撰写做出了很大的贡献。

由于作者水平有限，书中难免有疏漏之处，敬请读者不吝指正。

目　　录

第1章　绪　　论

摩擦材料是一种应用在动力机械上，依靠摩擦作用来执行制动和传动功能的部件材料。在大多数情况下，摩擦材料都是与各种金属对偶起摩擦的[1]。一般认为在干摩擦条件下，与金属对偶摩擦系数大于0.2的材料称为摩擦材料。任何机械设备与运动的各种车辆都必须要有制动或传动装置，摩擦材料是这种制动或传动装置上的关键性部件，它们使机械设备与各种机动车辆能够安全可靠地工作。随着科学技术的发展，人们对交通运输工具和动力机械的速度、负荷和安全性要求越来越高，工况条件也日益恶劣，故对摩擦材料的综合性能也提出了更高要求。

1.1　摩擦材料的特点及性能要求

各种交通运输工具(如汽车、火车、飞机、舰船等)和各种机器设备的制动器、离合器及摩擦传动装置中摩擦副的作用是制动及传动，这是一个能量转化过程，即利用摩擦材料的摩擦性能将转动的动能转化为热能和其他形式的能量(声能、振动等)。因此，摩擦材料最主要的特点是能够吸收动能并转化为热能，进一步将热能传入空气中，材料本身无剧烈磨损，也不破坏摩擦副，在反复使用过程中能保持一定的制动和传动效率。图1-1为不同制动系统用摩擦材料。

图1-1　不同制动系统用摩擦材料

为保证制动系统和摩擦传动的可靠性，摩擦材料应满足以下几点要求[2~5]：

(1) 具有高且稳定的摩擦系数，对速度、载荷和温度等的改变不敏感。

(2) 具有良好的耐磨性,同时对摩擦对偶件的表面不易划伤及严重黏着,磨合性好。

(3) 环境适应能力强,耐腐蚀、耐油和耐潮湿等。

(4) 良好的力学性能,有一定的高温机械强度。

(5) 摩擦过程中不易产生火花、噪声和振动。

(6) 原材料来源广泛,价格便宜,符合环保要求。

(7) 制造工艺简单,易操作。

要完全满足上述各点要求是很困难的,但基本上应依据工况条件,满足所需要的摩擦系数及其在摩擦过程中允许的变化范围和预定的寿命,即应有足够的耐磨性。

1.2 摩擦材料的分类及发展趋势

自从世界上出现动力机械和机动车辆后,在其传动和制动机构中就要使用摩擦材料。摩擦材料按其摩擦特性可分为低摩擦系数材料和高摩擦系数材料。低摩擦系数材料又称减摩材料或润滑材料,其作用是减少机械运动中的动力损耗,降低机械部件磨损,延长使用寿命;高摩擦系数材料又称为摩阻材料或摩擦材料。

按工作功能可分为传动与制动两大类摩擦材料。例如,传动作用的离合器片,是指通过离合器总成中离合器摩擦面片的贴合与分离将发动机产生的动力传递到驱动轮上,使车辆开始行走;制动作用的刹车片,是指通过车辆制动机构将刹车片紧贴在制动盘(鼓)上,使行走中的车辆减速或停下来[6]。

按产品形状可分为刹车片(盘式片、鼓式片)、刹车带、闸瓦、离合器片、异形摩擦片。盘式片呈平面状,鼓式片呈弧形;闸瓦(火车闸瓦、石油钻机)为弧形产品,但比普通弧形刹车片要厚得多,25～30mm 范围;刹车带常用于农机和工程机械,属软质摩擦材料;离合器片一般为圆环形状制品;异形摩擦片多用于各种工程机械方面,如摩擦压力机,电葫芦等。

根据摩擦材料材质或基体的不同,又可以把摩擦材料分为树脂基摩擦材料、金属基摩擦材料、炭/炭复合材料和陶瓷基摩擦材料四类。

1.2.1 树脂基摩擦材料

树脂基摩擦材料由黏合剂(树脂)、增强纤维(石棉、金属纤维、玻璃纤维和有机纤维等)、摩擦性能调节剂(各种矿物质、无机盐等)和其他辅助材料(如树脂固化剂、成型工艺改良剂等)组成。树脂基摩擦材料广泛应用于各种车辆及各种机械上的制动器和离合器的衬片材料[7~9],如图 1-2 所示。

石棉纤维是树脂基摩擦材料工业生产中应用最早,用量最大的增强纤维组分,

图1-2　车辆制动器用树脂基摩擦材料
(a) 盘式刹车片；(b) 鼓式刹车片

它对于树脂基体的摩擦系数、抗磨损性、耐热性、强度、模量和硬度等各性能都起到一定的改良作用，且原材料来源广泛，价格低廉。此外，它与树脂的浸润性好，与材料中其他粉粒物料拌合性好(有促进其他物料分散的作用)。但也存在一些缺点，首先是石棉的热稳定性欠佳，因而导致其所增强的树脂基摩擦材料的抗热衰退性不良，一般来说，在250℃开始明显衰退，在350℃可能出现失效；其次是它对人体的伤害，石棉纤维被大量吸入肺部可能会造成石棉肺、肺癌等疾病。目前国际上虽然已经取消了关于使用石棉的全面禁令，不认为微量吸入石棉必然会导致上述疾病，但在生产及应用环境中，适当控制是必需的[10~12]。

玻璃纤维是代替石棉纤维用于树脂基摩擦材料的一类极广泛的增强纤维。其优点是：硬度高、强度高、摩擦系数高、热稳定性好、对人体危害低于石棉。但其缺点是：所制得摩擦材料的磨损率大、与树脂的亲和性差、需要偶联剂处理、800℃后形成玻璃纤维微珠和价格高于石棉等。

以金属纤维(钢纤维、铜纤维)代替石棉纤维增强树脂基摩擦材料始于20世纪60年代，又称为半金属基摩擦材料。目前，钢纤维是代替石棉纤维最重要的增强材料之一。半金属摩擦材料也是最重要的一类无石棉树脂基摩擦材料，其材质配方组成中通常含有30%～50%的铁质金属物(如钢纤维、还原铁粉、泡沫铁粉)，半金属摩擦材料因此而得名，是最早取代石棉而发展起来的一种无石棉材料。

半金属摩擦材料是一种性能优良的摩擦材料，它具有以下性能特点[13~15]：①摩擦系数在400℃以下非常稳定，热衰退率小，热稳定性好；②耐磨性好，使用寿命比石棉摩擦材料提高了3～5倍；③摩擦接触面上比压升高时，摩擦系数变化小，较高负荷下有良好的摩擦性能；④优良的能量吸收性能可使制动器和离合器尺寸缩小；⑤导热性能好，能改善摩擦面的温度环境；⑥对环境污染小。

半金属材料的这些特点使它成为一类具有广泛发展前景的摩擦材料，但是也存在一些缺陷，主要表现为：①密度大，使得半金属摩擦材料的密度通常高于石棉增强摩阻材料密度的30%～50%。②钢纤维容易生锈,锈蚀后或者黏着对偶或者损伤对偶,使摩擦材料强度降低、磨损加剧,同时钢纤维的含量越高,也易刮伤对偶,加速对偶磨损。对此,国外有些专利介绍加入锌或锌的化合物,CaF_2或用某些树脂涂覆钢纤维等可以起到防锈的效果。③由于导热性过好,当摩擦温度高于300℃时,易于使摩擦界面间的树脂黏结剂分解,加上温度梯度差异大,引起热应力,甚至出现剥离现象;同时,大量的摩擦热传到制动器液压机构,导致密封圈软化和制动液发生气阻而造成制动失灵。④由于钢纤维硬度较大,所制摩擦材料易产生低频噪声。

芳纶纤维具有优良的耐热性、高强度、高模量、抗冲击、高尺寸稳定以及不熔不燃、低密度等特性,使其很适宜用作树脂基摩擦材料的增强纤维。至1998年,芳纶纤维用于摩擦材料领域已占其市场份额的45%,20世纪90年代芳纶纤维在摩擦材料中的应用呈现了最快的年增长率。但是,芳纶纤维价格高,在我国的应用还十分有限。

20世纪90年代后期以来,低金属、无石棉有机材料(NAO)摩擦材料开始在欧洲出现。NAO摩擦材料从广义上是指非石棉-非钢纤维型摩擦材料,但现在盘式片也含有少量的钢纤维。NAO摩擦材料中的基体材料在大多数情况下为两种或两种以上纤维(以无机纤维,并有少量有机纤维)的混合物,因此NAO摩擦材料是非石棉混合纤维摩擦材料。通常刹车片为短切纤维型摩擦块,离合器片为连续纤维型摩擦片。NAO摩擦材料有助于克服半金属型摩擦材料固有的高密度、易生锈、易产生制动噪声、伤对偶(盘、鼓)及导热系数过大等缺陷。目前,NAO摩擦材料已得到广泛应用。

2004年开始,随汽车工业飞速发展,人们对制动性能要求越来越高,开始研发陶瓷型摩擦材料。陶瓷型摩擦材料主要以无机纤维和几种有机纤维混杂组成,无石棉,无金属。如炭纤维及预氧化丝、陶瓷纤维、硅灰石纤维、海泡石纤维、玄武岩纤维、纤维素纤维等。由于各种原因,它们的使用较少。

综上所述,以各种纤维增强的树脂基摩擦材料具有各自不同的优点,它们是当前应用最广泛的一类摩阻材料。然而,无论采用哪种纤维增强,树脂基摩擦材料都有个共同的缺点,就是受高温下树脂热解的影响,摩擦材料的工作温度不能过高(一般在400℃以下)。

1.2.2 金属基摩擦材料

金属基摩擦材料主要包括铸铁摩擦材料、粉末冶金摩擦材料等,如图1-3所示。铸铁摩擦材料是以铸铁为主要组分,加入钼、铬等少量其他元素的摩擦材料,铸铁摩擦材料的制备技术成熟,制造成本低,有稳定的摩擦系数。但它的主要缺点是密度大(约7.0g/cm^3),抗腐蚀性差,同时其力学性能受温度的影响比较大。

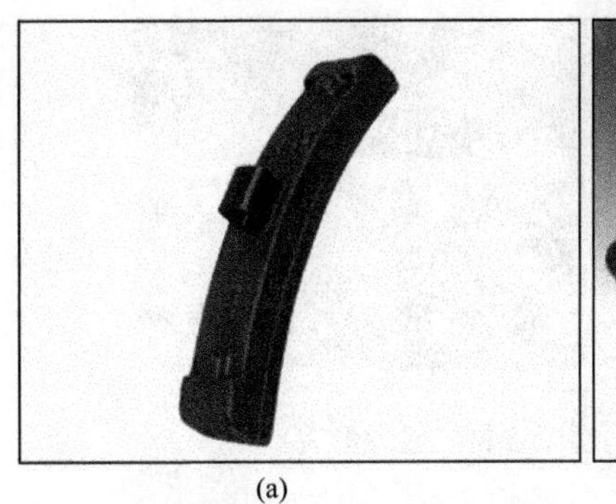
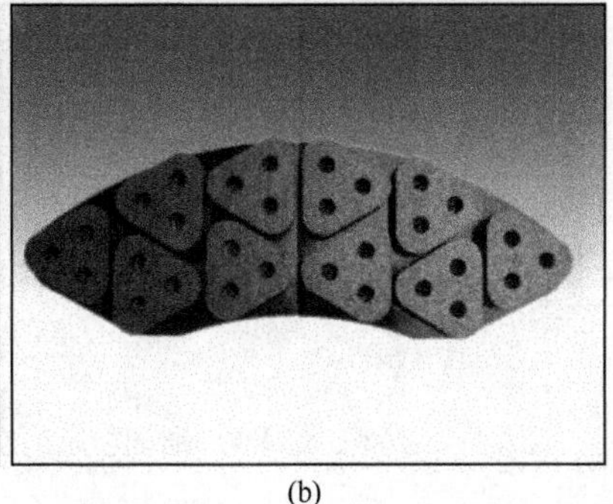

(a) (b)

图 1-3 机车车辆用摩擦材料

(a) 灰铸铁闸瓦；(b) 粉末冶金闸片

粉末冶金摩擦材料主要分为铜基和铁基两大类。粉末冶金摩擦材料由金属及非金属粉末经压制烧结而成，主要是以金属及其合金为基体，添加摩擦组元和润滑组元，经混合、压制成形和加压烧结而成的复合材料。粉末冶金摩擦材料由三部分组成：基体组元、润滑组元、摩擦组元。

1. 基体组元

粉末冶金摩擦材料中，基体组元保证材料的承载能力、热稳定性和耐磨性，它占摩擦材料质量的 50%～90%。辅助组元则用来改善基本组元的性能，金属基体的主要作用是以机械结合的方式将摩擦颗粒和润滑剂保持于其中，形成具有一定力学性能的整体。基体不仅作为载体，将互相分离的各种添加物与自身结为一体，使它们各自发挥作用，而且是承受载荷和热传导的主体，是摩擦热逸散的主要通道，具有足够的抗磨、耐热能力[16]。

粉末冶金摩擦材料的基体主要是铁基和铜基两大类。同时，也可以是它们与其他元素形成的合金，如 Cu、Fe、Ni、Mn、Ti、Sn 等及其合金。单一金属基体强度不高，因此大多数粉末冶金摩擦材料基体金属中都添加有合金元素，用以形成固溶体来强化基体，常用的合金强化元素有 Sn、Al、Fe、Zn、Ni、Ti、Mo、W、V 等。铜合金是最常用的基体组元，即使是在铁基摩擦材料中，也部分采用铜或铜合金作为黏结剂。铜基摩擦材料主要是以 Cu-Sn 合金和 Cu-Pb 合金作为基体，对以铝青铜为基体的摩擦材料也有较多的研究。铜基摩擦材料导热性好，摩擦性能稳定且磨损小；铁基摩擦材料则有较好的高温强度、耐热性、热稳定性和经济性，但摩擦性能不如前者，且易与对偶件黏着，但加入 Sn 和石墨可改善其摩擦性能，加入 Mn、Al、Co 及 Cr 可减轻与对偶件的黏着[17]。图 1-4 所示为某商用铜基粉末冶金摩擦材料的显微形貌，基体组元为 Cu-Sn 合金，润滑组元为石墨等，摩擦组元为 $ZrSO_4$ 等。

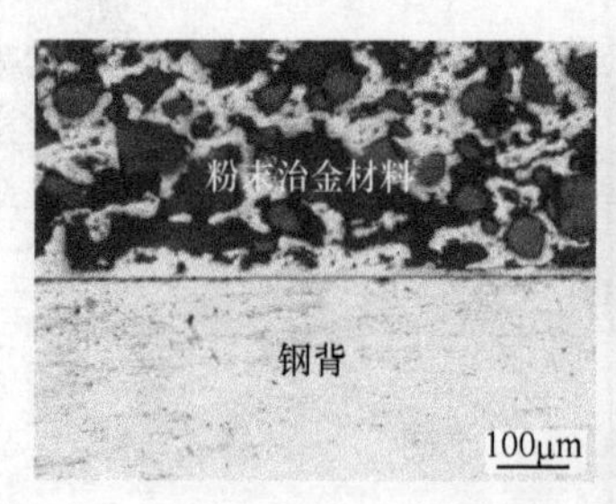

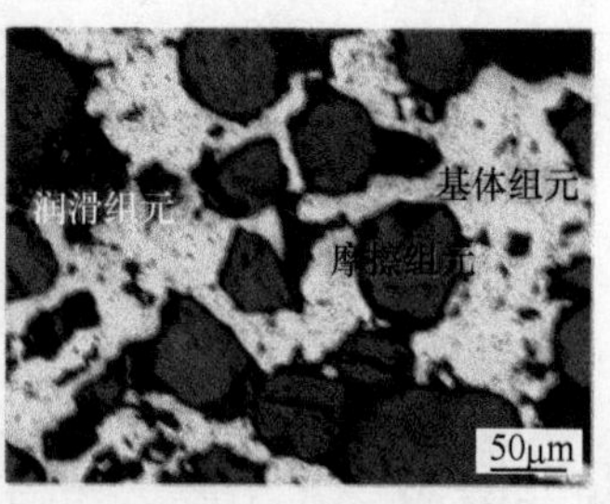

图 1-4　铜基粉末冶金摩擦材料显微形貌

基体强度是材料承载能力的反映，而基体强度在很大程度上取决于基体成分、结构和力学物理性能。改善材料基体结构和强度主要从两个方面入手：一是用合金元素固溶强化基体。对于铁基材料，通常以加入 Ni、Cr、Mo、W、Mn 来强化基体或活化烧结过程，加入 W、Ni、Cr、Mo 对提高材料的高温性能也有利。对于铜基材料，则以 Sn、Al、Ni 等合金元素强化为主。另一项强化手段是纤维强化，如在较软的基体中加入具有较高强度的金属纤维或碳素纤维，加入钢纤维后使材料强度和塑性大大提高，碳素纤维对材料比强度、比模量、耐热性和抗疲劳性能有利，但因成本高、制造工艺复杂，目前应用仅限于航天航空等尖端领域[18]。

基体的组织结构、物理和化学性质决定了粉末冶金摩擦材料的强度、耐磨性、耐热性。而在研究摩擦材料基体时除基体本身的组织结构及性能外还要注意下述一些问题：①基体是否能形成连续而牢固的金属连接，这是评价粉末冶金摩擦材料组织结构优劣的首要因素[19]。因为粉末冶金摩擦材料中含有大量的非金属颗粒，它们与金属的相互作用很小，润湿性很差，结合强度不高，它们的存在分隔开了基体金属之间的连接，只有当基体之间形成连续而牢固的金属连接时，基体乃至整个材料才是完整的有机统一体，才能保证足够的强度而使其发挥应有的功能。因此在成分设计时要考虑好主体金属的用量和工艺的准确性，以保证基体形成整体金属连接。②基体与陶瓷粒子的润湿性及结合强度如何。金属与陶瓷粒子的结合强度也直接影响摩擦材料的使用性能，在摩擦过程中，如果硬质的陶瓷颗粒和金属基体结合力不足，颗粒会从表面脱落，从而加剧材料磨粒磨损[20~22]。

2. 润滑组元

一般用石墨和铅，也可以用铋代替铅，它一般占摩擦材料质量的 5%～25%，有利于材料的抗卡性能和抗黏结性能，提高材料的耐磨性；含量越多，材料的耐磨性能越好，摩擦系数也越小，但过量的润滑组元会使材料的摩擦系数和机械强度降低。

粉末冶金摩擦材料中通常使用的润滑组元可分为三类：低熔点金属（如 Pb、

Sn、Bi等)、固体润滑剂(如石墨、MoS_2、云母、SbS、WS_2和CuS)以及金属(Fe、Ni及Co)的磷化物、氮化硼、某些氧化物,铁基中还有硫酸钡、硫酸亚铁等。

在所有的润滑组元中,以层片状石墨和MoS_2的应用最广。经研究表明,不同形态的石墨,在相同的压制压力下,对摩擦材料的摩擦性能影响很大,其中天然鳞片状石墨体现了较好的压制性能。另外一种常用的润滑组元MoS_2多应用于铁基摩擦材料中。一般来说,少量的MoS_2有利于改善材料的物理力学性能和摩擦性能,过多则增加了材料的非金属成分,削弱金属机体的结合,使得以上叙述的各性能削弱[23]。本质上说,MoS_2起到润滑作用的原因是,MoS_2也是一种具有层片状结构的材料。它与石墨相比,优点是在摩擦系数低时与有无吸附膜无关。MoS_2在高温下易被还原成Mo粉而变成磨粒,从而加剧磨损。此时易熔金属也随之熔化,其游离于材料中于摩擦表面生成润滑膜。润滑膜降低了摩擦系数,同时也降低了表面温度。而摩擦表面温度降低,熔融的金属又会凝固,从而使摩擦系数又恢复到原来水平。

除石墨和MoS_2以外,常使用的润滑组元还有BN、PbO等。BN具有和石墨相似的晶体结构,也是唯一的高温润滑组元;PbO的润滑机理和普通材料不同,随着温度升高,其剪切强度降低而变成黏性的玻璃态,起到润滑的作用,但润滑效果一般。

3. 摩擦组元

一般使用的材料为二氧化硅、石棉、碳化硅、三氧化二铝、氮化硅、莫来石等。其作用是补偿固体润滑剂的影响及在不损害摩擦表面的前提下增加滑动阻力,提高摩擦系数,含量过多就会成为磨粒而加剧磨损,造成对偶材料的严重磨损。常用的摩擦组元SiO_2颗粒属于三方晶系,颗粒呈不规则多角形状,莫氏硬度为7,熔点1710℃,密度2.66g/cm^3,因价格便宜、化学性质稳定,在粉末冶金摩擦材料中得到了广泛应用。

粉末冶金材料主要具有以下特点:①摩擦系数高且稳定;②有较高的耐磨性;③能在相当高的温度和压力下工作;④环境适应性强,耐油和水。但是粉末冶金也存在一些缺点,如密度高,铁基粉末冶金摩擦材料和对偶件表面易黏着等。

1.2.3 炭/炭复合材料

炭/炭复合材料(carbon-carbon composites,C/C)是指以炭纤维或其织物为增强相,以化学气相渗透的热解炭或液相浸渍-炭化的树脂炭、沥青炭为基体组成的一种纯炭多相结构复合材料[24]。图1-5为两种典型的C/C复合材料的金相显微形貌[25]。

C/C复合材料源于1958年美国Chance-Vought公司的一次实验室事故,在

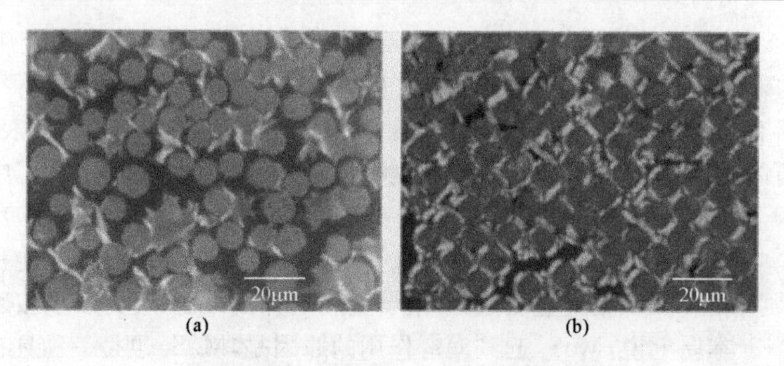

图 1-5 C/C 复合材料显微形貌

(a) 炭纤维增强树脂炭；(b) 炭纤维增强热解炭[25]

炭纤维树脂基复合材料固化时温度过高，树脂炭化形成 C/C 复合材料。C/C 复合材料具有低密度、高强度、高比模量、高导热性、低膨胀系数、摩擦性能好，以及抗热冲击性能好、尺寸稳定性高等优点，尤其是这种材料随着温度升高（可达 2200℃）其强度不仅不降低，甚至比室温还高，这是其他材料所无法比拟的独特性能[26~28]。C/C 复合材料的比热容和抗弯强度随温度的变化曲线如图 1-6 所示[29]。

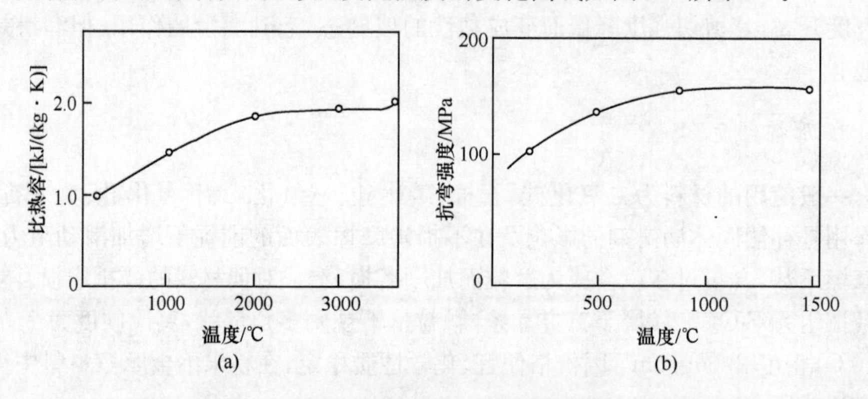

图 1-6 C/C 复合材料比热容和抗弯强度随温度的变化曲线[29]

(a) 比热容；(b) 抗弯强度

随着现代航空技术的飞速发展，高速高负荷军民用飞机对制动装置提出了越来越苛刻的要求，摩擦表面最高温度达到 1200℃以上，多盘结构的钢制动器已逐渐难以满足飞机制动性能的要求。由于 C/C 复合材料具有密度低、耐高温、抗腐蚀、摩擦磨损性能优异、抗热震性好及不易发生突发灾难性破坏等一系列优点，美国 Bendix 和 Goodyear 以及英国 Dunlop、法国 SEP 四家公司几乎同时研究将其发展作为飞机刹车盘[30]（图 1-7）。

1976 年，英国 Dunlop 航空公司的 C/C 复合材料飞机刹车盘首次在 CONCORD（协和号）超音速飞机上试飞成功，随后 C/C 刹车盘逐渐用于高速军用飞机

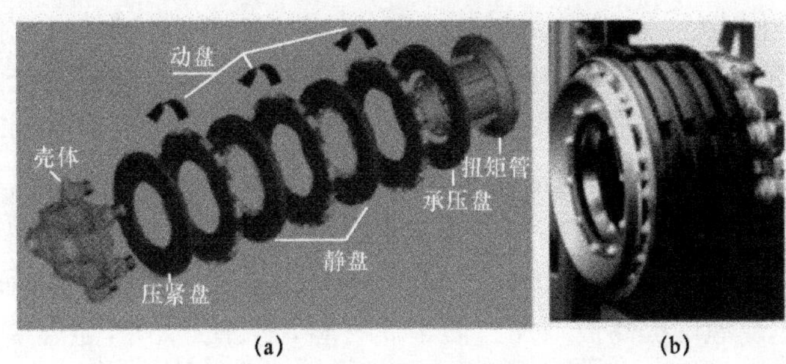

(a) (b)

图 1-7 飞机机轮刹车装置示意图

(a) 分解图[31]；(b) 装配图[32]

和大型民用客机作为刹车盘。经过 20 世纪 70 年代到 80 年代孕育成长，到 90 年代已比较成熟，形成一定规模市场，炭刹车盘在 2000 年之前只占 25%，而到 2000 年就达到 50%，而且增长速度越来越快。随着近四十年的发展，它已应用于几乎所有的新型民用和军用飞机上，成为 C/C 复合材料最重要的应用产品，占全世界 C/C 材料产品的 90%以上，因此炭刹车盘的问世被认为是刹车材料发展史上的一次重大的技术进步。

C/C 复合材料刹车片具有一系列显著的优点：

(1) 质量轻。C/C 复合材料的密度约为 1.80g/cm^3，而钢则为 7.8g/cm^3，同样体积的 C/C 刹车盘仅为钢刹车盘质量的 23%。一般大型喷气客机，多载 1kg 质量每小时飞行就要多消耗 0.070kg 燃油，以每美制加仑 1.20 美元计，则每多载 1kg，每小时飞行成本便增加 0.032 美元。远程客机一般每年飞行时间在 3500h 左右，大型客机采用 C/C 刹车盘后可节省质量约 600kg，因此采用 C/C 复合材料刹车盘后每架大型远程客机每年可节省费用 67200 美元。对拥有 15 架大型客机的航空公司，采用 C/C 复合材料刹车盘后，每年即可节约上百万美元。

(2) 寿命长。C/C 复合材料刹车盘的使用寿命约为钢制动器的五倍。如以着陆次数计，钢制动器的使用寿命为 150～200 次，而 C/C 复合材料刹车盘的使用寿命则为 1000 次左右。Dunlop 航空部就使用钢制动器和 C/C 复合材料刹车盘进行过比较，表明 C/C 复合材料刹车盘虽然成本较钢制动器高五倍，但由于使用寿命延长五倍，因此操作成本没有增加，而使用 C/C 复合材料刹车片后还有减轻质量、增加有效载荷、节约燃料消耗等一系列的优点。

(3) 性能好。C/C 复合材料刹车盘与钢相比具有高温强度好、热导率高、比热容大、热膨胀系数小、每次飞行磨损少和使用温度高等一系列优点(表 1-1)。在 1000℃时，钢的抗拉强度仅为 14MPa，而 C/C 复合材料的抗拉强度达 80～380MPa。由于 C/C 复合材料热导率比钢高，因此 C/C 制动器比钢制动器散热快，前者的散热率比后者高 30%左右，这对停飞时间较短的民航客机来讲是极为重要的。室温时 C/C 复合材料的比热容为钢的 150%，当温度达 1000℃时，C/C 复合材料的比热容比钢大一倍以上。室温至500℃时C/C复合材料的平均线膨胀系数仅为钢的1/4,C/C复合材料刹车盘每次飞行磨损为0.0015mm/(面·次刹车),而钢刹车盘则为0.050mm/(面·次刹车),钢刹车盘每次飞行磨损比C/C刹车盘高三倍以上。钢的使用温度通常在900℃以下,而C/C复合材料可以在3000℃下使用。如前所述,C/C复合材料一个非常重要的特性是力学性能与热物理性能随温度提高而得到改进,抗拉性能、抗压性能、抗弯性能都随温度升高而提高,热导率、比热容等也随温度提高而增加。而金属材料,钢、铁、钛等,随温度提高力学性能都明显下降。

表1-1 C/C复合材料制动器与钢制动器的性能比较[29]

性能		C/C制动器	钢制动器
材料密度/(g/cm³)		1.8	7.8
抗拉强度/MPa	室温	70~240	600
	1000℃	80~380	14
热导率/[W/(m·K)]		63/200	79
比热容/[J/(g·K)]	室温	0.7524	0.5016
	1000℃	1.045	0.5016
线膨胀系数(室温至500℃)/10^{-6} K^{-1}		2	8
每次飞行磨损/mm		0.0015	0.050
使用温度/℃		3000	900

(4) 可超载使用。C/C复合材料刹车盘的优点不仅在于质量轻、寿命长、性能好和节省费用,一个重要特点是在紧急情况下,C/C复合材料刹车盘可以超载使用。1981年8月一架协和号客机从纽约肯尼迪机场起飞,但飞机一个轮胎因外物破坏而出现故障,起飞滑行时,这个轮胎旁边的一个轮胎亦告失灵,飞机只得利用余下的六个制动器,被迫在每小时164海里速度下紧急制动,而且成功地刹车停住,事发时每个制动器至少达到1650℃高温。事后检验发现,钛制转矩管已有部分出现熔化,而C/C复合材料制动器还是经受住了这个考验,避免了一场事故的发生。C/C复合材料制动器能抵受大能量的另一个证明是Dunlop航空部对麦克唐纳道格拉斯公司AV8B的C/C制动器进行测试时所得到的数据。通常设计中断起飞的载荷约为2.5×106J/kg,为确定C/C制动器的极限能力,试验能量不断提高,在3.5×106J/kg的水平下,C/C复合材料制动器仍能成功地中断起飞,充分显示出C/C制动器超载运转的能力。而钢制动器在超载中断起飞急速刹车后,各制动盘有熔合到一起的倾向,甚至会失去制动器的作用。

但是C/C刹车材料同样存在以下一些缺点[24,33]:①摩擦系数不稳定,受湿度的影响很大,存在“早晨病”。这是由于C/C刹车材料存在5%~10%作用的气孔率，在夜间的潮湿空气中停放会吸收大量水分，所以早晨出现首次刹车时减速率下降而刹不住车的现象；②抗氧化性能较差，从而导致刹车热库使用寿命短；③抗磨损性较差；④成本太高，限制了它的应用范围。

1.2.4 陶瓷基摩擦材料

陶瓷及其复合材料所具有的高熔点、高硬度、良好的化学稳定性、高温力学性能等特点，使其在众多领域中得到了实际应用，作为高温耐磨结构件具有比金属基材料更加广阔的应用前景。其中陶瓷纤维更是以其良好的抗老化性能、强度和在各种工作温度下保持稳定的摩擦能力而引起摩擦材料行业的广泛注意。将陶瓷材料用于制造阻摩器件，可利用其强度高、高温性能好、耐磨损等优良性能。研究表明，在干摩擦条件下，陶瓷/金属摩擦副的摩擦系数一般在 0.3～1.0。另外，陶瓷材料的密度较低，如果将陶瓷材料制造的制动器在高速列车上成功应用，可使每个转向架上制动盘的总质量由 1560kg 下降到 750kg[34]。陶瓷作为摩擦学构件的研究和应用已成为当前国际摩擦学研究的前沿课题之一[35]。目前，陶瓷摩擦材料研究主要集中在 SiC_p/Al、$A1_2O_3$、Si_3N_4、SiC 和 ZrO_2 等少数几种陶瓷上[36]。

碳化硅颗粒增强 Al 基（SiC_p/Al）复合材料由于比强度高、比刚度高、耐磨性好、耐疲劳、弹性模量高等优异性能，而广泛应用于航空航天、军事武器、汽车等领域。美国 Duralcan 公司用 SiC_p/Al 复合材料制造的汽车制动盘已在福特和丰田汽车公司使用。同铸铁相比，SiC_p/Al 制动盘质量减轻 50%～60%，且具有良好的耐磨性能[37]。齐海波等[38]用 SiC_p/Al 复合材料制作了汽车制动盘。试验表明，其摩擦磨损性能均在大众公司企业标准之内。SiC_p/Al 复合材料可广泛应用于汽车工业，代替钢铁用于制造汽缸、活塞、连杆、齿轮箱及内燃机的耐磨件等。

房明和喻亮等将 SiC 制成网络结构 SiC 陶瓷骨架，再将铝合金引入 SiC 骨架制得双联通 SiC/Al 复合材料，制备了 1∶1 尺寸的高速列车制动盘和奥迪轿车制动盘，并完成了相关台架实验[39]，如图 1-8 所示。

(a) (b)

图 1-8 双联通 SiC/Al 复合材料[39]

(a) 高速列车制动盘；(b) 奥迪轿车制动盘

Si_3N_4 陶瓷主要应用于切削工具和加工硬质合金以及滚动轴承等领域。由于 Si_3N_4 陶瓷断裂韧性较差，研究者采用了各种不同的增韧强化形式来提高材料的性能，引入第二相粒子来提高 Si_3N_4 基复合材料的性能是当前研究热点。

1.2.5 碳陶摩擦材料

碳陶(C/C-SiC)摩擦材料，即炭纤维增强碳基和陶瓷基双基体复合材料。与传统金属和半金属制动材料相比，C/C-SiC 摩擦材料具有密度低、耐高温、高强度、摩擦性能稳定、磨损量小、制动比大和使用寿命长等优点；与 C/C 相比，由于 C/C-SiC 摩擦材料中引入碳化硅陶瓷硬质材料作为基体，不仅有效提高了材料的抗氧化性和摩擦系数，而且显著改善了摩擦性能对外界环境介质(潮气、霉菌和油污等)的稳定性。C/C-SiC 摩擦材料已经成为轻量化、高制动效能和全环境适用摩擦材料的一个主要研究方向，被公认为新一代刹车材料，在高速列车、赛车、高档轿车等刹车系统上具有广泛应用前景[40~45]。图 1-9 分别为 SGL 公司开发的保时捷汽车用 C/C-SiC 制动盘和中南大学开发的高速列车 C/C-SiC 制动盘。

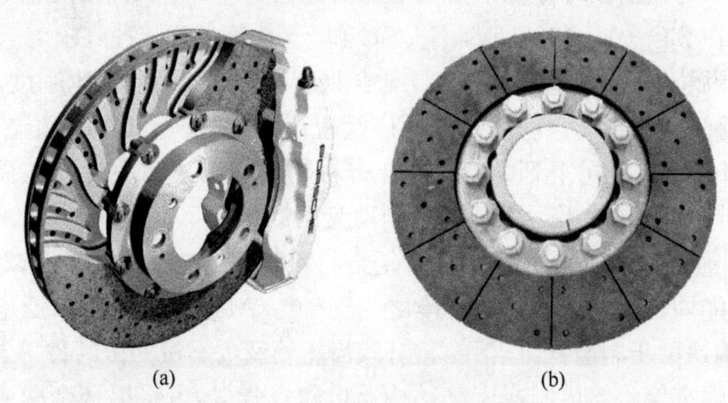

(a) (b)

图 1-9 C/C-SiC 制动盘

(a) SGL 公司开发的保时捷用 C/C-SiC 制动盘；(b) 中南大学开发的高速列车 C/C-SiC 制动盘

表 1-2 是以上五类摩擦材料的综合比较。

表 1-2 不同类型摩擦材料的性能对比

摩擦材料	树脂基	金属基	炭/炭	陶瓷基	碳陶
密度/(g/cm³)	<3.0	>7.0	~1.8	>2.0	<2.0
最高使用温度/℃	400	900	1300	1400	1650
摩擦系数	低	中	中	高	高
摩擦系数稳定性	良	良	优	良	优
耐磨性	一般	一般	好	好	好

续表

摩擦材料	树脂基	金属基	炭/炭	陶瓷基	碳陶
机械强度	低	高	高	中	高
热传导率	良	优	良	良	良
承受载荷	低	中	高	高	高
成本	低	低	高	低	中

参考文献

[1] http://baike.baidu.com/view/3558683.htm(百度百科:摩擦材料)[2014-12-10]
[2] 贺奉嘉,黄伯云.汽车制动摩擦材料的发展.粉末冶金技术,1993,11(3):312-217
[3] Jack M G, Stang P H, Rhee S K. Automotive friction material evolution during the past dacade. Wear,1984,100(1):503-515
[4] 周顺隆.国外摩擦材料发展现状.摩擦磨损,1988,(2):1-12
[5] 毕静波,杨树才,孙希泰.汽车摩阻材料综述.材料导报,1996,(6):16-21
[6] 俞忠新,黄雅伦,王来芝.我国汽车摩擦材料的现状与发展.武汉汽车工业大学学报,1999,21(1): 89-91
[7] 石志刚.国外汽车摩擦材料工业的新进展.非金属矿,2001,24(2): 52-53
[8] 李绍忠,罗成.我国汽车用非石棉摩擦材料的现状.粉末冶金工业,2000,10(2): 38-41
[9] 黄正华.机动车制动制品生产工艺评述.非金属矿,2000,23(2): 47-49
[10] 任增茂.汽车用无石棉材料的开发及其台架性能评价.非金属矿,2000,23(5): 52-53
[11] 石志刚.汽车用摩擦材测试设备及发展趋势.非金属矿,1998,21(5): 57-58
[12] Löcler K D. Friction material-an overview. Powder Metallurgy, 1992,35(4):253-255
[13] Tarr W R. Rhee S K. Static friction of automotive friction materials. Wear,1975,33:373-375
[14] Rhee S K. Friction properties of a phenolic resin filled with iron and graphite-sensitivity to load, speed and temperature. Wear,1974,28(2):277-281
[15] 贾贤,陈永潭,任露泉,等.半金属摩擦材料研究概述.吉林工业大学学报,1994,28(1): 114-119
[16] 于川江,姚萍屏.现代制动用刹车材料的应用研究和展望.润滑与密封, 2010,35(2): 103-106
[17] 朱铁宏,高诚辉.摩阻材料的发展历程与展望.福州大学学报,2001,29(6):52-55
[18] 鲁乃光.烧结金属摩擦材料现状与发展动态.粉末冶金技术,2002,20(5):294-298
[19] 韩凤麟.铜基粉末冶金的过去、现状及前景.粉末冶金工业,2009,1:23-25
[20] 任志俊.粉末冶金摩擦材料的研究发展概况.机车车辆工艺,2001,6:1-5
[21] 赵田臣,樊云昌.高速列车铜基复合材料闸片研制方案研究.石家庄铁道学院学报,2001,14(4): 11-13

[22] 姚萍屏，熊翔，黄伯云. 粉末冶金航空刹车材料的应用现状与发展. 粉末冶金工艺，2000，10(6)：34-38

[23] 黄培云. 粉末冶金原理. 北京：冶金工业出版社，1982

[24] Buckley D J. Carbon-carbon—An overview. American Ceramic Society Bulletin，1988，67(2)：364-368

[25] Don J. Friction materials with an emphasis on carbon-carbon composites. Report，Changsha，Jan. 10，2013

[26] Marsh H，Kuo K. Introduction to Carbon Science. London：Butterworths，1989：107-151

[27] Schmidt D L，Davidson K E，Theibert L. Evolution of carbon-carbon composite. SAMPE Journal，1996，32(4)：44-55

[28] 黄伯云，熊翔. 高性能炭/炭航空制动材料的制备技术. 长沙：湖南科学技术出版社，2007

[29] http://baike. satipm. com/index. php? doc-view-104893. html(百度百科：C/C 复合材料的应用与展望——C/C 复合材料作为高速制动材料的应用)[2014-12-10]

[30] Krenkel W，Heidenreich B，Renz R. C/C-SiC composites for advanced friction systems . Advanced Engineering Materials，2002，4(7)：427-436

[31] N N，Carbon-Carbon Brakes and Clutches. Racecar Special Report，1995

[32] Vaidyaraman S，Purdy M，Walker T，et al. C/SiC material evaluation for aircraft brake applications //Krenkel W，Naslain R，Schneider H. 4th International Conference on High Temperature Ceramic Matrix Composites (HT-CMC4) Proceedings. Berlin：Wiley-VCH，2001：802-808

[33] Christin F. Design，fabrication and application of C/C，C/SiC and SiC/SiC composites//Krenkel W，et al. High Temperature Ceramic Matrix Composites. Weinheim (FRG)：Wiley VCH，2001，731-743

[34] 宋保锡，高飞，陈吉光，等. 高速列车制动盘材料的研究进展. 中国铁道科学，2004，25(4)：11-17

[35] 魏建军，薛群基. 陶瓷摩擦学研究的发展现状. 摩擦学学报，1993，13(3)：268-275

[36] 吴芳. 碳化硼陶瓷及其摩擦学研究. 长沙：中南大学博士学位论文，2001

[37] 欧阳柳章，罗承萍，隋贤栋，等. 外加颗粒增强金属基复合材料的现状及展望. 中国铸造装备与技术，2000，(1)：3-7

[38] 齐海波，丁占来，樊云昌，等. 颗粒增强铝基复合材料制动盘的研究. 复合材料学报，2001，18(1)：61-66

[39] 喻亮. 双联通碳化硅/铝合金复合材料全尺寸高铁制动盘设计、制备与抗热疲劳机理研究. 国家自然科学基金项目，2014

[40] Krenkel W，Henke T. Design of high performance CMC brake disks. Key Engineering Materials，1999，(164/165)：421-424

[41] Krenkel W. C/C-SiC composites for hot structures and advanced friction systems . Ceramic Engineering and Science Proceedings，2003，24 (4)：583-592

[42] 肖鹏，熊翔，张红波，等. C/C-SiC 陶瓷摩擦材料的研究现状与应用. 中国有色金属学报，

2005,15(5)：667-674
[43] 徐永东,张立同,成来飞,等. 碳/碳化硅摩阻复合材料的研究进展. 硅酸盐学报,2006,34(8)：992-999
[44] 肖鹏,熊翔,张红波,等. C/C-SiC 陶瓷制动材料的研究现状与应用. 中国有色金属学报,2008,18(1)：1-6
[45] 王继瓶,金志浩,钱军民,等. C/C-SiC 材料的快速制备及显微结构研究. 稀有金属材料与工程,2006,35(2)：223-226

第 2 章　C/C-SiC 摩擦材料的发展

复合材料是应现代科学技术发展涌现出的具有极强生命力的材料，它由两种或两种以上性质不同的材料，通过一定工艺手段复合而成。复合材料的各个组成材料在性能上起协同作用，可得到单一材料无法获得的优越综合性能，而且可根据实际使用要求进行设计和制造，从而显著提高工程结构的效能。炭纤维增韧碳化硅复合材料(C/SiC 或 C/C-SiC)，是一种应现代航天航空科技发展而涌现出来的新型复合材料，与该材料有关的包括原材料、微结构设计、制备工艺、结构性能表征、破坏机理等方面的基础技术研究，已成为当前复合材料科学研究的热点。

2.1　C/C-SiC 摩擦材料的起源

C/C-SiC 复合材料，克服了单一碳化硅陶瓷的脆性缺点，可获得较高的断裂韧性(对突然断裂的抵抗特性)、更高的强度，以及更加优良的抗热震性能[1,2]；同时，抗氧化能力也远比 C/C 复合材料强，是一种能满足环境温度 1650℃使用的新型高温结构材料和功能材料[3]。

在先进军用飞机发展计划中，大幅度提高发动机推重比是亟待解决的重大技术难题。有关研究指出，为了将发动机的推重比提高到 10 以上，主要途径是提高发动机涡轮进口温度(将达到 1650℃以上)和减轻结构质量。在这样高的工作温度下，高温合金和金属间化合物材料难以满足要求，希望落在纤维增韧碳化硅复合材料上。由于纤维增韧碳化硅基复合材料的密度只有高温合金的 1/4～1/3，发动机热端部件若使用该材料，还能由此大大降低发动机的质量和油耗。

在民用运输方面，除了要求高推重比和低油耗率，还必须解决与环境相关的一些问题，即减少氮氧化合物的排放量和降低噪声，以尽量减少对大气层、航空港和大城市周围生态环境带来的危害。为了减少排放量，其有效途径是发展一种贫油燃烧、碎烧的燃烧方式，这要求发动机使用耐高温的燃烧室内衬材料，即采用热稳定性更好的纤维增韧碳化硅基复合材料，以代替传统的耐温有限的发动机用高温合金材料[4,5]。

到目前为止，C/C-SiC 复合材料已经成为研究最多的编织体增强陶瓷基复合材料之一[6,7]。目前 C/C-SiC 复合材料已应用于返回式飞船的面板、小翼、升降副翼和机身舱门，航天飞机的热防护系统，太空反射镜等部件[8-10]，如图 2-1 所示。欧洲动力协会(SEP)、法国 Bordeaux 大学、德国 Karslure 大学、美国橡树岭国家实验室早在 20 世纪 70 年代便率先开展了 C/C-SiC 复合材料的研究工作。由 SEP 研制的 C/C-SiC 复合材料的主要性能为：弯曲强度 400MPa，弹性模量 80GPa，断裂应变 0.8%，断裂韧性 25MPa · $m^{1/2}$。用 C/C-SiC 复合材料做成的喷嘴已用于幻影 2005 战斗机的 M55 发动机和阵风战斗机的 M88-2 航空发动机上，法国"海尔梅斯号"航天飞机的鼻锥帽等也采用了这种材料。

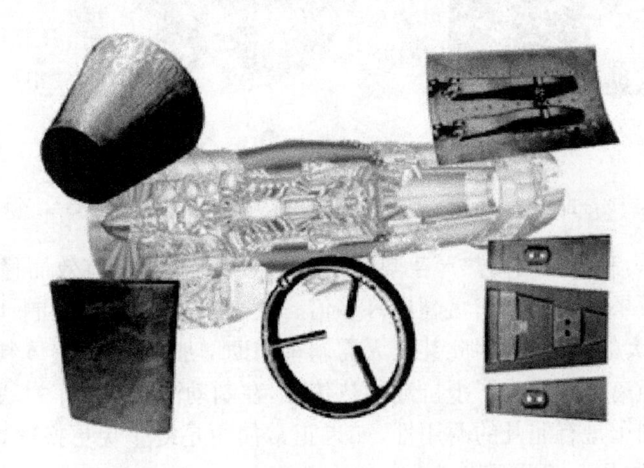

图 2-1　军用喷气发动机用陶瓷基复合材料[10]

国内对 C/C-SiC 复合材料的研究起步较晚，近年来，在西北工业大学、国防科技大学、中南大学和航空工业总公司 43 所等单位的共同努力下，C/C-SiC 的制备技术和性能等方面都取得了长足的进步，与世界先进水平的差距在逐步缩小。

20 世纪 90 年代中期，C/C-SiC 复合材料开始应用于摩擦领域，成为最新一代高性能制动材料引起科研工作者广泛的关注和重视。德国斯图加特大学和德国宇航局于 1995 年率先开始采用连续炭纤维编织制备 C/C-SiC 摩擦材料的研究(图 2-2)[11]，并于 2002 年研制出了高档轿车制动系统用 C/C-SiC 摩擦材料制动盘，应用于 Porsche(保时捷)轿车后整车的非悬挂质量减轻了 16.5kg，而有效摩擦力提高了 25%[12,13]。SAB Wabco 公司在 1998 年于英国伯明翰举行的铁路技术博览会上展出了其采用碳陶摩擦材料制备的制动盘和制动垫片，并将该材料应用于法国 TGV-NG 高速列车。实践证明，其使用寿命可提高三到五倍，单个车厢减轻近 1t。我国在 2001 年由中南大学率先开展 C/C-SiC 摩擦材料的研究，其后西北工业大学等也开展了相关研究[14,15]。

更轻的汽车刹车盘意味着悬挂下质量的减轻。这使得悬挂系统的反应更快，因而能够提升车辆整体的操控水平，例如，采用碳陶刹车盘的 Mercedes-Benz 的 SLR Mclaren 型车，其前轮刹车盘直径为 370mm，但质量仅为 6.4kg，而采用普通刹车盘的 CL-CLASS 其前盘直径为 360mm，但质量高达 15.4kg。另外，普通的刹

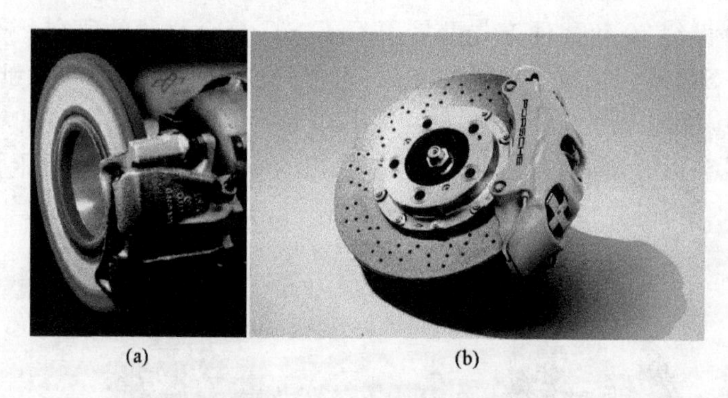

(a)　　(b)

图 2-2　碳陶(C/C-SiC)摩擦材料制动盘[13,14]

(a) 连续炭纤维编织制碳陶制动盘[13]；(b) 保时捷汽车制动系统用碳陶制动盘[14]

车盘容易在全力制动下因高热产生热衰退，而碳陶刹车盘能有效而稳定地抵抗热衰退，其耐热效果比普通刹车盘高出许多倍。还有，碳陶刹车盘在制动最初阶段就立刻能产生最大的刹车力，因此甚至无需刹车辅助增加系统，而整体制动比传统刹车系统更快、距离更短。为了抵抗高的热传导，在制动活塞与刹车衬块之间由陶瓷来隔热，碳陶刹车盘有非凡的耐用性，如果正常使用是终生免更换的，而普通的铸铁刹车盘一般用几年就要更换。

2.2　C/C-SiC 摩擦材料的组成和结构

2.2.1　C/C-SiC 的组成

1. 炭纤维

炭纤维是指由有机高分子纤维(如黏胶丝、聚丙烯腈或沥青等)在一系列热处理工艺下排除碳元素以外的其他元素后获得的一种特种纤维。通常，其碳含量在90%以上称为炭纤维，碳含量超过 99%的称为石墨纤维。炭纤维具有强度高、模量高、密度低、耐化学腐蚀、耐摩擦、耐热和耐热冲击性能，并且还有导热、导电、抗辐射、减振降噪、良好的阻尼和良好的生物相容性等一系列优异的综合性能，素有“材料之王”之称。

炭纤维生产工艺流程长，技术关键点多，生产壁垒高，是多学科、多技术的集成。其中炭纤维原丝的生产技术更是难中之难，主要表现在炭纤维原丝的喷丝工艺、丙烯腈聚合工艺、丙烯腈与溶剂及引发剂的配比等。目前，世界炭纤维技术主要掌握在日本东丽公司、东邦公司和三菱人造丝公司手中，这三家企业技术严格保密。而美国赫克塞尔(Hexcel)、阿莫科(Amoco)和卓尔泰克(Zoltek)等其他炭纤维企业均处于成长阶段，生产工艺还处于不断完善阶段。

可通过低分子烃气体和氢气在高温下与铁或其他过渡金属接触时产生气相热

解等方法生长炭纤维，制造条件非常苛刻，而且目前只能得到长度仅 1cm 左右的高强石墨单晶。要得到长炭纤维，工业上只能通过高分子有机纤维在惰性气氛下高温炭化而成[16]。

当前国内外生产的炭纤维种类很多[17]，一般可根据原丝的类型、炭纤维的性能和用途进行分类。按原材料类型，可以分为聚丙烯腈(PAN)基炭纤维、黏胶基炭纤维和沥青基炭纤维。聚丙烯腈基炭纤维是目前使用最广泛，技术最成熟的炭纤维。由于原丝、预氧化和炭化工艺的不断改进，现在已能获得较高力学性能的产品，它们在复合材料中的力学性能能相互平衡，产品的后加工性能也好。目前在高性能炭纤维复合材料中，聚丙烯腈基炭纤维占主导地位。表 2-1 为日本东丽公司生产的 PAN 基炭纤维牌号及其性能。黏胶基纤维的原料主要有木浆型和棉浆型两种。俄罗斯和白俄罗斯主要采用木浆型，我国主要采用棉浆型。黏胶基炭纤维主要用于耐烧蚀材料和隔热材料，可以用于火箭喷管和再入器鼻锥的耐烧蚀材料；在民用市场方面，是良好的环保材料和医用卫生材料。黏胶基炭纤维的产量不足世界炭纤维产量的 1%，但因其特殊用途也不会彻底淘汰。沥青基炭纤维以石油沥青或煤沥青为原料，分为两大类：一是通用级，由各向同性沥青制造的炭纤维；另一类为高性能，由各向异性中间相沥青制造的炭纤维。

表 2-1　日本东丽公司生产的 PAN 基炭纤维牌号及其性能

牌号	单丝数/束	拉伸强度/GPa	杨氏模量/GPa	伸长率/%	线密度/(g/1000m)	密度/(g/cm)
T300	$1\times10^3/3\times10^3/6\times10^3/12\times10^3$	3.54	231	1.5	66/198/396/800	1.76
T400H	$3\times10^3/6\times10^3$	4.43	2.51	1.8	198/396	1.80
T700S	$12\times10^3/24\times10^3$	4.92	231	2.1	800/1600	1.80
T800H	$6\times10^3/12\times10^3$	5.51	296	1.9	223/445	1.81
T1000	12×10^3	7.02	296	2.2	485	1.80
M35J	$6\times10^3/12\times10^3$	4.73	345	1.4	225/450	1.75
M40J	$6\times10^3/12\times10^3$	4.43	379	1.2	225/450	1.77
M46J	$6\times10^3/12\times10^3$	4.23	438	1.0	223/445	1.84
M50J	6×10^3	3.94	478	0.8	216	1.88
M55J	6×10^3	4.03	541	0.8	218	1.91
M60J	$3\times10^3/6\times10^3$	3.94	590	0.7	100/200	0.94/1.94
M30S	18×10^3	5.51	296	1.9	745	1.73
M30G	18×10^3	5.12	296	1.8	745	1.73

根据性能分类有高性能炭纤维和低性能炭纤维。高性能炭纤维中又可分为高

强度炭纤维(HS)、超高强度炭纤维(VHS)、高模量炭纤维(HM)和中模量炭纤维(MM)等。低性能炭纤维中有耐火纤维、碳质纤维、石墨纤维等。各类纤维的性能如表 2-2 所示。

表 2-2 炭纤维的性能

性能	炭纤维				
	VHM	HM	VHS	HS	MM
拉伸弹性模量/GPa	>400	300～400	200～350	200～250	180～200
拉伸强度/GPa	>1.7	>1.7	>2.76	2.0～2.75	2.7～3.0
碳含量/%(质量分数)	99.8	99.0	96.5	94.5	99.0

炭纤维的微观结构是影响其强度和断裂行为的重要因素,炭纤维物理和力学性能的差别与其微观结构的差别密切相关。目前公认炭纤维是由二维乱层石墨微晶组成的,微晶沿纤维轴向择优取向,炭纤维具有两相结构,存在宏观和微观上的不均匀性。大量实验观察证明,炭纤维具有皮芯结构。由于预氧化阶段氧在原丝中的扩散较慢,因此纤维内部只部分地稳定化,稳定化的外皮在炭化过程中微晶尺寸较大,择优取向程度高。纤维的强度主要来源于外皮。

2. SiC 基体

碳化硅是共价键性非常强的化合物,其晶体结构的基本结构单元是 SiC_4 和 CSi_4 配位四面体,通过定向的强四面体 sp 键结合在一起,并有一定程度的极化。Si 的电负性为 1.8,C 的电负性为 2.6,由此可以确定 C－Si 键的离子键性仅占 12%左右。图 2-3 所示为 CSi_4 四面体的结构示意图。在 SiC 晶体结构中,每一个 Si 原子或 C 原子都处于该四面体结构的中心,不同的四面体排列方式会形成不同的结构变体。碳化硅有 200 多种变体,但从四面体的层叠方式看,SiC 晶体结构有同质多型的特点,在化学计量相同的情况下具有不同的晶体结构,主要有立方闪锌矿结构、六方纤锌矿结构和菱形结构。六方纤锌矿(2H)结构中,四面体以 *AB-AB*…的顺序排列;立方闪锌矿(3C)结构中,四面体以 *AB-CABC*…的顺序排列。

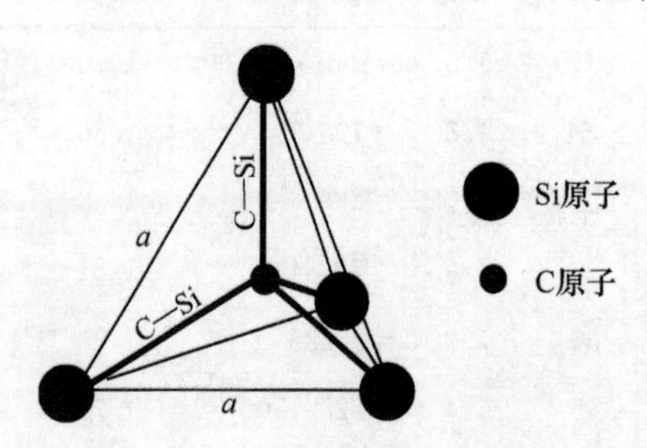

图 2-3 CSi_4 四面体的结构示意图

碳化硅陶瓷主要有 α-SiC 和 β-SiC 两种晶型,α-SiC 是纤锌矿结构和菱形结构多型体的统称,闪锌矿结构 SiC 则称为 β-SiC。α-SiC 多型体最主要的有 4H、6H、15R 等,H 代表六方晶系,R 代表菱方晶系。α-SiC 是碳化硅的高温稳定相,在 2000℃以上稳定。β-SiC(3C)属面心立方结构,是低温型稳定相,在 1600℃左右即

可发生 β-SiC 向 α-SiC 的相变[13-19]。对碳化硅多型体的量子计算指出，低温下，β-SiC 是一种亚稳定相，稳定相应该是 2H(α)-SiC。β-SiC(3C)在低温下稳定存在，主要是杂质的作用。在碳化硅原料制备过程中，3C 结构首先择优形成，甚至有实验观察到在 1400～1600℃温度范围内由 2H-SiC 向 3C-SiC 的相变。因此，一般市售的低温制备的碳化硅原料都是以 α-SiC(绿碳化硅)为主的。图 2-4 所示为 α-SiC 和 β-SiC 的基本结构示意图。在非平衡状态下，理论上 β-SiC 可以在 SiC 固相存在的温度区域内一直存在，实际上，到 1950℃以上，β-SiC 就会发生很明显的向 α-SiC 的相变，在高温下主要以 α 相多型体存在。

尽管碳化硅有 200 多种变体，其物理性能的差别却相对较小。碳化硅具有很好的耐磨性，导热性好和热膨胀不大，具有特别高的热稳定性，同时还具有很强的抗酸性，除磷酸、硝酸和氢氟酸的混合酸外，所有的酸都不与碳化硅反应。碳化硅是所有的碳化物中抗氧化性最好的，碳化硅陶瓷具有优秀的高温强度并能保持到 1600℃。致密的碳化硅制品的性能如表 2-3 所示。

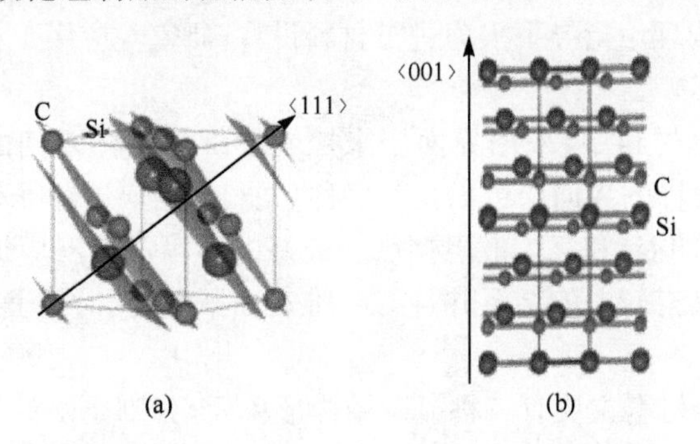

图 2-4　六方结构的 β-SiC(3C)和立方结构的 α-SiC(6H)结构示意图[19]

(a) 3C-SiC；(b) 6H-SiC

表 2-3　致密的碳化硅制品的基本性能

性能	值
理论密度/(g/cm^3)	3.21
密度/(g/cm^3)	2.7～3.15
莫氏硬度	9.2～9.5
显微硬度/MPa	300～400
抗压强度/MPa	2250
抗弯强度/MPa	155
20～1400℃导热系数/[W/(m·K)]	16～20
20～1400℃线膨胀系数/10^{-6}·℃$^{-1}$	5.2

3. 界面层

复合材料的界面对其宏观力学性能具有重大影响。例如,玻璃钢的界面脱黏,该材料的刚度可下降达25%。复合材料的界面已经不是原来设想的两相接触几乎没有厚度的几何界面,它实际上是纳米级厚度的界面相(interphase)或称界面层(interlayer)。因为在纤维与基体相接触时,即使不发生化学反应,也可能在基体固化时,由于残余应力的作用而使临近界面的基体局部结构发生变化。

界面不仅影响复合材料的强度、刚度,还严重影响它的断裂韧性[20]。复合材料的宏观力学性能显然受界面力学性能的影响,而界面力学性能又与复合材料加工的工艺参数,如压力、温度和密度等密切相关[21]。因此,复合材料的工艺参数、界面力学性能与材料的宏观力学性能三者之间有密切的关系。要达到复合材料预期的宏观力学性能,要求有一定的工艺参数。上面已提到,界面层的厚度以纳米计,属于微结构。近年来,各国都在以先进复合材料为重点,研究高性能结构材料。为此都在微观结构理论指导下大力进行材料设计,研究与应用工艺相结合,以发展现代材料科学技术。

在陶瓷基复合材料中,采用界面层来控制纤维和基体之间的界面结合(FM-bonding)。经过设计的界面层可以具备多种功能,包括保护纤维载荷传递,基体微裂纹偏折(即缓冲功能)和氧扩散阻挡层。最好的界面层材料应该具有层状结构,界面层之间应该具有较弱的结合并且与纤维表面平行,同时界面层应该与纤维表面具有强结合。

C/C-SiC复合材料主要有三种显微结构形单元,分别是炭纤维、热解炭(PyC)界面层和SiC基体(图2-5)[22,23]。由图看出,PyC界面层厚度约为0.2μm,而且均

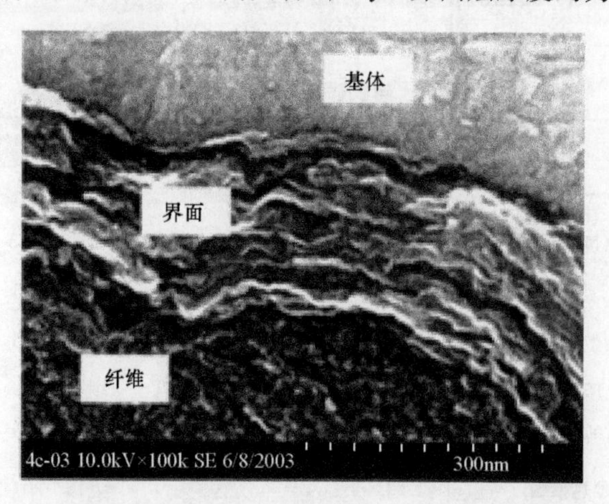

图2-5　炭纤维增强SiC陶瓷基复合材料的界面示意图[23,24]

匀而光滑。PyC 界面层对复合材料的力学性能至关重要,由于 PyC 界面层实现了纤维与基体的适当弱结合,承载过程中基体主裂纹沿界面扩展,使纤维断裂后出现脱黏和拔出。大量纤维的脱黏和拔出延缓了裂纹扩展,使复合材料具有很高的断裂功和较高的断裂应变。纤维的拔出表现为纤维丝拔出和纤维束拔出两种,如图 2-6所示[24]。

(a)　(b)

图 2-6　炭纤维的拔出
(a) 单丝的拔出;(b) 纤维束的拔出

2. 2. 2　C/C-SiC 的结构

摩擦材料是一种典型的功能-结构一体化材料,这一点在早期摩擦盘的设计上得到了充分体现:摩擦功能件与承力结构件(支撑钢背)分别进行设计与制造,然后采用铆钉、烧结或机械镶嵌的方式将二者连接成为一体[25,26]。

现阶段 C/C-SiC 摩擦材料的结构主要有纤维模压结构和三维针刺结构两种,下面分别进行介绍。

1. 纤维模压结构

为了满足摩擦盘功能层与结构层两种不同的性能要求,针对炭纤维模压成型工艺,德国宇航院的 Krenkel 和德国斯图加特大学(Stuttgart University)的 Gadow 等,分别提出梯度层结构和“三明治”结构两种设计思想[27],如图 2-7 所示。

Krenkel 和保时捷公司(SGL)公司合作,以高档轿车摩擦盘为应用目标,率先开展这一领域的研究。主要采用纤维模压技术制备 C/C-SiC 摩擦材料,其工艺流程如图 2-8 所示,主要包括以下三个步骤[28-30]:

(1) 浸压法制备炭纤维增强树脂基复合材料。该方法的突出优点是能实现摩擦盘近净尺寸成型,避免造成原材料的浪费。

(2) 树脂基复合材料的炭化。在炭化过程中基体逐渐从有机物转化为无机物(炭),得到多孔 C/C 复合材料。

(3) 多孔 C/C 复合材料的硅化处理。在硅化处理过程中,熔融 Si 在毛细管力的作用下渗透到多孔 C/C 复合材料内部,并与炭发生反应生成 SiC 陶瓷基体,得到 C/C-SiC 材料。

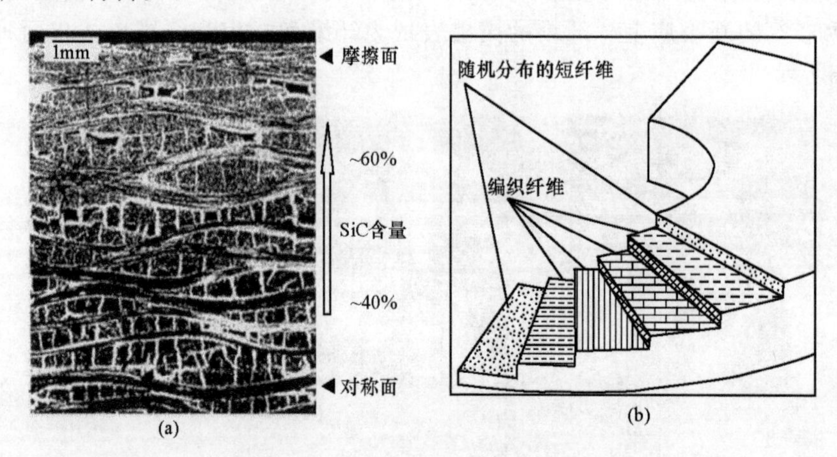

图 2-7 汽车摩擦盘用 C/C-SiC 摩擦材料的两种结构设计[27,28]

(a) 梯度层结构;(b)三明治结构

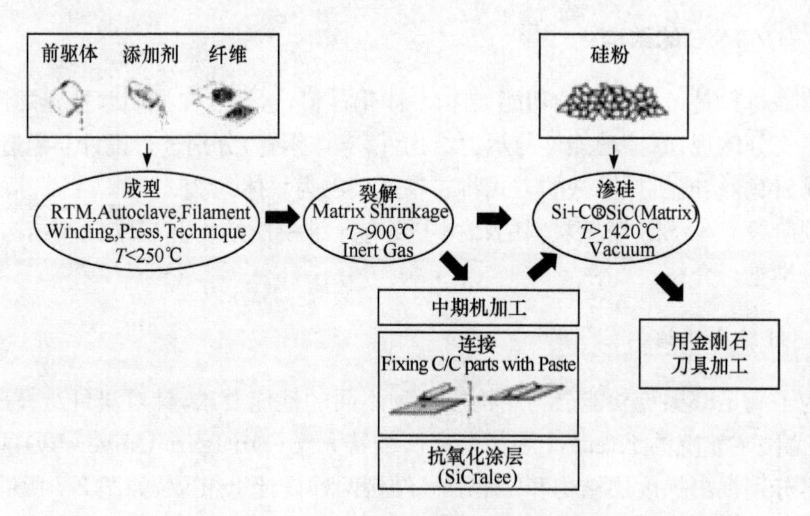

图 2-8 纤维模压成型 C/C-SiC 摩擦材料的工艺技术路线示意图[24]

图 2-9 为典型纤维模压成型 C/C-SiC 摩擦材料的微观结构。从图中可发现:纤维束在制造过程中分解成几个明显的亚结构单元,在纤维束与纤维束以及纤维束内部的亚结构单元之间由 SiC 和 Si 组成。当纤维与基体炭之间的界面结合较弱时,亚结构单元内部能够充分硅化,C/C-SiC 摩擦材料表现出明显的脆性并且强度很低。当炭纤维与基体炭之间的界面结合强度适中时,仅在亚结构外部出现硅

化，而内部则是以 C/C 复合材料的形式存在，这种复合材料同时具有良好的韧性和强度。

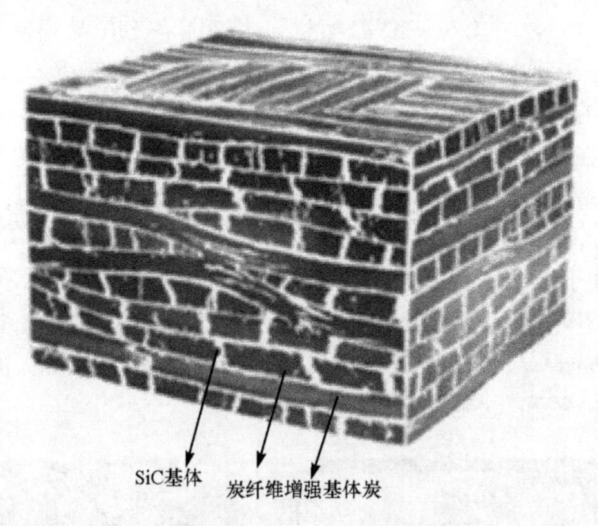

图 2-9　短纤维模压成型 C/C-SiC 摩擦材料的微观结构[29]

图 2-10 为典型纤维模压成型 C/C-SiC 摩擦材料(Standard C/C-SiC)与三种改性后 C/C-SiC 的摩擦性能曲线[30]。由图可看出：Standard C/C-SiC 摩擦材料表现出很不稳定的摩擦行为。在摩擦初始阶段(速度较高时)，摩擦系数出现严重的"冲峰"现象，而在摩擦最后阶段(速度较低时)，摩擦系数又出现严重的"翘尾"现象。摩擦系数的"冲峰"和"翘尾"现象，不仅使得摩擦过程极不平稳，而且会对摩擦系统造成冲击。

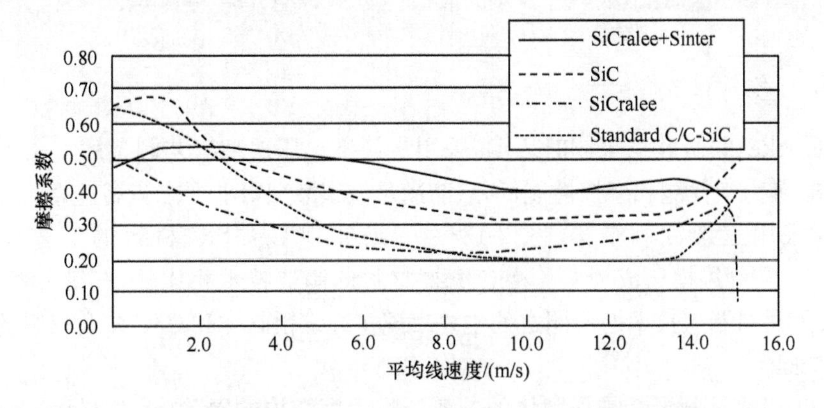

图 2-10　纤维模压成型 C/C-SiC 摩擦材料的摩擦磨损性能[25]

为了解决 Standard C/C-SiC 摩擦材料的上述问题，Krenkel 研制了一种具有优异摩擦性能的 SiCralee 涂层[30]。在这种复合结构中，C/C-SiC 摩擦材料承受摩擦过程中强烈的载荷冲击，而 SiCralee 涂层则是作为调节材料摩擦学行为的功能层。

由于采用 CVD 法在 C/C-SiC 摩擦材料表面制备 SiC 涂层制备周期长，并且需要单独增加一步工艺，增加了材料制备成本。为了降低成本、简化生产工艺，Krenkel 等采用在 C/C 多孔体熔硅浸渗过程中，在多孔体表面添加过量硅粉和炭粉的方法，使之在形成 SiC 基体的同时，在材料表面生成含 SiC 的 Si 涂层，因此最终制得具有含 Si/SiC 的 SiCralee＋Sinter 涂层 C/C-SiC 摩擦材料。Si/SiC 复合涂层的显微结构如图 2-11 所示。图中，灰色区域为 SiC，白色区域为残留 Si，SiC 以“岛状”形式存在于 Si 涂层中。

从图 2-10 还可知，具有 SiCralee＋Sinter 涂层的 C/C-SiC 摩擦材料的摩擦性能曲线较 Standard C/C-SiC 以及分别具有 CVD-SiC 和 SiCralee 涂层的 C/C-SiC 要平稳得多，“冲峰”和“翘尾”现象基本消除。

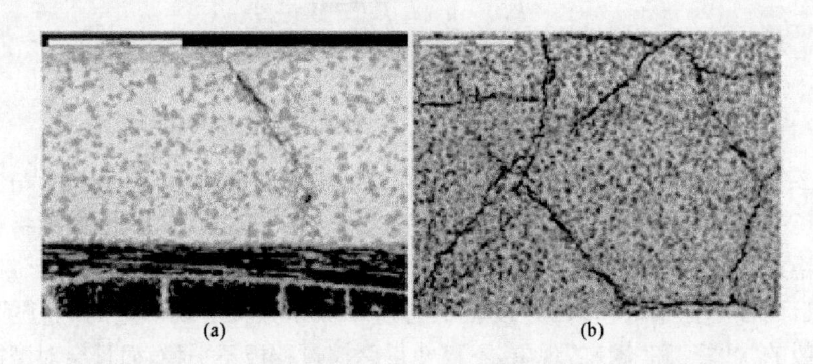

图 2-11 二维 C/C-SiC 材料 SiCralee 涂层的截面和表面显微照片[25]

(a) 涂层横截面，涂层厚度约为 0.7mm，黑色为 SiC，亮色为 Si；(b) 涂层表面形貌

2. 三维针刺结构

Krenkel 的研究结果同时表明，采用炭纤维模压成型工艺制备的 C/C-SiC 摩擦材料，其力学性能和摩擦性能低，只能满足汽车摩擦盘的要求。高速高能载摩擦盘通常采用三维针刺结构，图 2-12 为三维针刺 C/C-SiC 材料的工艺技术路线[30,31]。与纤维模压成型 C/C-SiC 摩擦材料的制造技术相比较，三维针刺 C/C-SiC 摩擦材料制造技术的不同之处主要表现在纤维预制体和 C/C 多孔材料的制备两个方面。

(1) 三维针刺炭纤维预制体的制备。将无序结构的网胎(无纺布)和无纬布，按网胎、0°无纬布、网胎、90°无纬布依次铺层到一定厚度，然后采用接力式针刺的方式将网胎中的纤维垂直刺入无纬布之间，从而连接成为一个整体，如图 2-13 所示。在这种结构中，层与层之间由于有纤维连接，具有较好的剪切强度。

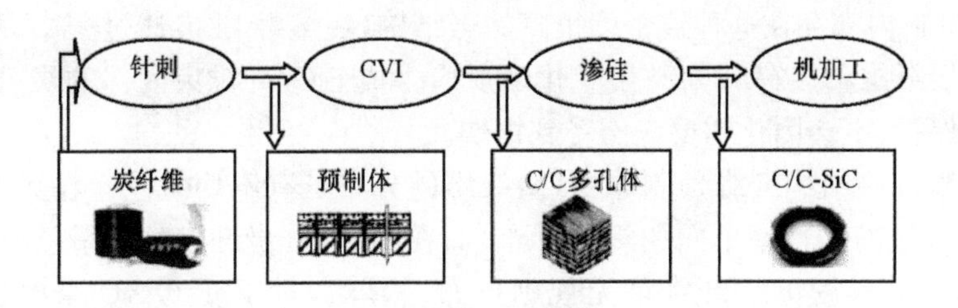

图2-12 三维针刺C/C-SiC摩擦材料的制备工艺[31]

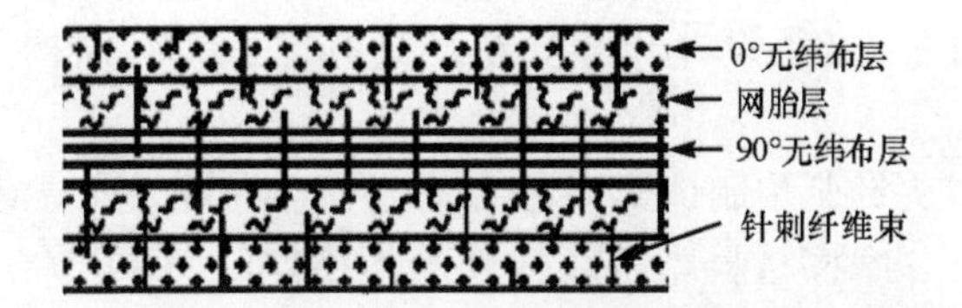

图2-13 三维针刺炭纤维预制体的制造方法示意图

(2) 多孔C/C复合材料的制备方法有两种:第一种是采用产炭率较高的树脂或沥青等有机物对炭纤维预制体进行浸渗处理,然后经过炭化处理使树脂转化成树脂炭基体得到C/C多孔体;第二种是以碳氢化合物气体(甲烷、丙烯等)为原料,用化学气相渗透(CVI)的方法制备热解炭基体,得到C/C多孔体。

与纤维模压成型C/C-SiC摩擦材料相似,三维针刺C/C-SiC摩擦材料也具有明显的亚结构单元,炭纤维束之间由SiC[图2-14(a)中深灰色区域]、残留Si[图2-14(a)中白色发亮区域]和少量弥散的炭纤维组成,每根炭纤维单丝外表面都包覆一层热解炭,从而局部形成非常致密的C/C复合材料[图2-14(b)]。纤维束与纤维束之间的大孔隙通过反应性熔体渗透方法进行致密化。在熔融Si向多孔C/C复合材料渗透过程中,Si与纤维束外部的炭(包括热解炭和部分炭纤维)反应生成SiC,富余的Si则充填在孔隙中并被生成的SiC包围。正是由于在多孔

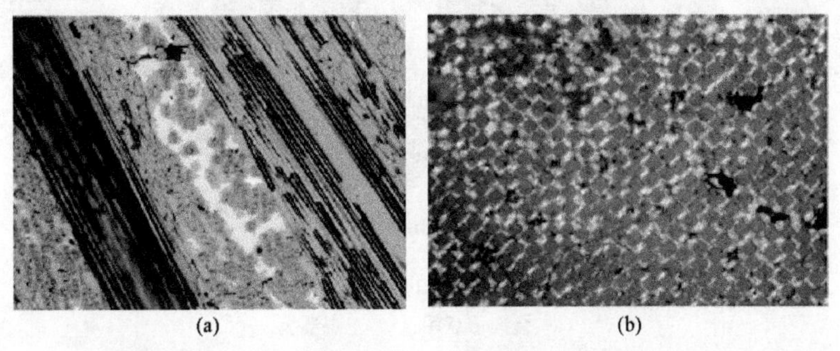

图2-14 三维针刺C/C-SiC摩擦材料的微观形貌[28]
(a) 纤维束间;(b) 纤维束内

C/C复合材料内部存在这种致密度很高的微结构，在熔融 Si 渗透过程中只有纤维束外部的炭纤维和热解炭与 Si 发生化学反应生成 SiC，纤维束内部的炭纤维则能得到有效保护，不会因化学反应而受到损伤。

在三维针刺结构纤维预制体中，炭纤维的分布具有不均匀性。在无纬布层，炭纤维的含量高并且呈单向的规则排布；而在网胎层，炭纤维的含量只有无纬布层的 1/3，一定长度的炭纤维呈无规则排布。显然，对于 C/C-SiC 摩擦材料，炭纤维、热解炭和碳化硅基体之间硬度、模量和晶体结构存在很大差异，这种不均匀性的预制体必然会影响材料的摩擦磨损性能。为了进一步提高 C/C-SiC 摩擦材料的摩擦磨损性能，必须设计和开发新型具有"三明治"结构的三维针刺炭纤维预制体。

Fan 等[32]为解决针刺预制体 CVI 过程容易产生瓶颈效应导致制备周期长，以及所制备的 C/C-SiC 摩擦材料摩擦磨损性能不稳定的问题，制备出一种新型"三明治"结构的 C/C-SiC 摩擦材料，如图 2-15 所示。由图可知，其两侧是纯网胎结构的功能层，主要承担摩擦功能；中间为承担结构作用的结构层，与传统针刺毡结构一致。研究结果表明：层间剪切强度为(27±9)MPa，湿态条件下的衰退率为 0%，静摩擦系数和线性磨损率均要大于三维针刺制备的 C/C-SiC 摩擦材料。

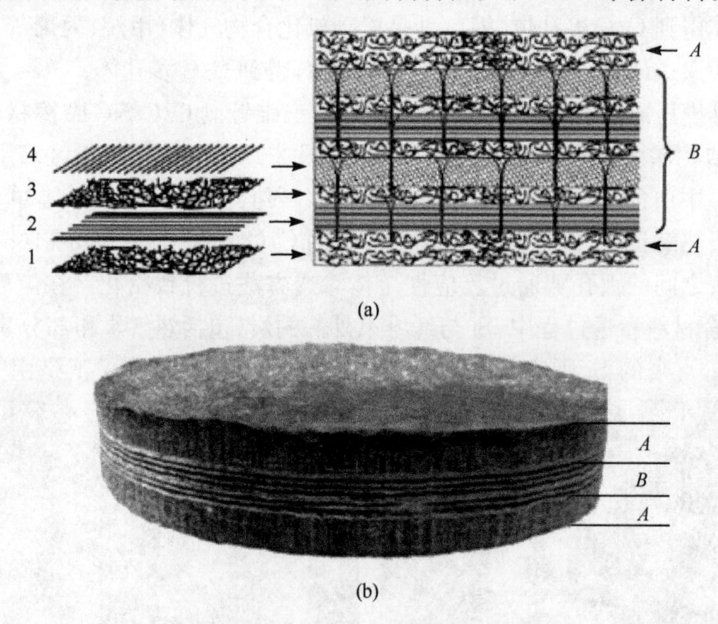

图 2-15 "三明治"结构的 C/C-SiC 摩擦材料[32]

(a) 结构示意图；(b) 宏观形貌

2.3　C/C-SiC 摩擦材料的性能特点

综合国内外的研究报道，C/C-SiC 摩擦材料与其他传统摩擦材料相比具有如下特点[27~38]。

2.3.1　C/C-SiC 的热物理性能

为了衡量材料的摩擦性能水平，通常采用摩擦功率（单位面积承受的能载）进行定量表征。单位面积的摩擦功率是指在摩擦过程中，在摩擦力作用下，单位时间内单位接触面积上所产生的摩擦热，如下式所示：

$$P/A=\mu p v \tag{2-1}$$

式中：P 为摩擦能量，J；A 为摩擦面积，m^2；μ 为摩擦系数；p 为摩擦压力，Pa；v 为摩擦线速率，m/s。

从式(2-1)可以看出，随着制动速度和摩擦压力的增加，摩擦功率不断提高，摩擦表面的温度也越高。对于确定的材料体系，摩擦功率具有一个额定的临界值。在摩擦能量低于临界值时，材料的摩擦系数能维持在比较稳定的状态；而当能量超过临界值时，摩擦面会出现局部过热现象并产生“热点”（hot spots）[37]，从而导致摩擦性能衰减。

为了全面衡量材料的摩擦性能，还必须同时考虑单位体积能载和单位质量能载，并以此为依据设计摩擦盘的厚度、摩擦环带的宽度以及动盘/静盘的数量等结构参数。

提高材料体系的导热系数和比热容是提高材料的摩擦功率临界值的有效途径。在 C/C-SiC 材料体系确定的情况下，提高垂直于摩擦面的导热系数，能显著改善摩擦系数的稳定性，具体措施主要如下：

(1) 使用导热系数高的炭纤维（如高模量的炭纤维）。

(2) 增加纤维与摩擦面之间的夹角。

(3) 在基体中引入高导热系数的陶瓷物相等。

通过使用高模量的纤维来提高材料的导热系数，会导致材料制造成本的大幅度增加。增加纤维与摩擦面之间的夹角，可以通过纤维预制体的设计实现。相比之下，增加复合材料中 Si 或 SiC 含量是一个能通过工艺调整的方法。但是由于纤维含量的减少，在陶瓷物相增加的同时，材料的强度和断裂韧性会下降。所以，必须根据摩擦系统的具体要求来设计 C/C-SiC 摩擦材料，实现材料制造成本、工艺性、力学性能和摩擦磨损性能之间的合理匹配。

由传热学的基本原理可知，在摩擦能量一定的条件下，提高材料的比热容能够有效降低摩擦盘热库的温度，提高材料摩擦功率的临界值。当正常摩擦温度为

700℃时,若材料的比热容提高20%,则热库的温度能降低100℃以上[38]。图2-16是几种材料的比热容随温度的变化关系[39]。从图2-16(a)可以看出,石墨的比热容最高,SiC次之,而Si最低;当温度为1000℃时,石墨的比热容[1.9J/(g·K)]比SiC的比热容[1.3J/(g·K)]高50%。同时,对比C/C-SiC摩擦材料[图2-16(a)]和C/C复合材料[图2-16(b)]的比热容可知,为了避免C/C-SiC摩擦盘热库因比热容低于C/C引起的温升,不仅要控制SiC的含量,还应向基体中添加比热容较高的物质。

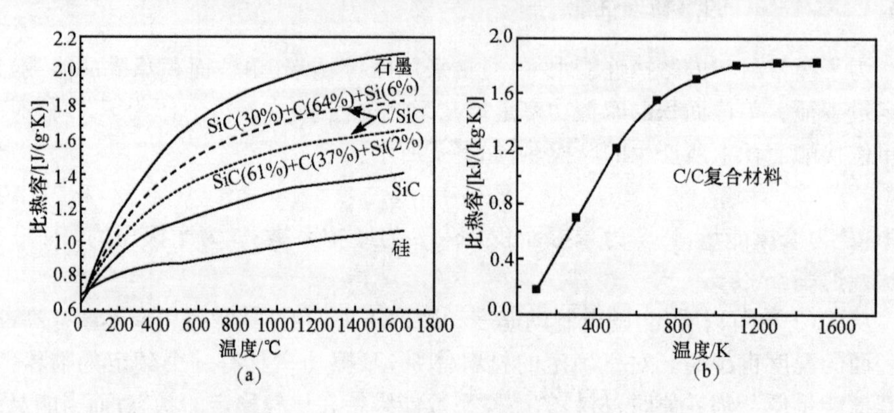

图2-16 几种材料的比热容与温度之间的关系[39]

2.3.2 C/C-SiC的力学性能

C/C-SiC摩擦材料在使用过程中要承受非常复杂的应力作用,主要应力源有:①摩擦材料与对偶件之间强烈的机械冲击;②摩擦材料键槽与金属键之间的机械应力以及在液压传动作用下产生的机械应力;③摩擦过程中动能向热能转换产生的强烈热冲击。

从摩擦学角度来看,任何摩擦副的表面都不是理想的光滑表面,而是存在大量的微凸体,具有不连续性和不均匀性。当两个摩擦面互相接触时,真实的接触面是由不连续的微小接触点构成的,接触面积大小取决于接触应力和材料的变形等特性。通常,真实接触面积只有名义接触面积的0.01%~0.1%[40]。在摩擦过程中,表面微凸体会受到多次循环交变负荷的作用。当摩擦面互相滑动时,表面突出部分的接触部位先受压应力,随后受拉应力,应力如此反复循环会造成材料表面疲劳,疲劳应力积累到一定程度就会导致摩擦面上出现微裂纹甚至局部剥落(图2-17)。不同运载工具的制动系统对摩擦材料的要求不同。能载越高,速度越快,则对摩擦材料的要求就越高,反之则降低。

2.3.3 C/C-SiC的氧化性能

C/C-SiC摩擦材料由炭纤维、碳基体、SiC基体和残留Si等组成,影响其氧化性能的直接因素包括炭相的氧化和 SiC 相及 Si 相的氧化。

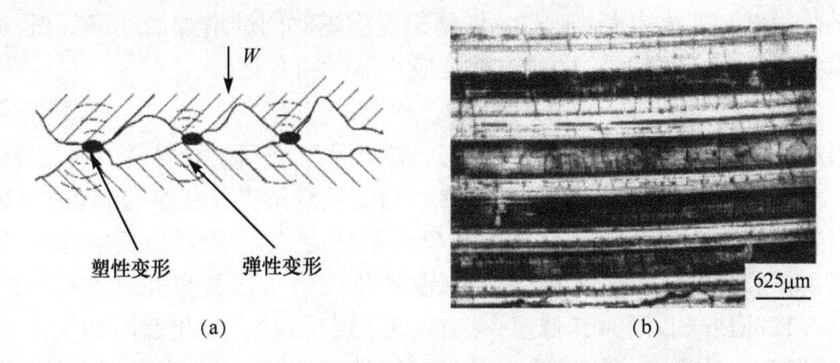

图 2-17　摩擦面微凸体的受力状态及引发的微裂纹

(a) 应力状态[40]；(b) 摩擦表面的径向微裂纹[41]

炭纤维的最大缺点是在 400℃以上的空气中会发生氧化。一般认为，氧化首先在炭纤维表面的一些活性点开始，如纤维表面棱脊的边缘处，此时纤维的氧化程度较轻。随着氧化过程的进行，纤维表面变得光滑，接着在纤维表面形成尺寸较小的坑洞。当氧化较严重时，表面的活性点很快被氧化掉，继而在纤维的表面形成尺寸较大的坑洞。随着氧化过程的进一步进行，坑洞相连，在纤维表面形成裂纹。氧化更严重时会使纤维发生解体，纤维强度损失殆尽[42,43]。

以 T300 炭纤维为增强体的 C/C-SiC 为例，由于 T300 炭纤维的活化能为 300kcal/mol，而热解炭界面层的活化能计算为 26kcal/mol[44,45]（1cal＝4.1868J），因此复合材料的氧化开始于热解炭界面处。研究表明，炭纤维和热解炭的氧化可以分为三个阶段：①热解炭以垂直于纤维的方向氧化；②当氧扩散到纤维表面后，纤维和热解炭以平行于纤维的方向氧化；③热解炭完全氧化后，炭纤维全面氧化。在前两个过程中，复合材料氧化失重的速度较低，因为这个过程主要为热解炭的氧化。在过程③中，复合材料氧化失重速度很快，因为纤维在 O_2 中远比热解炭在 O_2 中的活性高。

SiC 有两种氧化行为：被动氧化（passive oxidation）和主动氧化（active oxidation）。被动氧化的特点是生成有保护作用的致密 SiO_2 膜，伴随着质量的增加；主动氧化的特点是生成挥发性的 SiO，伴随着质量的减小。

SiC 发生被动氧化的反应式为

$$SiC(s)+3/2O_2(g)\longrightarrow SiO_2(s)+CO(g) \tag{2-2}$$

SiC 发生主动氧化的反应式为

$$SiC(s)+O_2\longrightarrow SiO(g)+CO(g) \tag{2-3}$$

SiC 的主动氧化一般只发生在很低的氧分压情况下，通常在 100Pa 以下。在常压下，SiC 的主动氧化不会发生[46]。

Si 的氧化与 SiC 相类似,其反应如式(2-4)所示。在 Si 的氧化过程中,如果气体扩散阶段控制氧化速度,则 Si 的氧化速度应随时间的增加而逐渐降低;如果界面反应控制氧化速度,则 Si 的氧化速度应不随时间变化。

$$Si(s)+O_2 \longrightarrow SiO_2(s) \tag{2-4}$$

目前,已有大量关于 PIP 和 CVI 工艺制备 C/C-SiC 复合材料的氧化性能的报道[47~49]。闫志巧[50]研究了化学气相渗透与熔硅浸渗工艺相结合制备的 C/C-SiC 复合材料的氧化性能,发现其等温氧化反应机理为:第①阶段由反应控制,第②和③阶段由扩散和反应共同控制;其非等温氧化动力学参数为:$\lg A=8.752\text{min}^{-1}$,$E_a=169.167\text{kJ/mol}$;同时其低温(<1000℃)氧化初期,氧化程度均高于 C/C 材料,且随温度的升高,达到稳定失重率的时间缩短;在 1400℃以下温度长时间氧化时,C/C-SiC 均有良好的形状保持性。但在 Si 熔点以上温度(如 1500℃),试样迅速发生扭曲变形。

2.3.4 C/C-SiC 的摩擦磨损性能

C/C 复合材料和 C/C-SiC 摩擦材料在干态条件下的典型制动曲线如图 2-18 所示。由图可知,C/C 复合材料的制动曲线表现为前期“冲峰”,后期“拖尾”。前期出现的“冲峰”,不仅容易导致轮胎“抱死”和打滑现象,降低其使用寿命,同时还使制动过程不平稳和舒适性差。

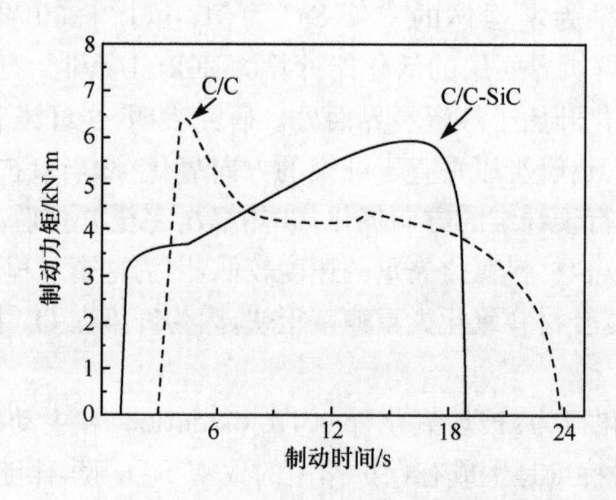

图 2-18 C/C 复合材料和 C/C-SiC 摩擦材料干态条件下的典型制动曲线[38]

C/C-SiC 摩擦材料的典型制动曲线呈“倒梯形”,在高速摩擦阶段(初始阶段),滑行速度高,C/C-SiC 摩擦材料所提供的摩擦力矩较低;随着摩擦过程进行,速度不断降低,此时材料提供的摩擦力矩随之提高。C/C-SiC 摩擦材料的这种力矩响应特征不仅能保证摩擦过程的平稳性、舒适性和安全性,而且能提高摩擦效率。

C/C-SiC 摩擦材料的摩擦磨损性能不仅是材料的固有属性,而且是摩擦系统性能的综合表现,除与纤维长度、材料成分、导热性能等材料自身的因素有关外,还与其接触类型(滑动、滚动等)、工作条件、环境以及摩擦副材料等实际工况条件有关。

参考文献

[1] Strife J R, Sheehan J E. Ceramic coatings for carbon-carbon composites. American Ceramic Society Bulletin, 1988, 67(2): 369-374

[2] Campbell T, Ting J, Min J, et al. Dynamic properties of 3-D reinforced C/SiC for the RS-2200 Linear Aerospike engine. The 24th Annual Conference on Composites, Advanced Ceramics, Materials, and Structures, 2000: 517-524

[3] Popov A A, Gasik M M. High-temperature advanced ceramic coatings for carbon-carbon fibre composites. British Ceramic Proceedings, 1993, (50): 115-119

[4] Zhang L, Cheng L, Luan X, et al. Environmental performance testing system for thermostructure materials applied in aeroengines. Key Engineering Materials, 2006, 313: 183-190

[5] 徐永东. 3D C/SiC 复合材料的制备和性能. 西安: 西北工业大学博士学位论文, 1996

[6] 邹武. 三维编织 C/SiC 复合材料的制备及其性能研究. 西安: 西北工业大学博士学位论文, 2001

[7] 殷小玮. 3D C/SiC 复合材料的环境氧化行为. 西安: 西北工业大学博士学位论文, 2001

[8] Naslain R. Design, preparation and properties of non-oxide CMCs for application in engines and nuclear reactors: An overview. Composites Science and Technology, 2004(64): 155-170

[9] Christin F. Design, fabrication and application of C/C, C/SiC and SiC/SiC composites//Krenkel W, et al. High Temperature Ceramic Matrix Composites. Weinheim (FRG): Wiley VCH, 2001: 731-743

[10] Schmidta S, Beyera S, Knabeb H, et al. Advanced ceramic matrix composite materials for current and future propulsion technology applications. Acta Astronautica, 2004, (55): 409-420

[11] http://www. evitherm. org/default. asp? ID=788[2015-2-10]

[12] Krenkel W. C/C-SiC composites for hot structures and advanced friction systems . Ceramic Engineering and Science Proceedings, 2003, 24 (4): 583-592

[13] http://car. autohome. com. cn/shuyu/detail_13_14_157. html(陶瓷刹车盘)[2016-2-10]

[14] Warren J W. Fiber and grain-reinforced chemical vapor infiltration (CVI) silicon carbide matrix composites. Ceramic Engineering and Science Proceedings, 1985, 5(7/8): 684-693

[15] 徐永东, 张立同, 成来飞, 等. 碳/碳化硅摩阻复合材料的研究进展. 硅酸盐学报, 2006, 34(8): 992-999

[16] 王松, 陈朝辉, 李钒, 等. T300 和 JC2 群纤维增强 C/SiC 复合材料力学性能对比. 国防科技大学学报, 2006, 28(1): 23-27

[17] 徐永东, 尹洪峰. 纤维类型对 C/SiC 复合材料性能的影响. 硅酸盐通报, 2001, 20(5): 43-46

[18] http://baike. satipm. com/index. php? doc-view-101938. html(碳化物陶瓷——碳化硅陶瓷——碳化硅的结晶形态和晶体结构)

[19] Momma K, Izumi F. VESTA: A three-dimensional visualization system for electronic and structural analysis. Journal of Applied Crystallography, 2008, 41: 653-658
[20] 张玉娣，张长瑞，刘荣军，等. C/SiC 复合材料与 CVD SiC 涂层的结合性能研究. 航空材料学报. 2004, 24(4): 27-29
[21] 张青，成来飞，张立同，等. 界面相对 3D-C/SiC 复合材料热膨胀性能的影响. 航空学报. 2004, 25(5): 508-512
[22] http://baike.satipm.com/index.php? doc-view-104783.html(连续纤维增韧陶瓷（玻璃）基复合材料——常见的连续纤维增韧陶瓷基复合材料体系——CVI-CMC-SiC 的性能特征)[2016-2-10]
[23] 张立同，成来飞，徐永东. 新型碳化硅陶瓷基复合材料的研究进展. 航空制造技术，2003, 1(1): 24-32
[24] 谢建伟. C/SiC 复合材料的结构与力学性能. 长沙：中南大学硕士学位论文，2007
[25] Warren J W. Fiber and grain-reinforced chemical vapor infiltration (CVI) silicon carbide matrix composites. Ceramic Engineering and Science Proceedings, 1985; 5(7/8): 684-693
[26] Newman L B. 摩擦材料最新进展. 张元民，汤希庆，译. 北京：中国建筑工业出版社，1986: 239-247
[27] Krenkel W. Carbon fiber reinforced CMC for high performance structures . International Journal of Applied Ceramic Technology, 2004, 1(2): 188-200
[28] Gadow R, Speicher M. Manufacturing of ceramic matrix composites for automotive applications//Bansal N P. Advances in Ceramic Matrix Composites Ⅶ: Proceedings of the Ceramic Matrix Composites Symposium Held at the 108th Annual Meeting of the American Ceramic Society, in Indianapolis. Indiana: Ceramic Transactions, 2001: 25-41
[29] El-hija H A, Krenkel W, Hugel S. Development of C/C-SiC brake pads high-performance elevators. International Journal of Applied Ceramic Technology, 2005, 2(2): 105-113
[30] Krenkel W, Heidenreich B, Renz R. C/C-SiC composites for advanced friction systems . Advanced Engineering Materials, 2002, 4(7): 427-436
[31] 徐永东，张立同，成来飞，等. 碳/碳化硅摩阻复合材料的研究进展. 硅酸盐学报，2006, 34(8): 992-999
[32] Fan S W, Zhang L T, Cheng L F, Yang S J. Microstructure and frictional properties of C/SiC brake materials with sandwich structure. Ceramics International, 2011, (37): 2829-2835
[33] Schmidt S, Beyer S, Knabe H, et al. Advanced ceramic matrix composite materials for current and future propulsion technology applications. Acta Astronautica, 2004, 55: 409-420
[34] Mühlratzer A, Leuchs M. Application of non-oxide CMCs//Krenkel W, Naslain R, Schneider H, 4th International Conference on High Temperature Ceramic Matrix Composites (HT-CMC4) Proceedings. Berlin: Wiley-VCH, 2001: 288-298
[35] Naslain R. SiC-Matrix composites: Nonbrittle ceramic for thermo-structure application. International Journal of Applied Ceramic Technology, 2005, 2(2): 75-84
[36] 肖鹏，熊翔，张红波，等. C/C-SiC 陶瓷摩擦材料的研究现状与应用. 中国有色金属学报，

2005,15(5)：667-674

[37] Panier S,Dufrenoy P,Weichert D. An experimental investigation of hot spots in railway disc brakes . Wear,2004,256 (7/8)：764-773

[38] 田广来,徐永东,范尚武,等. 高性能 C/SiC 刹车材料及其优化设计. 复合材料学报,2008,25(2)：101-108

[39] Brandt R,Frieb M,Neuer G. Thermal conductivity,specific heat capacity,and emissivity of ceramic matrix composites at high temperature. High Temperatures-High Pressures,2003/2004,(35/36)：169-177

[40] 全永昕. 工程摩擦学. 杭州：浙江大学出版社,1994：43-45

[41] Xu Y D,Zhang Y N,Cheng L F,et al. Preparation and friction behavior of carbon fiber reinforced silicon carbide matrix composites . Ceramic International,2007,33 (3)：439-445

[42] Donnet J B,Bansal R C. 炭纤维. 李仍元,过梅丽,译. 北京：科学出版社,1989:157-166

[43] 杨永岗,贺 福,王茂章,等. 炭纤维表面结构和性质的评价. 炭素,1997(1)：17-23

[44] Lamouroux F,Bourrat X,Naslain R,Structure/oxidation behavior relationship in the carbonaceous constituents of 2D-C/PyC/SiC composites. Carbon,1993,31(8)：1273-1288

[45] Cheng L F,Xu Y D,Zhang L T,et al. Effect of carbon interlayer on oxidation behavior of C/SiC composites with a coating from room temperature to 1500℃. Materials Science and Engineering A,2001,300：219-225

[46] Narushima T,Goto T,Yokoyama Y,et al. Active-to-passive transition and bubble formation for high-temperature oxidation of chemically vapor-deposited silicon carbide in $CO-CO_2$ atmosphere. Journal of the American Ceramic Society,1994,77(4)：1079-1082

[47] Xu Y D,Cheng L F,Zhang L T. Carbon/silicon carbide composites prepared by chemical vapor infiltration combined with silicon melt infiltration. Carbon,1997,37(8)：1179-1187

[48] 闫联生,李贺军,崔 红,等. “CVI+压力 PIP”混合工艺制备低成本 C/SiC 复合材料. 无机材料学报,2006,21(3)：664-670

[49] Deng J Y,Liu W C,Du H F,et al. Oxidation behavior of C/C-SiC gradient matrix composites. Journal of Materials Science and Technology,2001,17(5)：543-546

[50] 闫志巧. C/SiC 复合材料的制备、氧化性能和氧化防护. 长沙：中南大学博士学位论文,2008

第 3 章　C/C-SiC 摩擦材料的制备技术

C/C-SiC 摩擦材料的制备方法主要包括以下三种途径：①气相法，主要指化学气相渗透法（chemical vapor infiltration，CVI）；②固相法，主要指热压烧结法（high pressure-sinter process，HP-Sinter）和温压-原位反应法（warm compressed-in situ reaction，WCISR）；③液相法，主要包括聚合物浸渗热解法（polymer impregnation/pyrolysis，PIP）和熔硅浸渗法（liquid silicon infiltration，LSI），其中熔硅浸渗法又称为反应熔体浸渗法（reactive melt infiltration，RMI）。

3.1　气　相　法

气相法主要指 CVI 工艺，CVI 法起源于 20 世纪 60 年代，是利用化学气相沉积（chemical vapor deposition，CVD）原理发展起来的一种制备陶瓷基复合材料的方法[1,2]，也是制备陶瓷基复合材料最广泛的一种方法。采用 CVI 法制备 C/C-SiC 的基本过程是，将气态先驱体（指甲烷、丙烯、丙烷或者天然气等碳氢气体）送达多孔的炭纤维预制体中，使先驱体在纤维表面上发生化学反应，生成不挥发的产物并沉积，形成热解炭（PyC）基体得到预期密度的多孔 C/C 坯体，然后送入气化的三氯甲基硅烷（MTS）等，形成 SiC 基体，最终制备出 C/C-SiC 摩擦材料，CVI 模型如图 3-1 所示[3,4]。

采用化学气相渗透法制备 C/C-SiC 摩擦材料的制备工艺如图 3-2 所示。

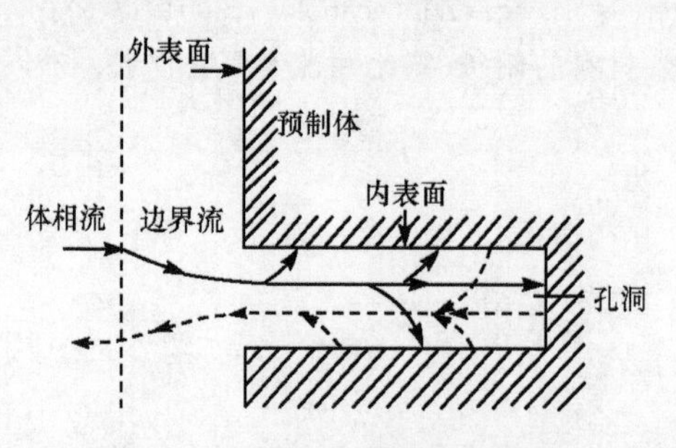

图 3-1　化学气相渗透法模型[4]

CVI 法的主要优点是：①能在低压低温（至少比沉积的固体熔点低 1000℃）下进行基体制备，材料内部残余应力小，纤维几乎不受损伤。因此，为热稳定性较低的纤维提供了一条使其性能降低较小的复合工艺，如 Nicalon、Al_2O_3 纤维。②能制备硅化物、碳化物、硼化物、氮化物和氧化物等多种陶瓷材料，并可实现微观尺度上的成分设计。③能制备形状复杂、近净尺寸和纤维体积分数高的部件。④CVI过程中基本上不需要对预成型体施加压力，输入气态先驱体和排除挥发性产物均在低压下进行，因此纤维不承受或极少承受机械应力。⑤在同一 CVI 反应室中，可依次进行纤维/基体界面、中间相、多种基体以及部件外表涂层的沉积。

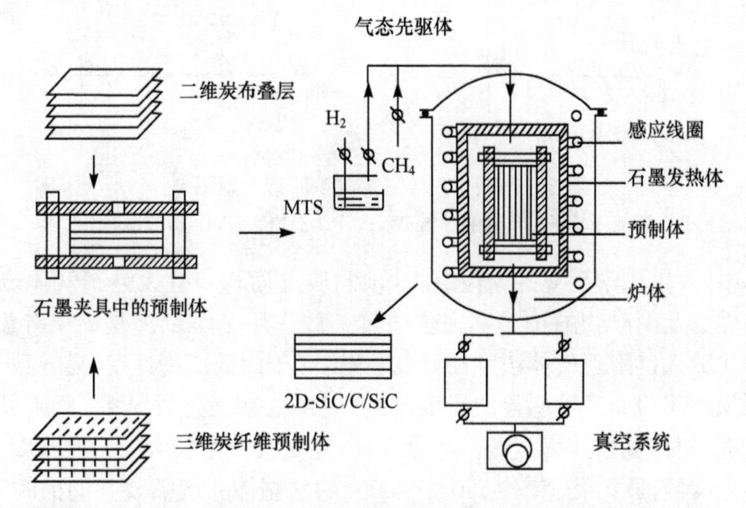

图 3-2　化学气相渗透法制备 C/C-SiC 摩擦材料的工艺技术路线[2]

但是 CVI 法也存在以下不足：①SiC 基体致密化速度低，生成周期长（100h 以上），制造成本很高；②制备的复合材料不可避免地存在 10%～15%的孔隙，以作为大分子量沉积副产物的逸出通道，从而影响复合材料的力学性能、导热性能及抗氧化性能；③预制体的孔隙入口附近气体浓度高，沉积速度大于内部沉积速度，易导致入口处封闭（即“瓶颈效应”）而产生密度梯度；④制备过程中产生强烈的腐蚀性产物，需要相应的处理设备。

由于上述问题，CVI 陶瓷基复合材料的应用领域受到很大限制，目前主要应用目标是航空航天领域高温氧化环境下的部件，如涡轮叶片、火箭发动机喷管等[5～7]。后来的研究者为了提高 CVI 法的沉积效率，缩短生产周期，发展了等温 CVI 法（ICVI）、热梯度 CVI 法（IHCVI）、强制对流 CVI 法（FCVI）、脉冲 CVI 法（PCVI）、激光 CVI 法（LCVI）、微波 CVI（MWCVI）、连续同步 CVI 法（CSCCVI）和多元耦合场 CVI 法等工艺[8～15]，部分 CVI 工艺示意图如图 3-3 所示[16]。

3.1.1　等温 CVI 法

等温 CVI 法是将纤维预制体放在均热反应室内，反应物气体主要通过扩散渗

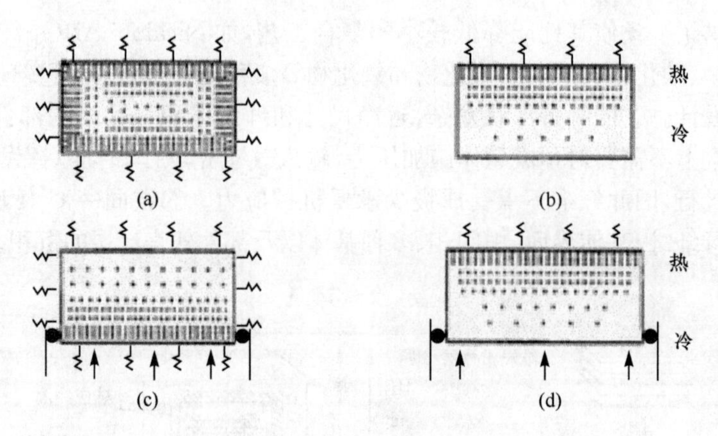

图 3-3 不同 CVI 工艺沉积原理示意图[16]

(a) 等温等压 CVI;(b) 差温等压 CVI;(c) 等温迫流 CVI;(d)差温迫流 CVI

入预制体中,发生化学反应并原位沉积,预制体温度均一且无强制气体流动,气态前驱体的供给及副产物的排除都完全通过扩散作用[17,18]。但是由于等温 CVI 法预制体的孔隙入口附近气体浓度高,沉积速度大于内部沉积速度,易导致入口处封闭(即“瓶颈效应”)而产生明显的密度不均匀性,为减缓这种结果,只能采用低温、低气流浓度,使得沉积速率缓慢。尽管这样,还是会产生较大的密度梯度。因此沉积过程十分缓慢,原始孔隙率为 50%～60%的预制体一般需要几周的时间才能达到 90%左右的致密度,中间还需要表面机加工,打开封闭的孔隙,降低部件的密度梯度。

因为 ICVI 工艺稳定,特别适用于薄壁和形状不规则制件,采用大炉多制件同时沉积,并不失其经济性,所以目前商用 CVI 陶瓷基复合材料制品大多使用 ICVI 工艺。国外早已开始用 ICVI 法生产 C/C 复合材料,以及用于航空、航天领域的炭、SiC 纤维增强 SiC 基复合材料[19,20]。

3.1.2 热梯度 CVI 法

热梯度 CVI 法中气体仍是扩散流动,但使用了特定的加热和冷却手段,在样品内外表面造成一定的温差,反应气体从样品的低温表面流过,依靠气体的扩散作用进入预制体的孔隙内进行沉积。由于存在温度差,气体首先经过预制体低温面,这时由于热力学条件不满足(温度较低),不发生热解沉积;当气体到达高温区附近后开始沉积,该区的孔隙率随沉积的进行而减小,热传导性随之增加,使原先温度较低的邻近区域受热并发生热解沉积,于是沉积区逐渐由高温面向低温面移动,最终完成整个预制体的致密化。此法可以有效地防止预制体表面结皮,且由于高温面可采用沉积温度上限,沉积速率较快,整个致密化过程时间较短,能得到较高密度。但由于存在较大的温度梯度,制件各部位形成的组织结构和微观形貌有一定差异，应加以重视。

热梯度 CVI 法可使纤维预制体直接浸入液相先驱体[如环已烷沉积 C、硼的衍生物(沉积 BN)、TEOS(沉积 Si)、MTS (沉积 SiC)等]中进行快速致密化。预制体可加热到 1000～1300℃(取决于先驱体的性质)，液相沸腾蒸发，以 CVI 的方式在预制体的孔隙网络中从里向外快速沉积。整个工艺在常压下进行，致密化速率可比 ICVI 工艺大两个数量级[21]。

3.1.3　等温迫流 CVI 法

等温迫流 CVI 法的预制体温度均一，采取了气体强制流动措施，预制体内部的气体输送状况好于等温等压 CVI，制件的密度均匀性增加。但当某些区域沉积基本充分后，仍会堵塞其他区域的气体通道，影响致密化的进一步进行。前驱体进入表面的气体浓度高于内部，因此易在样品表面结皮。此法适用于筒形件，对形状不规则制品采用适当的夹具后也有一定适用性。

3.1.4　差温迫流 CVI 法

差温迫流 CVI 法(FCVI)是一种较新的工艺，最早由美国橡树岭国家实验室(ORNL)提出，它综合了差温等压 CVI 和等温迫流 CVI 的优点。如图 3-4 所示为美国橡树岭国家实验室 Besmann 等设计的差温迫流 CVI 法制备大尺寸样件反应室示意图及现场照片，将预制体置于石墨保持器中，上端面加热，下端面冷却，前驱体由下端面向上输送[22,23]。基体的沉积开始于高温面，随高温面致密化带来的材料热传导性的增加，沉积区逐渐向低温面推进，完成致密化。在热端面也会因优先沉积造成堵塞，可以通过侧壁的适当冷却保留一些排气通道，保证预制体芯部的沉积，获得密度均匀的制件[24]。在差温迫流 CVI 中通过工艺优化，平衡以下两种趋势：①高温区沉积因温度效应而加速；②低温区沉积因气体浓度效应而加速，有可能在整个预制体范围内实现同步沉积。差温迫流 CVI 的最大优点是沉积效率高，

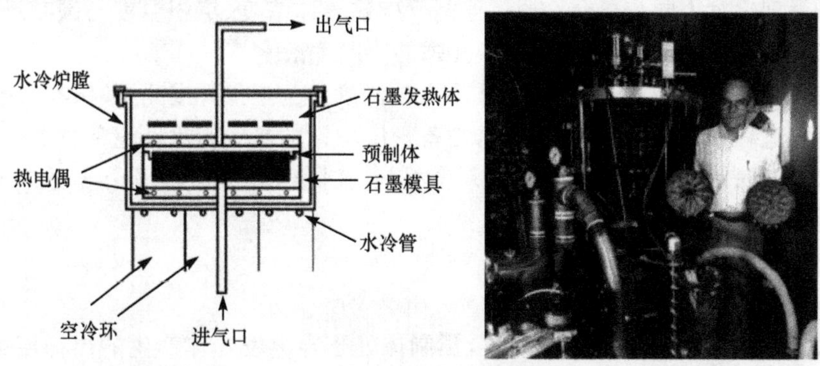

图 3-4　迫流 CVI 法制备大尺寸样件反应室示意图及现场照片[23]

致密化时间短，制件有较好的密度均匀性。差温迫流CVI工艺很适于制备形状简单、厚度较大或中空的筒形制件。FCVI目前是陶瓷基复合材料的研究热门，有很大的发展前途。

3.1.5 脉冲CVI法

脉冲CVI是等温CVI技术的变种，主要特点是沉积室在前驱体气体压力与真空之间循环工作。在致密化过程中，预制件在反应气体中暴露几秒钟后抽真空，然后再通气、抽真空，如此循环。抽真空过程利于反应副产物气体的排除，能减小制件的密度梯度。其缺点是对设备的要求很高，如果对反应废气不回收处理，浪费过大。

3.1.6 微波CVI法

微波是一种频率为0.3～300GHz的电磁波，当材料的基本细微结构与特定频率的电磁波耦合时，内部微观粒子响应电磁振荡，热运动加剧，材料发生介质损耗，吸收微波能转化为热能。将微波加热原理应用于传统烧结工艺，就是微波烧结。在微波CVI法中，温度梯度的存在使预制体实现了从内至外逐步沉积。微波的引入，增加了纤维表面的有效活性点，提高了表面反应速率，微波对化学反应具有一定的催化作用[25]。

3.1.7 连续同步CVI法

为了充分利用CVI工艺的优点并突破其"瓶颈"效应，提高部件最终致密度，缩短工艺周期，肖鹏与其合作者在CVI原理的基础上提出了CSCVI(continuous synchronous chemical vapor infiltration)制备碳布增韧陶瓷基复合材料的新工艺[26,27]，示意图如图3-5所示。在制备过程中碳布通过连续缠绕在旋转的石墨衬底上，使纤维预制体的制备与基体的热解沉积同步进行，从而实现增韧相与基体在宏观和微观尺度上同步复合。通过控制反应物气体浓度、沉积温度与碳布缠绕线速度，达到控制微观孔隙网络与宏观孔隙的协调致密化。

在同步复合过程中，反应物气体渗入的深度仅为一层（或几层）碳布，因此能突破沉积过程中出现的"瓶颈"现象，制备密度均匀的高致密度厚壁部件。采用连续同步复合法制备碳布增韧SiC基复合材料，实际密度可达其理论密度的93%，制备周期显著缩短。

3.1.8 多元耦合场CVI法

多元耦合场CVI致密化过程中，预制体处于导电发热体产生的热梯度场，流过电流产生的电磁梯度场，以及沉积气体从内到外扩散的浓度梯度场的相互耦合作用中[28,29]。

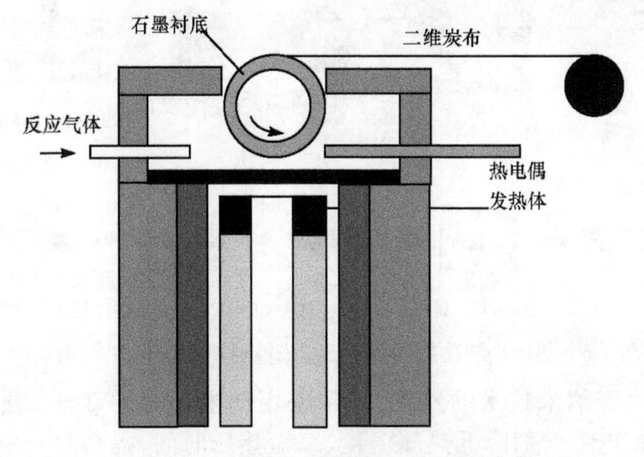

图 3-5　连续同步复合 CVI 法示意图[27]

3.2　固　相　法

3.2.1　粉浆-热压烧结法

粉浆-热压烧结法是制备纤维增强玻璃和低熔点陶瓷基复合材料的传统方法，最早用于制备纤维增强陶瓷基复合材料(FRCMC)[30,31]。其工艺是将纤维用陶瓷浆料进行浸渗处理之后，缠绕在轮毂上，经烘干制成无纬布，然后将无纬布切割成一定尺寸，层叠在一起，最后在高温下加压烧结，使基体材料与纤维结合制成复合材料。热压烧结的目的是使陶瓷粉末颗粒在高温下发生重排，使玻璃相发生黏性流动充填于纤维之间的孔隙中。该技术已用于制备各种纤维增强玻璃和玻璃陶瓷基复合材料。20 世纪 90 年代初又将此工艺用于制备非氧化物陶瓷基体，如 SiC、Si_3N_4 陶瓷基体等，并将该法用于先驱体转化制备炭纤维增强陶瓷基复合材料。采用热压烧结法制备 C/C-SiC 材料的示意图如图 3-6 所示，基体先驱体可以采用 β-SiC 颗粒的陶瓷料浆，陶瓷料浆中包括烧结剂和黏结剂。

该工艺制备周期短，对于以 SiC 为基体的复合材料体系，因为缺乏产生流动性的物相而很难有效致密化，需在高温高压(一般在 1800℃以上)下才能得到高密度的复合材料。然而高温高压的作用会使纤维受到严重的损伤，导致材料的力学性能下降。此外，对于短纤维、一维和二维纤维增强的 C/C-SiC 容易热压成型；而对于形状复杂、有三维纤维预制体增强的 C/C-SiC，采用热压烧结法易使纤维骨架变形移位和受到损伤，并且纤维与基体的比例较难控制，成品中的纤维不易均匀分布，难以实现理想的致密化。

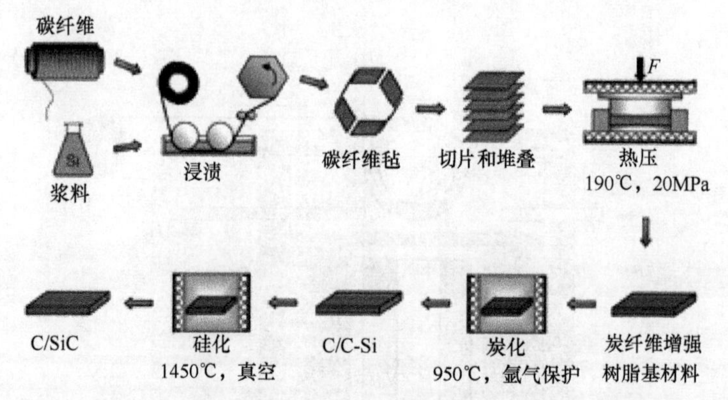

图 3-6 热压烧结法制备 C/C-SiC 摩擦材料的工艺技术路线[27]

近年来，由于纳米技术的发展，可望采用纳米尺度的 β-SiC 颗粒和 Al_2O_3、Y_2O_3 等氧化物烧结助剂降低热压温度、缩短热压时间，提高复合材料的压坯密度，促使 SiC 基体在较低的温度下进行烧结，同时可达到理论密度的 97%[32,33]。

3.2.2 温压-原位反应法

温压-原位反应法是肖鹏教授等在借鉴粉末成形的温压法和制备难熔金属、陶瓷材料的原位反应法的基础上，于 21 世纪初提出的制备 C/C-SiC 摩擦材料新思路[34,35]。以炭纤维为增强相，基体成分来源于石墨粉、树脂、硅粉、碳化硅粉和高碳含量黏结剂，制备流程主要包括以下四步。

(1) 将短炭纤维、硅粉、石墨粉、碳化硅粉、树脂和黏结剂按一定配比均匀混合后温压($T \leqslant 200℃$，$P \leqslant 8MPa$)成 C/C-Si 素坯。

(2) 对素坯进行炭化处理($T \leqslant 900℃$，氩气保护)，在此过程中素坯中的树脂裂解转变为树脂炭。

(3) 在真空状态下，温度 $T \geqslant 1450℃$时进行高温热处理，通过 Si 与 C 的原位反应在素坯中生成 SiC 相，得到低密度的 C/C-SiC 复合材料。

(4) 对低密度的 C/C-SiC 材料进行呋喃树脂浸渍/炭化，补充增密后得到最终的 C/C-SiC 摩擦材料。

温压-原位反应法采用的原材料成本低、工艺周期短(约 30h)、易于实现批量生产，成本与粉末冶金摩擦材料相当，明显低于现有工艺的成本，是一种很有希望的低成本制备新技术。

3.3 液 相 法

3.3.1 聚合物浸渗热解法

聚合物浸渗热解法(PIP)是在一定的温度和压力下，将硅聚合物(如聚碳硅烷、polysilazane 等)浸渗 C/C 多孔体,然后使硅聚合物热解为 SiC 基体,制得 C/C-SiC 摩擦材料,此法也称为先驱体转换法。

20 世纪 60 年代,继 Ainger 等[36]通过热解一种含氮有机物制备出氮化物陶瓷后,Chantrell 等[24]提出了先驱体热解的概念。Verbeek 在 1973～1974 年,将三氯甲基硅烷与甲胺反应生成的 $CH_3Si(NHCH_3)_3$,经热缩合得到一种脆性的固态硅氮烷树脂,该树脂可在 220℃下熔融纺丝,经不熔化处理后在 1100℃下烧成氮化硅陶瓷纤维[37]。1975 年 Yajima 用二氯二甲基硅烷与金属钠反应生成聚硅烷,并随后将聚硅烷经裂解重排生成聚碳硅烷,然后经熔融纺丝、不熔化处理、裂解制备 SiC 纤维[38],很快在 1983 年,由日本碳公司实现了该工艺制备 SiC 纤维的连续化生产[39]。Verbeek 和 Yajima 在先驱体法制备陶瓷材料方面的成功引起了材料界极大的兴趣,并且迅速掀起了先驱体转化(polymer derived)制备陶瓷材料的研究热潮[40],以先驱体制备陶瓷材料为对象的研究迅速从法国、日本发展到德国、美国、英国等国家。

美国能源部在 1993 年开始支持道康宁公司等实施了为期 10 年的 CFCC 研究计划,开展了 PIP 工艺制备可工业化应用的陶瓷基复合材料技术研究。随后 NASA 的一系列项目,如 HPTET、HSR/EPM(high-speed research/enabling propulsion materials)和 UEET(ultra-efficient engine technology)等计划针对陶瓷基复合材料在航空领域的应用进行了大量研究。此外,针对陶瓷基复合材料在发动机高温结构部件的研发项目还有日本的 AMG(advanced materials gas-generator)计划等。经过多年研究,美国、日本、欧盟等发达国家在陶瓷基复合材料的制备工艺方面取得了一些重要成果,部分产品已经达到实用化水平,如 C/SiC,SiC/SiC 等陶瓷基复合材料已成功地用于火箭发动机、喷气发动机、火箭的天线罩、端头帽、发动机喷管等部件[41～44]。

PIP 工艺的基本过程如图 3-7 所示[45]:利用液态陶瓷先驱体浸渍纤维预制件,液态先驱体在交联固化后再经过高温裂解转化为陶瓷基体,随后重复浸渍-裂解过程数个周期以最终制得致密陶瓷基复合材料。

此法的优点是[44,46,47]:①先驱有机聚合物具有可设计性。能够对先驱有机聚合物的组成、结构进行设计与优化,从而实现对陶瓷基复合材料的可设计性。②可对复合材料的增强体与基体实现理想的复合。③良好的工艺性。先驱有机聚合物具有树脂材料的一般共性,如可溶、可熔、可交联、固化等,利用这些特性,可以在陶瓷基复合材料制备初始工艺中借鉴某些树脂基复合材料的成型工艺技术。浸渍先驱有机聚合物的增强预制体件,在未烧结之前具有可加工性,可以通过车、削、磨、钻孔等技术方便修理其形状与尺寸。④烧结温度低。先驱体转化为陶瓷的温度远低于相同成分的陶瓷粉末烧结的温度,从而能减少纤维损伤及制品的变形,有利于近净尺寸成型的实现。⑤高温性能好。先驱体转化制备陶瓷材料过程中无需引入烧结助剂，避免了烧结助剂对材料高温性能的不利影响。

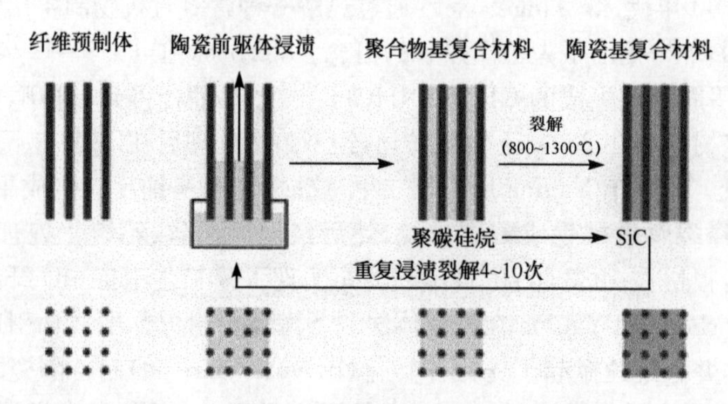

图 3-7 PIP 工艺复合材料制备工艺流程图

但此工艺存在的主要问题是[44,48,49]：①先驱体在热解过程中，溶剂和大量小分子的逸出，导致孔隙率很高，因而难以制得致密的陶瓷基复合材料；②由于先驱体有机聚合物在热解过程中密度变化很大，因而制件体积变化很大，收缩产生的微裂纹与内应力造成制品性能下降；③通过反复浸渍热解可以在一定程度上弥补上述缺陷，但工艺周期长，因而生长效率低，成本高；④先驱体本身合成过程复杂，因而制品价格高昂。

对所用先驱体的要求是[50,51]：①与纤维表面有较好的润湿性；②较高的转化率(产率)；③在空气中能稳定存在；④有足够低的黏度在预制体孔隙中自由流动。然后在一定条件下固化和热处理，使先驱体发生热解并得到 SiC 基体。

聚合物先驱体是整个 PIP 工艺的关键，目前用于 PIP 工艺的聚合物先驱体已由聚碳硅烷(polycarbosilane，PCS)、聚氮硅烷(polysilazane，PSZ)扩展到聚硼硅烷、聚硼硅氮烷、聚钛硅烷、聚铝硅烷、聚甲基硅烷(PMS)、聚硅氧烷(polysiloxane，PSO)等。其适合制备的陶瓷基体也由传统的 SiC，扩展到了 BN、ZrC、SiBN 陶瓷等。

虽然 PIP 工艺在制备陶瓷复合材料方面具有一定的优势，但是其工艺自身的一些固有缺陷，如制品孔隙率较高、基体制备过程中容易产生微裂纹、基体结晶程度低等，会对复合材料性能产生不良影响。针对这些缺陷，研究者尝试改进现有 PIP 工艺，并取得了一些进展，开发了热模压辅助 PIP 工艺和微波烧结辅助 PIP 裂解工艺等。采用热模压辅助成型工艺能够显著提高复合材料中纤维的体积分数，同时还能够减少复合材料制备过程中裂纹和孔隙的形成。Gene 等使用六种不同的 SiC 先驱体，采用微波烧结技术对其进行裂解，结果表明，与常规裂解工艺相比，微波烧结裂解产物中 β-SiC 晶粒更小，生成的物质在 1500℃的高温下可以稳定存在；另外游离态碳、碳化硅颗粒等物质可以吸收微波，促进烧结过程，有利于 β-SiC 的生成。

3.3.2　溶胶-凝胶法

溶胶-凝胶技术是一种由金属有机化合物、金属无机化合物或上述两者混合经水解缩聚过程，逐渐胶化并进行相应的后处理，最终获得氧化物或其他化合物的工艺[52~54]。Roy 及其同事早在 1948 年提出可由凝胶制得高度均匀的新型陶瓷材料的设想，并在 20 世纪 50 年代和 60 年代采用溶胶-凝胶法合成了含铝、硅、钛、锆等的氧化物陶瓷[53]。

溶胶是指微小的固体颗粒悬浮分散在液相中，并且不停地进行布朗运动的体系[54]。根据粒子与溶剂间相互作用的强弱，通常将溶胶分为亲液型和憎液型两类。由于界面原子的 Gibbs 自由能比内部原子高，溶胶是热力学不稳定体系，若无其他条件限制，胶粒倾向于自发凝聚，达到低比表面状态。若上述过程为可逆，则称为絮凝；若不可逆，则称为凝胶化。

凝胶是指胶体颗粒或高聚物分子互相交联，形成空间网状结构，在网状结构的孔隙中充满了液体(在干凝胶中的分散介质也可以是气体)的分散体系。并非所有的溶胶都能转变为凝胶，凝胶能否形成的关键在于胶粒间的相互作用力是否足够强，以克服胶粒-溶剂间的相互作用力。

溶胶-凝胶过程常分为两类：①金属盐在水中水解成胶粒，含胶粒的溶胶凝胶化后形成凝胶；②金属醇盐在溶剂中水解缩合形成凝胶。溶胶-凝胶法的主要反应步骤是将前驱体溶解于溶剂(水或有机溶剂)中以形成均匀的溶液，如前驱体是无机盐或金属醇盐，则此溶质与溶剂产生水解或醇解反应，生成物聚合成 1μm 左右的粒子并组成溶胶，后者经蒸发干燥变为凝胶。该技术的全过程可用图 3-8 表示[55]。溶胶-凝胶技术的优点是：产品纯度高，粒度均匀，使用温度低，反应过程易控制，且由一种原料起始，改变其工艺过程即可获得不同低污染或无公害高性能的产品。

随着科学技术的不断发展，溶胶-凝胶的理论和技术日臻完善。溶胶-凝胶过程的关键是在初期控制胶粒和溶剂的表面和界面。它较传统熔融陶瓷工艺具有加工温度低、所得物质纯度高、化学均匀性好等优点，并具备特殊的成型性能。溶胶-凝胶法制备的复合组分纯度高、分散性好，可广泛用于制备颗粒(包括纳米粒子)/陶瓷、(纤维-颗粒)/陶瓷复合材料，且制得的陶瓷基复合材料性能良好。Liedtke 等[56]采用快速溶胶-凝胶法，将炭纤维预制体经过溶胶浸渍、固化得到凝胶，然后经高温高压热分解制备 C/SiC 复合材料，用此法制备的 C/SiC 复合陶瓷的性能和可能的应用将优于已商业化的产品。Gadiou 等[57]通过溶胶-凝胶法制备的碳化物涂层提高了炭纤维的抗氧化性能。

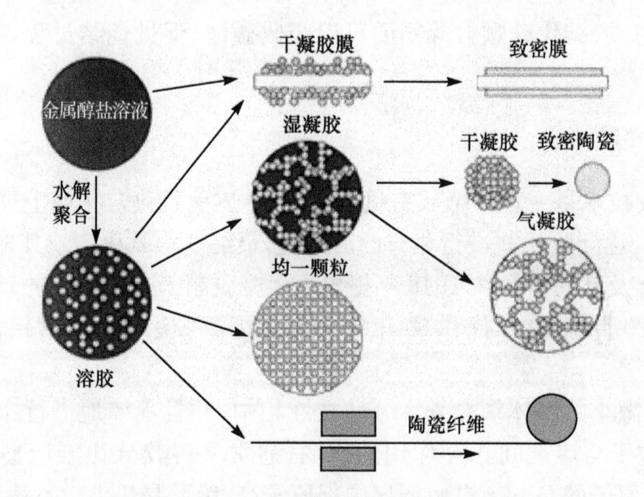

图 3-8　溶胶-凝胶技术及其产品示意图[55]

3.3.3　熔硅浸渗法

熔硅浸渗法是一种简单快捷并且低成本的制备 SiC 基体的工艺。工艺过程通常是用熔融 Si 对多孔 C/C 复合材料进行浸渗处理，使熔硅与接触到的炭发生化学反应生成 SiC 基体[58～61]。

20 世纪 50 年代，RMI 法首先由英国原子能管理局（United Kingdom Atomic Energy Authority，UKAEA）作为黏结 SiC 颗粒发展起来，也称为自黏结 SiC 或反应黏结 SiC[62]。70 年代，通用电器公司（General Electric Company）利用 RMI 工艺研究出了一种 Si/SiC 材料，即著名的 SILCOMP 工艺。SILCOMP 工艺是将液 Si 渗入炭纤维的预制体中，并与炭纤维反应生成具有纤维特性的 SiC，制得 Si/SiC 复合材料[63]。Hucke 在此基础上研究了有机物裂解制得具有均一微孔的炭多孔体，然后液硅渗入多孔体制得高强度的 Si/SiC 复合材料[64]。

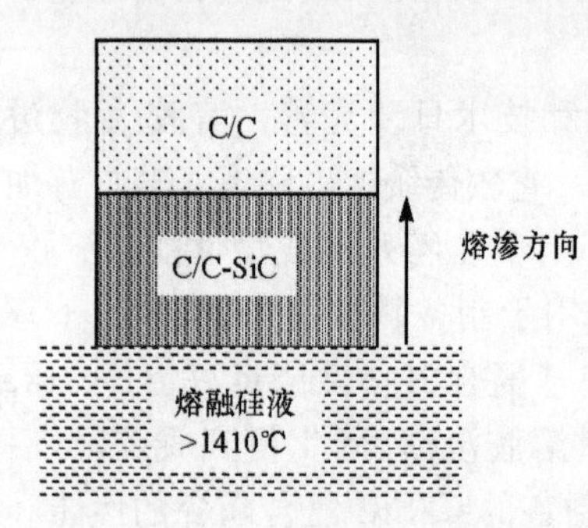

图 3-9　LSI 工艺制备 C/C-SiC 复合材料原理图

20 世纪 80 年代，德国材料科学家 Fiter 首先用液硅浸渗 C/C 多孔体制备 C/C-SiC 复合材料，称为反应熔渗（reactive melt infiltration，RMI）或熔硅浸渗（molten/liquid silicon infiltration，MSI/LSI），其原理图如图 3-9 所示。德国航空中心（German Aerospace Center，DLR）进一步发展了该工艺，并已制备出产品，如刹车盘。

LSI 是一种简单、快捷且低成本制备 SiC 基体的途径。LSI 方法的优点是：①反应时间短，工艺简单，成本低；②可以做到近净尺寸成型，最终产品只需少量的机械加工；③最终材料气孔率很低，致密度很高，有很好的热传导性能。

这种方法的缺点是：①由于在反应的过程中温度一般在 1450～1900℃，熔融 Si 不可避免地会与炭纤维发生反应，导致炭纤维损伤，使复合材料力学性能偏低、断裂韧性差，出现灾难性断裂。因此一般不单独采用 LSI 工艺，而是先采用 CVI 或者其他方法在炭纤维表面制备保护层。②最终材料中残留有一定量的 Si，导致材料的断裂韧性和抗蠕变性能降低，影响 C/C-SiC 在高温条件下的使用性能。

现有研究者尝试采用各种方法去除 C/C-SiC 中的残留 Si，比较成功的方法有以下两种：一种是在高温下，把 C/C-SiC 放入真空气氛中使 Si 变为气体蒸发出去；另一种是采用在 LSI 过程中加入其他元素的方法，使之在高温下与残留 Si 反应生成难熔的化合物。例如，采用合金化处理，如以 Si-Mo 合金代替纯 Si 熔体，在反应浸渗时生成 $MoSi_2$，能够削弱残留 Si 对复合材料高温性能的影响，并提高其抗氧化能力[65]。

3.4　综　合　法

上述各种工艺都有各自的优缺点，因此，在制备某一复合材料时，可利用多种工艺，综合各种方法的优势。有研究将 HP-Sinter 和 PIP 结合起来[66]，在此工艺中，先驱体在制备过程中一方面作为有机黏结剂，提高缠绕纺制无纬布的工艺性能；另一方面可在高温下裂解成陶瓷基体，从而制备出强度较高的复合材料。

国防科技大学与航天四院 43 所等[67,68]将 CVI 与 PIP 结合，充分发挥它们各自的优点并克服其缺点，制得材料具有均匀性好、力学性能高、成本低、制备周期短、适合批量化生产等优点。

Xu 等[69]将 CVI 与 RMI 相结合，发展了一种低成本、耐高温和抗氧化 C/C-SiC 复合材料的制备方法，这种复合工艺既能改善 CVI 的弱点从而提高 C/SiC 复合材料的致密度，也能有效阻止 Si 对炭纤维的侵蚀，制备的 C/C-SiC 复合材料具有成本低、力学性能优良、热稳定性好等优点。

参 考 文 献

[1] Warren J W. Fiber and grain-reinforced chemical vapor infiltration (CVI) silicon carbide matrix composites. Ceramic Engineering and Science Proceedings，1985，5(7/8)：684-693

[2] Stinton D P，Caputo A J，Lowden R A. Synthesis of fiber-reinforced SiC composites by chemical vapor infiltration. American Ceramic Society Bulletin，1986，65(2)：347-350

[3] Yan X T，Xu Y. Chemical vapour deposition：An integrated engineering design for advanced materials. Berlin：Springer Science & Business Media，2010

[4] Fitzer E, Fritz W, Schoch G. The chemical vapor impregnation of porous solids, modeling of the CVI-process. Journal De Physique IV, 1991, 2(C2): 143-150

[5] Christin F. Design, fabrication and application of C/C, C/SiC and SiC/SiC composites//Krenkel W, et al. High Temperature Ceramic Matrix Composites. Weinheim (FRG): Wiley VCH, 2001: 731-743

[6] 张长瑞,郝元恺. 陶瓷基复合材料-原理、工艺、性能与设计. 长沙:国防科技大学出版社, 2001: 307-308

[7] 徐永东,张立同,成来飞. CVI 法制备连续纤维增韧陶瓷基复合材料. 硅酸盐学报, 1995, 23(3): 319-325

[8] 肖鹏,徐永东,张立同. 高温陶瓷基复合材料制备工艺的研究. 材料工程, 2002, 2: 41-44

[9] Naslain R R. Processing of ceramic matrix composites//Niihara K, Nakano K, et al. High Temperature Ceramic Matrix Composites Ⅲ. CSJ Series-Publications of the Ceramic Society of Japan, 1999, 3: 3-8

[10] 徐永东. 三维 C/SiC 复合材料的制备与性能. 西安:西北工业大学博士学位论文, 1996

[11] Chen Y R, Li C Y, Han L M. The fabrication of C/C composites with plasma chemical vapour infiltration. The 23rd Biennial Conference on Carbon, PA, 1997

[12] Vaidyaraman S, Lackey W J, Agrawal P K, et al. Carbon/ carbon processing by forced flow-thermal gradient chemical vapour infiltration using propylene. Carbon, 1996, 34(3): 347-362

[13] Golecki I, Narasimhan D. Method of rapidly densifying a porous structure: US, 5348774. 1994

[14] Golecki I, Morris R C, Narasimhan D, et al. Rapid densification of porous carbon-carbon compsites by thermal gradient chemical vapour infiltration. Applied Physics Letters, 1995, 66(18): 2334

[15] Thomas L S. Deposition kinetics in forced flow /thermal gradient CVI. Ceramic Engineering and Science Proceedings, 1998, 9(7/8): 803

[16] Lamon J, Lissart N, Rechiniac C, et al. Micromechanical and Statistical Approach to the Behavior of CMC's//Proceedings of the 17th Annual Conference on Composites and Advanced Ceramic Materials, Part 2 of 2: Ceramic Engineering and Science Proceedings, 2008, 14(9/10): 1115-1124

[17] Xu Y, Zhang L. Three-dimensional carbon/silicon carbide composites prepared by chemical vapor infiltration. Journal of the American Ceramic Society, 1997, 80(7): 1897-1900

[18] Christin F. Design, fabrication and application of thermostructural composites (TSC) like C/C, C/SiC, and SiC/SiC composites. Advanced Engineering Materials, 2002, 4: 903-912

[19] Mazdiyasn K S. Fiber reinforced ceramic composites materials. Processing and Technology, Park Ridge: Noyes Publications, 1990

[20] Stinton D P, Besmann T M, Lowden R A. Advanced ceramics by chemical vapor deposition techniques. American Ceramic Society Bulletin, 1988, 67(2): 350-355

[21] Narcy B, Guillet F, Raveland P. Characterization of carbon-carbon composites elaborated by

a rapid densification process. Ceramic Transactions, 1995, 58: 237-242
[22] Vaidyaraman S, Lackey W J, Agrawal P K, et al. Forced flow-thermal gradient chemical vapor infiltration(FCVI)for fabrication of carbon/carbon. Carbon, 1995, 33(33): 1211-1215
[23] Besmann T M, McLauglin J C, Lin H T. Fabrication of ceramic composites: Forced CVI. Journal of Nuclear Materials, 1995, 219: 31-35
[24] Chantrell P G, Popper P. Inorganic Polymers and Ceramics. New York: Academic Press, 1965: 87-103
[25] Zeng X R, Zou J Z, Qian H X, et al. Microwave assisted chemical vapor infiltration for the rapid fabrication of carbon/carbon composites. New Carbon Materials, 2009, 1: 28-32
[26] 肖鹏，徐永东，张立同，等. 连续同步复合法快速制备 C/SiC 复合材料. 航空学报，2001，22(2)：125-129
[27] 肖鹏，徐永东，张立同，等. 旋转 CVI 制备 C/SiC 复合材料. 无机材料学报，2000，15(5)：903-908
[28] 谢志勇，黄启忠，苏哲安，等. 耦合物理场 CVI 快速增密 C/C 复合材料及动力学探讨. 复合材料学报，2005，22(4)：47-52
[29] 张明瑜，黄启忠，谢志勇，等. 多元耦合场 CVI 快速致密化炭/炭复合材料研究. 功能材料，2006，10(37)：1623-1626
[30] Nakano K, Hiroyuki A, Ogawa K. Carbon Fiber Reinforced Silicon Carbide Composites. Berlin: Springer Netherlands, 1990
[31] Kohyama A, Dong S M, Katoh Y. Development of SiC/SiC composites by nano-infiltration and transient eutectic (NITE) process. Ceramic Engineering and Science Proceedings, 2002, 23(3): 311-318
[32] 施鹰，黄校先，严东生. 氧化钇添加剂对 SiC(W)/ZrSiO4 复相陶瓷制备和力学性能的影响. 硅酸盐通报，1998(3)：27-29
[33] Farries P M, Verret J B, Rawlings R D. Fiber reinforced silicon carbide: Effect of densification method and parameters. Key Engineering Materials, 1997, 127/128/129/130/131: 295-302
[34] 任芸芸. 原位反应法制备 C/C-SiC 复合材料的摩擦性能及氧化性能研究. 长沙：中南大学硕士学位论文，2004
[35] 李专. C/C-SiC 复合材料的制备、结构与性能. 长沙：中南大学硕士学位论文，2010
[36] Ainger F W, Herbert J M. The preparation of phosphorus-nitrogen compounds as non-porous solids. New York: Academic Press, 1960: 168-182
[37] Verbeek W, Winter G. Materials derived from homogenous mixtures of silicon carbide and silicon nitride and methods of their production: Germany, 2218960. 1973
[38] Yajima S, Hayashi J, Omori M, et al . Development of tensile strength silicon carbide fiber usingan organosilicon polymer precursor. Nature, 1976, 261: 525-528
[39] Yajima S. Special heat-resisting materials from organometallic polymers. American Ceramic Society Bulletin, 1983, 62: 893-898

[40] Yajima S, Iwai T, Yamamura T, et al. Synthesis of a polytitanocarbosilane and its conversion into inorganic compounds. Journal of Materials Science, 1981, 16(5): 1349-1355

[41] 梁春华. 纤维增强陶瓷基复合材料在国外航空发动机上的应用. 航空制造技术, 2006(3): 40-45

[42] 马江, 张长瑞, 周新贵, 等. 先驱体转化法制备陶瓷基复合材料异型构件研究. 湖南宇航材料学会年会, 1998: 34-36

[43] 谢征芳, 陈朝辉, 肖加余, 等. 先驱体陶瓷. 高分子材料科学与工程, 2000, 16(6): 7-12

[44] 周新贵. PIP 工艺制备陶瓷基复合材料的研究现状. 航空制造技术, 2014(6): 30-34

[45] http://www.substech.com/dokuwiki/doku.php?id=fabrication_of_ceramic_matrix_composites_by_polymer_infiltration_and_pyrolysis_pip (Fabrication of Ceramic Matrix Composites by Polymer Infiltration and Pyrolysis (PIP))[2015-2-14]

[46] Zheng G, Sano H, Uchiyama Y, et al. Preparation and fracture behavior of carbon fiber/SiC composites by multiple impregnation and pyrolysis of polycarbosilane. Journal of the Ceramic Society of Japan, 1998, 106(2): 1155-1161

[47] Tanaka T, Tamari N, Kondo I, et al. Fabrication of three dimensional Tyranno fibre reinforced SiC composite by the polymer precursor method. Ceramic International, 1998, 24: 365-370

[48] Hurwitz F I. Filler/polycarbosilane systems as CMC matrix precursors. Ceramic Engineering and Science Proceedings, 1998, 19(3): 267-274

[49] Kotani M, Kohyama A, Okamura K, et al. Fabrication of high performance SiC/SiC composite by polymer impregnation and pyrolysis method. Ceramic Engineering and Science Proceedings, 1999, 20(4): 309-316

[50] Interrante L V, Whitmarsh C W, Sherwood W. Fabrication of SiC matrix composites using a liquid polycarbosilane as the matrix source//Evans A G, Naslain R. High Temperature Ceramic Matrix Composites II. Ceramic Transactions, 1995, 58: 111-118

[51] Takeda M, Kagawa Y, Mitsuno S, et al. Strength of a Hi-Nicalon/silicon carbide matrix composite fabricated by the multiple polymer infiltration-pyrolysis process. Journal of the American Ceramic Society, 1999, 82(6): 1579-1581

[52] 陆有军, 王燕民, 吴澜尔. 碳/碳化硅陶瓷基复合材料的研究及应用进展. 材料导报, 2010, 24(11): 14-19

[53] 曾庆冰, 李效东, 陆逸. 溶胶-凝胶法基本原理及其在陶瓷材料中的应用. 高分子材料科学与工程, 1998, 14(2): 138-143

[54] Pierre A C. Sol-gel processing of ceramic powders. Ceramic Bulletin, 1991, 70(8): 12181-1288, 1991, 70 (8) : 1281

[55] http://ce.sysu.edu.cn/epec/micro_elecchem/melec_colloid/colloid_apply/15478.html(凝胶的研究进展)[2015-2-14]

[56] Liedtke V, Huertas Olivares I, et al. Sol-gel-based carbon/silicon carbide. Journal of the European Ceramic Society, 2007, (27): 1267

[57] Gadiou R, Serverin S, Gibot P, et al. The synthesis of SiC and TiC protective coatings for carbon fibers by the reactive replica process. Journal of the European Ceramic Society, 2008, 28: 2265

[58] Fitzer E, Gadow R. Fiber-reinforced silicon carbide. American Ceramic Society Bulletin, 1986, 65(2): 326-335

[59] Hillig W B. Making ceramic composites by melt infiltration. American Ceramic Society Bulletin, 1994, 73(4): 56-62

[60] Shobu K, Tani E, Kishi K, et al. SiC-intermetallics composites fabricated by melt infiltration. Key Engineering Materials, 1999, 159-160: 325-330

[61] 王继平,金志浩,钱军民,等. C/C-SiC 材料的快速制备及显微结构研究. 稀有金属材料与工程, 2006, 35(2): 223-226

[62] Kochendorfer R. Low cost processing for C/C-SiC composites by means of liquid silicon infiltration. Key Engineering Materials, 1999, 164/165: 451-456

[63] Mehan P L. Effect of SiC content and orientation on the properties of Si/SiC ceramic composite. Journal of Materials Science, 1978, 13: 358-366

[64] Hucke. Process development for silicon carbide based structural ceramics. Army Materials and Mechanics Research Center Interim Report for Contract No. DAAG 46-80-C-0056-P0004, Jan, 1983

[65] Robert P, Messner R P, Chiang Y M. Liquid-phase reaction-bonding of silicon carbide using alloyed silicon-molybdenum melts. Journal of the American Ceramic Society, 1990, 73(5): 1193-1200

[66] 宋麦丽,王涛,闫联生,等. 高性能 C/SiC 复合材料的快速制备. 新型炭材料, 2001, 16(2): 57-60

[67] 何新波,张长瑞,周新贵. 裂解碳涂层对炭纤维增强碳化硅复合材料力学性能的影响. 高技术通讯, 2000, 9: 92-94

[68] 余惠琴,陈长乐,邹武,等. C/C-SiC 复合材料的制备与性能. 宇航材料工艺, 2001(2): 28-32

[69] Xu Y D, Cheng L F, Zhang L T. Carbon/silicon carbide composites prepared by chemical vapor infiltration combined with silicon melt infiltration. Carbon, 1999, 37: 1179-1187

第4章 C/C-SiC用炭纤维预制体的制备及增密

炭纤维预制体是由利用纺织工艺方法铺设炭纤维，成为纺织结构的预先成型件，是C/C-SiC复合材料的骨架。预制体不仅决定了炭纤维的体积含量V_f和纤维方向T，而且影响复合材料中孔隙几何形状、孔隙的分布和纤维的弯扭程度。因此，预制体结构支配了炭纤维性能有效传递到复合材料以及影响炭和SiC基体的沉积、浸润和硅化过程。

炭纤维预制体可通过巧妙的设计，满足复合材料构件的不同要求。三项基本要求是尺寸的稳定性、适应性及可成型性。采用机织、针织、编织和非织造工艺制成的结构织物，能巧妙满足各种不同的性能要求。可根据复合材料性能的要求，选择不同的预制体。

4.1 炭纤维预制体结构与特性

结合线性度、整体性和连续性等方面综合考虑，可将纤维预制体分为四类：非连续结构、一维连续结构、二维平面结构和三维整体结构，如图4-1所示[1]。

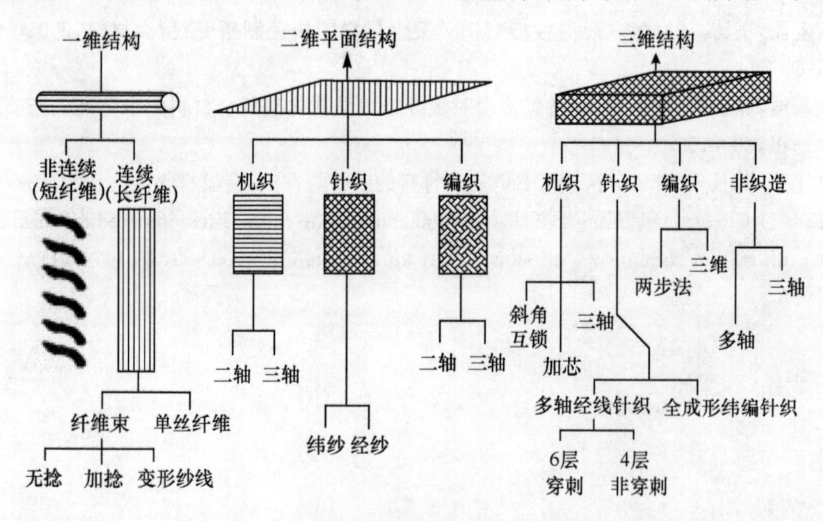

图4-1 纤维预制体的几种基本结构[1]

第一类非连续的纤维预制体主要是以短纤维、晶须等组成的各种毡。由于在宏观尺度上无法控制纤维和晶须的排列方向，因此由这类预制体所构成的复合材料具有各向同性的特点，但力学性能较低，很少作为结构件使用。

第二类是由连续纤维或纤维束沿同一方向排列而成的预制体，显然由这种结构得到的复合材料具有明显的各向异性。沿纤维排列方向的性能较高，而垂直纤维方向的性能较低。

第三类预制体是由纤维布叠加而成的，与第二类结构相似，由于纤维布之间缺乏纤维连接，复合材料的层间剪切强度较低。

第四类为三维空间结构，纤维束分布于三维空间，所得到的复合材料具有十分优异的力学性能。

4.1.1　连续纤维编织预制体

1. 机织结构预制体

机织结构预制体由两个相互垂直排列的纱线系统按照一定的规律交织而成。其中，平行于织物布边、纵向排列着的纱线系统称为经纱；与之垂直、横向排列的另一个纱线系统称为纬纱[2]。

机织结构预制体在经向和纬向都展示出很好的稳定性，在织物厚度方向（相当于纱线直径的两倍）具有很高的不变密度或纱线聚集密度。当前用于复合材料单纯或混杂的机织织物是简单结构，如平纹、席纹、斜纹和缎纹等。机织适用于窄幅或宽幅，筒状或平纹的多经纬结构（如双层织物或三层织物等），以及带或不带纬纱（无交织）的纱线体系。与复合材料产品设计相联系，机织织物的缺点是各向异性，限制适应性，面内抗剪切性能弱，难于织制开口构件，且由于纱线交错卷曲皱缩降低了纱线对纤维拉伸性质传递的有效性。幸好模量很高的纱线在双轴承载的纱线体系能避免弯曲。含有大量纱线的相当厚的多层经向/多层纬向织物中，可以很少纱线皱缩或者没有卷曲。三纱线体系交织角为 60°，即形成三轴向机织，为各向同性，面内剪切刚度高，均匀一致，且能制成开孔结构。

2. 针织结构预制体

针织结构预制体是由一系列纱线线圈相互串套连接而成的，其基本单元为线圈。针织织物结构可变化，提供所有方向的拉伸，因此适合用深拉模压的复合材料。纬编针织可设计在某一特定方向拉伸，通过纬衬（非针织）纱线体系，可设计在这一方向有稳定性而在另一方向有变形能力。采用纬衬纱线体系在双轴特别是经纬向可得到最大的稳定性。由于能很好地保持纱线的性能以及易于适应设计性能（从整体尺寸稳定到工程方向的伸长）的要求，纬纱镶嵌在经纱中特别适合于某些复合材料的应用。再者，纬纱镶嵌在经纱并带有纬衬体系，比机织织物提供更高的纱线对纤维拉伸性质传递有效性、更大的面内抗剪切性能和更好的开孔加工性；同时，经编针织提供织造更宽织物和更大产量的可能性。纬编针织可提供特别尺寸和形状的织物，原材料浪费最少。针织的主要缺点是纱线消耗量大，以及织物厚度满足不了个别应用要求(大于直径纱线的 3～5 倍)[2,3]。

3. 编织结构预制体

编织是由若干携带编织纱的编织锭子沿着预先确定的轨迹在编织平面上移动，使所携带的编织纱在编织平面上方某点处相互交叉或交织构成空间网络结构。二维编织是指加工的编织物厚度不大于编织纱直径三倍的编织方法；三维编织是指所加工的编织物的厚度至少超过编织纱直径的三倍，并在厚度方向有纱线相互交织的编织方法。

编织结构预制体具有稳定性和可成型性，可制成空心管、填充管、板和不规则形状板材。收放针成型编织是一种特别形式的编织。带有轴向或径向纱线的编织结构具有纱线体系方向的拉伸稳定性。机械编织的宽度、直径、厚度和形状选择都受到限制。

4. 非织造结构预制体

非织造是一种将纤维直接加工成织物的方法，即将短纤维或者连续长丝进行随机排列(定向或者杂乱)形成纤网结构，然后用机械、热学或者化学方法等加固，形成所谓的非织造结构。非织造结构工艺的基本要求是力求避免或减少纤维形成纱线再加工成织物的传统工艺，而是以纤维为对象，在纤维的基础上直接加工成纤维网，因此它比传统的加工工艺更能体现高效和低成本的特点。

非织造结构预制体具有纤维间孔径小、孔隙率大、对角拉伸抗变形能力强、伸长率高、覆盖性和屏蔽性好、结构蓬松、手感柔软等特点。但是，若对复合材料的性能有较高的要求，或者是强调材料性能的可设计性，作为复合材料的纤维增强形式，非织造结构并不是常用的选择。然而，若从加工成本和效率等方面来看，非织造结构预制体的加工工艺和产品却具有相当强的竞争优势，其中针刺毡是应用较广泛的一种非织造结构预制体。

5. 三维正交结构预制体

三维纤维预制体的制备方法主要有三维机织(weaving)、非织造三向正交(nonwoven orthogonal)、三维针织(knitting)和三维编织(braiding)四种，图 4-2 所示为这四种方法制备的纤维预制体的基本结构。

与历史悠久的三维机织相比，正交结构预制体是 20 世纪的产物，应用于航天的特殊复合材料构件。三维正交结构预制体的制造包括用预制体预先排列好或用纱管作为一固定轴形成轴向纤维。平面内的纱线正交交替地引入，形成三维结构。通过不同轴向纱的预先排列，即可制成不同形状不同密度的三维预制体。

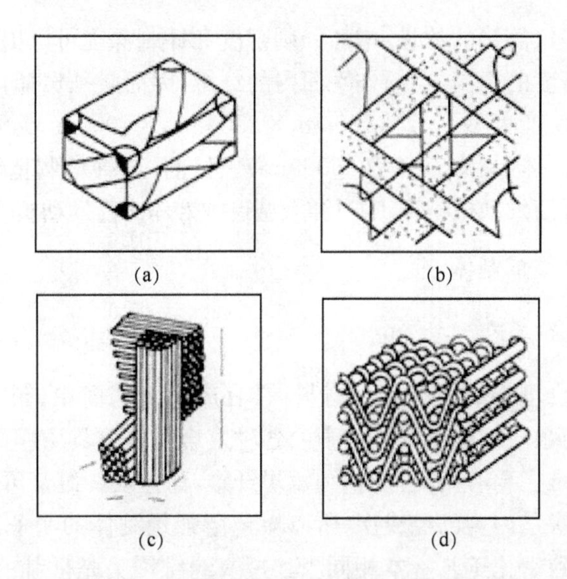

(a)　(b)　(c)　(d)

图 4-2　三维纤维预制体基本结构单元中纤维排布方式[1]

(a) 三维机织；(b) 非织造三向正交；(c) 三维针织；(d) 三维编织

6. 针刺预制体

值得指出的是，上述四种方法在制造三维纤维预制体方面都存在成本昂贵的共同问题。为了降低制造成本，以法国 SEP 公司为代表开发出一种 Novoltex 结构(图 4-3)：将无纬布沿 0°/90°铺层，在相邻无纬布之间铺上一层由定长无序结构构成的纤维胎网，按照“无纬布—胎网—无纬布—胎网”方式铺层到一定厚度时进行接力式针刺，它采用专门设计的带有倒钩的针，对每一层一维纤维层或正交纤维织物层进行针刺，倒钩挂住的纤维随刺针的刺入而向毡体内部运动，当刺针从毡体内部退出时，钩刺上的纤维由于摩擦等作用保留在毡体内部而成为垂直方向的纤维，由于刺入的纤维与层面内的纤维呈环套，从而把多层纤维结合成为一个整体。

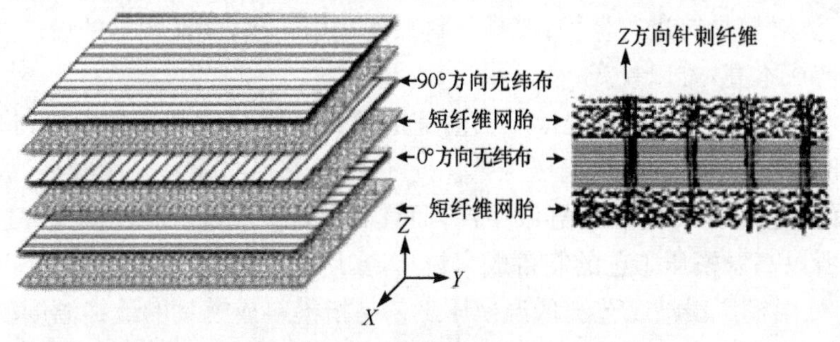

图 4-3　Novoltex 结构示意图

通过改变刺针型号、倒钩的数量、增加针刺密度和针刺深度可以提高垂直方向纤维的含量,但针刺密度的提高,会损伤平面内的纤维,因而必须选择合理的工艺参数。这种方法不仅能生产大型平板毡(60mm×2500mm×7000mm),而且能生产锥形和圆筒形纤维预制体(最大直径为2600mm)。目前,这种针刺毡已广泛应用于飞机刹车盘、小型火箭发动机喷管、喉衬和大型运载液体火箭发动机喷管扩张段[3~5]。

4.1.2 非连续纤维预制体

1. 预制体制备工艺

不连续炭纤维增强的各种复合材料,具有成型工艺简单、制备成本低廉等特点,使得其应用前景较连续炭纤维增强的各种复合材料更具诱惑力。

不连续炭纤维主要有两类:炭毡和短炭纤维,而短炭纤维又可分为短切炭纤维和磨碎炭纤维。炭毡因为已经成型,所以炭毡增强预制体的制备工艺与连续炭纤维增强预制体的致密化工艺基本相同[6]。短炭纤维因为是散乱的,所以首先必须模压成型制成预制体或制品,然后根据实际情况决定是否进行致密化处理、炭化处理、高温热处理,即石墨化处理或改性处理等。

(1) 超高温模压工艺。超高温模压工艺是指模料或模具的最终温度达到了炭素材料石墨化温度(1800℃以上)时集模压、炭化和石墨化于一体的一种模压工艺。采用此工艺制备短切炭纤维增强预制体的工艺路线[7,8]为:①将不同配比的石油焦(粒度小于10μm)和煤焦油沥青(软化点约为176℃)放入球磨机中,球磨混合10h;②将混合粉末与分散的短切PAN基炭纤维(长度为6~10mm)初步混合,再在混炼机上混合均匀;③将混合好的材料装入石墨模具中进行模压成型;④在热压机上利用电阻加热法对其进行炭化和石墨化,当模温达到2200~2600℃时,在1~2h内加压到2~25MPa。而且文献[8]认为当短切炭纤维含量为30%、沥青含量为34%、石油焦粉的含量为36%时,C/C复合材料的综合性能最佳。但该工艺明显存在以下不足:工艺过程复杂,生产效率低下;需要特殊的加热装置,且必须采用惰性气体对模具等进行保护;模具材料只能选用石墨,因而模具的设计及制造费用高;生产成本高,难以投产。

(2) 高温模压工艺。高温模压工艺是指模料或模具的最终温度达到900℃时集模压和炭化于一体的一种模压工艺。此工艺所采用的模具温度较高,故模具材料的选择余地很小,难于组织连续生产,而且需要对炭质混合料及模具等进行防氧化保护,所以高温模压工艺的制备成本较高,实用性较差。

(3) 低温模压浸渍工艺。低温模压工艺是指模料或模具的最终温度稍高于黏结剂树脂或沥青软化点(为120~400℃)时的一种模压工艺。由于用模压工艺制备的预制体的体积密度较低,因此单纯用模压工艺生产的制品还常常需要进一步的致密化处理，如浸渍-炭化、CVI 等，因而制备成本较高。沈曾民课题组[9]采用了低温低压模压工艺，将 60%(质量分数)短切 PAN 基炭纤维和 40%(质量分数)改性煤焦油沥青的混合物模压成型，制成了体积密度为 1.48g/cm^3 的 C/C 复合材料生坯，其中模压温度为 310～350℃，模压压力为 10MPa。炭化后该样品的体积密度仅为 1.12g/cm^3，随后对此样品重复进行了四次沥青浸渍和炭化，最终密度才达到了 1.61g/cm^3，此时试样的抗压强度和抗弯强度分别为 100MPa 和 17MPa，而且还指出在沥青基炭纤维和 PAN 基炭纤维制备的 C/C 复合材料中，前者的致密化效率明显高于后者。

(4) 低温模压-CVI-浸渍工艺。低温模压-CVI-浸渍工艺流程[10]为：切短炭纤维→模压成型→CVI 沉积→浸渍树脂→炭化→石墨化，其中浸渍和炭化反复进行多次。石墨化温度各为 2200℃、2500℃和 2700℃。试样物理性能的测定结果表明：随石墨化温度的升高，C/C 复合材料的导热系数增大到一定程度后，趋向于稳定。而且由于平行方向炭纤维趋向占优势，因而平行方向的导热系数[182W/(m · K)]约是垂直方向的三倍。

(5) 冷模压工艺。冷模压工艺是指模料或模具的温度接近于室温时的一种模压工艺。采用冷模压工艺制备短切炭纤维增强 C/C 复合材料的具体工艺路线[11]为：①炭纤维的表面处理，将炭纤维加入预定温度的浓硝酸中，反应预定时间后取出，并煮洗、烘干；②混合磨碎，将质量配比为 2 : 1 的石油焦(粒度小于 325 目)和煤焦油沥青(软化点约为 176℃)球磨混合 10h；③混合粉末与炭纤维混合，将质量分数为 10%的短切 PAN 基炭纤维(8～10mm 长)与混合粉末初步混合，再在混炼机上混合均匀；④冷模压成型，模压压力为 100MPa，保压时间为 10min；⑤炭化处理，将成型后的生坯在 73h 内，按一定的升温曲线升温到 800℃，并保温 3h；⑥石墨化处理，炭化样品于 4h 内升温到 2600℃，并保温 10min。实验结果表明：随炭纤维表面处理时间的延长和温度的升高，其弯曲强度缓慢增加，而且在同等条件下，石墨化后的抗弯性能稍大于石墨化前(既炭化后)的抗弯性能。尽管对短炭纤维进行了表面硝酸氧化处理，且短炭纤维的质量分数高达 10%，但 C/C 复合材料的抗弯性能仍较低(最大抗弯性能小于 30MPa)，造成这种现象的原因估计与混合时短切炭纤维的长度过分变短有关。

短纤维模压预浸料制备工艺方法较多，图 4-4 为美国 ABS 公司(Aircraft Braking Systems Corporation)的短纤维模压 C/C 刹车盘工艺示意图[12]。纤维束从线轴经过打捻器得到纤维绳，通过分散头把多个纤维绳均匀分散，经切刀切短后杂乱地散落在已装有树脂的模压型腔内，底部圆盘传输器能保证短纤维绳杂乱且均匀落入模腔内，当短纤维绳达到重量后热压成型，预成型后再次浸入树脂，并用专用夹具定型放入烘箱固化成型，再炭化、致密化、机加工至成品。

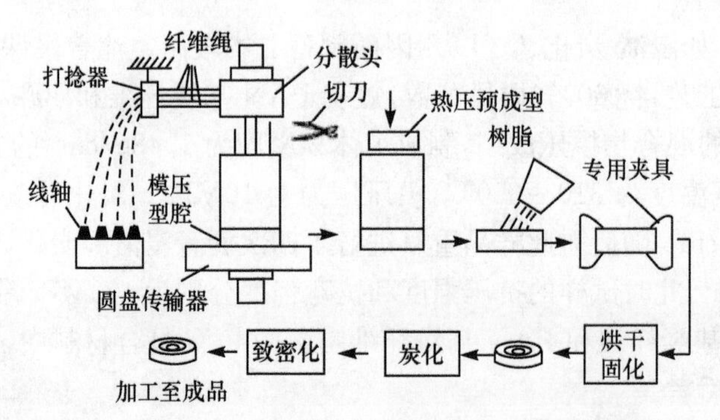

图 4-4　美国 ABS 公司的 C/C 刹车盘工艺示意图[12]

另外，短纤维模压预浸料的制备可以利用无纬布制造工艺，将连续的预浸料经切割机构切短后制得。连续的预浸料制造又有溶剂法和热熔法之分[13]。溶剂法制备炭纤维预浸料是将多个丝束的炭纤维束经过校正篦子排列成单一方向浸入盛有胶液的胶槽内，再经两挤胶辊引出后，通过多道热压辊，收卷后再切短至所需长度。这里挤胶辊和热压辊都是需要油供热的。热熔法浸渍工艺大体有三个工序：混料、涂模和热熔浸渍。将树脂、固化剂和填料在一定温度下搅拌均匀后热涂敷在剥离纸上再进入热熔浸渍工序。该方法制备工序较繁杂，所需设备庞大且复杂，附加材料(如剥离纸)费用也比较昂贵，而且热压辊都是由热油供热的，需要一套油加热循环系统。

2. 预制体均匀化技术

虽然短纤维模压预制体成本低，生产周期快，但是不连续炭纤维增强复合材料的力学性能和理化性能较低，这在很大程度与其制备工艺密切相关，而在其制备工艺中，不连续炭纤维与基体材料的均匀化技术则显得尤为重要[14]。

均匀化是指物料在外力(重力及机械力等)作用下发生运动速度和方向的改变，使各组分原料得以均匀分布的操作过程。均匀化一般又称为混合，有时也称为搅拌、捏合或混炼。在混合机中，物料均匀混合的作用方式一般认为有以下三种：移动混合、对流混合、剪切混合[15]。

要充分发挥不连续炭纤维增强复合材料的各种性能。首先就必须解决好炭纤维与基体材料的均匀化技术，也就是说：炭纤维既要均匀地分布于复合材料中，又要保证炭纤维和其他原料在混合时不至于过分碎化；同时根据需要，短炭纤维的体积分数要尽可能地大。然而炭纤维直径太细(一般为 7μm 左右)，横向受剪时极易折断[16]，而且混合时也易于成团，使得制备复合材料时炭纤维与基体材料的均匀混合变得更加困难。混合有干混和湿混之分，由于湿混(加载液)对混合物中炭纤维的损伤程度较轻，因此制备短炭纤维增强复合材料时，采用的均匀化方法基本都属于湿混法。

(1) 预制体均化法。预制体均化法是一种很特殊的均匀化技术,其技术基本类同于连续炭纤维增强炭复合材料的制备工艺。具体地讲就是将充分分散的短炭纤维制成预制体(或炭毡),或利用商品化的炭毡做预制体,再对其进行浸渍处理、CVI处理或联合处理等。要保证短炭纤维充分地均布于基体材料中,所选用的预制体的孔隙率及孔隙的均布程度就显得非常重要。浸渍材料可以选用液态硅、沥青、树脂及盐类等材料。用此法制备的复合材料,具有炭纤维无损伤、纤维均布性好等优点,但其制备周期长、工艺灵活性小、生产成本高等弊端,使其应用范围受到很大的限制。而将短炭纤维和其他的原料混合均匀[17,18],如采用粉末冶金法[19,20]或模压成型法制备的短炭纤维复合材料,则具有制备工艺简单、零件设计灵活、易批量生产[21]、生产成本低廉、应用范围广阔等特点。

(2) 研磨均化法。研磨均化法是指利用各种研磨(如球磨、振动磨、搅拌磨、棒磨、胶体磨等)设备将定量的短炭纤维与其他的材料在室温下均匀混合的一种方法。湿混球磨工艺可以很好地将短炭纤维均匀地分散于基体材料中。但研磨混合对炭纤维的损伤程度最大,从而使得炭纤维的长度明显变短 ,增强增韧效果下降。此外,研磨均化法的混合时间一般要大于10h,且工艺适应性差,生产成本较高。

(3) 混捏均化法。混捏均化法是指将高黏度的液体与固体粉料混合成糊料的一种均匀化过程,其目的是使液相在粉料中分散,混捏有时也称作捏合或混炼。对于只有通过加热才能将室温下呈固态存在的沥青、尼龙、ABS塑料和树脂等变成液体的材料,常常采用带有加热装置的混合机,即混捏机,将它们与其他的固体粉料混合均匀[22,23]。文献[11]将短切炭纤维、沥青和石油焦粉在混炼机上混合均匀,并通过模压成型制成短切炭纤维增强的炭/炭复合材料。混捏均化时,混合料的黏度较大,且混合时间一般大于30min,因而混捏均化法对炭纤维的损伤程度较大,纤维均匀化的效果较差,而且工艺操作性欠佳。

(4) 溶胶均化法。溶胶均化法是指将短炭纤维加入其他材料制成的溶胶体系中,通过搅拌实施均匀混合的一种方法。由于其他材料需要制成溶胶,故事先它们已被磨成很细的、且没有尖锐棱角的粉粒(平均粒径小于1μm),因而溶胶体系对炭纤维的损伤程度最小。但是此法需要通过研磨制备溶胶,因而工艺的适用性很不好,生产成本较高。

(5) 搅拌均化法。搅拌均化法是指利用各种搅拌设备(如铸造业的混砂机、化工业的分散机、建筑业的搅拌机等)使各组分物料均匀地分散于液相载体中的一种混合操作过程,由于混合物的黏度较小,故炭纤维的损伤程度较混捏均化法的要小。俄罗斯学者[24]将短切炭纤维于水中分散,同时加入相应量的沥青进行搅拌混合,过滤掉水分后,再经热压成型(140~200℃)和炭化工艺,制备出短炭纤维增强的低密度炭做复合材料样品,而且样品中炭纤维杂乱分布,纤维的体积分数也可根据模压压力进行调节。由于搅拌均化法可随时通过调节载液的加入量控制混合物合适的稠黏程度,因而在所有的均化法中,搅拌均化法的工艺适用性和操作便利性最好,生产成本最低。此外在制备短炭纤维复合材料时,也可以采用多种均化法,如先后使用超声波、研磨、搅拌等均化法[25]。

目前,美国制造的军机及商用MD-90飞机均采用了短纤维模压预制体制备炭刹车盘。姜海等[26]通过对短纤维预浸料模压工艺过程中的加压温度及压制压力工艺参数研究,研究了短纤维模压预制体的制造工艺。结果表明:在加压温度为130℃及10MPa的压制压力下,制备的MD-90飞机刹车盘用预制体为最佳。压制过程中仅少量的树脂随气体排出流失,压制后外观较好(图4-5)。

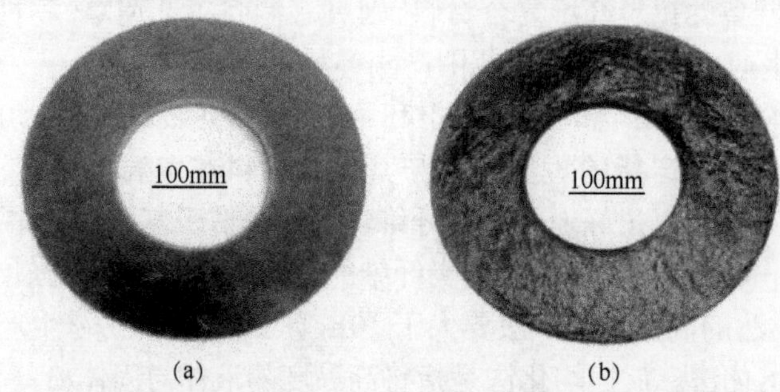

(a) (b)

图4-5 短纤维预浸料模压制备的刹车盘炭纤维预制体形貌[26]

(a) 压制后;(b) 预制体热处理后

肖鹏等[27,28]等采用模压-炭化-浸渍增密工艺制备得到炭纤维预制体。首先将短切30mm炭纤维在模具中预成型,然后将配制好的树脂酒精溶液倒入模具中,使炭纤维充分吸附上树脂酒精溶液,再置于烘箱中干燥,使酒精挥发,在炭纤维表面留下均匀的树脂。在170℃下模压预成型体制得坯体,再经过固化、炭化、浸渍增密得到最终C/C多孔体,结果表明:采用模压-炭化-浸渍增密工艺制备的C/C多孔体较另两种针刺预制C/C多孔体具有高的气孔率和少的闭孔;炭纤维和孔隙分布更加均一,没有大的孔隙(图4-6)。

(a) (b)

图4-6 短纤维预浸料模压制备的刹车盘炭纤维预制体形貌

(a) SEM;(b) OM

4.2　炭纤维预制体的致密化

致密化技术是制备 C/C 多孔体的关键。C/C 多孔体的致密化方法主要分为两大类:碳氢化合物气体的气相渗透工艺及树脂、沥青的液相浸渍工艺。

4.2.1　气态先驱体

气态先驱体是指碳氢化合物(C_xH_y)气体,如丙烷、甲烷和天然气等。气态先驱体在高温炉内经热解、缩聚等复杂过程使炭沉积在基体(如石墨材料等)上而制成热解炭。热解炭主要用于制作火箭喷管喉衬、电子管栅极以及炭质心脏瓣膜、炭质骨或关节、核燃料球的涂层等。

热解炭按生产工艺条件的不同,可分为高温热解炭和低温热解炭。高温热解炭的沉积温度较高(1800℃以上),炉内气体压力(炉压)较低(十几毫米汞柱,1mmHg=0.133kPa),基体一般是静止的;低温热解炭的沉积温度较低(1500℃以下),炉压较高(十几至 760mmHg),基体有静止的(如以炭纤维编织物为基体制造的 C/C 复合材料)和非静止的(如用流化法制造的热解炭材料)[29]。

图 4-7 为炭/炭复合材料中热解炭的显微结构,热解炭的自然表面上有圆形小凸起[图 4-7(a)],其显微结构一般分为光滑层、粗糙层和各向同性。光滑层热解炭的不同干涉色之间一般无明显的界限[图 4-7(b)],或黑白颜色之间无明显的界限;粗糙层热解炭的不同干涉色之间常有较明显的界限[图 4-7(c)],或黑白颜色之间界限分明;各向同性热解炭的干涉色始终呈紫红色[图 4-7(d)中 1 所在区域][29]。在三种结构形态的热解炭中,粗糙层热解炭具有易石墨化、强度大、热导率高,热膨胀系数低等特点,因此粗糙层热解炭的抗热震能力是三种结构形态中的最佳者。

C/C 复合材料中热解炭的显微结构与炭纤维附近的气相成分等因素有关。一般来说,随着气相中 C/H 原子比的减小,热解炭的结构形态将依照光滑层→粗糙层→各向同性的顺序进行变化。这就是说,在基体(炭纤维编织物)的表层处(C/H 比较高)是最容易见到光滑层热解炭的。

4.2.2　液态先驱体

炭纤维预制体的液态先驱体主要包括树脂和沥青两种。树脂浸渍工艺的典型流程是:将预制增强体置于浸渍罐中,在真空状态下用树脂浸没预制体,再充气加压使树脂浸透预制全体,然后将浸透树脂的预制体放入固化罐内进行加压固化,随后在炭化炉中保护气氛下进行炭化。由于在炭化过程中非碳元素分解,会在炭化后的预制体中形成很多孔洞,因此,需要重复以上浸渍、固化、炭化步骤多次,以达

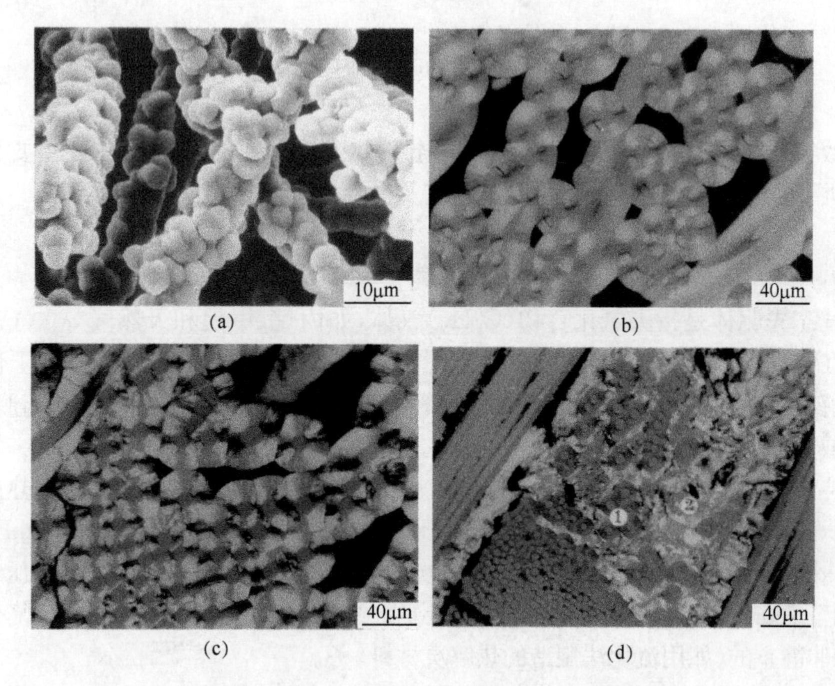

图 4-7 炭/炭复合材料中的热解炭的显微结构[30]

(a) SEM;(b) 光滑层热解炭;(c) 粗糙层热解炭;(d) 各向同向热解炭(1 点所示)

到致密化的要求。沥青浸渍工艺与树脂浸渍工艺类似,不同之处是沥青需要在熔化罐中真空熔化,随后将沥青从熔化罐注入浸渍罐进行浸渍。浸渍用前驱体需精心选择,它应具有残炭率高、黏度适宜、流变性好等特点。许多热固性脂具有较高的残炭率,如酚醛树脂、呋喃树脂、聚酰亚胺、聚苯撑与聚苯撑氧等。大多数热固性树脂炭化后形成的树脂炭很难石墨化。但在高温高压作用下,树脂炭也会出现应力石墨化现象。除热固性树脂外,某些热塑性树脂也可作为基体炭的前驱体,如聚醚醚酮(PEEK)、聚醚酰亚胺(PEI)等。

与树脂炭相比,沥青炭较易石墨化。沥青前驱体应具有低软化点、低黏度和高残炭率的特点,在常压下沥青的残炭率为 50%左右。Fitzer 等研究指出沥青炭化时压力作用可明显增加残炭率,在 100MPa 氮气压力下残炭率可高达 90%,据此,发展了热等静压浸渍-炭化工艺。该技术不仅可以提高残炭率,降低可浸渍预制体孔隙尺寸,而且可有效防止沥青被热解产生的气体挤出气孔隙外,从而大大提高了致密化效率。

1. 树脂炭

采用树脂浸渍/炭化法制备 C/C 多孔体复合材料,关键技术问题是树脂的浸渍/炭化过程及机理。以有机物为原料，制成的各种炭素材料都必须经过炭化过程。在高温加热条件下，有机化合物中所含有的氢、氧、氮等元素的组成被分解。碳原子不断环化、芳构化，结果使氢、氧、氮等原子不断减少，碳不断富集。

(1) 酚醛树脂。酚醛树脂具有热压之后脱模变形小、高温分解条件下的热变形小、分解生成炭的温度低、残炭率高等优点，同时由于其原料易得，合成方便，性能能够满足多种使用要求，因此在工业上得到了广泛的应用[30]。酚醛树脂可以根据合成条件和固化原理的不同分为两类：热固性酚醛树脂和热塑性酚醛树脂。热固性酚醛树脂可以在加热条件或酸性条件下固化，也称为一阶树脂。热塑性酚醛树脂可溶、可熔，需要加入固化剂后才能进一步反应生成具有三维网状结构的固化树脂，它又称为二阶树脂。

以西安太航阻火聚合物有限公司生产的FB树脂为例，其性能如表4-1所示。酚醛树脂在10℃/min升温速率下的差热-热重分析曲线(DSC-TGA)和炭化过程中分解产物的示意图分别如图4-8所示。由TGA曲线可知，酚醛树脂的炭化过程明显分为四个阶段[27,31]。

第Ⅰ阶段为室温～200℃的固化阶段，此阶段失重为15%左右。差热曲线(DSC)上在82.3℃和105.3℃有两个吸热峰，分别对应于两个苯环上的羟甲基之间、一个苯环上的羟甲基和另一个苯环上的邻位或者对位的活泼氢反应分解产生NH_3和H_2O的过程[30]。

表4-1　FB酚醛树脂的主要性能指标[32,33]

残炭率/%(900℃)	游离酚	凝胶速度/(s/200℃)	氧指数	分解温度/℃	线烧蚀率/(mm/s)	质量烧蚀率/(g/s)
≥60	<10%	70～120	48.5	≥500	−0.079	0.0333

第Ⅱ阶段为200～500℃，此阶段失重较小，温度范围较大。主要是因为含有硼的三维交联网状结构的固化树脂中，B—O键键能高于C—C键键能，提高了酚醛树脂的耐热性能。此过程主要分解产生N_2O和H_2O。

第Ⅲ阶段为500～700℃，是树脂的主要分解炭化阶段，此阶段失重约12%。DSC曲线上在581℃有一个放热峰。此阶段发生剧烈的热分解和缩聚反应，树脂内部的苯环、羟基和亚甲基发生一系列复杂的裂解、重排，芳环的取代度渐增，树脂内苯环之间相互连接成多苯稠环结构，最后向石墨微晶结构转化，有H_2O、H_2、CO、CH_4和CO_2等热解产物挥发。

第Ⅳ阶段700℃至炭化结束(850℃)，是热解的收尾阶段。主要是芳香烃脱氢反应，气体逸出较少，一直到炭化结束，失重仅为3%左右。850℃时整个过程树脂的残炭率为63%左右。

由以上分析可知，在制备以该树脂为黏结剂的坯体炭化过程中，由于酚醛树脂在第Ⅰ和第Ⅲ阶段的失重速率较大，升温不能过快。如果升温太快，则炭化反应剧烈，短时间内会产生大量气体产物，气态产物的迅速释放及气体通道受到固体树脂的阻碍，容易引起材料的分层和裂纹。而第Ⅱ和第Ⅳ阶段由于失重速率较小，升温速度可以适当加快。

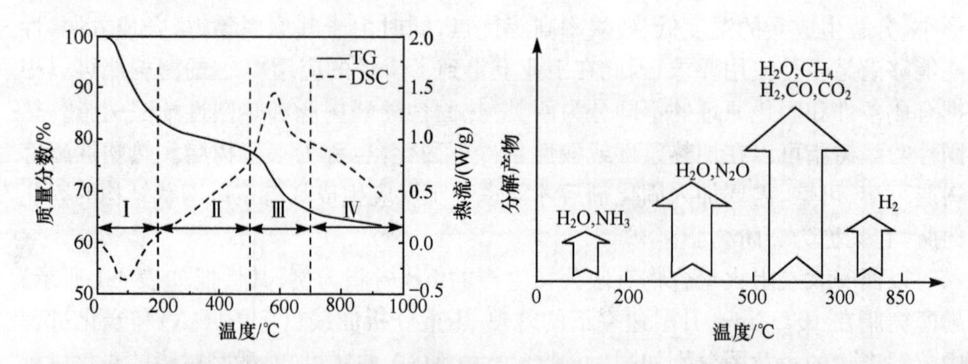

图 4-8 酚醛树脂的差热-热重分析(DSC-TG)曲线和炭化过程中分解产物示意图

图 4-9 为酚醛树脂固化及炭化后的断口显微形貌。由图可知，固化后的树脂致密，断面有较多的台阶存在，呈台阶状断裂。而炭化后的树脂炭中存在气体分解产生的孔洞，同时由于体积收缩而产生了微裂纹。

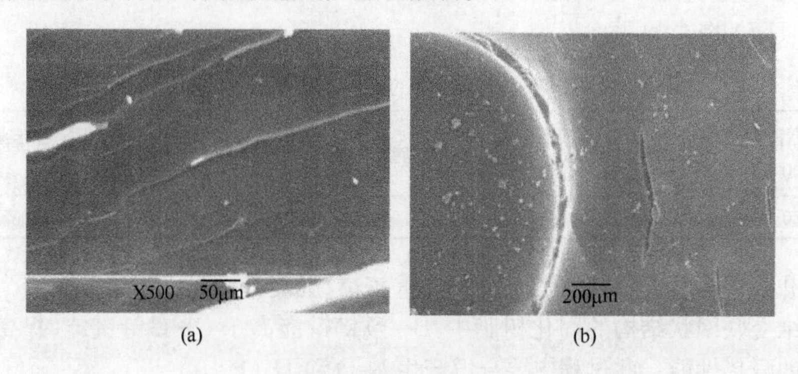

图 4-9 酚醛树脂固化和炭化后的显微形貌

(a) 固化；(b) 炭化

(2) 呋喃树脂。呋喃树脂是由糠醛或糠醇本身进行均聚或与其他单体进行共缩聚而得到的缩聚产物，这类树脂的品种很多，其中以糠醛苯酚树脂、糠醛丙酮树脂及糠醇树脂较为重要。

本研究中采用常熟市杜威化工有限公司生产的呋喃树脂，其主要性能指标如表 4-2 所示，该呋喃树脂在 10℃/min 升温速率下的差热-热重分析曲线(DSC-TGA)如图 4-10(a)所示。

表 4-2　呋喃树脂的主要性能指标

残炭率/%(900℃)	黏度/mPa(25℃)	含水率/%	灰分/%	固化时间/h(30℃)	pH
63	40～150	≤1	≤3	略小于 24	7±1

由呋喃树脂的 DSC-TGA 曲线可知，在采用树脂浸渍-炭化法制备 C/C 多孔体材料的炭化过程中，由于在室温至 200℃及 300～500℃的失重速率较大，升温不能过快。而 200～300℃及 500℃以后由于失重速率较小，升温速度可以适当加快。

图 4-10(b)是呋喃树脂在炭化过程中分解产物的示意图。由 TGA 曲线可知，呋喃树脂热分解可分为四个阶段。

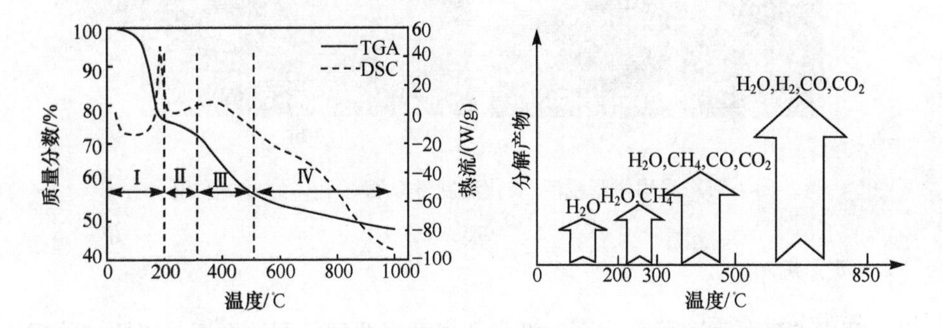

图 4-10　呋喃树脂的差热-热重分析(DSC-TGA)曲线和炭化过程中分解产物示意图

第Ⅰ阶段为室温～200℃，为固化阶段，此阶段失重为 23.8%。差热曲线(DSC)在 185.7℃有个吸热峰，是自由氢氧基形成水分子挥发出来导致的。

第Ⅱ阶段为 200～300℃，此阶段失重较小，主要是甲基基团断裂形成 CH_4，这个过程一直持续到 500℃左右。

第Ⅲ阶段为 300～500℃，是呋喃树脂的主要分解炭化阶段。在 300～500℃，呋喃环发生断裂，生成 H_2O、CO 和 CO_2。温度达到 400℃以后，呋喃环残片开始芳香化，形成芳香族化合物，此过程中还伴随着水和碳的氧化物的释放，但是生成甲烷的量减少，甚至消失。

第Ⅳ阶段为 500℃以后到炭化结束，是热解的收尾阶段，主要是芳香烃脱氢反应，气体逸出较少，一直到炭化结束，失重不明显。850℃炭化后树脂的残炭率为 50.1%左右。同时由于温度达到 200℃以后，主要是各种小分子化合物的生成以及呋喃环的芳香化，进而形成芳香族化合物，所以 200℃以后反应一直处于放热状态。

图 4-11 为呋喃树脂浸渍炭纤维预制体并炭化后的 SEM 照片。由图可知，炭化后材料内部出现了分布于网胎层和针刺纤维束附近的大量气孔以及贯穿无纬布层的裂纹[图 4-11(a)]，并且这些贯穿裂纹像网格一样将材料内部分割成许多局部致密的 C/C 单元体[图 4-11(b)]。这主要是因为酚醛树脂高温分解过程中，随着

分子的裂解和 H_2O、CH_4、CO、H_2、CO_2 等气体放出，酚醛树脂转化为非晶态的炭基体，而其残炭率只有 60%左右，使得树脂出现较大的体积收缩，导致孔隙与裂纹的形成。另外，高温下(>505℃)炭纤维与树脂基体的热膨胀系数失配，导致纤维束之间产生沿纤维径向的拉应力，随温度的升高应力增大，导致纤维束之间分割，形成裂纹贯穿的、由局部致密的亚结构 C/C 单元体组成的网格状材料。

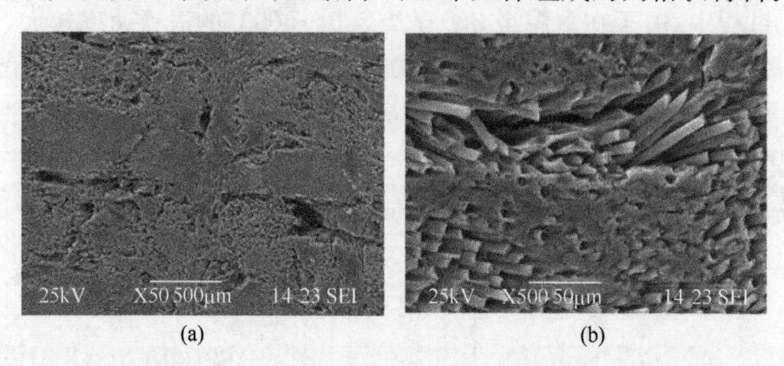

(a) (b)

图 4-11 采用树脂浸渍/炭化法制备 C/C 多孔体的显微形貌

2. 沥青炭

按沥青的来源大致可分为石油沥青和煤沥青两种。石油沥青是以原油的减压渣油(VR)、流化催化裂解渣油(FC-DO)、热解渣油、石脑油裂解中的乙烯焦油等作为原料，经热处理使之缩聚生成的。煤沥青是煤干馏所得的煤焦油经蒸馏和提取轻质组分后的残渣。根据软化点不同可分为低温煤沥青(约 70℃以下)、中温煤沥青(70～90℃)、高温煤沥青(90℃以上)[34]。

煤沥青是一种组成与结构非常复杂的混合物，而且生产煤沥青的原料和工艺过程不同，煤系沥青的结构也不同。它的确切成分尚不清楚，但其基本结构单元是多环(三环以上)、稠环芳烃及其衍生物。很难从煤沥青中分离提取单独的具有一定化学组成的物质。在已查明的化合物中，其中大多数为三环以上的高分子芳香族碳氢化合物，以及多种含氧、氮、硫等元素的杂环有机化合物和无机化合物，还有少量直径很小的炭粒。

鉴于煤沥青组成的复杂性，常采用族组分分析法(溶剂组分分析法)来表征它的特性。族组分分析法利用相似相溶原理将煤沥青分离为若干个具有相似物理化学性质的族组分。了解不同组分分布以及各组分不同的物理、化学性质，即可在某种程度上了解煤沥青的组成情况和一些性质。用于煤沥青族组分分析的溶剂有很多，常用的有喹啉、吡啶、四氢呋喃、苯、甲苯、正庚烷、石油醚、丙酮、汽油等。目前最常用的是用喹啉和甲苯两种溶剂将沥青分成三种组分，其中不溶于喹啉的物质称为 QI 或 α 树脂，溶于喹啉而不溶于甲苯的物质称为 TI-QS 或 β 树脂，溶于甲苯的组分称为 TS 或 γ 树脂[35]。

煤沥青作为 C/C 复合材料的基体前驱体时，是通过多次的浸渍炭化循环以达到一定的密度而符合使用要求的。因此，提高煤沥青的浸渍效率可以减少浸渍炭化次数。在研究煤沥青浸渍效率时，一方面希望煤沥青中 QI 含量少，QI 含量少的煤沥青流变性能好，有利于煤沥青浸入 C/C 复合材料细小的孔隙，从而提高增密效果；另一方面，希望煤沥青中 QI 含量多，QI 含量多的煤沥青残炭率高，浸入相同量的煤沥青，残炭率高的有利于浸渍增重。

表 4-3 为浸渍剂沥青(低 QI 含量，专门针对浸渍生产)、中温煤沥青(中 QI 含量，工业上浸渍常用)和高温煤沥青(高 QI 含量)的基本性能。从表 4-3 可以看出，随着煤沥青软化点升高，煤沥青中 TI-QS、QI 组分含量增加，TS 组分含量减少。表现为软化点最高的高温煤沥青的 TI-QS、QI 组分含量最多，TS 组分含量最少。说明软化点可以反映出构成煤沥青的分子组成分布情况，软化点高的煤沥青分子聚合度较大，中大分子分布较多，软化点低的煤沥青含轻质组分较多，中小分子比例较大。

表 4-3　三种煤沥青的性能指标

	SP /℃	w(TS)/%	w(TI-QS)/%	w(QI)/%	w(CY)/%	密度(g/cm^3)
高温煤沥青	112	71.28	22.85	5.87	60.96	1.31
中温煤沥青	85	84.50	12.18	3.32	51.11	1.28
浸渍剂沥青	83	91.21	8.06	0.73	49.45	1.27

注：SP-软化点；TS-甲苯可溶物；(TI-QS)-甲苯不溶喹啉可溶物；QI-喹啉不溶物；CY-结焦值

煤沥青是一种复杂的高分子化合物，在惰性气氛下，加热至高温因受热而发生一系列的物理变化和化学反应，反应中产生的大量低分子物质以气态形式逸出，使煤沥青质量随温度的升高而减少。随着温度的升高，煤沥青先脱除水分和一些轻组分，然后煤沥青分子的侧链逐渐断裂，发生剧烈的热分解反应，生成各种结构的自由基，随着自由基浓度的增加，很快发生热缩聚反应，生成半焦。在煤沥青发生热分解和缩聚过程中，会有大量的挥发成分排出，当形成比较稳定的半焦后，主要发生脱氢反应，挥发物迅速降低[36]。

图 4-12 为表 4-3 中三种煤沥青的 TG、DTG 曲线[37]。由图 4-12(a)可知，煤沥青的失重过程分为三个阶段：第Ⅰ阶段为室温～300℃，煤沥青主要是脱除水分和低分子化合物以及不稳定轻分子缓慢挥发，即 γ 树脂挥发较多，失重量占总失重的 10%左右。第Ⅱ阶段为 300～550℃，煤沥青的残炭率剧烈下降，失重达 50%左右，在 DTG 曲线出现明显的峰，说明煤沥青在这一阶段失重最快，此阶段是煤沥青炭化失重的主要阶段，发生剧烈的热分解和缩聚反应。第Ⅲ阶段为 550℃以后，煤沥青在此阶段形成比较稳定的半焦，它的失重趋于稳定，主要是非碳成分如 O、H 等的逸出。从图 4-12(a)还可以看出，高温煤沥青的失重起始温度最高，中温煤沥青

和浸渍剂沥青的失重起始温度接近。同时可看出，相同温度下高温煤沥青的残留质量最大，浸渍剂沥青最小，中温煤沥青的居中。从图 4-12(b)可以看出，高温煤沥青的最大失重温度比中温煤沥青和浸渍剂沥青的高，中温煤沥青和浸渍剂沥青的最大失重温度接近。

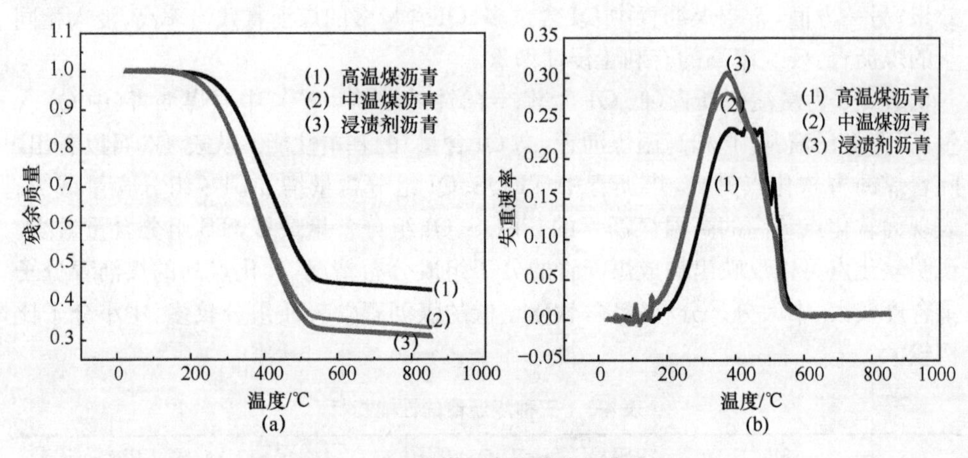

图 4-12　三种煤沥青的热分析曲线 40

(a) TG 曲线；(b) DTG 曲线

沥青焦是煤沥青炭化的最终产物，其各结构成分的特征如图 4-13 所示，包括镶嵌型、区域型和纤维型三类[38]。在焦炉焦化工艺条件下生产的沥青焦含有较多

图 4-13　煤沥青炭化后沥青炭的各结构成分特征[38]

(a) 镶嵌型；(b) 区域型；(c) 区域型(向纤维型过渡)；(d) 纤维型

的球粒状的炭[图 4-13(a)]。球粒状炭的存在,不利于中间相小球体的长大和变形,从而影响纤维型结构成分的质量和数量。在延迟焦化工艺条件下生产的沥青焦,其显微结构与石油焦相似[图 4-13(b)]。

4.3　预制体 CVI 致密化过程数值模拟

在 CVI 法制备 C/C 复合材料的过程中,气态先驱体(C_3H_6 和载气 N_2)需要进入预制体内部反应并沉积,而气体产物必须排出预制体[39],这两个过程都涉及气体的质量传递。质量传递(简称传质)是指物质从一处向另一处转移,包括相内传质和相际传质两类,前者发生在同一个相内,后者则涉及不同的两相。传质是一个速率过程,严格地讲,这个过程的推动力是化学位差,其中包括浓度差、温度差、压力差等。传质有两种方式:扩散传质和流动传质。当流体内部存在某一组分的浓度差时,凭借分子的无规则热运动使该组分由高浓处向低浓处迁移的过程,称为分子扩散或分子传质,简称扩散,它的机理类似于动量传输和热传导过程。流动传质是指由于压力差的存在,在表面张力作用下通过变形、流动引起的物质迁移,属于黏性流动和塑性流动过程,对流传质机理与对流换热相类似[40]。本章的理论研究和试验都是在气体的流动传质基础上进行的。

压力梯度 CVI 和强制流动 CVI 等工艺过程的共同特点是气体强制流动通过预制体,使得预制体内沿气体流动方向存在压力梯度。纤维预制体中存在纤维束内部的微观孔隙(一般在 $1\sim10\mu m$)和纤维束间的宏观孔隙(一般在 $50\sim500\mu m$)[41]。气体在纤维束之间的宏观孔隙内的传质是在压差的推动下进行的流动传质,而束内单丝纤维间的微观孔隙是由浓度差引起的扩散传质。

在化学气相渗透过程中,当纤维体的外部和内部气体之间存在压强差时,气体就会形成定向流动。这个压强差如果是因为烃类气体热解导致体积膨胀而形成的,则纤维体内部的压强大于外部气体的压强,将不利于原料气体向内部扩散;如果这个压强通过特别设计,使纤维体外部压强远大于内部压强,原料气体就会在纤维体中形成强制性流动,从而加快气体的输运速率。气体的强制流动和压强脉冲技术是常用的两种非等压化学气相渗透。

气体在多孔体内的输运是许多化工过程的基础。强制流动下的化学气相渗透也属于气体在多孔体(纤维预制体)内流动和反应的过程,所不同的是:因为纤维预制体逐渐致密化,化学气相渗透过程中的流动是非稳态的,其输运方式随着孔隙率的减小而变化。主要原理分析如下。

在细孔中黏性气体的流动速度服从哈根-泊肃叶(Hagen-Poiseuille)方程[42~44]:

$$\overline{u}=-\frac{d^2}{32\mu}\cdot\frac{\mathrm{d}p}{\mathrm{d}L} \tag{4-1}$$

式中：d 是孔的直径；μ 是气体的黏度；p 是压强；L 是长度。

当细孔的直径和气体分子的平均自由程接近时，气体分子在固体表面的滑行速度便不能忽略，哈根-泊肃叶方程修改为

$$\overline{u}=-\left(\frac{d^2}{32\mu}+\frac{\pi d}{16p}\cdot\overline{v}\right)\cdot\frac{\mathrm{d}p}{\mathrm{d}L} \tag{4-2}$$

式中：$\overline{v}$ 是气体分子的平均运动速率。

结合理想气体运动方程，对式(4-2)积分，可得

$$\frac{\overline{u}\cdot p_1\cdot L}{p_2-p_1}=\frac{d^2}{32\mu}\cdot\frac{p_1+p_2}{2}+\frac{\pi d}{16}\cdot\overline{v} \tag{4-3}$$

式(4-3)通常也可以简化，如果认为气体的流速不随长度 h 变化(忽略因为压差引起的气体体积收缩)，则得到气体流速和压强差的关系方程为

$$\overline{u}=-\frac{d^2}{32L\mu}\cdot\Delta p \tag{4-4}$$

更一般地，气体在多孔体内流动时，流量和压强差的达西-泊肃叶(Darcy-Poiseuille)方程为

$$J=\frac{\pi R^2}{8L\mu}\Delta p \tag{4-5}$$

式中：Δp 是压强差；μ 是气体黏度。

当压强差一定时，气体的流量与纤维体的透气率以及气体的黏度有关。在强制流动化学气相渗透致密化过程的中后期，纤维预制体内孔道的平均直径下降到 $10\mu m$ 时，式(4-5)不再成立，气体分子在固体表面的滑行速度也不能忽略。式(4-3)中黏性流动项与孔径是二次方关系，而分子滑行跟孔径是一次方关系，当孔径不断减小到数微米并且总压强不是很大时，也可以忽略黏性流动项，则气体分子在孔内的流动速度为

$$\overline{u}=\frac{\pi d\overline{v}}{16Lp_1} \tag{4-6}$$

通过建立预制体孔隙结构模型，并对反应气体在预制体中的 CVI 工艺过程进行数值模拟，可为有效设计预制体的结构以提高材料增密速率，从而为提高材料的性能提供理论指导。从 20 世纪 80 年代初开始，国内外在 CVI 工艺数值模拟方面进行了大量的、系统的研究工作。但这些模拟多数是以结构比较简单的炭纤维预制体为研究对象，如无纬布叠层和碳布叠层等[45]。

作者建立了正交结构炭纤维预制体、全网胎针刺炭纤维预制体和无纬布/网胎针刺炭纤维预制体的孔隙结构几何模型，建立了 CVI 过程中气体在预制体孔隙网络中的传质数学模型，研究了预制体的孔隙结构对 CVI 工艺制备 C/C 复合材料致密化速度和最终致密度的影响规律。

4.3.1　基本假设

深入了解 CVI 过程中预制体孔隙结构的变化是建立预制体孔隙结构模型的前提，但用数学语言精确描述预制体结构比较困难，因此，在建立模型之前需要做某些基本假设：

(1) 针刺预制体内平面纤维和针刺引入的 Z 向纤维均匀分布，且忽略针刺对平面纤维的损伤。

(2) 三维正交结构炭纤维预制体 X，Y，Z 三个方向的纤维束均匀分布。

(3) 热解炭在纤维表面均匀沉积。

(4) 反应气体单向流动。

(5) 气体在预制体内是完全发展的，即忽略边界条件。

(6) 本章只考虑对流传质对预制体中化学气相渗透过程中比渗透率和致密化速度的影响，而束内单丝纤维之间的孔隙主要靠扩散传质填充，因此，可以忽略纤维束内单丝纤维之间的孔隙，即假设纤维束的纤维填充因子 $k=1$。

(7) 网胎短纤维和纤维束的径向截面形状均为圆形。

(8) 模型与实际预制体的尺寸比例为 1∶1。

4.3.2　三维正交结构炭纤维预制体

1. 预制体结构

三维正交结构是由 X、Y、Z 三个方向上的纱线（亦称纤维束）组成的，是将 X 向纱（经纱）和 Y 向纱（纬纱）交替地穿入 Z 向纱（接结经纱）阵列[46]。X、Y、Z 三个方向纱线的取向成 90°，在这种结构中，每根纬纱均被经纱包围，织物比较紧密。经纱、纬纱和接结经纱在理想状态下呈伸直状态，各向纱线不产生交织[47]。三维正交结构复丝矩阵示意图如图 4-14 所示。

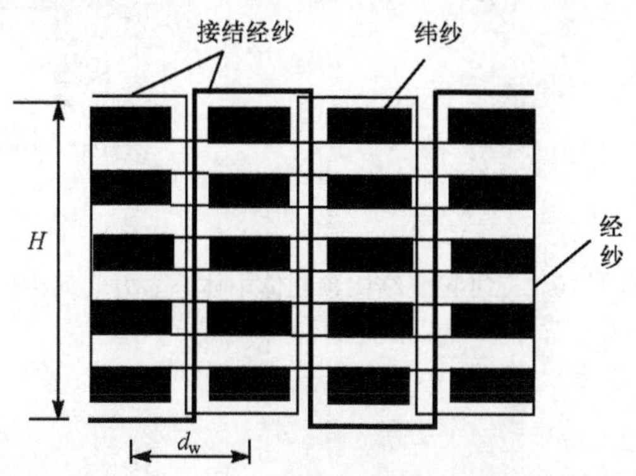

图 4-14　正交织物的理想结构[48]

2. 宏观孔隙网络几何模型的建立

三维正交结构预制体的初始孔隙率主要依赖于经纱、纬纱和接结经纱的直径大小及其径向截面形状，经纱、纬纱的密度，纤维束的纤维填充因子[48]。将三维正交结构预制体视为多孔介质，从化学气相渗透过程中气体通过多孔介质流动的观点看，多孔介质的一个基本特点就是它把气体的输运限制在确定的通道——孔隙之中[49]。多孔介质可以看成由具有较大空间结构的“节点”和较小空间的“键”组成。由这种“节点”和“键”组成的网络可以抽象成数学概念上的“空间点阵”。空间点阵最重要的表现在于其在空间上具有周期性排列[50]。节点和键的主要区别是，键具有细长的形状，有其确定的轴，而节点在空间中没有一定的方向。

依据上述基本假设建立的几何模型如图 4-15 所示。其中图 4-15 (b)、(c)为与图(a)相对应的三维正交结构预制体相邻三个平行于 X-Y 平面的剖面图。图 4-15(d)表示能代表纤维预制体内部孔隙呈周期性排布的体心立方“晶胞”。这种体心立方结构晶胞是空间孔隙以 X-Y 平面在空间按 $ABAB$ 顺序堆垛而成的。

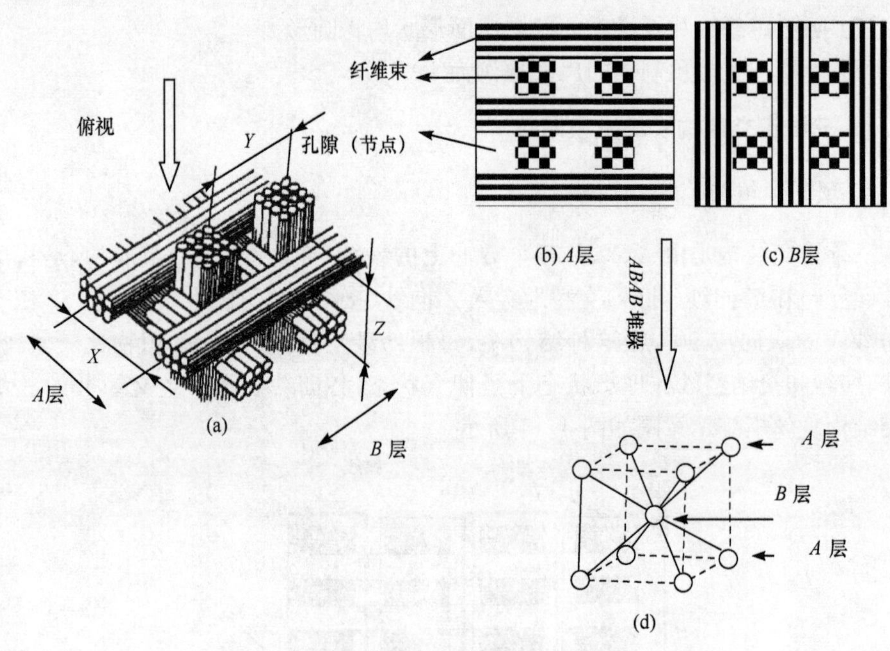

图 4-15　三维正交结构预制体中体心立方几何模型

3. 数学模型的建立

1) 参数描述

在图 4-15 所示的几何模型中，基本单元为节点和键，与节点相连的键数就是网络的配位数。节点和键的分布及每个节点的配位数是一定的，与实际预制体中纤维束的空间分布及三个方向纤维束的排布有关。为了简化模型，将图 4-15 所示体心立方结构排布的“晶胞”看成整体结构的一个“小单元”，该小单元在 X,Y,Z 三个方向上的周期性排列构成整体结构的模型。通过分析上述晶胞，可以得到每个小单元中的节点数（$N=2$）与连接节点的键数（$g=11$），以及气体从一个面穿过结构单元流到对面的通道数（$N_z=5$）。同时，还可以从几何模型中得到每个单元的长度（$L=a$）、宽度（$D=c$）与高度（$H=b$）。

2) 数学方程

由图 4-15(a)所示的三维正交结构复丝矩阵示意图可以得到其纤维体积分数的计算公式[47]：

$$V_f=\frac{(\pi/4)k[d_x^2(d_y+d_z)+d_y^2(d_x+d_z)+d_z^2(d_x+d_y)]}{(d_x+d_y)(d_x+d_z)(d_y+d_z)} \tag{4-7}$$

式中：d_x、d_y、d_z 为 X、Y、Z 方向上纤维束直径，cm；k 为纤维填充因子，%。

在本研究建立的几何模型中，预制体中空间孔隙被视为由球状的节点和连接节点的管状键组成，又假设纤维束在空间上分布均匀，因此预制体在宏观上具有均匀的孔隙结构。在满足所有几何模型假设条件的前提下，若确定了三个方向上纤维束直径的比例关系，也就确定了预制体的纤维体积分数，从多孔介质的角度上来说就是确定了预制体的空间孔隙结构。一个单胞中孔隙的体积 $V(\mathrm{cm}^3)$、孔隙率 $n(\%)$、表面积 $S(\mathrm{cm}^2)$分别可以用如下的公式计算：

$$V=(4/3)\times N\times\pi\times R_d^3+g\times\pi\times L_b\times R_b^2 \tag{4-8}$$

$$n=V/V_{总}=1-V_f \tag{4-9}$$

$$S=4N\pi R_d^2+2g\pi L_b R_b \tag{4-10}$$

式中：R_d 表示节点半径，cm；R_b 和 L_b 分别表示键的半径和长度，cm；$V_{总}$ 表示单胞的总体积，cm^3。

在 CVI 工艺过程中，反应气体在孔隙网络中的流动是在低压条件下进行的，流动足够缓慢，且服从达西定律（Darcy 定律）[42]，同时可假设黏性反应气体通过节点和键的流动是层状黏滞流，遵从哈根-泊肃叶（Hagen-Poiseuille）定律[51]。通过推导可得三维正交结构的比渗透率 $K_z(\mathrm{cm}^2)$为

$$K_z=N_z\pi HR_b^4/(8NgL_bA) \tag{4-11}$$

式中：H 为小单元高度，cm；$A=L\times D$ 为小单元底面积，cm^2。随着 CVI 工艺的进行，基体不断在孔隙内沉积，孔隙率不断下降。假定基体沉积厚度为 C，可以得到孔隙体积 $V(C)$、孔隙率 $n(C)$、表面积 $S(C)$、比渗透率 $K_z(C)$随沉积厚度 $C(C\leqslant R_b)$的变化关系分别如下：

$$V(C)=(4/3)\times N\times\pi\times(R_d-C)^3+g\times\pi\times L_b\times(R_b-C)^2 \tag{4-12}$$

$$S(C)=4N\pi(R_b-C)^2+2g\pi L_b(R_b-C) \tag{4-13}$$

$$n(C)=V(C)/V_{总}=[(4/3)\times N\times \pi\times (R_d-C)^3+g\times \pi\times L_b\times (R_b-C)^2]/(abc) \tag{4-14}$$

$$K_z(C)=N_z\pi H(R_b-C)^4/(8NgL_bA) \tag{4-15}$$

根据上述表达式可知，预制体的比渗透率 $K_z(C)$ 只依赖于小单元的结构参数，且随基体在孔隙内的沉积厚度 C 的增加而变化。

实际中，多孔预制体的宏观孔隙不是均匀单一的，其尺寸大小往往服从于某一统计分布规律。Johnston 指出多孔材料孔径分布最可能是 γ 分布[52,53]：

$$f(\chi)=[\beta^{\alpha}/\Gamma(\alpha)]\chi^{\alpha-1}e^{-\chi\beta} \tag{4-16}$$

式中：χ 为孔径，m；α 为分布的形状因子；β 为尺寸因子；$\Gamma(\alpha)$ 为伽玛值(Gamma values)。

4. 数值计算及结果分析

1) 孔隙结构对比渗透率的影响

根据式(4-11)～式(4-15)，可得出三维正交结构预制体比渗透率 K_z 随孔隙率 n 的变化关系曲线图。图 4-16(a)所示为 X、Y、Z 方向纤维束直径相等但其直径大小分别为 $2R_1=200\mu m$、$2R_2=300\mu m$、$2R_3=400\mu m$(R 为纤维束半径)时计算的结果；图 4-16(b)为 X、Z 方向纤维束直径均为 $2R_x=2R_z=200\mu m$，而 Y 方向纤维束直径分别为 $200\mu m$、$400\mu m$ 和 $600\mu m$ 时的计算结果。

由图 4-16(a)可知，当 X、Y、Z 三个方向纤维束直径相等时，三种预制体初始孔隙率均为 41%[根据式(4-7)，计算得到三种预制体的纤维体积分数均为 59%]。比渗透率 K_z 随纤维束直径的增大而略有提高；三种预制体比渗透率随孔隙率变化的趋势相似，且最终能达到相等的致密度。这是由于在三个方向上的纤维束直径分别相等且分布均匀的情况下，多孔预制体内部具有相同的孔隙结构，而随着纤维束直径的增大，节点和键的尺寸均增大且增长的幅度相等，因此在渗透过程中不同纤维束直径的预制体的比渗透率变化趋势相似，且随着纤维束直径的增大，比渗透率略有提高。

由图 4-16(b)可知，随着 Y 方向纤维束直径增大，预制体的初始孔隙率增大(初始致密度减小)，比渗透率减小。由式(4-7)计算得到三种预制体的纤维体积分数分别为 59%、61%和 64%，即初始孔隙率分别为 41%、39%和 36%。随着基体的沉积，三种预制体的比渗透率均呈下降的趋势。但是初始孔隙率高的预制体的比渗透率下降的速度要比初始孔隙率相对较低的预制体的比渗透率下降速度快。当致密度达到 90%左右时，三种预制体的比渗透率相等，三条曲线相交于一点。在达到交点之前，Y 方向纤维束直径大的预制体比渗透率大，达到交点后则相反。比渗透率 K_z 的变化依赖于孔隙尺寸的微观结构和空间结构参数。根据几

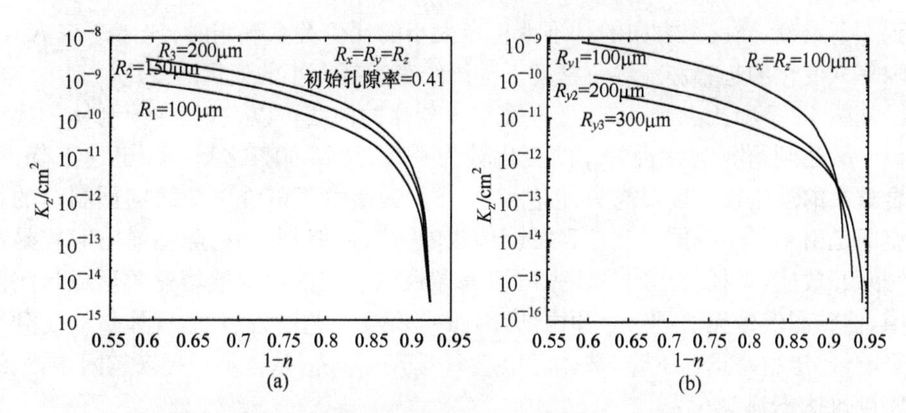

图 4-16 不同三维正交结构预制体的比渗透率与孔隙率的关系

何模型和数学模型，当 X、Z 方向纤维束直径保持不变而 Y 向纤维束直径增大时，多孔预制体内部的孔隙结构保持不变，但是孔隙形状及节点和键之间的尺寸关系以及空间结构参数发生了相应的变化。节点的形状由圆球状变为长圆管状，而键的长度和直径将随 Y 向纤维束直径的增大而增大，且长度的增长幅度大于直径的增长幅度，这就是引起三种预制体比渗透率 K_z 在致密度达到 90%时相等从而使三条曲线相交于一点的原因。

2）孔隙结构对致密度的影响

从图 4-17(a)中曲线的变化趋势可以看到：在预制体中三个方向纤维束均匀排布且直径相等的情况下，无论直径大小如何变化，最终都能达到相同的致密度。这是由于纤维束直径的增加或减小并没有改变预制体内孔隙的空间结构和节点、键之间的尺寸关系。而保持两个方向的纤维束直径不变，另一个方向的纤维束直径变化时，模型的计算结果[图 4-17(b)]显示：Y 向纤维束直径越大，这个方向的纤维束体积分数在总的纤维束体积分数中占的比例越大，初始孔隙率越小，最终能达到的致密度也越大。从计算纤维体积分数的式(4-7)和图 4-17 的计算结果可以

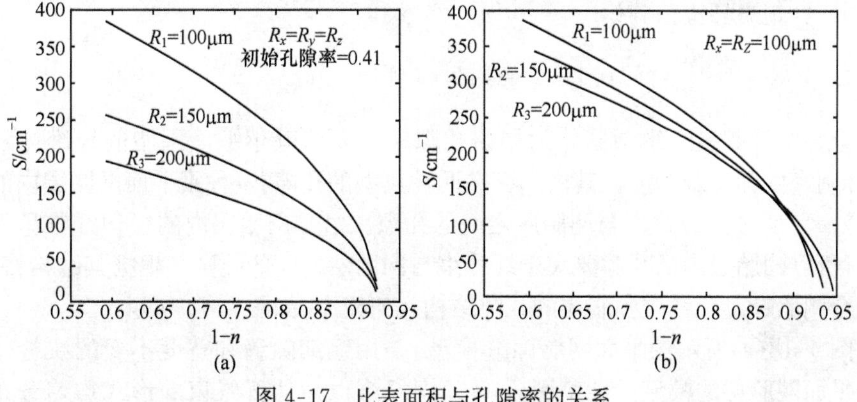

图 4-17 比表面积与孔隙率的关系

得到如下结论：当三个方向的纤维束直径大小的比例关系确定时，比渗透率 K_z 随孔隙率 n 变化的趋势和最终致密度不随纤维束直径大小的变化而变化。

从图 4-17 中比渗透率 K_z 随孔隙率 n 变化的曲线可以发现：在预制体的致密度$(1-n)$达到约 90%之前，K_z 的变化较为平缓，达到 90%之后，K_z 迅速下降，而复合材料的理论致密度最高只能达到 94%。这是由于三维正交结构预制体的孔隙空间是由半径不等的“节点”和“键”构成的，这些“瓶颈”形孔隙在增密时容易产生“瓶颈”效应，半径较小的“键”先被填满导致节点间的通道被堵死而形成封闭的孔隙，使碳源气体无法进入瓶颈内部，因而在 CVI 工艺过程后期，气体传质受到严重影响，比渗透率迅速下降，基体沉积速率也迅速下降，基体沉积越来越困难，最终致密度也达不到 100%。

上述模型和计算结果从理论上分析对三维正交结构预制体具有普遍意义：当 X、Y、Z 三个方向纤维束直径的比例关系一定时，增密过程中比渗透率 K_z 随孔隙率 n 的变化趋势以及复合材料的最终致密度一定，且比渗透率 K_z 随纤维束直径增大而略有增大。而反应气体在预制体中的比渗透率是决定其传质速率的重要因素，关系到先驱体的分解速度是否由气相传质所控制，对提高复合材料的致密化速度具有重要意义[54,55]。因此实际生产中，在综合考虑生产成本、复合材料性能等因素的前提下，本章所建模型对选择合适的纤维束直径和三个方向纤维束直径比例关系的三维正交结构炭纤维预制体以提高致密化速度、缩短增密时间以及使复合材料达到更高的致密度具有指导意义。

为了简化模型，在计算过程中将键表述为长圆管状的通道，是结构单胞内除节点以外孔隙尺寸的平均效应，而根据实际的毡体结构以及假设条件，节点的半径是呈 1/4 圆弧变化的。在两两垂直的纤维束的接触点四周，气体通道非常狭窄。在 CVI 工艺中，这些狭窄的通道将预先被填满从而导致预制体内更大闭孔的形成，因此，在实际条件下，增密的速度将比模型所显示的速度小，实际的最终致密度也将小于模型计算结果显示的理论值。

4.3.3 针刺炭纤维预制体

1. 全网胎针刺炭纤维预制体的几何模型

全网胎针刺炭纤维预制体的初始孔隙率主要依赖于平面网胎的纤维体积分数、针刺密度和针刺深度。其内部存在两种典型的孔隙：一种是平面网胎层内的孔隙；另一种是 Z 向纤维束与网胎层之间的孔隙。由于网胎层内的短切纤维呈无序分布，所以网胎层内的孔隙要大于纤维束与网胎层之间的孔隙。根据其结构特点，建立全网胎针刺炭纤维预制体的孔隙结构几何模型，如图 4-18 所示。

图 4-18(a)所示的平面网胎隙缝模型，采用毛细隙缝和宽度不变的狭缝作为表示平面网胎层的模型。针刺引入的 Z 向纤维以短切纤维束的形式均匀分布于

网胎叠层内[图 4-18(b)]。Z 向纤维在平面内的分布密度以及长度分别用针刺密度和针刺深度来衡量。

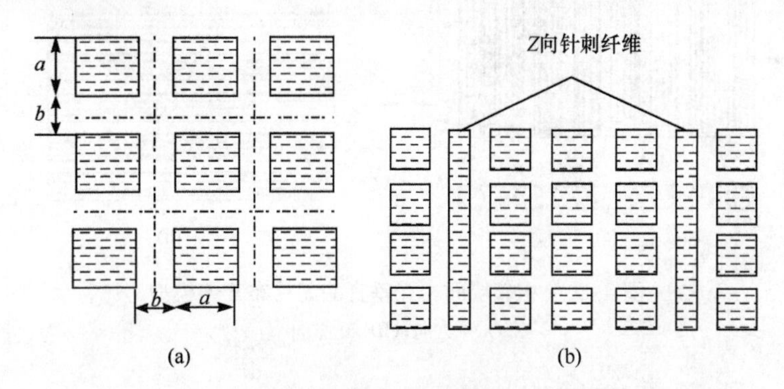

图 4-18　全网胎针刺炭纤维预制体的几何模型

(a) 平面网胎隙缝模型[13]；(b) 截面模型

2. 无纬布/网胎针刺炭纤维预制体的几何模型

无纬布/网胎针刺炭纤维预制体内部主要存在三种基本宏观孔隙：无纬布层纤维束间的孔隙；网胎层内的孔隙；Z 向纤维束与平面纤维之间的孔隙。无纬布层纤维束排布均匀紧密，因此无纬布层纤维束间的孔隙小于网胎层内的孔隙。根据预制体的基本结构，可定义单元体由一层 0°方向无纬布、一层 90°方向无纬布和两层网胎相间叠层以及针刺引入的 Z 向纤维构成(图 4-19)。层厚度和单元体厚度用每厘米所铺设的层数来衡量。单元体在空间的周期性排列构成预制体的宏观孔隙结构几何模型。

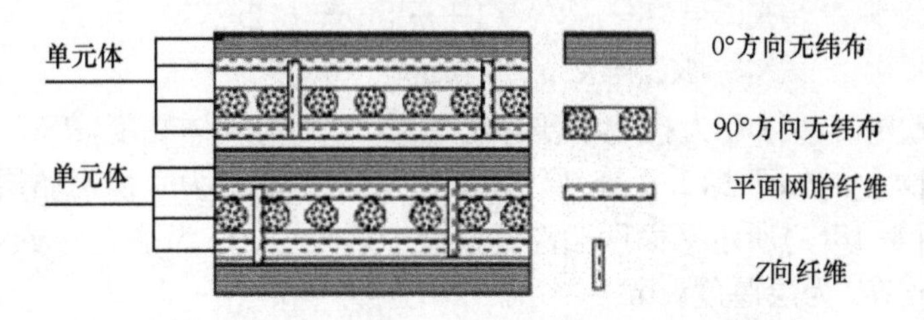

图 4-19　无纬布/网胎针刺炭纤维预制体几何模型(截面)

假设 CVI 工艺过程中气体沿平行于 0°无纬布方向流动。根据层状多孔介质平行和垂直于介质层面的流动理论[49]，可以得知网胎层与全网胎针刺炭纤维预制体具有相同的几何模型，如图 4-18(a)所示。而相互垂直的无纬布层的几何模型示意图如图 4-20 所示。

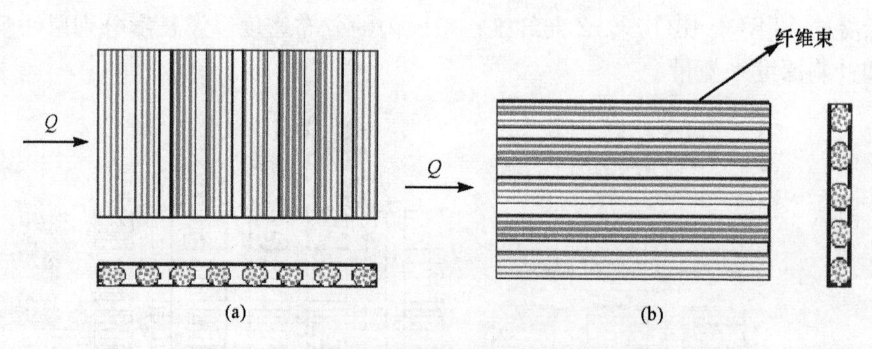

图 4-20　相邻层间相互垂直的无纬布几何模型

(a)0°方向;(b) 90°方向

3. 全网胎针刺炭纤维预制体数学模型的建立

在 CVI 过程中,反应气体在孔隙网络中的流动是在低压条件下进行的,流动足够缓慢,服从达西定律,同时黏性反应气体通过节点和键的流动是层状黏滞流,遵从哈根-泊肃叶(Hagen-Poiseuille)定律[45,56],根据层状多孔介质中垂直和平行介质层面的流动理论、达西定律、Hagen-Poiseuille 定律、Irmay(艾瑞蒙)公式、Kozeny-Carman(康采尼-卡曼)方程[54],可得到全网胎针刺炭纤维预制体的比渗透率 K_{zq} 为

$$K_{zq}=K_{zq1}+K_{zq2} \tag{4-17}$$

式中:K_{zq} 为全网胎针刺炭纤维预制体的比渗透率,cm^2;K_{zq1} 为平面网胎层的比渗透率,cm^2;K_{zq2} 为 Z 向纤维束的比渗透率,cm^2。

其中:

$$K_{zq1}=(1-m_{q1}^{1/3})^3(1+m_{q1}^{1/3})a^2/(12m_{q1}\eta) \tag{4-18}$$

$$K_{zq2}=R_q^2n_{q2}^3/[4k_m\eta(1-n_{q2})^2] \tag{4-19}$$

式中:m_q 为致密度,%;n_q 为孔隙率,%;$m_q=1-n_q$;η 为气体黏度,P(1P=1Pa·s);K_m 为经验形状参数;下标 1、2 分别代表两种孔隙结构,1 为平面网胎层,2 为 Z 向纤维;a 为图 4-18(a)所示平面网胎隙缝模型中的粒径;R_q 为平面内 Z 向纤维束的当量直径,cm;h_q 为层厚度,cm。

随着 CVI 的进行,基体不断在纤维表面沉积,孔隙逐渐被填充,材料致密度增加。当基体沉积厚度为 C_q 时,比渗透率 $K_{zq}(C_q)$ 与致密度 $m_q(C_q)$ 之间满足如下关系:

$$K_{zq}(C_q)=K_{zq1}(C_{q1})+K_{zq2}(C_{q2})(0\leqslant C_{q1}\leqslant b;0\leqslant C_{q2}\leqslant R_q) \tag{4-20}$$

式中:

$$K_{zq1}(C_{q1})=[1-m_{q1}(C_{q1})^{1/3}]^3[1+m_{q1}(C_{q1})^{1/3}](a+2C_{q1})^2/[\eta 12m_{q1}(C_{q1})] \tag{4-21}$$

$$K_{zq2}(C_{q2})=(R+C_{q2})^2[1-m_q(C_{q2})]^3/[4k_m\eta m_q(C_{q2})^2] \tag{4-22}$$

式中：C_{q1} 为平面网胎层纤维表面沉积的基体厚度，cm；C_{q2} 为 Z 向纤维束表面沉积的基体厚度，cm；b 为隙缝宽度[图 4-18(a)]，cm。

4. 无纬布/网胎针刺炭纤维预制体数学模型的建立

根据层状多孔介质流动理论、达西定律、Irmay 公式、Kozeny-Carman 方程，以及各向异性多孔介质渗透率理论、管束理论、Blake-Kozeni（布雷克-库季尼）方程[57]、厄根(Ergun)方程[58,59]，可得到无纬布/网胎叠层针刺炭纤维预制体的比渗透率 K_{zw} 为

$$K_{zw}=K_{zw1}+K_{zw2}+K_{zw3}+K_{zw4}+K_{zw5} \tag{4-23}$$

式中：K_{zw} 为无纬布/网胎针刺炭纤维预制体的比渗透率，cm^2；下标 1、2、3、4 分别代表单元体的四层，1、3 为相邻网胎层，2、4 为相邻无纬布层，5 表示 Z 向纤维。模型假设 Z 向纤维为圆柱状纤维束，穿插在平面纤维内。单元体内相邻两层网胎结构相等，因此有

$$K_{zw1}=K_{zw3} \tag{4-24}$$

相邻两层无纬布之间互成 90°，根据 Piersol[49] 的研究结果，层状多孔介质内水平渗透率与垂直渗透率之比为 1.5～3，在本模型中取 2，因此有

$$K_{zw4}=\frac{1}{2}K_{zw2} \tag{4-25}$$

将式(4-24)和式(4-25)代入式(4-23)，可得

$$K_{zw}=2K_{zw1}+\frac{3}{2}K_{zw2}+K_{zw5} \tag{4-26}$$

式中：

$$K_{zw1}=(1-m_{w1}^{1/3})^3(1+m_{w1}^{1/3})a_w^2/(12m_{w1}\eta) \tag{4-27}$$

$$K_{zw2}=(1-m_{w2})^3/(4.2S_0^2m_{w2}^2) \tag{4-28}$$

式中：S_0 为纤维束的比表面积，$S_0=2/R_w$（R_w 为纤维束的半径，cm），cm^{-1}；a_w 为平面网胎细缝模型中的粒径，cm；m_w 为致密度，%。

随着 CVI 基体在纤维表面的沉积，孔隙率逐渐减小，假设纤维表面沉积的基体厚度为 C_w，则

$$K_{zw}C_w=2K_{zw1}C_{w1}+\frac{3}{2}K_{zw2}C_{w2}+2K_{zw5}C_{w5} \tag{4-29}$$

式中：$0\leqslant C_{w1}\leqslant b_w$；$0\leqslant C_{w2}\leqslant R_{w2}$；$0\leqslant C_{w5}\leqslant R_{w5}$；$b_w$ 为隙缝宽度，cm。

$$K_{zw1}(C_1)=\frac{(1-m_{w1}C_{w1}^{1/3})^3(1+m_{w1}C_{w1}^{1/3})(a_w+2C_{w1}^2)}{\eta 12m_{w1}C_{w1}} \tag{4-30}$$

$$K_{zw2}(C_2)=\frac{[1-m_{w2}C_{w2}]^3}{4.2S_0^2m_{w2}C_{w2}^2} \tag{4-31}$$

$$K_{zz5}(C_{w5})=\frac{(1-m_{w5}C_{w5})^3}{8.4S_0^2m_{w5}C_{w5}^2} \tag{4-32}$$

5. 流动传质数值计算结果及分析

用全网胎针刺炭纤维预制体模型与无纬布/网胎针刺炭纤维预制体模型计算CVI工艺中比渗透率 K_z 随孔隙率 n 的变化。两种预制体的初始致密度分别为10%和29%，随着孔隙的填充，其比渗透率 K_z 随孔隙率 n 的变化关系如图4-21所示。

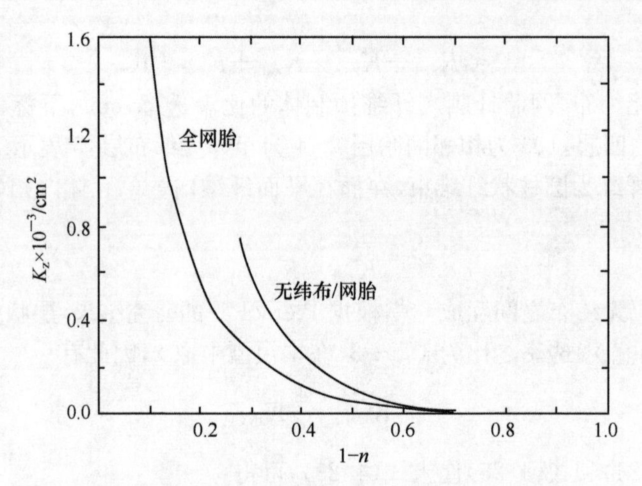

图4-21　两种预制体的比渗透率和孔隙率的关系

图4-22为两种预制体经240h致密化后平均增重率随孔隙率变化关系曲线。由于气体在预制体中的比渗透率直接关系CVI过程中预制体的平均增重率，与图4-21比较可知，图4-22中两条曲线的变化趋势与理论计算的比渗透率随致密度的变化趋势吻合较好。

1）孔隙结构对比渗透率的影响

反应气体在预制体中的比渗透率 K_z 是决定其传质速率的重要因素，关系到先驱体的分解速率是否为气相传质所控制，对提高材料的致密化速度具有重要的作用。

由图4-21和图4-22可知：比渗透率随致密度的增加而下降。其下降大致可以分为三个阶段。第一阶段：比渗透率迅速下降。第二阶段：比渗透率下降趋于平缓。第三阶段：比渗透率非常小，趋近于零。在CVI过程的初始阶段，预制体内的孔隙比较大，气体通过预制体时所受阻力小，在预制体内的停留时间短，比渗透率大，基体沉积速度快；随着预制体内孔隙逐渐被基体填充，孔隙尺寸减小，气体通过预制体的阻力增大，比渗透率减小；到第三阶段，致密度增大到一定程度，气体通过

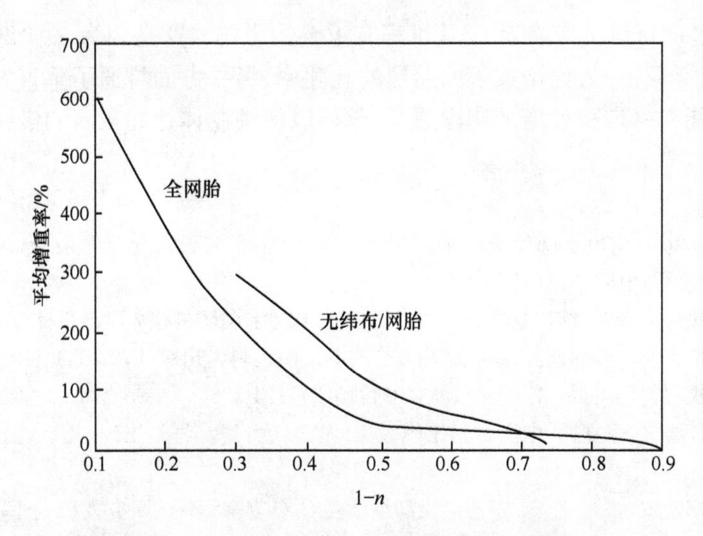

图 4-22　两种预制体的平均增重率随孔隙率的变化

孔隙所受的阻力非常大，在预制体内的停留时间延长，因而比渗透率很小，基体的沉积变得非常缓慢。

从图 4-22 中两条曲线的变化关系可知：无纬布/网胎针刺炭纤维预制体的比渗透率大于全网胎针刺炭纤维预制体。当全网胎针刺炭纤维预制体的孔隙率减小时，网胎层和 Z 向短切纤维束之间的孔隙一部分被基体填充，孔隙尺寸减小，沉积速率变小；网胎层内的气孔通道呈网格状分布，气体的流动相对较缓，且容易产生封闭孔隙。而无纬布/网胎针刺炭纤维预制体内的无纬布层比较致密，且孔隙平直，基体的沉积极易发生。因此，在随后的过程中，全网胎针刺炭纤维预制体的比渗透率要低于无纬布/网胎针刺炭纤维预制体。

从图 4-21 还可以看到，全网胎针刺炭纤维预制体的比渗透率最开始时比较大，主要是因为这种预制体纤维体积含量比较小（10%），预制体内孔隙体积大，数量多，有利于气体传质，因此比渗透率比较大。

2）孔隙结构对致密度的影响

如图 4-21 所示，两种预制体的最终致密度理论上都能达到 100%。但是基体的沉积到达第三阶段时，基体在孔隙内的沉积变得非常困难，致密度的增加非常缓慢。从两种预制体的结构分析可知，无纬布/网胎针刺炭纤维预制体内无纬布层比较致密，纤维束间的孔隙平直均匀。在 CVI 过程中，由于这些平直均匀的孔隙相对网胎层内的孔隙较小，能较早得到填充，较之全网胎针刺炭纤维预制体，网胎层所占体积小，残余孔隙率也小，无纬布/网胎炭纤维预制体的最终致密度大于全网胎针刺炭纤维预制体。另外，初始孔隙率大也是无纬布/网胎针刺炭纤维预制体最终致密度高的原因之一。

此外，Z 向纤维的存在对 CVI 过程有重要的影响。这是因为 Z 向纤维基本上全部来自网胎层，一方面增加了网胎层的孔隙率；另一方面打通了垂直方向的大量通道，不但能在一定程度增加比渗透率，也可以使预制体达到较高的最终密度。

参考文献

[1] http://baike.satipm.com/index.php? doc-view-104778(连续纤维增韧陶瓷(玻璃)基复合材料—纤维预制体)[2015-2-14]

[2] 吴德隆，沈怀荣. 纺织结构复合材料的力学性能. 长沙：国防科技大学出版社，1998：1-83

[3] 陶肖明，冼杏娟，高冠勋，等. 纺织结构复合材料. 北京：科学出版社，2001：1-140

[4] 李贺军. 炭/炭复合材料. 新型炭材料，2001，16(2)：124-136

[5] 益小苏，杜善义，张立同. 中国材料工程大典. 第 10 卷：复合材料工程. 北京：化学工业出版社，2006

[6] 郭领军，李贺军，张秀莲，等. 不连续炭纤维增强 C/C 复合材料的研究现状. 全国新型炭材料学术研讨会，昆明，2003

[7] 卫建军，宋进仁，刘朗. 粘接剂含量对短炭纤维增强碳基复合材料性能的影响. 炭素技术，1997，(4)：25-27

[8] 苏君明. 整体毡 C/C 喉衬的研制与应用. 新型炭材料，1997，12(4)：46-49

[9] 沈曾民，迟伟东，赵莉，等. 模压法制备 C/C 复合材料的研究. 新型炭材料，1999，14(3)：37-42

[10] 邹林华，黄伯云，黄启忠，等. C/C 复合材料导热系数的研究//中国材料研究学会. 96 中国材料研讨会论文集 . 材料设计与加工 2. 北京：化学工业出版社，1997：259-262

[11] 卫建军，宋进仁，刘郎. 炭纤维表面处理对短炭纤维增强碳基复合材料强度的影响. 炭素技术，1999，(2)：24-27

[12] Buckley J D，Dan D E. Carbon-carbon Materials and Composites. New Jersey：Noyes Publications Park Ridge，1993：105-149

[13] 谈竞霜，姜海，李东生，等. 短纤维模压炭/炭刹车盘用预浸料的制备工艺及设备. 航空制造技术，2002，9：58-60

[14] 郭领军，李贺军，李克智. 短炭纤维复合材料中纤维均匀化技术的研究现状. 兵器材料科学与工程，2003，26(6)：50-53

[15] 卢寿慈. 粉体加工技术. 北京：中国轻工业出版社，1999：294-302

[16] Li V C，Obla K H. Effect of fiber length variation on tensile properties of carbon fiber cement composites. Composite Engineering，1994，4(9)：947-964

[17] 赵东宇，李滨耀，余赋生. 短炭纤维增强聚芳醚酮断面形态的研究. 高等学校化学学报，1998，19(3)：494- 495

[18] 林光明，曾汉民，张明秋，等. 短炭纤维增强热塑性树脂的断裂性能. 材料科学进展，1992，6(2)：175-179

[19] 贺林，朱均. 短炭纤维增强锡基巴氏合金摩擦学特性. 中国有色金属学报，1998，8(2)：223-227

[20] 陈继贵,夏永红,王成富. C/CuPb 复合轴承材料温压成型工艺的研究. 热加工工艺,1999(5): 38
[21] 凤仪,许少凡,颜世钦,等. 炭纤维-铜、石墨-铜复合材料电刷材料性能研究. 合肥工业大学学报,1997,20(3):7-10
[22] 王德生,任重远,陈新华. 短切炭纤维/尼龙复合材料的研制. 纤维复合材料,1993,(1): 21-22
[23] 孙玉璞,王海庆,李丽,等. 炭纤维增强尼龙复合材料的研制. 塑料科技,1996(3):15-17
[24] 冯志荣,黄启忠,邹志强. 俄罗斯航空刹车用 C/C 复合材料的研究现状. 炭素技术,1999(5): 37-39
[25] 郑开宏,高积强,王永兰,等、短切炭纤维增强 LAS 玻璃一陶瓷的研究. 硅酸盐学报,1997(5): 25-28
[26] 姜海,李东生,吴凤秋,等. C/C 刹车盘用短纤维预制体组成及工艺研究. 材料工程,2009,8: 76-80
[27] 李专. C/C-SiC 摩擦材料的制备、结构和性能. 长沙:中南大学博士学位论文,2010
[28] 曾志伟. C/C-SiC 复合材料的制备及力学与摩擦性能研究. 长沙: 中南大学硕士学位论文,2012
[29] http://carbon. imr. ac. cn/carbonknowledge/C-rejietan. htm(热解炭)[2015-2-14]
[30] 黄发荣,焦杨声. 酚醛树脂及其应用. 北京: 化学工业出版社,2003: 77-84
[31] Zhang Y N, Xu Y D, Gao L Y, et al. Preparation and microstructural evolution of carbon/carbon composites. Materials Science and Engineering A,2006,430:9-14
[32] 张多太. FB 酚醛树脂及所固化环氧树脂基本性能的研究. 宇航材料工艺,1994,2 :26-29
[33] 张多太. 新型耐高温阻燃聚合物-FB 树脂. 粘接,S(1): 98-100
[34] 李圣华. 石墨电极生产. 北京: 冶金工业出版社,1997:323
[35] 冀勇斌,李铁虎,王文志,等. 煤沥青中 α、β、γ 树脂含量对中间相炭微球收率的影响. 西北工业大学学报,2006,24(3):346-349
[36] 李轩科. 煤沥青的流变性和炭化研究. 炭素技术,1991,(3):11-15
[37] 沈益顺. C/C 复合材料浸渍用基体前驱体煤沥青的研究. 长沙: 中南大学硕士学位论文,2008
[38] http://carbon. imr. ac. cn/carbonknowledge/C-liqingjiao. htm(沥青焦)[2015-2-14]
[39] 刘小瀛,刘永胜. 氮化硅颗粒预制体的设计与制备. 航空制造技术,2006,(2):80-83
[40] 李汝辉. 传质学基础. 北京:北京航空学院出版社,1987:1-253
[41] 张立同,成来飞,徐永东. 新型碳化硅陶瓷基复合材料的研究进展. 航空制造技术,2003,(1): 24-32
[42] 米尔恩-汤姆森 L M. 理论流体动力学. 李裕立,晏名文,译. 北京: 机械工业出版社,1984: 55-59
[43] Kuentzer N, Simacek P, Advani S G, et al. Correlation of void distribution to VARTM manufacturing techniques. Composites Part A: Applied Science and Manufacturing,2007,38(3): 802-813

[44] Yu B, Zou M, Feng Y. Permeability of fractal porous media by Monte Carlo simulations. International Journal of Heat and Mass Transfer, 2005, 48: 2787-2794

[45] 肖鹏,李娣,徐永东,等. CVI工艺过程中气体传质模型与计算. 航空材料学报,2002,22(1): 11-15

[46] 郭兴峰,王瑞,黄故,等. 三维正交机织物参数对纤维体积含量的影响. 复合材料学报, 2004,21(2): 123-127

[47] 李建立. 高密度3D预制体C/C复合材料的快速增密与性能研究. 长沙:中南大学硕士学位论文, 2011

[48] 郭兴峰,王瑞,黄故,等. 接结经纱对三维正交机织物结构的影响. 纺织学报,2005,26(1): 56-58

[49] 贝尔J. 多孔介质流体动力学. 李竞生,陈崇希,译. 北京: 中国建筑工业出版社,1983: 69-70

[50] 陈书荣,王答健,陈雄飞,等. 多孔介质孔隙结构的网络模型应用. 计算机与应用化学, 2001,18(6): 531-534

[51] 张也影. 流体力学. 北京: 高等教育出版社,1986: 245-256

[52] Johnston P R. Comments on fluid-intrusion measurements for determining the pore-size distribution in filter media. Filtration & Separation, 1998, 6: 455-459

[53] Johnston P R. Revisiting the most probable pore size distribution in filter media: The gamma distribution. Filtration & Separation, 1998, (4): 287-291

[54] Chen T, Reznik B, Gerthsen D, et al. Microscopical study of carbon/carbon composites obtained by chemical vapor infiltration of 0°/0°/90°/90° carbon fiber preforms. Carbon, 2005, 43: 3088-3098

[55] 盖格G H,波依里尔D R. 冶金中的传热传质现象. 俞景禄,魏景和,译. 北京: 高等教育出版社,1983: 93-99

[56] Den M M. Process Fluid Mechanical. Upper Saddle River: Prentice-Hall, 1980

[57] Yu B, Cheng P. A fractal permeability model for bi-dispersed porous media. International Journal of Heat and Mass Transfer, 2002, 45: 2983-2993

[58] Ergun S. Fluid flow through packed columns. Chemical Engineering Progress, 1952, 48: 89-94

[59] Wu J, Yu B. A fractal model for flow through porous media. International Journal of Heat and Mass Transfer, 2007, 24(8): 1-8

第 5 章　化学气相渗透法制备 C/C-SiC 摩擦材料

在采用不同工艺制备 C/C-SiC 摩擦材料过程中，工艺、结构、性能三者之间的关系联系紧密。工艺过程决定了 C/C-SiC 摩擦材料的结构，而材料的结构又决定其最终的性能。本章对采用化学气相渗透法(CVI)制备 C/C-SiC 进行了介绍，并介绍了 SiC 基体的析出形态和沉积机理、CVI 法制备的 2.5D 针刺整体毡和 3D 编织两种预制体增韧的 C/C-SiC 的结构对比、C/C-SiC 材料的显微结构等。

5.1　化学气相渗透过程的理论分析

5.1.1　SiC 前驱体

三氯甲基硅烷(CH_3SiCl_3，methyltrichlorlosilane，MTS)是 CVI 制备 SiC 的最常用的原料。MTS 作为原料的优点是其分子中 Si∶C(原子比)为 1∶1，可分解成化学计量的 SiC，因而可制备出高纯 SiC，而且 MTS 沉积的温区特别宽，在 900～1600℃均可发生沉积。MTS 具有较强的挥发性，其平衡蒸气压与温度的关系为

$$\lg P_{MTS} = -\frac{1570}{T} + 9.629 \tag{5-1}$$

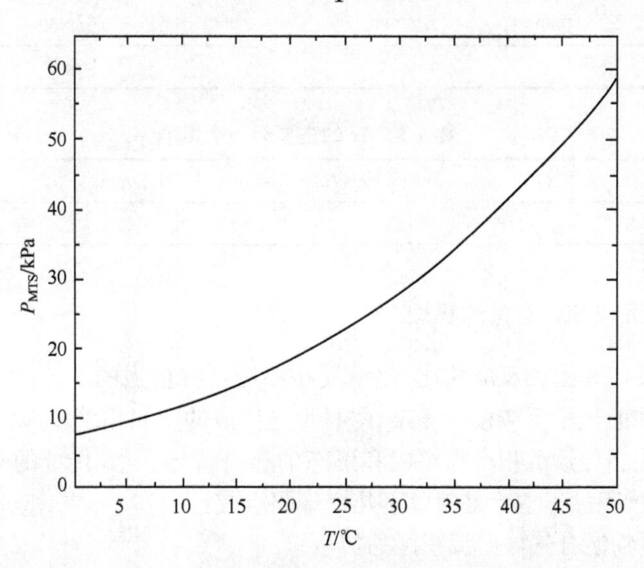

图 5-1　MTS 平衡蒸气压和温度的关系曲线

式中：P 为平衡蒸气压，Pa；T 为 MTS 罐的温度，K。图 5-1 为 MTS 平衡蒸气压和温度的关系曲线，从该图可以方便地查出不同温度下 MTS 的平衡蒸气压。

因此可用高纯 H_2 作为载气，通过鼓泡的方式将 MTS 带入反应器，采用高纯 Ar 和 H_2 同时作为稀释气体调节 H_2/MTS 比例，反应式如下[1~3]：

$$CH_3SiCl_3(g) \xrightarrow{H_2} SiC(s) + 3HCl(g) \tag{5-2}$$

由 MTS 平衡蒸气压随温度变化曲线，可以通过式(5-3)计算出单位时间内由 H_2 带入系统的 MTS 流量

$$n_{MTS} = \frac{p_T F_{H_2}}{RT} \tag{5-3}$$

式中：n_{MTS} 为单位时间内 MTS 的量，mol/min；F_{H2} 为 H_2 流量，m^3/min；R 为摩尔气体常数；T 为热力学温度，K。

MTS、H_2 及 Ar 主要化学成分和质量指标见表 5-1～表 5-3。

表 5-1　MTS 主要成分与性能

颜色	纯度/%(质量分数)	Cl 含量/%(质量分数)	SiC 含量/%(质量分数)	沸点/℃	着火点/℃	熔点/℃
灰色或淡黄色	92	69.5	24.6	66.1	455	−77.6

表 5-2　H_2 的纯度和杂质含量

H 含量/%	O 含量/ppm	CO 含量/ppm	CO_2 含量/ppm	CH_4 含量/ppm	水分/ppm
>99.99	<5	<1	<1	<1	<5

表 5-3　Ar 的主要杂质含量

N_2/ppm	O_2/ppm	H_2/ppm	CH_4/ppm	H_2O/ppm
<70	<10	<5	<10	<20

5.1.2　CVI 沉积 SiC 基体的机理

与液相反应和固相反应相比，化学气相渗透具有很强的工艺性。由于化学气相渗透过程中的化学反应极为复杂，并且反应生成的中间相繁多，因此沉积条件的细小变化往往会导致沉积产物组成和形态的显著差异[4,5]。传统的化学气渗透理论认为[6~8]，沉积过程主要是由以下几个步骤组成：

(1) 反应物混合气体向沉积区的扩散。

(2) 反应物分子由沉积区的主气流区向沉积表面的传输。

(3) 气体以单分子层的形式吸附在衬底上。

(4) 气体在沉积表面发生反应,生成的产物并入晶格。

(5) 副产物从表面上解吸附。

(6) 副产物由表面区向主气流空间扩散。

(7) 副产物和反应气体离开沉积区,然后从系统中排出。

由气态 MTS 热解沉积出 SiC 的过程极其复杂,已有许多文献对此做了报道,归纳起来主要有四种途径[9~11]:

(1) 在气相中分解,中间产物吸附于基体表面进一步脱氢脱氯,最后形成 SiC。

(2) 在气相中分解,聚合脱氢脱氯,形成含有 Si、C、H、Cl 四种元素的高温液相,以液滴的形式黏附在基体表面进一步脱氢脱氯,形成 SiC。

(3) 在气相中不能形成晶核或球形微滴,但能形成晶坯,这种晶坯未能达到形成临界晶核的尺寸,它以分子簇的形式沉积在基体表面融入先沉积的 SiC 晶格中。

(4) 在气相中分解脱氢脱氯,在气相中形核并长大沉积在基体表面。

对于 SiC 沉积过程的热力学进行如下分析[12~15]。

假设 SiC 晶核为球形,则从过饱和气相中凝结出一个球形的液滴核心时体系自由能变化为

$$\Delta G=-\frac{4}{3}\pi r^3\ \frac{\rho}{M}RT\ln S+4\pi r^2\sigma \tag{5-4}$$

式中:r 为晶核半径;ρ 为液体密度;M 为摩尔质量;R 为气体常数;T 为形核时温度;S 为气相过饱和度;σ 为晶核表面自由能。右边第一项是相变体积自由能变化,这是气相形核的推动力;第二项为相变增加的表面能,这是形核过程的阻力。将式(5-4)的两边对晶核半径 r 求导,并令导数为零,可求得临界晶核半径 r_c 为

$$r_c=\frac{2\sigma M}{TR\rho\ln S} \tag{5-5}$$

结合式(5-4)和式(5-5)可得形核所需最大形核自由能为

$$\Delta G_{\max}=\frac{4}{3}\pi r_c^2\sigma \tag{5-6}$$

最大形核自由能为表面自由能变化的 1/3。式(5-5)代入式(5-6)可得

$$\Delta G_{\max}=\frac{16\pi\sigma^3M^2}{3(\rho RT\ln S)^2} \tag{5-7}$$

对于表面能与温度的关系进一步修正为

$$\sigma=KV^{3/2}(T_c-T-d) \tag{5-8}$$

式中：V 为摩尔分子体积；T_c 为临界温度；K、d 为常数。

蒸汽过饱和度与温度[14]有如下关系：

$$\ln S=\frac{\Delta H_V}{R}\left(\frac{1}{T}-\frac{1}{T_0}\right) \tag{5-9}$$

式中：ΔH_V 为蒸发热；T_0为液相沸点。

临界晶核的形成速率为[15]

$$I=z\cdot\exp\left(-\frac{\Delta G_{max}}{kT}\right) \tag{5-10}$$

式中：z 为常数。

综合式(5-5)、式(5-6)、式(5-8)、式(5-9)可知，随着沉积温度的升高和形核所需最大能量降低，越容易形核；同时临界晶核半径 r_c 减小，形成的晶核越稳定。根据式(5-10)可知，形核速率随沉积温度的提高呈指数增长。对于 SiC 的沉积过程，由于 SiC 熔点高达 2700℃，当形成液态新相时，在反应温度下极易析出固相 SiC，因此，形核速率决定了 SiC 沉积的状态：当反应温度较低时(1100～1200℃)，形核速率小，由液相析出固相过冷度大，形成的液态新相很快冷却为固态并沉积在先生成的 SiC 颗粒上，液滴在表面能的作用下呈球形，沉积形貌为固态颗粒相互堆积；当反应温度较高时(1400℃)，形核速率大，形核数目急剧增加，生成的液滴来不及冷却为固态，在固气两相间存在液相界面层，液滴之间相互融合在一起，因此析出的固态 SiC 为柱状晶。

5.2 CVI 制备 C/C-SiC 摩擦材料及影响因素

5.2.1 CVI 制备 C/C-SiC 的工艺流程

C/C-SiC 摩擦材料的制备工艺流程为：首先采用针刺的方法制备炭纤维预制体，对其进行高温热处理后采用 CVI 制得不同密度的 C/C 多孔预制体，对 C/C 多孔体进行高温热处理后在高温真空炉中进行化学气相渗透，通过 MTS 在高温下的热解形成 SiC，制得 C/C-SiC 摩擦材料。该制备方法主要包括下列步骤。

(1) 针刺炭纤维预制体。

将单层 0°无纬布、网胎、90°无纬布、网胎依次循环叠加，然后采用接力式针刺的方法在垂直于铺层方向引入炭纤维束制成炭纤维预制体。预制体密度为 0.54g/cm^3，纤维体积分数为 30%。

(2) 前高温热处理。

将制得的炭纤维预制体在高温处理炉进行高温热处理，缓解炭纤维预制体在编织过程中产生的应力，并去除炭纤维束表面的胶。热处理温度为 1500～2100℃，全程时间 3～10h，压力为微正压，氩气惰性气体保护。

(3) 预制体热解炭增密。

本研究中,预制体的增密工艺采用等温微压差定向流化学气相渗透技术,定向流方式可以使反应气体流动顺畅,同时,产生负压差效应,促进反应气体扩散进入和反应副产物扩散流出及排出,使沉积区域的微气氛易于调控。CVI 过程中,碳源气体丙烯与稀释气体氢气之比为 1∶2,沉积时间为 120~300h,沉积温度为 900~1100℃。经热解炭增密后,制得的 C/C 多孔体密度为 0.8~1.6g/cm^3。由渗透前后,C/C 坯体密度和预制体密度两者之差可计算出基体内生成的热解炭含量。

(4) 高温石墨化处理。

在保护气氛下,将制得的低密度 C/C 多孔体材料在高温感应处理炉进行 2000~2300℃的高温热处理,提高低密度 C/C 多孔体材料的石墨化度。处理时为微正压,氩气惰性气体保护。

(5) 化学气相渗透沉积 SiC。

将不同密度的 C/C 多孔体置于高温化学气相沉积炉内的沉积区进行化学气相渗透,通过 MTS 在沉积温度下的热解反应形成 SiC 得到 C/C-SiC 摩擦材料。由渗透前后,C/C-SiC 摩擦材料的密度和 C/C 复合材料坯体密度两者之差可计算出基体内生成的 SiC 含量。

渗透过程如下:载气 H_2 携带 MTS 输入混合罐,与稀释气体 Ar 和 H_2 混合均匀,然后输送到 CVI 炉(图 5-2),在反应区加热并沉积 SiC,反应物尾气通过一个过滤罐吸收部分固体小颗粒和酸性的 HCl,最后通过真空泵将尾气排放到系统外。

制备过程的典型工艺条件为:$V(H_2)∶V(MTS)=8∶1$,水浴温度为 35℃,Ar 气流量为 200mL/min,沉积温度为 1100℃,炉内沉积压力小于 0.2kPa,沉积时间为 200~400h 不等。

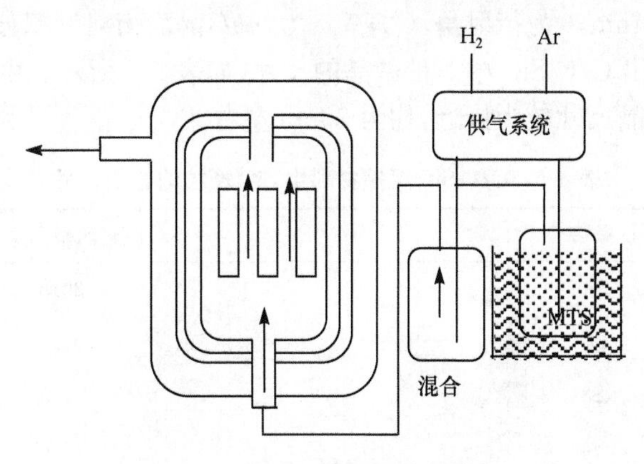

图 5-2　化学气相渗透炉示意图

5.2.2 C/C-SiC 摩擦材料的物相组成

以 C/C 多孔体 S1～S4(其密度见表 5-4)为基础,采用 CVI 制备的四种 C/C-SiC 摩擦材料的 XRD 分析结果如图 5-3 所示。由图 5-3 可知,采用化学气相渗透工艺制备的试样中,仅包含有碳及 SiC。其中,SiC 相为典型的面心立方(fcc)结构 SiC(对应衍射角为 35.6°、41.3°、59.9°、71.7°、75.3°),即 β-SiC。由图还可以看出,SiC 的衍射峰以(111)晶面最强,衍射较强的还有(220)、(311)晶面,但随着基体中热解炭含量的增加,上述三个晶面所对应的衍射峰逐渐受到削弱,高度逐渐降低。

表 5-4 C/C 多孔体的密度及开孔率

试样	C/C 多孔体	
	密度/(g/cm^3)	开孔率/%
S1	0.84	54.1
S2	1.11	40.6
S3	1.34	32.2
S4	1.58	14.5

对比图 5-3 的峰形可知,试样的 SiC 峰和碳峰的高度较为接近,这说明试样基体中 SiC 的含量较为接近,但其峰宽差异较大,根据衍射峰半高宽与 SiC 基体微晶尺寸的 Scherrer 公式:

$$D_{(hkl)}=\frac{K\lambda}{\beta_{(hkl)}\cos\theta} \tag{5-11}$$

式中:$D_{(hkl)}$ 为(hkl)晶面微晶尺寸,nm;K 为 Scherrer 常数,其值为 0.89;λ 为 X 射线波长,$\lambda=0.154$nm;θ 为衍射角,(°);$\beta_{(hkl)}$ 为(hkl)晶面衍射峰积分半高宽度,rad。由式(5-11)计算出 C/C-SiC 中 SiC 微晶的尺寸,如表 5-5 所示。由表可知,各试样中 SiC 颗粒的微晶尺寸较为接近,均为 20nm 左右。

表 5-5 C/C-SiC 摩擦材料中 SiC 颗粒的微晶尺寸

试样编号	SiC 颗粒的微晶尺寸/nm
S1	20.8
S2	20.4
S3	19.8
S4	19.6

为了得到各试样基体成分的具体比例,采用密度计算法对试样成分进行了分析。采用阿基米德排水法,测定制备过程中三个关键节点(即预制体入炉前,

石墨化后，化学气相渗透沉积SiC 400h后）处试样的密度，再根据式(5-12)～式(15-14)计算。

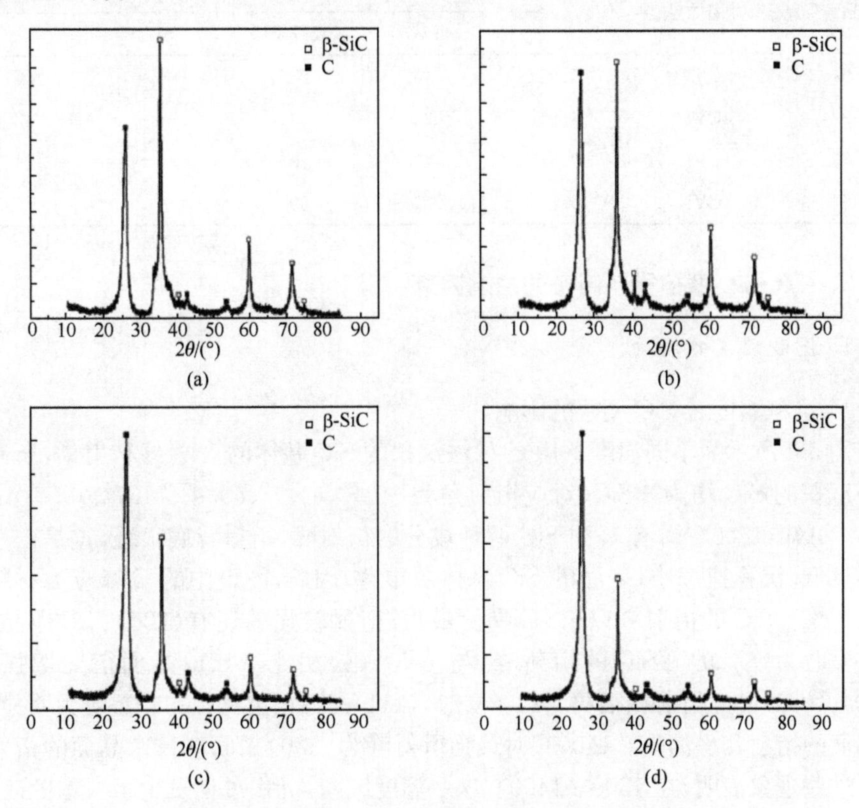

图5-3　不同C/C多孔体密度对化学气相渗透法制备C/C-SiC XRD的影响

(a) 0.84g/cm³；(b) 1.11g/cm³；(c) 1.34g/cm³；(d) 1.58g/cm³

$$W_{SiC}=(\rho_{final}-\rho_g)/\rho_{final} \tag{5-12}$$

$$W_{PyC}=(\rho_g-\rho_P)/\rho_g \tag{5-13}$$

$$W_{Cf}=1-W_{PyC}-W_{SiC} \tag{5-14}$$

式中：W_{SiC}为基体内SiC的质量分数；W_{PyC}为基体内热解炭的质量分数；W_{CfC}为基体内炭纤维的质量分数；ρ_{final}为最终C/C-SiC摩擦材料的密度；ρ_g为石墨化处理后C/C多孔体的密度；ρ_P为预制体的密度。

每步处理后用超声波清洗并烘干称重，测得C、SiC和Si的质量分数；再根据石墨化处理后C/C多孔体的密度与预制体密度的差异，计算出基体中热解炭与炭纤维的含量。各试样的密度及基体成分如表5-6所示，此结果与XRD分析结果基本相符。

表 5-6　CVI 制 C/C-SiC 摩擦材料的密度及基体成分

样品编号	制备方法	密度/(g/cm³)	组元/%(质量分数)			
			PyC	炭纤维	Si	SiC
S1	CVI	1.91	16	28	—	56
S2	CVI	1.91	30	28	—	42
S3	CVI	1.91	43	28	—	29
S4	CVI	1.87	56	29	—	15

5.2.3　C/C-SiC 摩擦材料制备的影响因素

1. 沉积温度的影响

1) 沉积温度对 SiC 尺寸的影响

图 5-4 所示为不同温度下用 CVI 法沉积的 SiC 基体的 X 射线衍射谱,所有温度下沉积的 SiC 均为 β-SiC(对应衍射角为 35.6°、41.3°、59.9°、71.7°、75.3°)。由图 5-4 可知:1100℃时有 C 和 SiC 两种成分的衍射峰,衍射背底很强,这是由于沉积温度低,沉积速率小,表面的 SiC 基体层很薄,因此,图谱中的 C 峰应为材料中的炭纤维。SiC 的衍射峰以(111)晶面最强,衍射较强的还有(220)、(311)晶面。1200℃时为单一的 β-SiC 的衍射峰,与图 5-4(a)相比,(111)晶面衍射增强了,(200)、(220)晶面衍射峰很弱。1300℃时,(111)晶面衍射增强的趋势更为明显,其他晶面的衍射几乎消失。1400℃时最强衍射峰为(220)晶面,(111)晶面的衍射减弱。这些现象表明,在 1300～1400℃这一温度区间,沉积过程发生了根本的改变。总体来说,1100～1400℃沉积的 SiC 基体为单一的 β-SiC,且在 1100～1300℃范围内,SiC(111)晶面优先生长趋势增强,而在 1400℃时(111)晶面取向优势减弱,(220)和(311)晶面衍射峰强度增加。

根据 Scherrer 公式[式(5-11)],由衍射峰半高宽可计算 SiC 基体微晶尺寸,计算结果如图 5-5 所示。由图 5-5 可以看出,在 1100～1400℃沉积温度范围内,微晶尺寸为 20～80nm,CVI SiC 基体的微晶尺寸随沉积温度升高而增加。以(111)晶面衍射峰计算,微晶尺寸增长速率较为均匀,以(220)、(311)晶面衍射峰计算的微晶尺寸在 1400℃突然增大,达到 80nm,说明 1400℃时晶体生长优先取向由(111)面变为(220)晶面。从表面物理化学的角度来说,在 CVI 制备 SiC 过程中,吸附在基体表面的分子或原子都有一定的迁移能力。在温度低时,SiC 粒子的临界核心尺寸很小,核心长大过程较慢,分子或原子的表面迁移能力有限,因而所得到的 SiC 微晶尺寸较小。随着沉积温度的提高,SiC 粒子的临界核心尺寸变大,核心长大过程加快,分子或原子的活性也增大,其表面扩散及迁移能力大大提高,所得到的 SiC 微晶尺寸也相应增大。

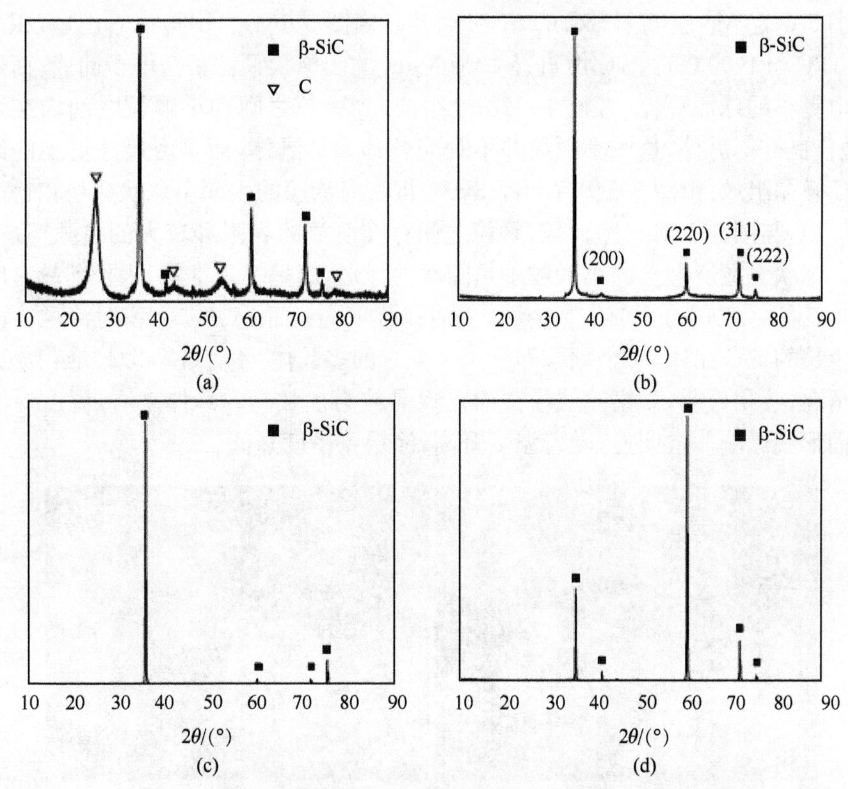

图 5-4　不同 W 温度下 CVI 法制备的 SiC 基体的 XRD 图谱

(a) 1100℃；(b) 1200℃；(c) 1300℃；(d) 1400℃

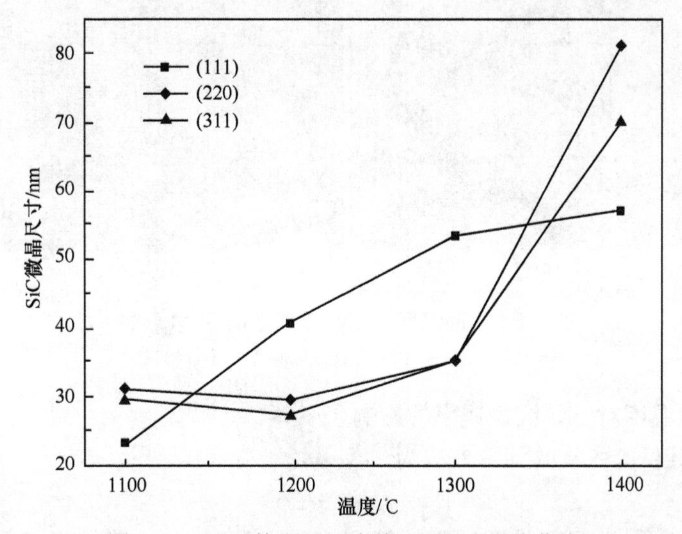

图 5-5　SiC 基体微晶尺寸随沉积温度变化曲线

图 5-6 为不同温度下 SiC 的 SEM 照片。由图 5-6(a)、(b)可以看出，沉积温度为 1100℃和 1200℃时，SiC 由直径 10～60μm 的圆球状颗粒紧密堆积而成，而这些颗粒由更小的球形颗粒（直径 1～2μm）组成，大颗粒之间和小颗粒之间均结合紧密，融合良好。另外，这些小颗粒并不是完整的 SiC 晶体，而是由尺寸更小的纳米级 SiC 微晶组成；由图 5-6(c)看出，1300℃沉积时涂层的表面由球状颗粒较松散地堆积而成，与图 5-6(a)、(b)比较，颗粒之间存在明显的界限和较大的空隙，致密度降低。球状颗粒所包含的小颗粒不是圆滑的球形，而呈三角锥状，生长前端有明显的棱角，说明 1300℃时 SiC 晶体生长具有择优取向；而 1400℃沉积时涂层表面为连续生长的 SiC 晶体，一个颗粒即为一个独立的多晶体，不存在小颗粒堆积成大颗粒的情况，棱角分明，观察涂层横截面发现晶粒为柱状晶。总体来看，温度对涂层的表面形貌影响非常明显，随着温度升高，涂层致密度降低。

图 5-6 不同温度下 CVD SiC 涂层 SEM 形貌

(a) 1100℃；(b) 1200℃；(c) 1300℃；(d) 1400℃

2）沉积温度对 SiC 沉积速率的影响

SiC 的沉积速率 v 的计算方法为

$$v=(d_2-d_1)/t \tag{5-15}$$

式中：d_1、d_2 分别为沉积前后试样的厚度；t 为沉积时间，计算结果如图 5-7 所示。由图可知，在 SiC 的沉积过程中，随着沉积温度的升高，SiC 的沉积速率先增加后减小。在 1200℃时，沉积速率达到最大值，再进一步升高温度，沉积速率反而降低。Choi 等[16]的研究认为，在 1200℃以上，CVD SiC 的沉积过程为气相扩散控制，而在 1200℃以下为动力学控制过程。本研究中，1200～1400℃沉积速率随温度升高而减小，其原因为在该温度区间，沉积过程由气相扩散控制，MTS 分解速度快，气相未扩散至基体表面就已经发生分解，沉积发生在试样下方的石墨坩埚上，造成反应物的损失，称为损耗效应[17]。

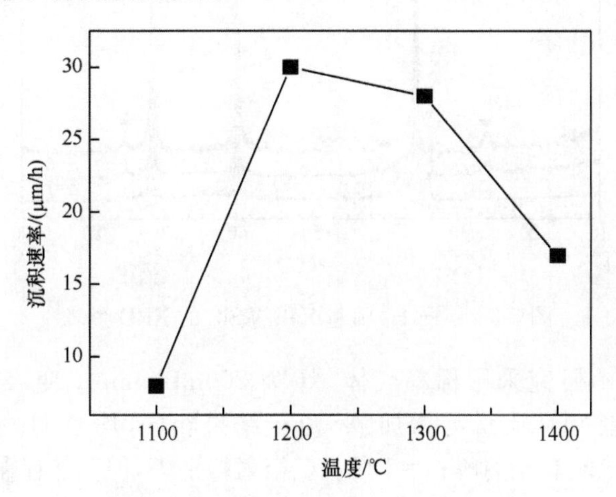

图 5-7　沉积速率与沉积温度关系曲线

2. 稀释气体的影响

CVI 过程受温度、稀释气体种类及流量、气氛压力等因素的综合作用，研究不同温度下稀释气体含量的变化与涂层结构、组成的关系具有重要的意义。H_2 在沉积过程中作为稀释气体的同时，还对沉积反应有催化作用，加速了 MTS 分解成含 C 中间产物和含 Si 中间产物反应的进行[18]。

1) 稀释气体对 SiC 晶体结构影响

图 5-8 为不同 H_2 流量沉积的 SiC 的 XRD 图谱。H_2/MTS 摩尔比 α 分别为 4、8 和 12，沉积温度为 1200℃。从图 5-8 可以看出，所有流量下均有 α-SiC 衍射峰，这与研究温度工艺参数的 XRD 图谱不一致。$\alpha=4$ 和 $\alpha=8$ 时出现了 C 衍射峰。

文献[19]研究了稀释气体 Ar 的影响，实验结果为：当 Ar 流量超过 200mL/min时，涂层中逐渐出现 α-SiC，且 α-SiC 的衍射峰，强度随 Ar 流量增大而增大。其原因如下：在 CVD SiC 涂层动力学控制区，以 Ar 为稀释气体，H_2 分压低时，沉积层中富余 C 存在，因为 H_2 分压低，抑制了 MTS 反应的中间活性络合物 SiCl 的生成，促进了碳氢化合物的生成，所以沉积层里有多余的 C，多余的 C 导致

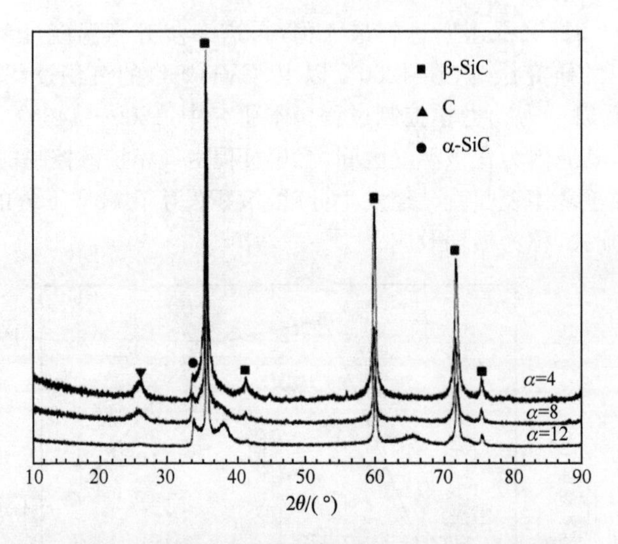

图 5-8　不同 H_2 流量沉积的 SiC 的 XRD 图谱

α-SiC 的出现。本研究采用稀释气体 Ar 为 200mL/min 不变，H_2 流量为 60～180mL/min。减少 H_2 流量与增加 Ar 流量结果相同，均使 H_2 分压减小，所以 $\alpha=4$和 $\alpha=8$ 时出现 C 衍射峰；$\alpha=12$ 时，C 衍射峰消失，但仍然存在 α-SiC。

图 5-9 对比了各衍射峰的强度。由图可知，各有三个较强衍射峰，其中(111)晶面具有较强的取向，随着 H_2 流量增加，(111)晶面取向优势增加。这是因为β-SiC为面心立方结构，(111)晶面为其密排面，具有较小的能量，低的沉积速率有利于(111)晶面的生长。$\alpha=4$ 时，H_2 流量小，反应物 MTS 浓度高，沉积速率大，不利于(111)晶面生长；随着 H_2 流量增加，$\alpha=8$ 和 $\alpha=12$ 时 MTS 浓度降低，沉积速率减小，有利于(111)晶面生长。说明在该工艺条件下，H_2 主要作为稀释气体，对反应的催化作用减小。

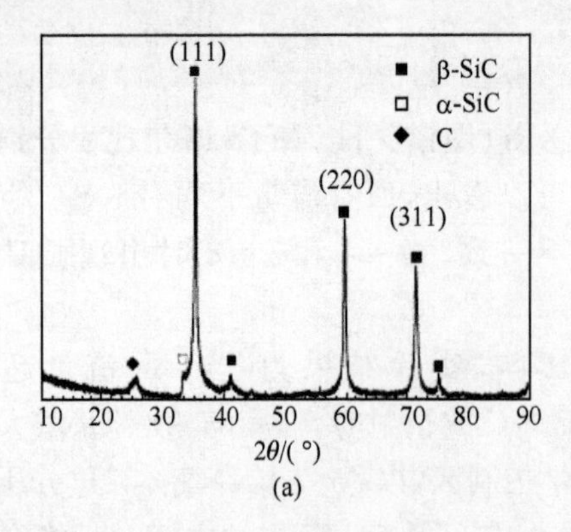

(a)

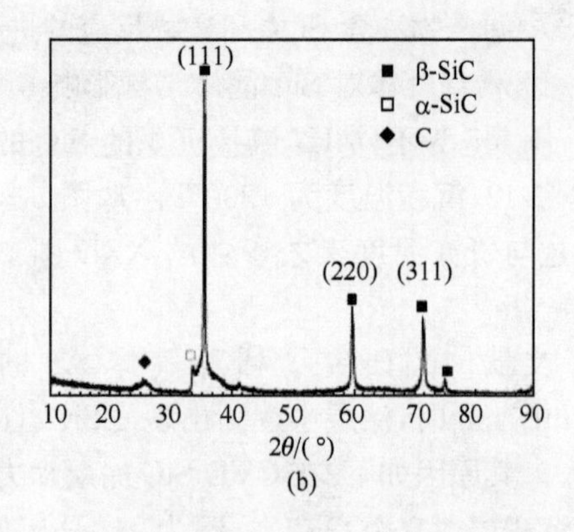

(b)

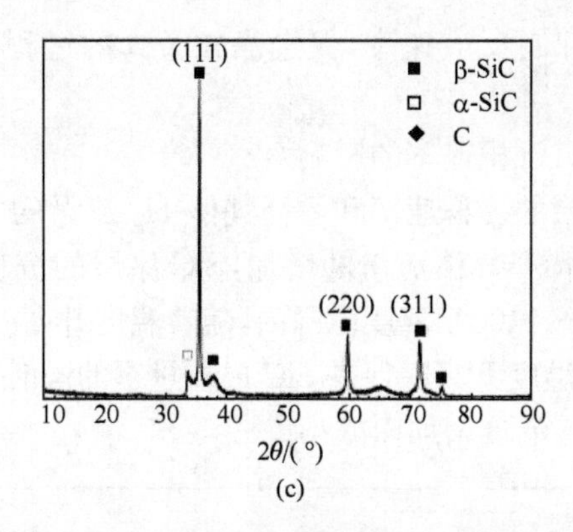

图5-9　不同 H_2 流量沉积的SiC各衍射峰的强度

2）稀释气体对SiC晶体尺寸的影响

利用Scherrer公式，可计算出不同稀释气体条件下SiC的微晶尺寸，如图5-10所示。随着 H_2 流量增加，根据(111)晶面强度计算微晶尺寸略有减小，但数值变化不大，在40～43nm。根据(220)、(311)晶面强度计算微晶尺寸先增加，再减小，微晶尺寸在26～34nm变化。说明了 H_2 作为稀释气体时，有利于(111)面晶体生长，晶体长大速度快。对照5.2.3节温度与沉积颗粒尺寸的关系，温度由1100℃上升到1400℃时，微晶尺寸由20nm增大到80nm，可知稀释气体对SiC沉积颗粒尺寸影响比温度影响小得多。H_2 为稀释气体促进反应进行，提高结晶的成核速率，有利于获得细晶粒SiC。文献[19]提到CVD制备SiC的反应中，H_2 和Ar起着不同的作用：以 H_2 为稀释气体制备SiC涂层致密、晶粒细化、表面光滑。以Ar作为稀

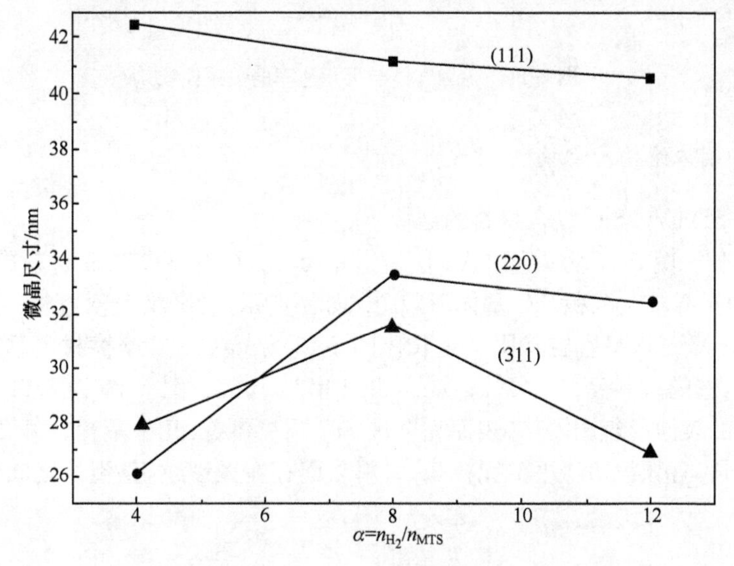

图5-10　1200℃时不同 H_2 流量沉积的SiC微晶尺寸

释气体能一定程度地抑制反应速率，促进晶粒长大的过程，涂层变得疏松，晶粒较大。

3）稀释气体对 SiC 沉积速率的影响

图 5-11 为 SiC 涂层的沉积速率和稀释气体 H_2 流量的关系。由图可以看出，在每一个温度点，随着稀释气体流量的增加，SiC 涂层的沉积速率迅速减小；在流量相同的条件下，1200～1400℃温度范围内，随着温度升高 SiC 涂层的沉积速率减小。这是因为，在一定温度下，H_2 促进 SiC 成核过程的同时，抑制了 SiC 晶粒的长大，所以沉积速率随 H_2 流量增加而减小。

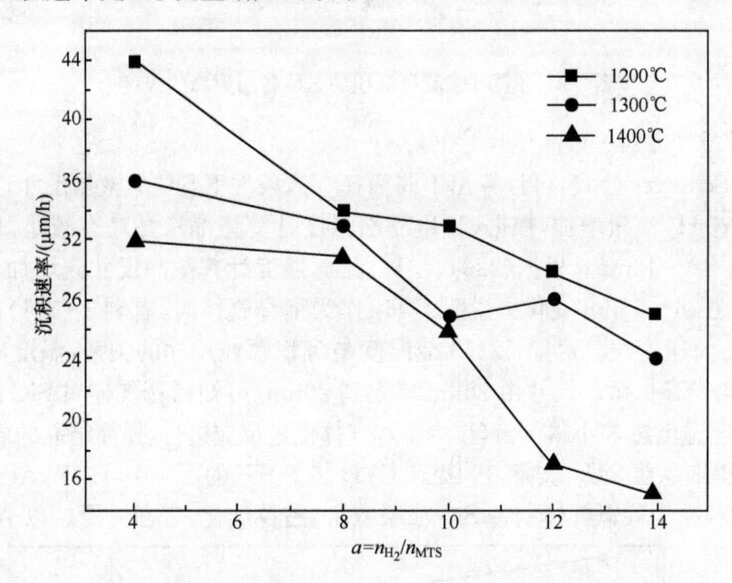

图 5-11　稀释气体与沉积速率的关系曲线

3. 预制体结构的影响

1) 2.5D C/C-SiC 复合材料的结构

图 5-12～图 5-14 为采用 CVI 法制备的 2.5D C/C-SiC 摩擦材料的形貌图。图 5-12 为炭纤维上沉积 SiC 基体形貌图。如图所示，炭纤维上覆盖着一层厚厚的 SiC 基体，SiC 基体呈颗粒状团聚生长。图 5-13 为 C/C-SiC 摩擦材料垂直截面宏观形貌图，选的材料密度为 2.1g/cm³，开孔率为 10%。图 5-14 为 2.5D C/C-SiC 摩擦材料的表面形貌图，材料表面完全被 SiC 颗粒覆盖，几乎不存在开孔，Si 基体颗粒状生长，且颗粒边缘平滑无棱角，材料表面存在微裂纹，且裂纹之间约呈 120°夹角。

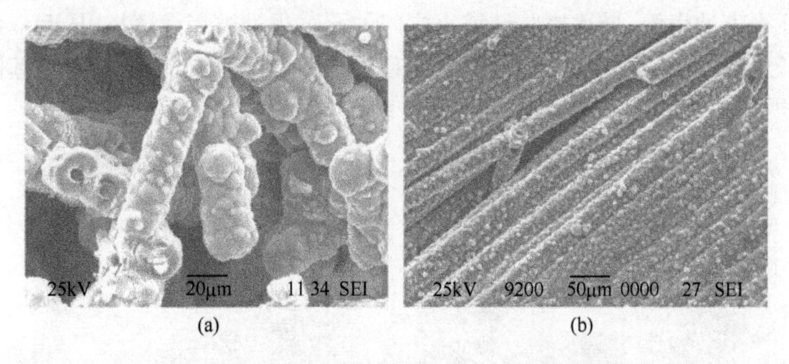

图 5-12　炭纤维上沉积 SiC 基体形貌图

图 5-13　2.5D C/C-SiC 摩擦材料垂直截面宏观形貌图

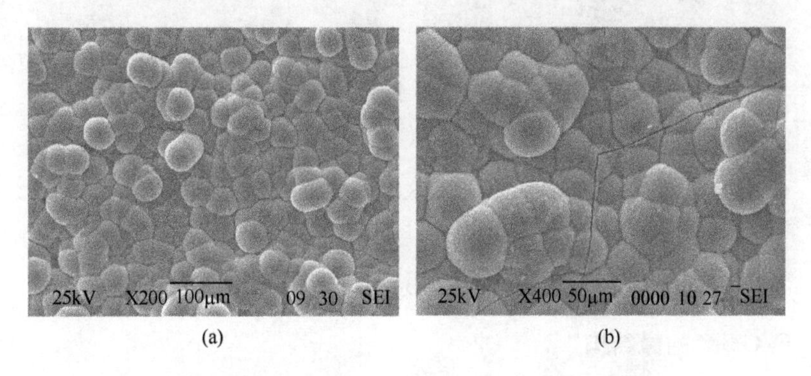

图 5-14　2.5D C/C-SiC 摩擦材料的表面形貌图

2）3D C/C-SiC 摩擦材料的结构

图 5-15 为 CVI 制备的 3D C/C-SiC 摩擦材料纤维束之间的宏观形貌照片，图 5-15(a)为材料表面抛磨过之后的形貌图，图 5-15(b)为材料纵向截面的形貌图。如图所示，材料内部均存在一定数量长条形的孔隙，这与 3D 编织的预制体结构有关。对照 3D 预制体的孔隙，不难发现这些孔隙的尺寸均在数百微米级，而这些纤维束之间的孔隙呈现中间大两头小的形状，随着沉积的进行，SiC 基体均匀地

沉积在纤维束的表面，导致这些纤维束之间的孔隙很难被完全填充，从而不可避免地产生了这些闭孔隙。在图 5-15(b)中可以看出，材料表面被致密的 SiC 基体层完全覆盖，所以采用延长 CVI 时间来填满纤维束之间的大孔隙是困难的。

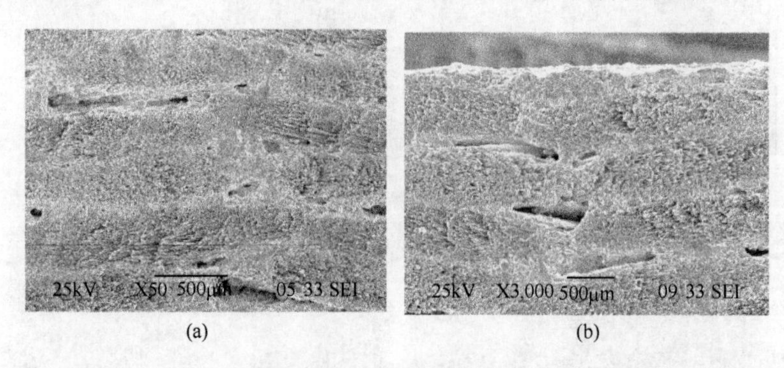

(a) (b)

图 5-15 CVI 制备的 3D C/C-SiC 摩擦材料纤维束之间的形貌图

图 5-16 为 3D C/C-SiC 摩擦材料纤维束内部形貌图，纤维周边被紧密的 SiC 基体包围，纤维束之间的孔隙几乎被填满，材料的致密度高，密度达 2.1g/cm^3。

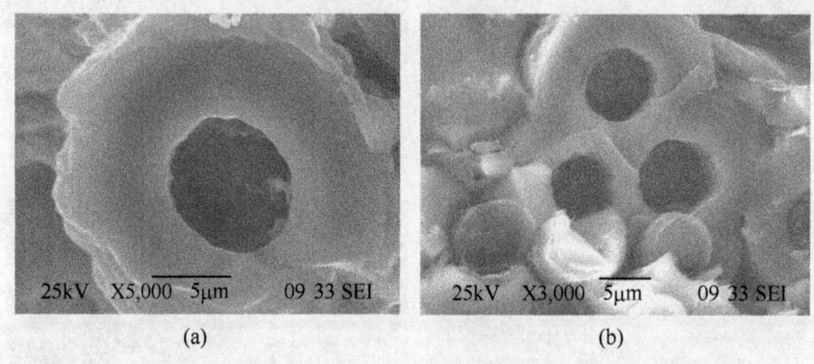

(a) (b)

图 5-16 CVI 制备的 3D C/C-SiC 摩擦材料纤维之间的形貌图

5.3 C/C-SiC 摩擦材料的微观结构

5.3.1 C/C-SiC 的微结构

众所周知，C/C-SiC 材料是典型的非均质材料，无纬布和网胎相互交替排布，因此，材料基体内可分为纤维密集区和纤维稀疏区两类不同的位置，其结构具有不同的特点。

以表 5-4 中四种不同密度的 C/C 多孔体坯体，采用化学气相沉积工艺制备的 C/C 多孔体的典型显微形貌如图 5-17 所示。由图 5-17(a)可知，由于预制体内纤维分布不均匀，在无纬布层中纤维体积含量较高，排列较为致密，而网胎层中纤维体积含量较低，排列较为稀疏。因此，气体物质很容易渗入网胎层孔隙中，而无纬布层只能渗入纤维束间，或沿着针刺纤维附近的孔隙渗入。由图5-17(b)可知，C/C多孔体中，纤维稀疏区域(如网胎层)，纤维外部包裹一层较厚的热解炭层；而在纤维密集区域(如无纬布层)，热解炭层多集中于纤维束外围，纤维束内部的纤维热解炭层较薄，甚至没有。造成这一现象的主要原因是：纤维束内部纤维排列致密，大大限制了碳氢气体的渗入，从而造成热解炭层分布的不均匀。热解炭层分布的不均匀使得纤维束内部保留有大量的微孔，为后续渗透SiC保留了一定数量的通道。但随着CVI时间的延长，C/C多孔体内热解炭含量的增加，不但使纤维束外围沉积的热解炭层逐渐把整个纤维束包裹起来，而且使得纤维束内部的残留孔隙逐渐被热解炭所填满或封闭，从而降低了C/C多孔体的开孔率，最终对C/C-SiC摩擦材料内SiC层的分布造成影响。

图5-17　不同C/C多孔体中纤维密集区域的典型显微形貌

(a) S1；(b) S2；(c) S3；(d) S4

以图5-17中不同的C/C多孔体为坯体，采用CVI制备C/C-SiC摩擦材料不同区域的显微形貌如图5-18所示。由图可知，尽管这四组试样的基体成分各不相同，但其基体内相应区域具有极为相似的微观结构。在纤维稀疏区内，炭纤维首先被一层热解炭层包裹，其厚度(1～7μm)取决于基体内热解炭含量，而后该热解炭层被一层SiC所包裹。由于纤维稀疏区内较大的孔隙被SiC颗粒所填充，这使得基体的开孔率明显下降，并使该区域的结构呈现弧形表面，较为紧凑，但随着基体SiC含量的下降，区域内SiC层的厚度逐渐由15μm左右下降至10μm左右。在纤维密集区,尽管炭纤维同样被热解炭层所包裹,但由于该区域内空间有限,受沉积过程中“瓶颈效应”的限制,因此该区域内热解炭层的厚度明显小于纤维稀疏区内的热解炭层。同时,在该区域内还发现有大量的微孔,这些微孔多分布于不同纤维热解炭层之间,其大小由 1μm 至 7μm 不等,其中有些微孔被 SiC 颗粒所填充,如图 5-18(b)和(d)所示。然而,随着基体内热解炭含量的增加,纤维密集区域内的微孔含量及尺寸明显下降,造成这一现象的主要原因是:随着基体内热解炭含量的升高,造成纤维密集区内热解炭层的厚度明显增加,甚至使得相邻纤维的热解炭层相互接触,这使得微孔的尺寸和数量明显下降。随着微孔的尺寸和数量明显下降,纤维密集区域内 SiC 颗粒的含量越来越少,如图 5-18(b)、(d)、(f)和(h)所示。这表明,基体的热解炭含量对基体内 SiC 的分布有明显影响。

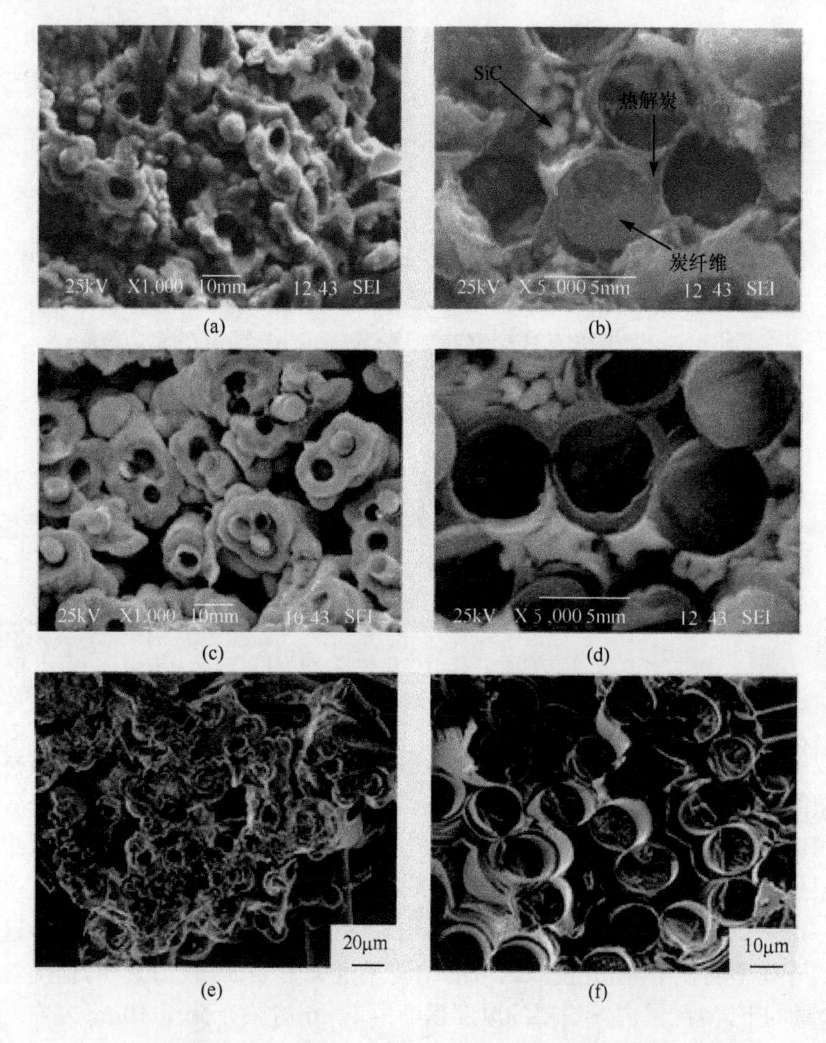

图 5-18　化学气相渗透工艺制备 C/C-SiC 摩擦材料不同区域的典型显微形貌
(a)和(b) S1；(c)和(d) S2；(e)和(f) S3；(g)和(h) S4

5.3.2　SiC 的显微结构

采用 CVI 制备的 C/C-SiC 摩擦材料基体中 SiC 颗粒的典型形貌如图 5-19 所示。由图可以看出，同一试样中 SiC 颗粒的尺寸较为均匀，其外形多为长圆柱体颗粒，且 SiC 层较为连续致密，无明显的空洞。然而，随着基体中 SiC 含量的降低，SiC 颗粒的尺寸明显减小，且其外形由长圆柱体逐渐变为半圆形。由图 5-19(a)可见，基体中 SiC 层上还发现有一定数量的微裂纹。此微裂纹产生的原因可能有二：一是试样冷却过程中，SiC 与热解炭膨胀系数存在差异；另一种可能是样品制备过程中人为造成。此外，由图可以看出，SiC 颗粒表面并不光滑，而是由许多小颗粒聚集而成，这是气相生长 SiC 的典型特征。

试样 S1～S4 均采用化学气相渗透工艺制备，且制备条件完全相同，但各试样基体内的 SiC 颗粒形貌有明显差别。造成这一现象的主要原因是：C/C 多孔体的孔隙度不同。由前面对 C/C 多孔体显微结构的分析可知，随着 C/C 多孔体中热解炭含量的升高，基体中孔隙的大小和含量明显下降，使得化学气相渗透过程中的

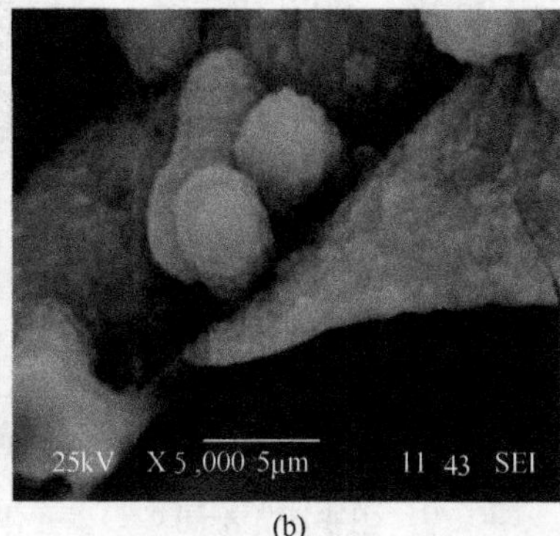

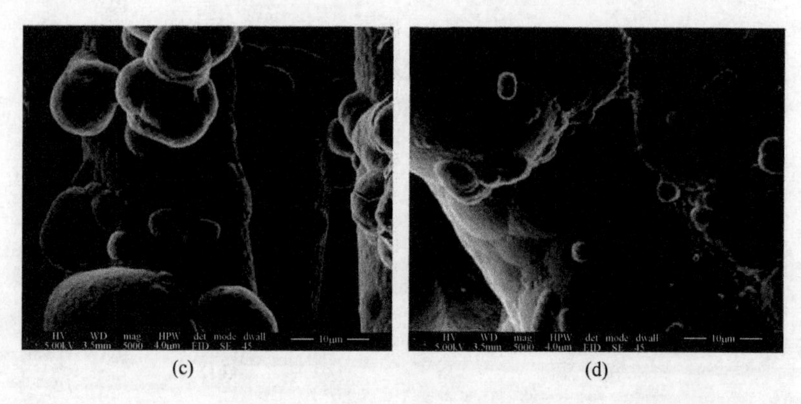

图 5-19　CVI 制备 C/C-SiC 摩擦材料中 SiC 颗粒的典型形貌

(a) S1;(b) S2;(c) S3;(d) S4

“瓶颈效应”更加明显。所谓“瓶颈效应”是指,在气相渗透程中,由于整个传质通道的温度均处于热解温度以上,且没有明显的温度梯度,因此气态前驱体在渗透过程中的热解速率相同;又由于渗透过程具有一定的时间性,这使得气态前驱体的浓度在传质通道的入口为最高,而随着传质距离的增加,气态前驱体的浓度逐渐下降;气态前驱体浓度分布不均匀,造成沉积层的厚度沿传质方向逐渐下降。由于传质通道入口处较厚的沉积层所形成的特殊外形类似“瓶颈”,因此该现象称为“瓶颈效应”。

孔隙度对 SiC 颗粒形貌的影响可由不同 C/C 多孔体密度条件下,化学气相渗透反应模型来说明,如图 5-20 所示。

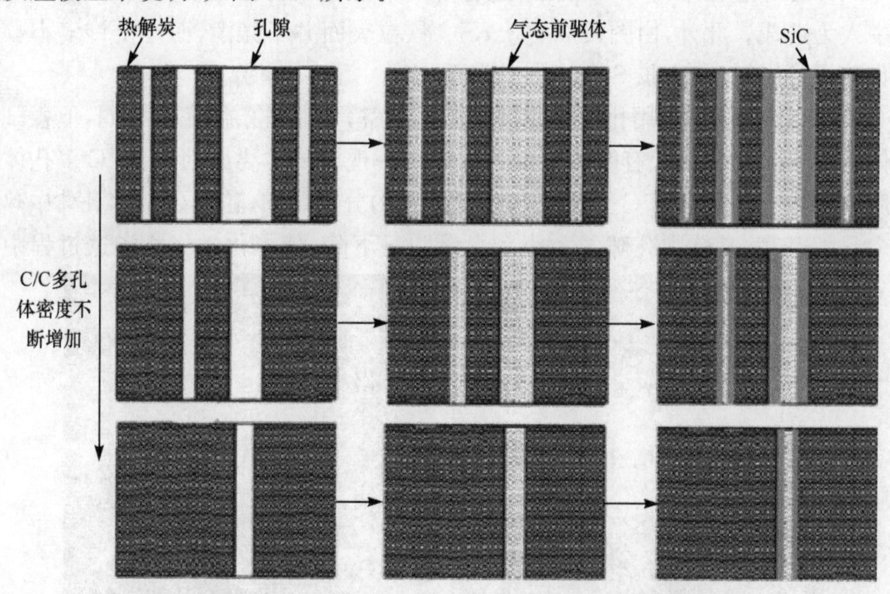

图 5-20　不同 C/C 多孔体中气态前驱体的渗透模型

(1) 当 C/C 多孔体密度较低时，其内部孔隙含量较高，且孔隙尺寸较大，在渗透过程中，气态前驱体易于渗入 C/C 多孔体内部，且“瓶颈效应”不明显，这使得 SiC 颗粒在生长过程中得以充分发育，从而形成长圆柱体外形。

(2) 随着 C/C 多孔体密度升高，孔隙度下降，热解炭层厚度的增加，使得热解炭层相互接触，造成其内部孔隙含量下降，孔隙尺寸减小，且这些孔隙多分布于显微稀疏区域(如网胎层)，这便迫使气态前驱体只能通过这些较小且分布较集中的孔隙向 C/C 多孔体内渗透，从而造成 SiC 分布均匀性下降，同时又由于“瓶颈效应”的增强，SiC 层的厚度下降。因此，SiC 颗粒的长度随着孔隙度的下降而逐渐缩短。

(3) 随着 C/C 多孔体密度的进一步升高，传质通道入口处沉积层的厚度不断增加，传质通道入口处的直径逐渐下降，甚至整个传质通道被封闭，这使得气态前驱体的传质条件不断恶化，从而大大限制了传质通道内部沉积层的生长。由于直径较小的传质通道易于封闭，因此，“瓶颈效应”随传质通道直径的下降而加强。这使得孔隙内部 SiC 颗粒的生长受到了明显的限制，基体内 SiC 层的厚度进一步下降，进而 SiC 颗粒呈现出半球形。

对于 CVI 材料，SiC 基体的沉积温度为 1000℃。由于温度较低，SiC 的沉积过程受化学动力学控制，此时表面反应较慢，反应物质可以充分渗透至预制体内纤维之间的孔隙，即 CVI 制备 SiC 首先均匀地填充纤维之间的微孔，对纤维起良好的保护作用。由图 5-21(a)可见，无纬布区纤维束内部的纤维表面均沉积了一定厚度的 SiC 层，相比之下网胎区纤维表面沉积的 SiC 层厚度更大些[图 5-21(b)]。

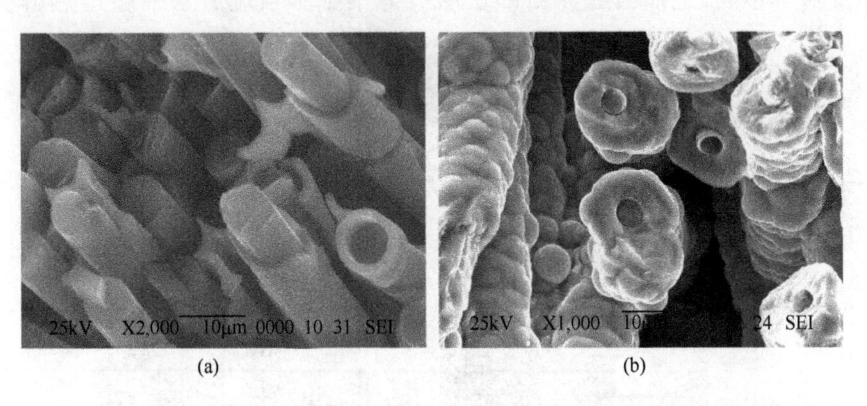

(a)　　(b)

图 5-21　CVI 制备针刺 C/C-SiC 复合材料中 SiC 的分布

(a) 无纬布区；(b) 网胎区

5.3.3　C/C-SiC 的界面形貌

为了进一步了解采用 CVI 工艺制得的 C/C-SiC 摩擦材料的界面结构，将试样 S3 在透射电子显微镜下进行观察。试样 S3 中各界面的典型结构如图 5-22所示。由图可知,CVI 制备的 C/C-SiC 中各相区域明显,极少存在相互掺杂的现象。

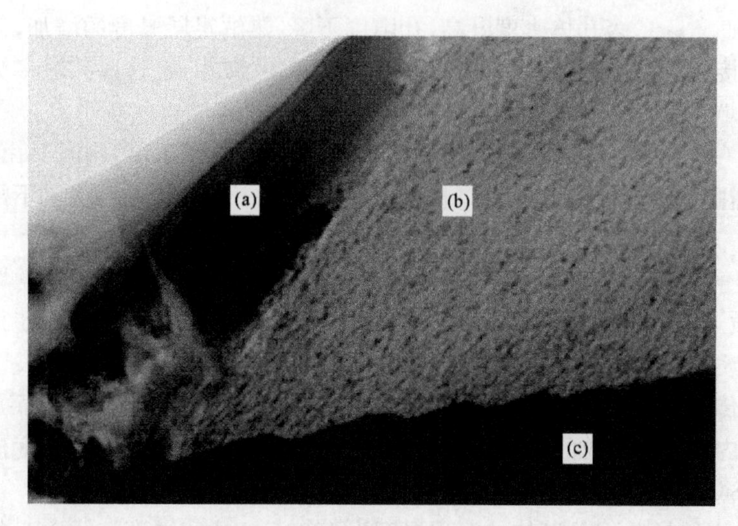

图 5-22 CVI 制备 C/C-SiC 复合材料中各相界面的 TEM 照片

(a) SiC;(b) 热解炭;(c) 炭纤维

在 SiC/热解炭界面还发现有一定数量的微裂纹,如图 5-23 所示。微裂纹产生的原因是:在加热和冷却过程中,SiC 和热解炭热膨胀系数的差异,导致两部分的体积变形率不同,进而引起界面部位的应力集中。当应力水平超过热解炭和

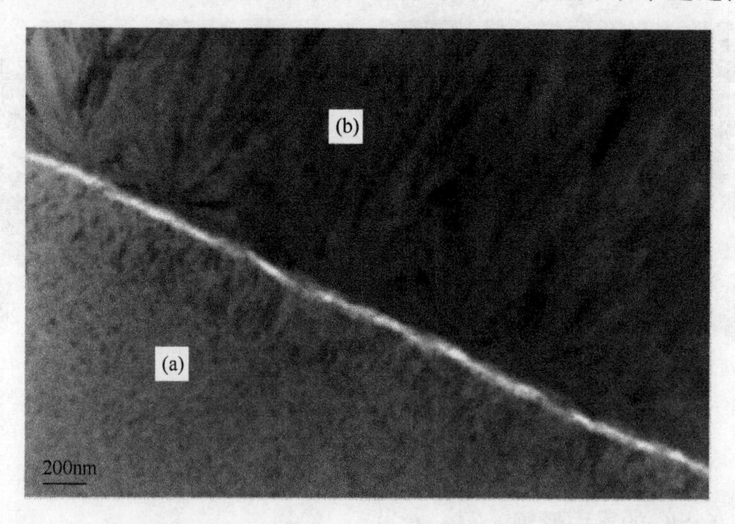

图 5-23 CVI 制备 C/C-SiC 复合材料中 SiC/热解炭界面的 TEM 照片

(a) 热解炭;(b) SiC

炭纤维的结合强度时，界面即出现这些微小裂纹。同时，由图5-23还可以看出，SiC层中存在树枝状结构，这主要是SiC颗粒的原位生长过程造成的。

此外，C/C-SiC摩擦材料基体中SiC层呈现出典型的层状组织特征，如图5-24所示。这是多次沉积过程中SiC层生长留下的痕迹，即在多次沉积过程中，新的SiC层总是在原有SiC层的表面形成。

图5-24　CVI制备C/C-SiC复合材料中SiC层的TEM照片

参考文献

[1] Stinton D P, Besmann T M, Lowden R A. Advanced ceramics by chemical vapor deposition techniques. American Ceramic Society Bulletin, 1988, 67(2): 350-355

[2] Bhat I B. Epitaxial growth of silicon carbide by chemical vapor deposition//Springer Handbook of Crystal Growth. Berlin: Springer Berlin Heidelberg, 2010: 939-966

[3] Besmann T M, Sheldon B W, Moss III T S, et al. Depletion effects of silicon carbide deposition from methyltrichlorosilane. Journal of the American Ceramic Society, 1992, 75(10): 2899-2903

[4] Fitzer E, Gadow R. Fiber-reinforced silicon carbide. American Ceramic Society Bulletin, 1986, 65(2): 326

[5] 刘荣军，周新贵，张长瑞，等. 化学气相沉积工艺制备SiC涂层. 宇航材料工艺，2002，(5)：42-44

[6] 徐永东. 3D C/SiC复合材料的制备和性能. 西安：西北工业大学博士学位论文，1996

[7] Niihara K. Mechanical properties of chemically vapor deposited non-oxide ceramics. American Ceramic Society Bulletin, 1983, 62(9): 1160

[8] Nakano K. Fabrication and mechanical properties of carbon fiber reinforced silicon carbide composites. Journal of Japanese Ceramic Society, 1992, 100(4): 472

[9] Zhang L, Cheng L, Luan X, et al. Environmental performance testing system for thermostructure materials applied in aeroengines. Key Engineering Materials, 2006, 313：183-190
[10] 孟广耀. 化学气相淀积与无机新材料. 北京：科学出版社, 1984
[11] 何新波. 连续纤维增强碳化硅陶瓷基复合材料的研究. 长沙：中南大学博士学位论文, 2000
[12] 张玉娣, 张长瑞, 刘荣军, 等. C/SiC 复合材料与 CVD SiC 涂层的结合性能研究. 航空材料学报, 2004, 24(4)：27-29
[13] Petrovsky G T, Tolstoy M N L S V. 2.7-meter-diametre Silicon Carbide Primary Mirrors for the SOFIA Telescope. Proceeding of SPIE, 1994, 2199：263-270
[14] Fortini A J. Open-cell silicon foam for ultra-lightweight mirrors. Proceeding of SPIE. 1999, 3786：440-446
[15] 闫联生, 李贺军, 崔红, 等. 固体冲压发动机燃气阀用 C/SiC 复合材料研究. 固体火箭技术, 2006, 29(2)：135-138
[16] Kim D J, Choi D J. Effect of reactant depletion on the microstructure and preferred orientation of polycrystalline SiC films by chemical vapor deposition. Thin Solid Films, 1995, 266(1)：192-197
[17] 刘荣军, 张长瑞. 低温化学气相沉积 SiC 涂层显微结构及晶体结构研究. 硅酸盐学报, 2003, 31(11)：1107-1111
[18] Osterheld T H, Allendorf M D, Melius C F. Unimolecular decomposition of methyltrichlorosilane：RRKM calculations. Journal of Physical Chemistry, 1994, 98(28)：6995-7003
[19] 刘荣军. 化学气相沉积碳化硅涂层制备工艺、结构与性能研究. 长沙：国防科学技术大学博士学位论文, 2004

第6章　熔硅浸渗法制备C/C-SiC摩擦材料

熔硅浸渗法是制备陶瓷基复合材料高温结构零部件的主要工艺之一，可制备出近全致密的陶瓷基复合材料。本章主要介绍孔隙对熔硅浸渗法(LSI)的影响，C/C多孔体液硅熔渗过程的理论分析，LSI制备C/C-SiC摩擦材料的影响因素和微观结构等，为实际应用提供了理论依据。

6.1　熔硅浸渗过程的理论分析

6.1.1　熔硅浸渗过程的热力学和动力学

1. 热力学计算

根据吉布斯-亥姆霍兹公式[1]：

$$\Delta G=\Delta H-T\Delta S \tag{6-1}$$

当$\Delta G<0$时，Si-C反应可自动进行。否则，Si-C反应不能发生。

$$\Delta H_T=\Delta H_{298}+\int_{298}^{T} C_p \mathrm{d}T \tag{6-2}$$

根据克莱珀龙方程：

$$\Delta S_T=\Delta S_{298}+\int_{298}^{T} \frac{C_p}{T} \mathrm{d}T \tag{6-3}$$

将式(6-2)和(6-3)代入式(6-1)可得

$$\Delta G_T=\Delta H_T-T\Delta S_T \tag{6-4}$$

液Si与固体C的化学反应式为

$$\mathrm{Si(l)+C(s)\longrightarrow SiC(s)} \tag{6-5}$$

反应体系焓值的变化为

$$\Delta H_T=\Delta H_T(\mathrm{SiC})-\Delta H_T(\mathrm{Si})-\Delta H_T(\mathrm{C}) \tag{6-6}$$

反应体系熵值的变化为

$$\Delta S_T=\Delta S_T(\mathrm{SiC})-\Delta S_T(\mathrm{Si})-\Delta S_T(\mathrm{C}) \tag{6-7}$$

将表6-1中的数据及式(6-6)和式(6-7)代入式(6-1)得图6-1。

从计算和图6-1中可知，当温度低于8400K时，$\Delta G<0$，在热力学上Si+C反应可自动进行。然而实际中由于其动力学的影响，只有温度高于1423K(1150℃)时才能发生化学反应[2]。

表 6-1 液 Si 和固 C 的基本热力学数据[3]

相	$\Delta H_{298}^{\ominus}$ /(kJ/mol)	$S_{298}^{\ominus}$ /[J/(K·mol)]	$C_p=a+b10^{-3}T+c10^{5}T^{-2}+d10^{-6}T^{2}$/[J/(K·mol)]				T/K
			a	b	c	d	
液 Si	0.0	18.820	22.824	3.858	−3.540	0.0	298～1687
液 Si	48.472	44.466	27.196	0.0	0.0	0.0	1687～3492
β-SiC	−71.584	21.046	50.496	1.992	−37.639	0.0	678～3200
α-SiC	−70.057	20.518	49.597	2.636	−35.606	0.0	662～3200
C(石墨)	1.887	10.820	23.602	0.435	−31.627	0.0	1100～4100

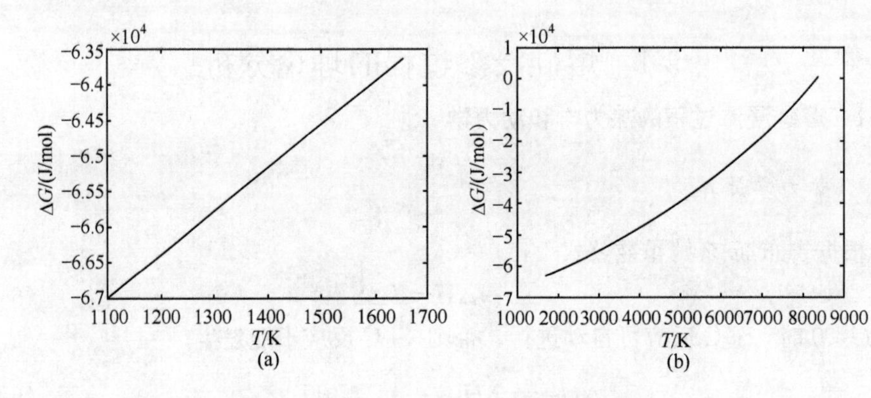

图 6-1 Si-C 反应放出的 ΔG 随温度的变化

2. 动力学分析

Si-C 反应的动力学主要依赖于炭的结构、孔隙和形成 SiC 的名义激活能[4,5]。单晶石墨的底平面上的原子比垂直平面上的更易受到液 Si 的侵蚀，底表面中的晶界、位错中心和空位簇最易受到侵蚀。

金刚石与液 Si 反应生成一个局部均匀的 SiC 层。若在金刚石上沉积一层热解炭涂层，然后与液 Si 反应，发现生成的 SiC 晶粒具有随机的取向和分布[6]。玻璃炭与液 Si 反应生成准半球形的 SiC 晶簇，玻璃炭靠近液 Si 的位置易受到侵蚀。

6.1.2 熔硅浸渗过程的影响因素

1. 液 Si 的基本物理性质

Si 是一种具有“反常行为”的元素，其由固态转变为液态时，密度增加，体积减小。为了准确地计算出熔体的渗入深度及其渗入量，首先给出熔体的基本物理性质，如表面张力 σ、密度 ρ 和黏度 μ 等。

1）表面张力

温度为 T 时液 Si 的表面张力[7]为

$$\sigma=\sigma_{\mathrm{m}}-\frac{\mathrm{d}\sigma}{\mathrm{d}T}(T-T_{\mathrm{m}}) \tag{6-8}$$

式中：σ 为温度 T 时的表面张力，$\times10^{-3}\mathrm{N/m}$；$\sigma_{\mathrm{m}}$ 为 Si 熔化时的表面张力，$875\times10^{-3}\mathrm{N/m}$；$\frac{\mathrm{d}\sigma}{\mathrm{d}T}$为温度系数，$0.22\times10^{-3}\mathrm{N/(m\cdot K)}$；$T_{\mathrm{m}}$ 为 Si 的熔点，1687K。

由式(6-8)可知，液 Si 的表面张力随着温度的升高而呈直线关系下降。

2）液 Si 密度和体积

温度 T 时液 Si 的密度为[8]

$$\rho=\rho_{\mathrm{m}}-1.59\times10^{-4}(T-T_{\mathrm{m}})-1.15\times10^{-7}(T-T_{\mathrm{m}})^2 \tag{6-9}$$

式中：ρ_{m} 为 $2.58\mathrm{g/cm^3}$；T_{m} 为 1687K。

温度 T 时液 Si 的体积为[8]

$$\frac{V}{V_{\mathrm{m}}}=1+6.18\times10^{-5}(T-T_{\mathrm{m}})+4.72\times10^{-8}(T-T_{\mathrm{m}})^2 \tag{6-10}$$

式中：V_{m} 为 1687K 时的体积。

根据式(6-9)和式(6-10)可计算出，随着温度的升高，液 Si 的密度和体积分别下降和增大。

3）液 Si 黏度

温度 T 时液 Si 的黏度为[8]

$$\mu=\mu_{\mathrm{m}}-1.22\times10^{-3}(T-T_{\mathrm{m}}) \tag{6-11}$$

式中：μ_{m} 为液 Si 熔点时的黏度，$0.75\times10^{-3}\mathrm{Pa\cdot s}$；$T_{\mathrm{m}}$ 为 1687K。根据式(6-11)可计算出液 Si 在不同温度时的黏度，随着温度的升高，黏度呈直线关系下降。

4）其他性质

液 Si 的不随温度变化的性质见表 6-2[9]。

表 6-2　液 Si 的基本性质

元素	熔点/K	原子量	d/nm	E/(kJ/mol)	σ_{m}/(N/m)	ρ_{m}/(g/cm³)	μ_{m}/(Pa·s)
Si	1687	28.09	0.04	36.073	$875*10^{-3}$	2.58	7.5×10^{-4}

注：d 为晶格常数；E 为吉布斯活化能。

2. 熔硅浸渗过程的力学分析

1）孔隙结构

为了理论计算方便，将低密 C/C 复合材料中的孔隙进行简化，归为下列四种(图 6-2)：通孔、上闭孔、下闭孔和弯孔。

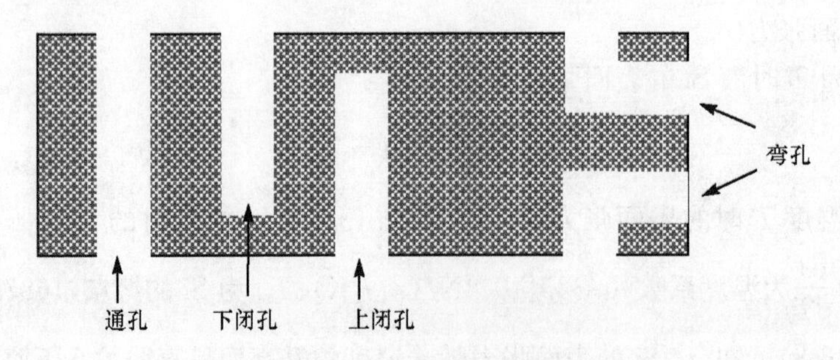

图 6-2 C/C 复合材料中的孔隙模型

2) 液 Si 的受力情况

在 LSI 过程中,影响液 Si 渗入多孔体的因素主要有毛细管力、重力和熔体的自身黏度及气体的阻力。

(1) 毛细管力。

根据 Young-Laplace 方程,毛细管力 P 可表示为[10]

$$P=\frac{-2\sigma\cos\theta}{r}\cdot S \tag{6-12}$$

式中:θ 为润湿角;σ 为表面张力;r 为毛细管半径;S 为毛细管的截面积。

(2) 重力。

根据重力定理,有

$$G=\rho gV \tag{6-13}$$

式中:ρ 为液体的密度;V 为液体的体积。

(3) 液体的黏性阻力。

液体在毛细管中的流动状态通常认为是层流。由达西定律可得,液体的黏性流动阻力为[11]

$$P=\frac{8vl\mu}{r^2} \tag{6-14}$$

式中:v 为液体的流速;μ 为液体的黏度;l 和 r 分别为毛细管的长度和半径。

由此可以看出,流动阻力随毛细管半径的减小而急剧增大;毛细管长度越大,则流动阻力越大。

(4) 气体阻力。

当液体进入孔隙时,其内的气体受到压缩,体积逐渐减小,对液体的阻力增大,其大小可由真实气体的状态方程描述:

$$PV=nRT \tag{6-15}$$

式中:P 为气体的压力;V 为气体的体积;R 为摩尔气体常数;T 为气体温度。

因此,采用真空熔渗可减少气体阻力,有利于液 Si 的渗入。

3）不同孔隙中的液 Si 受力分析

为了使上下闭孔都有液 Si 渗入 C/C 多孔体，采用双向液 Si 熔渗。假设：①由于实际中不可能存在理想的真空，可认为存在 10Pa 的真空度；②气体自身的重量和其孔隙壁的摩擦力忽略不计。

对于通孔，上面的液 Si 受重力（$G_{液上}$）和毛细张力（P）的共同作用（即$G_{液上}+P$）进入 C/C 多孔体，下面的液 Si（$G_{液下}$）在毛细张力的作用下克服重力的阻碍（即$P-G_{液下}$）进入 C/C 多孔体。液 Si 渗入及气体受力分析如图 6-3(a)所示，毛细管中有气体存在。当上下液 Si 渗入一定程度时，气体内部压力等于（$P-G_{液下}$），在（$G_{液上}+P$）的力作用下，气体缓慢向下移动。随着气体的下移，$G_{液下}$ 逐渐变小、（$P-G_{液下}$）逐渐增大，而（$G_{液上}+P$）也逐渐增大，气体体积缓慢减小，最后气体内部的压强大于 σ 相等时就从孔隙的底部排出，从而液 Si 充满整个孔隙。

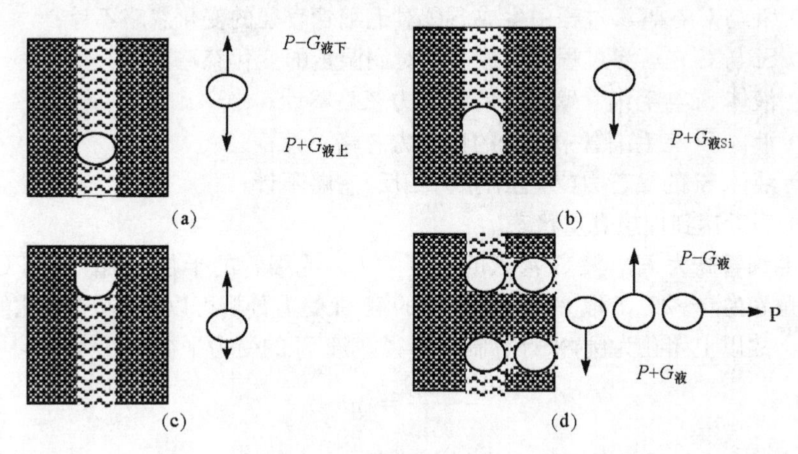

图 6-3　液 Si 渗入孔隙的示意图及气体受力分析

(a) 通孔；(b) 下闭孔；(c) 上闭孔；(d) 弯孔

对于下闭孔，只有上面的液 Si 受重力和毛细张力的共同作用进入 C/C 多孔体。随着液 Si 的不断渗入，气体被压缩到孔隙底部。当气体内部的压强与$\left(\sigma+\frac{G_{液}}{S}\right)$相等时达到平衡。若液 Si 在毛细张力的作用下向下移动，$G_{液}$ 增加，（$P+G_{液}$）大于气体内部的压强，气体体积减小，又达到受力平衡，故气体保持在底部，液 Si 不能充满孔隙。

对于上闭孔，只有下面的液 Si 在毛细张力的作用下克服重力的阻碍进入 C/C 多孔体。随着液 Si 的不断渗入，气体被压缩到孔隙顶部。当气体内部的压强与$\left(\sigma+\frac{G_{液}}{S}\right)$相等时达到平衡。若液 Si 在毛细张力的作用下向上移动，$G_{液}$ 增加，（$P-G_{液}$）小于气体内部的压强，将又回到平衡位置，故气体保持在顶部，液 Si 不能充满孔隙。

对于弯孔，其外侧与外部环境相通，无论($P+G_{液}$)还是($P-G_{液}$)的作用下，最终都可依靠毛细张力 P 将气体排出孔隙，液 Si 充满孔隙。

综上分析，上闭孔最不利于液 Si 的渗入，通孔和弯孔有利于液 Si 的渗入，上下双向渗 Si 有利于液 Si 的渗入。

3. 熔硅浸渗过程的理论计算

1) 简单模型

简单理论模型是根据毛细现象建立的。为了使实际情况能用理论计算，首先提出了假设：

(1) 毛细管为一个圆柱形管；

(2) Si 与 C 在熔渗过程中生成 SiC 对毛细管直径的变化忽略不计；

(3) Si 与 C 在熔渗过程中生成 SiC 对润湿角的变化忽略不计；

(4) 液体 Si 与毛细管壁之间的摩擦力忽略不计；

(5) 液体 Si 在毛细管中上升的惯性力忽略不计；

(6) 液体 Si 的黏着力(与毛细张力相反)忽略不计；

(7) 假设达到理想真空状态。

设毛细管高为 H_m，液 Si 渗入的高度为 h_m，毛细管的半径为 r_m，Si 与 C 之间的润湿角 θ 为 0～20°，θ 取 20°；由图 6-3 的液 Si 受力分析可以看出，上闭孔的驱动力最小。故以上闭孔为例，来计算临界半径。液 Si 的受力平衡条件为[12]

$$\frac{2\sigma\cos\theta}{r}=\rho g h \tag{6-16}$$

将表 6-2 中的已知条件代入式(6-16)，得

$$hr=\frac{2\sigma\cos\theta}{\rho g} \tag{6-17}$$

当熔渗高度 $h=100$mm，1687K 时，$r\leqslant 1300\mu$m 才可以完全渗入。随着温度的升高，临界半径略有下降，如图 6-4 所示。

2) Washburn 模型

Washburn 在简单模型的基础上，考虑了液 Si 黏度、Si 与 C 反应对润湿角和毛细管直径的影响。

Washburn 提出了假设：

(1) C/C 多孔体中的孔隙为圆柱体；

(2) 液体上升的惯性力忽略不计。

Washburn 的渗透方程为[13]

$$\frac{\mathrm{d}h}{\mathrm{d}t}=\frac{c}{8\mu h}\left(\frac{2\sigma\cos\theta}{r(t)}-\rho g h\right)r^2(t) \tag{6-18}$$

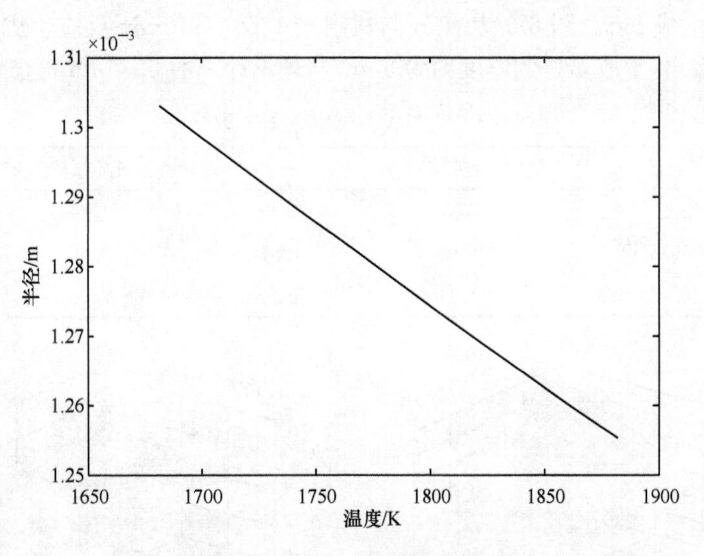

图 6-4　临界半径随温度的变化

式中：h 为渗入高度，m；t 为渗入时间，s；μ 为液 Si 黏度，Pa · s；σ 为液 Si 表面张力，N/m；θ 为液体与固体之间的润湿角，(°)；$r(t)$ 为 t 时刻毛细管的半径，m；g 为重力加速度，m/s^2；ρ 为液 Si 的密度，g/cm^3；c 为常数，取 $c=1/3$。

实际中，石墨中 C 原子的自扩散是控制因素，其扩散常数 $D_e^0=9.0\times10^{-13}m^2/s$。

有效的扩散能力 D_e，表达式为

$$D_e=D_e^0\exp\left(-\frac{E_D}{RT}\right) \tag{6-19}$$

式中：$E_D=62827J/mol$(根据 6.1.1 节的理论计算)。

生成的 SiC 使 C/C 多孔体中的孔隙半径发生变化。反应形成 SiC 的厚度 δ 可用下面的关系式表示：

$$\delta=A_\delta t^{1/2} \tag{6-20}$$

$$A_\delta=\sqrt{2D_e\frac{M_E\rho_{Si}}{M_{Si}\rho_C}} \tag{6-21}$$

式中：M_C 和 M_{Si} 分别是 C 和 Si 的原子质量；ρ_C 和 ρ_{Si} 分别是 C 和 Si 的密度，g/cm^3；基本数据参见表 6-3。

图 6-5 为液 Si 与固体 C 反应生成 SiC 层厚度随时间、温度的变化，其中图(a)、(b)分别为石墨和无定形碳[由式(6-20)可得]。从图 6-5 可以看出，随着反应温度和时间的增加，生成 SiC 层的厚度也增加。在反应温度和时间相同的情况下，与石墨相比，无定形碳与液 Si 反应生成 SiC 要厚一些。说明无定形碳更易与

液 Si 反应生成 SiC。图 6-6 为液 Si 与树脂炭 1550℃、30min 反应生成的 SiC。从图中可以看出，生成 SiC 的厚度约为 5μm，与理论计算的 5.36μm 符合较好。

表 6-3　液 Si、C 和 SiC 的基本数据[14]

	Si(1687K)	石墨	无定形碳	SiC
密度/(g/cm^3)	2.58	2.26	1.84	3.22
分子量/(g/mol)	28.09	12.01	12.01	40.10
摩尔体积/(cm^3/mol)	11.11	5.31	6.53	12.45

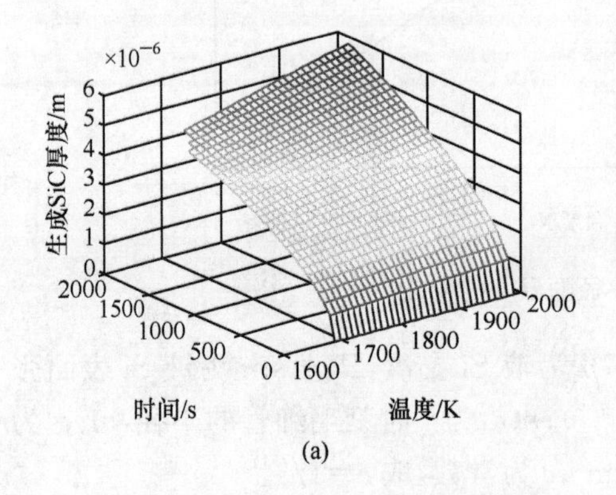

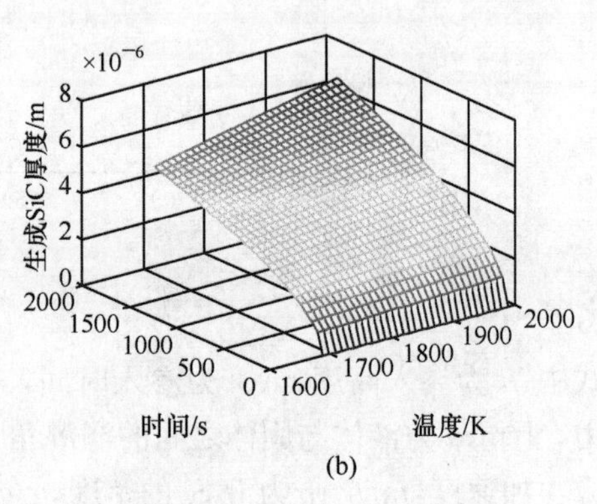

图 6-5　不同类型碳与 Si 反应生成 SiC 的厚度

(a) 石墨；(b) 无定形碳

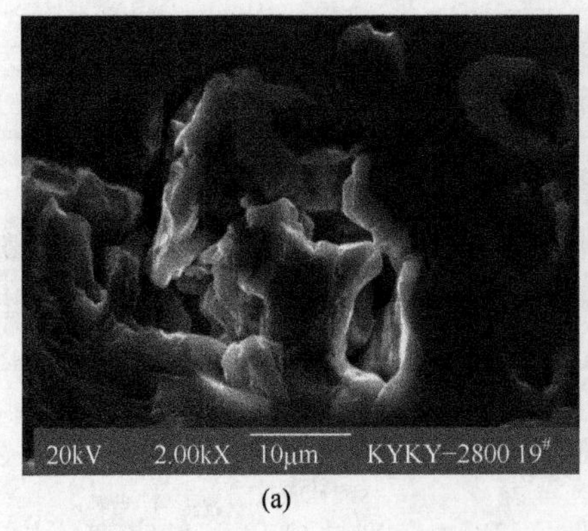

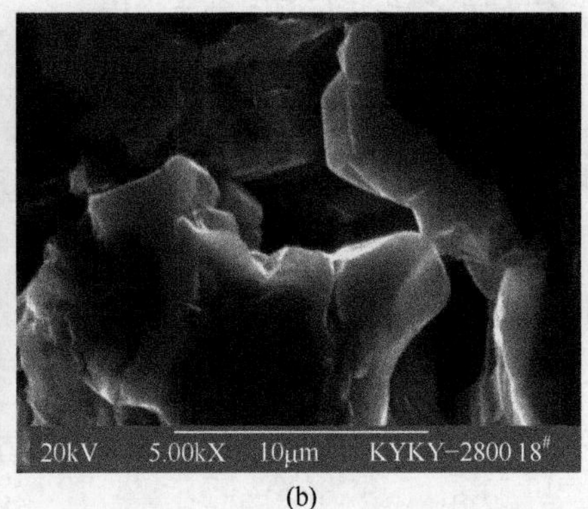

图 6-6　树脂炭与液 Si 反应生成的 SiC 厚度

以上闭孔为例计算，根据式(6-17)，在熔渗高度 h 不变的情况下，当 r 减小到原来半径的 10%时，表面张力引起的压强为重力引起的压强的 10 倍，可忽略重力的影响。故 Washburn 的渗透方程(6-18)可变为

$$h=\sqrt{\frac{c\sigma\cos\theta}{2\mu}\left(r_0t-\frac{2}{3}A_\delta t^{3/2}\right)} \tag{6-22}$$

由于液 Si 与固体 C 瞬时生成 SiC，所以润湿角应为 Si(l) 与 SiC(s) 之间的润湿角，为 30°～41°，取 41°。

图 6-7 为孔径为 100μm 时渗入高度随温度和时间的变化。从图中可以看出，相同温度和时间下，由于石墨与液 Si 反应生成 SiC 的厚度略小于无定形碳反应生成 SiC 的厚度，在孔径足够大时，SiC 厚度对孔径的影响可忽略，故液 Si 渗入石墨多孔体的深度基本上等于其渗入无定形碳多孔体的深度。

图 6-8 为恒定温度(T=1850K)时液 Si 孔隙半径随时间的变化关系。从图中可以看出，当孔隙半径较小时，随着 SiC 的生成，在很短的时间内即将孔隙堵死。说明孔径太小不利于液 Si 渗入多孔体，很难制备出高致密度的复合材料。

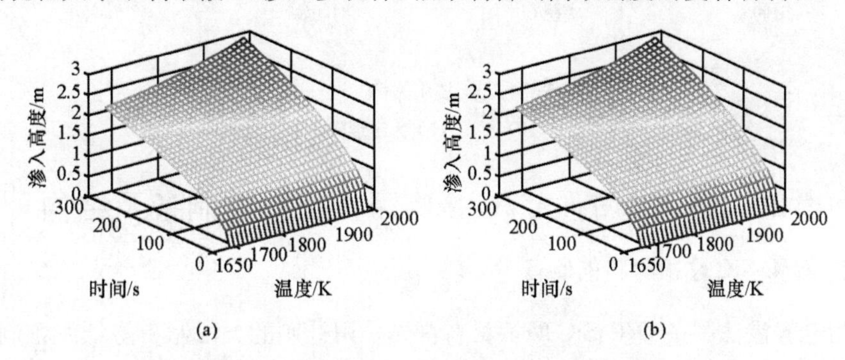

图 6-7　液 Si 渗入炭多孔体(r=100μm)的高度

(a) 石墨；(b) 无定形碳

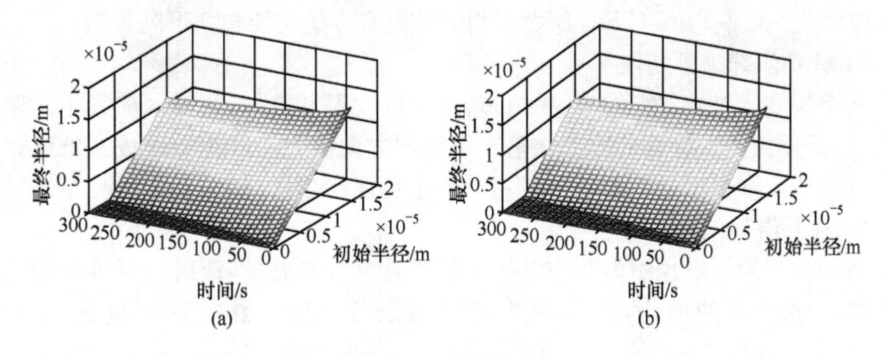

图 6-8　炭多孔体(T=1850K)的半径随时间的变化

(a) 石墨；(b) 无定形碳

图 6-9 为恒定温度(T=1850K)时液 Si 的渗入高度与孔隙半径、时间的关系。从图中可以清楚地看出，随着时间的延长和孔隙半径的增大，渗入的高度逐渐增加。小于 10μm 的孔隙被封死，阻碍液 Si 的渗入。石墨渗入高度要比无定形碳

大,更有利于液 Si 的渗入。说明孔径不一时,小孔径孔隙已封闭,而大的还未完全渗透,也证实了图 6-8 的计算,孔径太小不利于液 Si 的渗入。从而可以得出:具有均一孔径孔隙(大于 10μm)的多孔体有利于液 Si 的渗入,可避免“瓶颈”的影响,制备出高致密度的 C/C-SiC 复合材料。

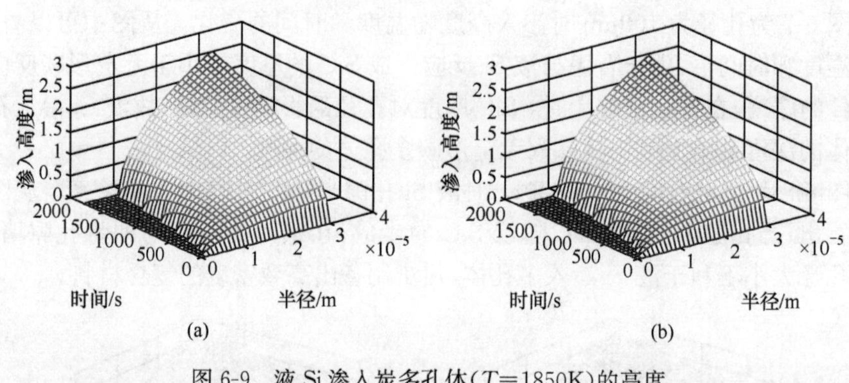

图 6-9 液 Si 渗入炭多孔体(T=1850K)的高度

(a) 石墨;(b) 无定形碳

6.2 长纤维增强 C/C-SiC 摩擦材料的制备及结构

6.2.1 C/C-SiC 摩擦材料的制备

熔硅浸渗法制备 C/C-SiC 摩擦材料首先采用针刺的方法制备炭纤维预制体,对其进行高温热处理后采用 CVI 和(或)树脂浸渍/炭化制得低密度的 C/C 多孔体材料,对 C/C 多孔体进行高温热处理后在高温真空炉中进行熔硅浸渗,通过 Si 与 C 反应形成 SiC 制得 C/C-SiC 摩擦材料。该制备方法主要包括下列步骤。

1) 针刺炭纤维预制体

将单层 0°无纬布、网胎、90°无纬布、网胎依次循环叠加,或者全部采用网胎叠加,然后采用接力式针刺的方法在垂直于铺层方向引入炭纤维束制成炭纤维预制体。预制体密度根据最终 C/C-SiC 材料要求可设计在 0.1~0.65g/cm^3。

2) 前高温热处理

将制得的炭纤维预制体在高温处理炉进行高温热处理,缓解炭纤维预制体在编织过程中产生的应力,并去除炭纤维束表面的胶。热处理温度为 1500~2100℃,全程时间 3~10h,压力为微正压,氩气惰性气体保护。

3) 预制体增密

预制体的增密工艺根据致密化手段的不同主要有 CVI 和液相浸渍/炭化法两种,有时也把两种方法结合起来使用。

本研究中采用微压差定向流 CVI 技术,定向流方式可以使反应气体流动顺畅,同时,产生负压差效应,促进反应气体扩散进入和反应副产物扩散流出及排出,使沉积区域的微气氛易于调控。CVI中碳源气体丙烯与稀释气体氢气之比为1∶2，沉积时间为120～300h，沉积温度为900～1100℃。

树脂浸渍/炭化(IC)增密是首先采用呋喃树脂浸渍炭纤维预制体，随后对其炭化，使树脂转化成树脂炭。浸渍压力为1.0～2.0MPa、最高温度为80～120℃、时间为2～5h；炭化压力为0.1MPa、最高温度为600～850℃、时间为38～60h。

采用CVI和(或)树脂浸渍/炭化对经过高温热处理后的炭纤维预制体进行基体炭增密，制得密度为1.0～1.6g/cm^{3}的低密度C/C多孔体材料。

4) 后高温热处理

在保护气氛下，将制得的低密度C/C多孔体材料在高温感应处理炉进行2000～2300℃的高温热处理，提高低密度C/C多孔体材料的石墨化度。处理时为微正压，氩气惰性气体保护。也可不进行该高温热处理，而在后续渗硅时适当提高浸渗温度。

5) 熔硅浸渗

将低密度C/C多孔体材料坯体置于装有硅粉的石墨坩埚中在高温真空炉中进行熔硅浸渗，通过Si与C反应形成SiC得到C/C-SiC摩擦材料。由C/C-SiC摩擦材料的预期密度和C/C复合材料坯体密度之差可计算出熔硅浸渗过程中需生成的SiC含量，进而计算出Si与C反应中的理论需硅量。

取理论需硅量1.1～2.0倍的硅粉置于石墨坩埚中铺平，将低密度C/C复合材料坯体平铺于硅粉上并轻压，将多个装有硅粉和低密度C/C复合材料坯体的石墨坩埚叠置于高温真空炉中进行熔硅浸渗制得密度为1.8～2.4g/cm^{3}的C/C-SiC摩擦材料，示意图如图6-10所示。高温炉内采用负压或充入氩气产生微正压。熔硅浸渗的温度为1500～1900℃，在最高温度点保温0.5～2.0h。

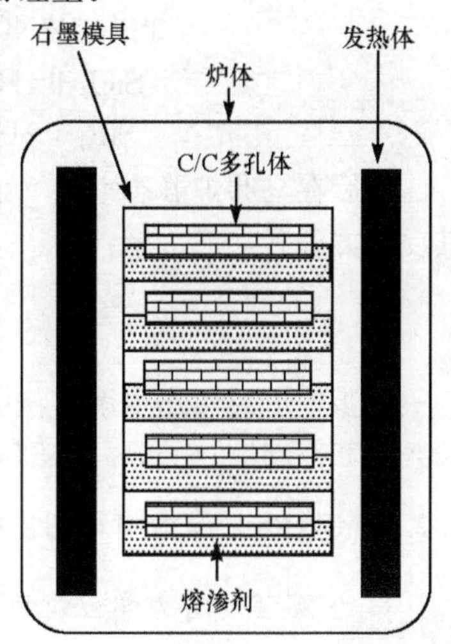

图6-10　熔硅浸渗工装示意图

分别以热解炭和树脂炭为基体，采用熔硅浸渗法制得的C/C-SiC的XRD分析结果如图6-11所示。由图可见，浸渗过程中液硅与热解炭和树脂炭均反应生成了β-SiC，同时也都还残留有部分未反应完全的Si。对比两者的峰形可知，热解炭的碳峰较树脂炭尖锐，这是因为热解炭属于乱层堆积(turbostratic structure)的六方晶型，其结构和石墨相同，只是缺乏晶体结构的三维有序排列，不但网平面比石墨小，而且网平面间的堆积完全没有规则性，仅仅是平行堆积。而树脂炭属于玻璃炭，自身结构里没有开孔，呈不透气性，力学性能也与玻璃相似，碳原子排列较热解炭紊乱。

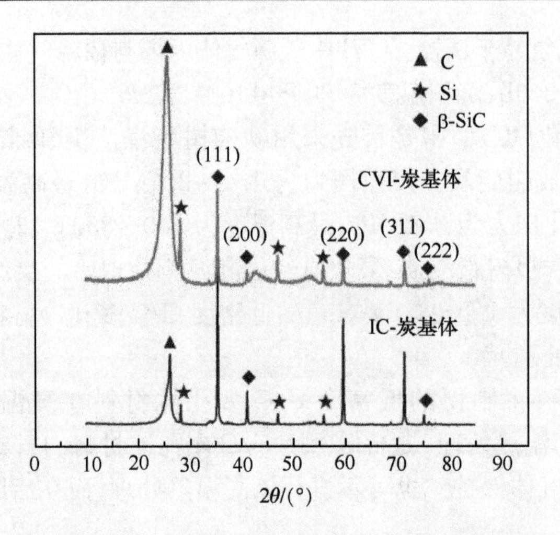

图6-11 分别以热解炭和树脂炭为基体制得的 C/C-SiC 摩擦材料的 XRD 图

为了得到各成分的具体比例,同时为了能观察 C/C-SiC 摩擦材料物相界面的显微形貌,采用重量分析法(gravimetric analysis)对试样进行分析[15]。首先采用 80%HNO_3+20%HF(体积比)的混合溶液对试样腐蚀 48h 除掉残留 Si,其反应方程式如下:

$$3Si+4HNO_3 \longrightarrow 3SiO_2+4NO\uparrow+2H_2O \tag{6-23}$$

$$SiO_2+4HF \longrightarrow SiF_4+2H_2O \tag{6-24}$$

$$SiF_4+2HF \longrightarrow H_2SiF_6 \tag{6-25}$$

然后在马弗炉静态空气气氛和 700℃条件下氧化 10h,除掉炭纤维和基体炭。其反应方程式如下所示:

$$C+O_2 \longrightarrow CO_2\uparrow \tag{6-26}$$

$$2C+O_2 \longrightarrow 2CO\uparrow \tag{6-27}$$

每步处理后用超声波清洗并烘干称重,测得 C、SiC 和 Si 的质量分数分别为 35%~55%、40%~60% 和 5%~10%,此结果与 XRD 分析结果基本相符。

6.2.2 C/C-SiC 摩擦材料制备的主要影响因素

1. 熔渗温度对力学性能的影响

表 6-4 为渗硅温度对复合材料制备的影响。从表中可看出,渗硅前为炭化态:在 1550℃不利于液硅的渗入,复合材料的致密度较小(ε>12%);在 1650℃却能较好地保证液硅的渗入,复合材料的致密度较高(ε<5%)。渗硅前 C/C 多孔体进行高温处理后,渗硅温度的影响基本很小,都可制备致密度较高(ε<5%)的复合材料。主要原因是 1650℃时液 Si 的黏度较低[由式(6-11)得]、黏性阻力小,有利于液 Si 的渗入。

表 6-4　渗硅温度对复合材料制备的影响

样品	制备工艺	T/℃	ρ_1/(g/cm^3)	ε_1/%	ρ_2/(g/cm^3)	ε_2/%
B23-1	IC→HTT→CVD→HTT→IC→RMI	1550	1.49	15.8	1.66	13.0
B23-2		1650	1.52	15.0	2.06	1.5
B23-3	IC→HTT→CVD→HTT→IC→HTT→RMI	1550	1.44	18.5	2.17	2.0
B23-4		1650	1.44	20.2	2.16	2.9
B24-1	IC→CVD→HTT→IC→RMI	1550	1.47	16.9	1.67	12.3
B24-2		1650	1.47	16.9	1.98	3.4
B24-3	IC→CVD→HTT→IC→HTT→RMI	1550	1.46	19.1	2.07	4.2
B24-4		1650	1.42	22.0	2.16	3.5

注：ρ_1 和 ε_1 分别为 C/C 多孔体的密度和开孔率；ρ_2 和 ε_2 分别为 C/C-SiC 复合材料的密度和开孔率。

2. 不同基体炭对熔硅浸渗行为的影响

为了探索不同基体炭对液硅渗入的影响，以整体炭毡为坯体，采用 CVD 和浸渍/炭化方法制备了三种不同基体炭的 C/C 多孔体：热解炭基体、树脂炭基体和热解炭界面＋树脂炭基体，最后进行 2000～2200℃高温热处理。G1～G5 五种 C/C 多孔体 1550℃熔硅浸渗制得 C/C-SiC 复合材料，渗硅前后密度和开孔率的变化见表 6-5。从表中可以看出，材料的密度均在 2.0 以上，开孔率均比较小，尤其是树脂炭基体的 C/C-SiC 复合材料 G4 最小，仅为 1.0%，接近于全致密材料。而 G5 的密度较低、开孔率也较低，这主要是由于纤维束内产生一些闭孔。

表 6-5　C/C-SiC 复合材料的密度和开孔率

样品	工艺	界面层	基体炭	C/C 多孔体		C/C-SiC 复合材料		$\Delta\rho$/%
				ρ/(g/cm^3)	ε/%	ρ/(g/cm^3)	ε/%	
G1	CVD→IC→HTT	热解炭	树脂炭	1.21	30.1	2.42	1.9	100
G2	CVD→IC→HTT	热解炭	树脂炭	1.39	21.9	2.23	2.0	60.4
G3	CVD→IC→HTT	热解炭	树脂炭	1.47	17.5	2.03	5.1	38.1
G4	IC→HTT	树脂炭	树脂炭	1.38	24.0	2.25	1.0	63.4
G5	CVD→HTT	热解炭	热解炭	1.34	19.5	2.04	3.9	52.2

G4 样品的显微组织如图 6-12 所示。由图可以看出，Si(白色)渗入了两种孔隙，制备了高密度、低开孔率(1%)的近乎全致密的材料。因而可以得出结论：树脂炭为基体的 C/C 多孔体有利于液硅的渗入。

3. 高温热处理对熔硅浸渗行为的影响

以 CVI＋IC 混合工艺制备的多孔体研究高温热处理对 C/C 多孔体熔融渗硅

(1650℃)行为的影响。不同处理状态样品熔融渗硅前后密度(ρ,g/cm^3)和开孔率(ε,%)的变化如表 6-6 和图 6-13 所示。

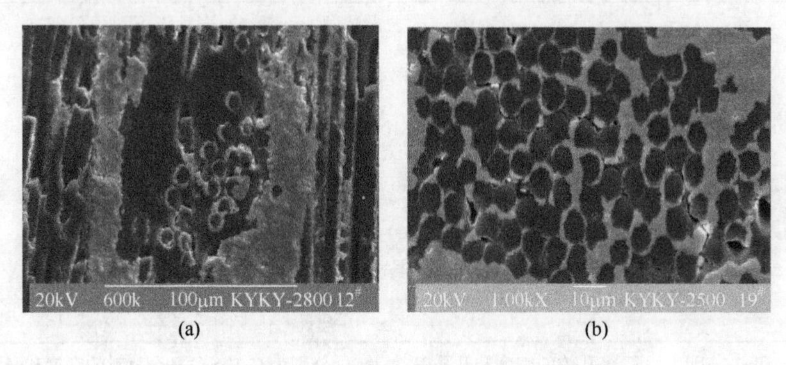

图 6-12　C/C-SiC 复合材料 G4 的 SEM 形貌

表 6-6　不同处理状态的样品密度和开孔率

样品	制备工艺	熔融渗硅前		熔融渗硅后	
		ρ/(g/cm^3)	ε/%	ρ/(g/cm^3)	ε/%
B27-1	CVD→IC→IC→RMI	1.45	18.2	1.80	8.2
B27-2	CVD→IC→HTT→IC→RMI	1.49	18.1	1.97	7.2
B27-3	CVD→IC→IC→HTT→RMI	1.36	26.4	2.38	1.5
B27-4	CVD→IC→HTT→IC→HTT→RMI	1.42	23.5	2.30	2.6

注:HTT 表示高温热处理,2100～2300℃。

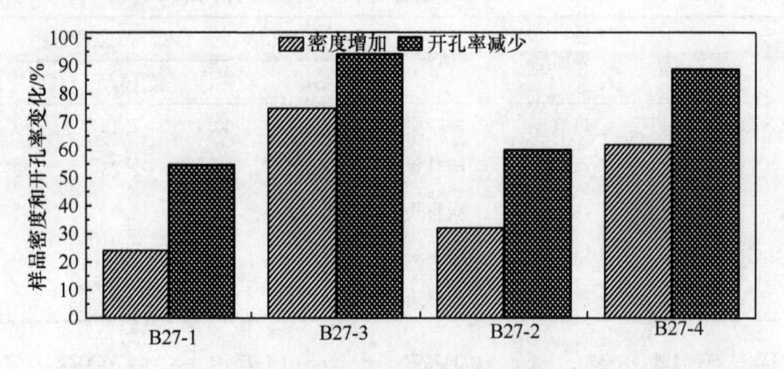

图 6-13　C/C-SiC 复合材料不同处理状态的样品密度和开孔率变化

从表 6-6 和图 6-13 可以看出,渗硅前炭化的试样 B27-1 和 B27-2,其密度较自身 C/C 多孔体增幅分别为 24.1%和 32.2%,开孔率降幅为 55.0%和 60.2%。渗硅前经过高温热处理的试样 B27-3 和 B27-4,其密度较自身 C/C 多孔体增幅分别为 75.0%和 62.0%,开孔率降幅为 94.3%和 88.9%。可以看出渗硅前高温热处理的 B27-1 复合材料的密度可达到 2.38g/cm³、开孔率仅为 1.5%，而渗硅前炭化的试样 B27-2 密度小于 2.0g/cm³，开孔率大于 7%。

B27-3 的显微形貌如图 6-14 所示。由图可以看出，材料中大孔和小孔都渗入了硅，残留孔隙很少。高温热处理有利于液硅渗入 C/C 多孔体，提高复合材料的密度、减少开孔率。可用 Washburn 模型(假设为直径不变的毛细管)来解释，其渗入深度的关系式为[16]

$$\frac{x^2}{t}=\frac{r\cos\theta}{\mu}r \tag{6-28}$$

式中：x 为熔体渗入深度；μ 为熔体的黏度；γ 为熔体的表面张力；θ 为熔体与固体的润湿角；r 为多孔体中毛细管的半径；t 为熔体渗入多孔体的时间。

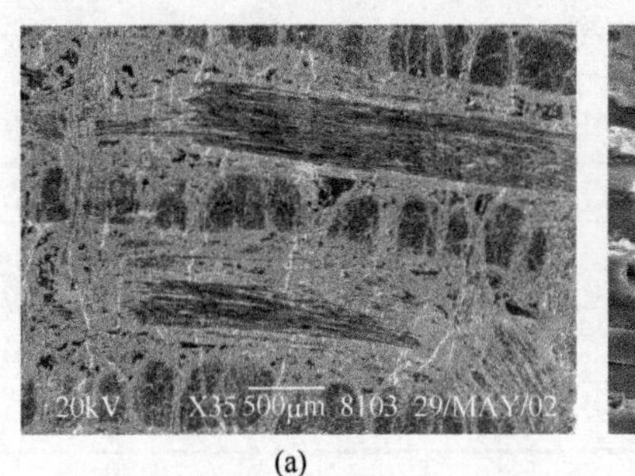

(a)

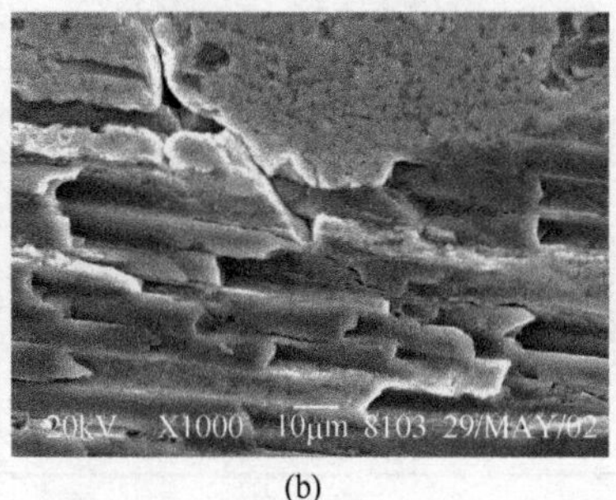

(b)

图 6-14　试样 B27-3 的显微组织

可推出渗入量的关系式为

$$\omega=\rho\pi\sqrt{\frac{\gamma(\cos\theta)r^5t}{2\mu}} \tag{6-29}$$

式中：ρ 为熔体的密度。

根据式(6-29)分析，在液硅的黏度 μ、表面张力 γ、密度 ρ 和熔渗时间 t 相同的情况下，其渗入量与多孔体中毛细管的半径 r 和液硅与固体炭的润湿角 θ 有关，而固体炭与液硅的润湿角 θ 都在 0°～20°范围内，故可忽略其影响。高温热处理使树脂炭体积收缩，2300℃以下的易挥发物挥发排出，从而使其开孔率增加、毛细管的半径增大，从而液硅的渗入量增加，复合材料的密度高、开孔率小。

另一个影响液硅渗入的因素是基体炭的活性。液硅与固体炭(树脂炭炭化后密度为 1.55g/cm³、2300℃高温热处理后为 1.36g/cm³，SiC 的为 3.21g/cm³)化学反应生成固体 SiC，使得固体的体积增加 41%～61%。高温热处理使基体炭中的碳微晶长大、处于碳六角网面边上活性高的碳原子(与平面内的相比)减少，即悬空键减少，稳定性提高，较难与液硅反应生成 SiC，且膨胀较小，可保证孔隙的畅通，有利于液硅渗入多孔体；相反，SiC 生成较多、膨胀较大可能使多孔体的小孔隙堵死,不利于液硅渗入多孔体。

4. 高温热处理对复合材料 SiC 含量的影响

SiC 含量与多孔体的孔比表面积、基体炭的反应活性及多孔体的密度有关。在多孔体密度基本一致的情况下,SiC 的生成量与前两个因素有关:孔比表面积增加,液硅与基体炭的接触面积增加,生成的 SiC 也相应增加;基体炭的反应活性低,与液硅反应生成 SiC 的量少。由于液硅与固体炭发生反应主要在接触的 4min 内,以后的反应由扩散动力学来控制[17],反应速度减慢,故孔比表面积的影响更大一些。

为了研究高温热处理对 SiC 含量的影响,制备了两种 C/C-SiC 复合材料和两种树脂炭渗硅材料,具体制备工艺和样品的成分 XRD 测量结果见表 6-7。多孔体最终进行 2300℃高温热处理,渗硅温度为 1650℃。

表 6-7 不同热处理状态材料的制备工艺和 XRD 物相分析

样品	制备过程	β-SiC/%	残留 Si/%	C/%(质量分数)
B26-1	CVD→HTT→IC→IC→RMI	49.0	15.7	35.3
B26-4	CVD→HTT+→IC→HTT→IC→HTT→RMI	71.8	4.4	23.8
C1	树脂炭炭化态→RMI	33.8	23.1	43.1
C2	树脂炭高温热处理态→RMI	59.8	25.0	15.2

从表 6-7 可以看出,最终进行了高温热处理的材料生成的 SiC 较多,残留 C 较少。主要原因是虽然高温热处理使树脂炭碳微晶长大、活性降低,2300℃以下的易挥发物挥发排出,使得其体积收缩,但 C/C 多孔体的开孔率增加、孔比表面积增大,与液 Si 的接触面积增加,从而生成的 SiC 较多。

图 6-15 为不同处理状态的树脂炭块渗硅后的宏观孔隙观察,白色的相为 SiC 和 Si,黑色为树脂炭基体。可看出高温热处理的树脂炭具有较多的孔隙、孔比表面积大,从而生成 SiC 也多,较好地解释表 6-7 的测量结果。

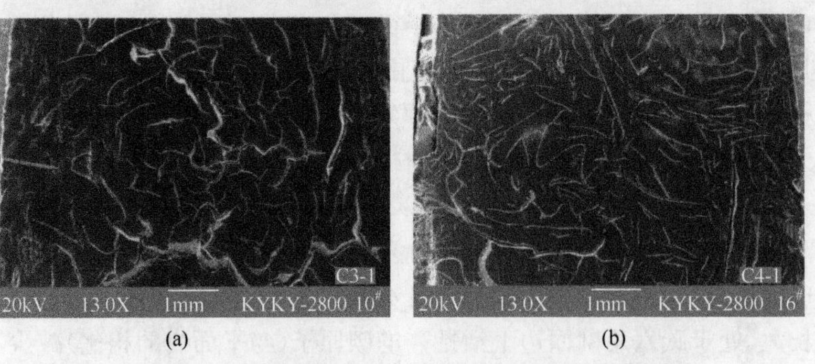

(a) (b)

图 6-15 不同处理状态的树脂炭渗硅后宏观孔隙观察

(a) C1;(b) C2

6.2.3　C/C-SiC 摩擦材料的微观结构

1. C/C-SiC 的显微形貌

分别以热解炭和树脂炭为基体，采用熔硅浸渗法制得试样 1 和试样 6(试样的基本性质见表 6-2)，其显微形貌如图 6-16 所示。由图 6-16(a)和(c)可见，C/C-SiC 材料是典型的非均质材料，无纬布和网胎相互交替排布，具有明显的亚结构单元。能谱分析表明深色部分为炭纤维和树脂炭，浅色部分为 β-SiC 及残留 Si。因为无纬布层纤维排列整齐紧密，液 Si 只能渗入纤维束间或沿着针刺纤维附近的孔隙渗入。而网胎层由短纤维随机杂乱排列而成，孔隙尺寸大而且数量多，液 Si 很容易渗入孔隙中。因此在熔硅浸渗过程中，液 Si 渗入这些孔隙中，与接触到的炭反应生成 SiC，并有部分 Si 来不及反应而残留在孔隙中。

(a)　(b)　(c)　(d)

图 6-16　分别以热解炭和树脂炭为基体制得的 C/C-SiC 摩擦材料的显微形貌

图 6-16(b)是试样 1 的典型局部光学图像。由图可以看到，炭纤维基本上被包裹在热解炭基体中，这样保证了炭纤维不会与液 Si 反应而导致“硅化”损伤。液

Si(图中浅灰色区域)渗入网胎预制体的大孔隙中生成了 SiC(浅灰色区域四周的灰色区域)。C/C-SiC 中生成的 SiC 没有形成连续的大面积 SiC 层而被填充在孔隙中的残留 Si 隔开,SiC 层厚度为 1~10μm。并且 Si 与 SiC 的界面尖锐,而热解炭与 SiC 的界面比较平缓。从图 6-16(b)中还可以看出,在残留 Si 中存在有"岛状"的 SiC 颗粒。同时在残留 Si 附近有微裂纹出现,这是由于与绝大多数金属材料不同,Si 具有特殊的性质:液态 Si 在凝固过程中不是体积收缩,而是表现出明显的体积膨胀效应(体积膨胀达 8.1%,因为液态 Si 密度为 2.53g/cm^3,而固态 Si 密度为 2.34 g/cm^3)。在 LSI 降温过程中,熔融 Si 凝固时的体积膨胀使局部产生应力,导致裂纹出现。因此,在冷却过程中,必须严格控制降温速度,避免造成复合材料损伤。

图 6-16(d)是以树脂炭为基体炭制得 C/C-SiC 摩擦材料的典型局部光学图像。由图可见,树脂炭包裹纤维束,在熔融 Si 渗透过程中,液 Si 通过树脂炭化过程中产生的裂缝渗入 C/C 多孔体,与接触到的树脂炭和纤维束外部的炭纤维发生反应生成 SiC,这样纤维束内部的炭纤维则能得到有效保护。

对比图 6-16(b)和(d)还可知,Si 与热解炭反应生成的 SiC 层比与树脂炭生成的薄,这是因为热解炭较树脂炭与 Si 反应慢[6],相同时间内生成的 SiC 也就少。

2. SiC 的显微形貌

采用重量分析法处理试样 1,每步处理后材料的显微形貌如图 6-17 所示。由处理前 C/C-SiC 摩擦材料的 SEM 照片[图 6-17(a)]可知,炭纤维表面光滑,说明在熔硅浸渗过程中没有受到液 Si 的损伤。借助 EDAX 分析可知,图 6-17(a)右上角的块状物质为残留 Si,有棱角的以及包裹热解炭的层状物质为 SiC。

图 6-17(b)为 C/C-SiC 摩擦材料在 80%HNO_3+20%HF(体积比)的混合溶液腐蚀 48h 除掉残留 Si 后的显微形貌。由图可见,SiC 颗粒呈多面体形貌生长,并且有台阶状生长特征。将去除残留 Si 后试样中的碳全部氧化后材料中只剩 SiC,其 SEM 照片如图 6-17(c)和(d)所示。由图 6-17(c)可见,C/C 亚结构单元中的碳全部被氧化而留下较大的空洞,SiC 主要分布在网胎层、针刺纤维附近以及无纬布层的纤维束间。由图 6-17(d)和(e)可见,SiC 颗粒大小不一,尺寸分布在 5~20μm,比树脂炭生成的 SiC 晶粒要大一些,还能看到有小颗粒附着在较大颗粒上。多面体形 SiC 在 C/C-SiC 摩擦材料占绝大多数。由图 6-17(f)可知,SiC 之间产生了微裂纹。这是因为此区域的 SiC 之间填充有残留 Si,残留 Si 在冷却过程中的体积膨胀导致了相邻的 SiC 之间产生应力而形成裂纹。

图 6-18 为 C/C-SiC 摩擦材料中的 SiC 纳米线形貌。这些 SiC 纳米线只存在于 C/C-SiC 摩擦材料的大孔隙中,直径在 100~200nm。单组分纳米线的生长一

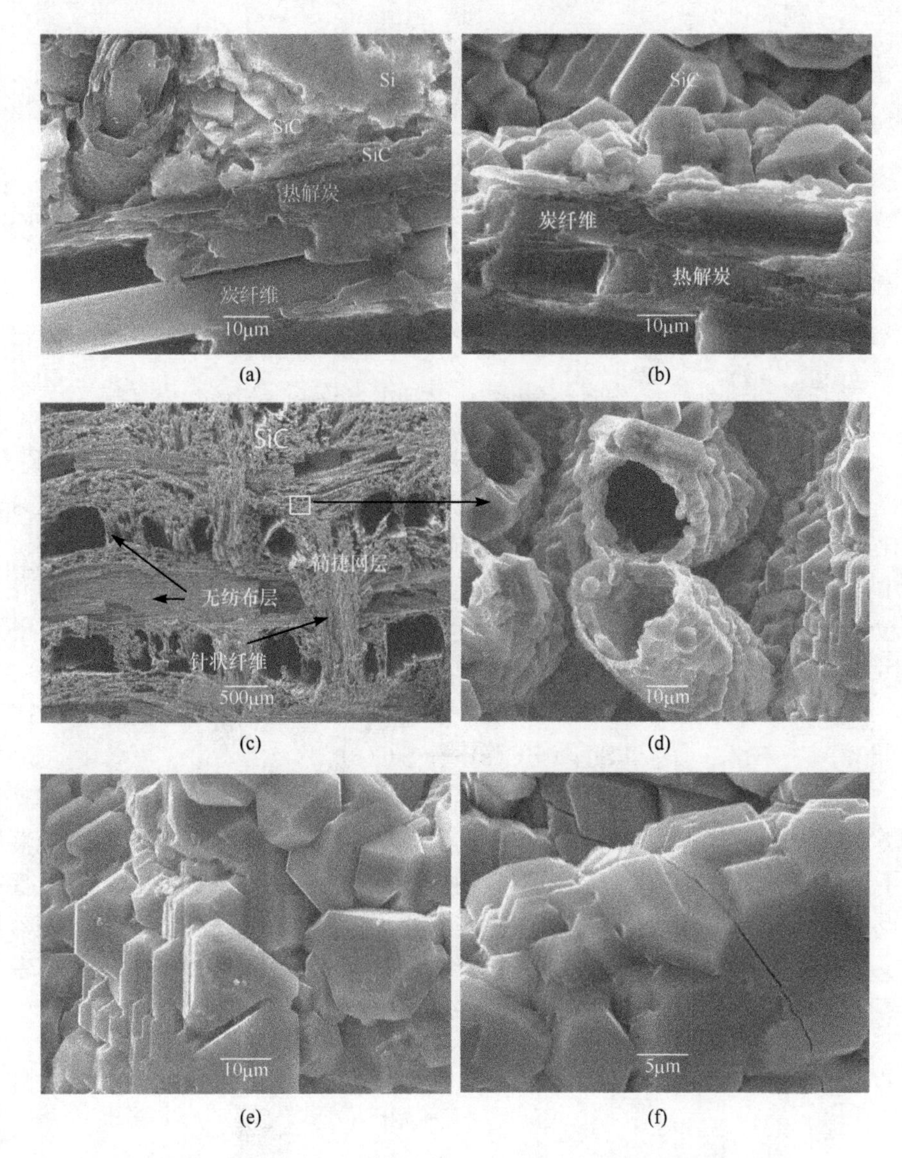

图 6-17　采用重量分析法处理 C/C-SiC 材料过程中材料的显微形貌

(a) C/C-SiC；(b) 去 Si 后；(c)，(d)，(e)和(f)氧化去炭后

般认为遵循气-液-固生长(vapor-liquid-solid growth，VLS)机理[18]，即在蒸汽和生长的纳米线晶体之间存在由晶体成分与液相生长剂(或称催化剂)形成的液相组分，气相成分首先溶解于液相，并经液相进入固相使晶体生长。但是由于熔硅浸渗过程中没有加入纳米 Fe、Au 等常用的催化剂颗粒，因此熔硅浸渗不具备 VLS 机理的条件。

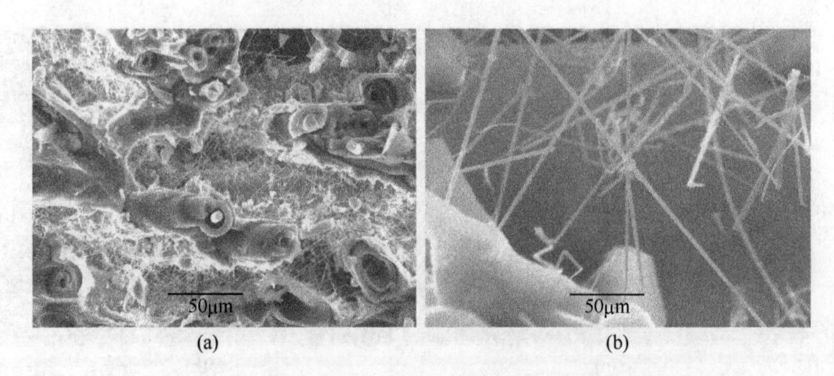

(a)　　(b)

图 6-18　C/C-SiC 摩擦材料孔洞中 SiC 线的微观形貌

Zhang 等[19,20]发现，当 Si 粉中含有 SiO_2 时，可大大促进 Si 纳米线的生长，于是提出了 SiO_2 促进了 Si 纳米线生长的机理，即氧化物协助生长机制，与 VLS 法相比，用此法合成纳米线不用金属催化剂。在此过程中，Si_xO 来源于熔硅浸渗过程中硅粉含有的少量的氧化物杂质，或者液 Si 与高温炉中残留氧气产生的氧化物颗粒。据此可以推断出 SiC 纳米线形成过程中的反应如下：

$$Si_xO \longrightarrow Si_{x-1} + SiO (x>1) \tag{6-30}$$

$$2SiO \longrightarrow Si + SiO_2 \tag{6-31}$$

$$Si(g) + C(s) \longrightarrow SiC(s) \tag{6-32}$$

图 6-19 为 SiC 纳米线生长机理示意图。生长过程可分为三个阶段：分解产生 SiO_2、晶体成核和轴向生长。C/C-SiC 摩擦材料中热蒸发产生的 $Si_xO(x>1)$ 蒸气起了重要作用。Si_xO 的分解导致了 Si 纳米颗粒的沉积并与接触到的热解炭反应生成 SiC 纳米颗粒，而 SiC 颗粒则成为被 SiO_2 所覆盖的 SiC 纳米线的核。随着熔硅浸渗的进行，硅蒸气不断产生，同时热解炭中的碳原子不断向纳米线顶端扩散与硅蒸气反应生成 SiC，从而得到 SiC 纳米线。

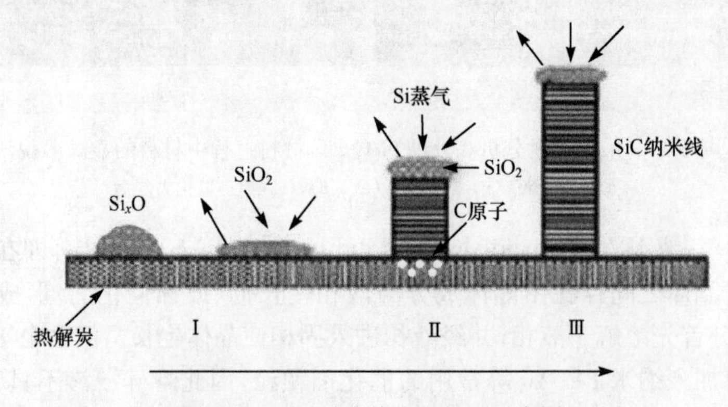

图 6-19　SiC 纳米线生长机理示意图

3. C/C-SiC 的界面形貌

为了进一步了解 C/C-SiC 摩擦材料的结构及其界面形貌，将试样 1 在透射电子显微镜下进行观察。图 6-20 为试样 1 典型的 TEM 形貌及各物相的衍射花样(斑)。由图可知，区域 1 为炭纤维，区域 2 为热解炭，区域 3 为 SiC，区域 4 为残留 Si。SiC 和残留 Si 同时分布在两根炭纤维之间，SiC 不但分布在孔隙中，还存在于热解炭中。

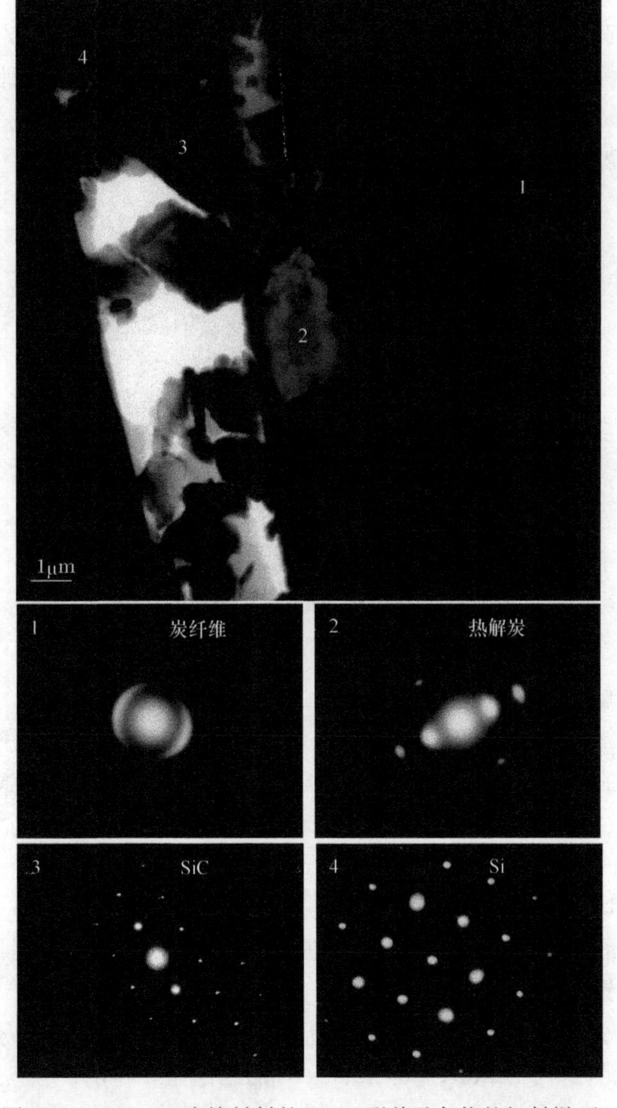

图 6-20　C/C-SiC 摩擦材料的 TEM 形貌及各物的衍射样(斑)

试样 1 是以热解炭为基体炭,采用 LSI 制备的 C/C-SiC,材料中主要存在 Si/SiC 界面、SiC/热解炭界面和热解炭/炭纤维界面,现对各界面形貌进行详细观察。

1) Si/SiC 界面

图 6-21 是在透射电子显微镜下获得的残留 Si/SiC 界面图像。借助 EDAX 分析可知,图 6-21 中上部分灰白色的是残留 Si,中间的四面体及下部分均是粗大的 SiC 颗粒。这可以解释图 6-16(b)中 Si/SiC 界面波动大的现象,因为 Si/SiC 界面上 SiC 是粗大的微米级颗粒,晶界本身就比较尖锐,因而相界面起伏也很大,比较尖锐。同时 SiC 与 SiC 颗粒之间界面也非常明显,右下角的 SiC 颗粒呈现明显的台阶状生长特征。由图还可以看出,有微裂纹穿过残留 Si 和 SiC 颗粒。有两种情况可能导致此微裂纹的产生:一是残留 Si 在冷却过程中因体积膨胀产生微裂纹,此推论与图 6-16(b)和图 6-17(f)中的微裂纹相对应;另一种可能是样品制备过程中人为造成的裂纹。

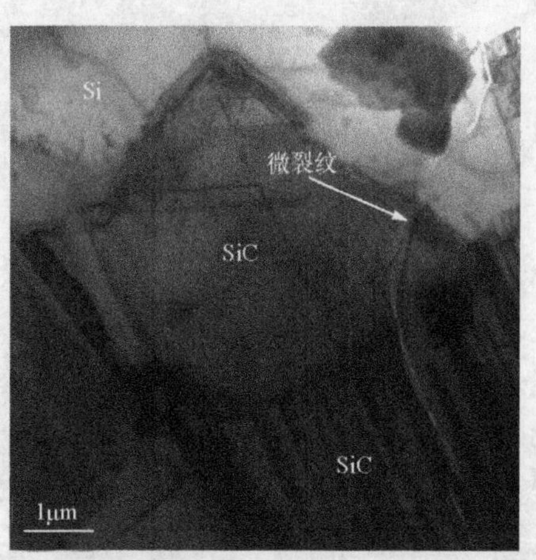

图 6-21 Si/SiC 界面的 TEM 照片

2) SiC/热解炭界面

SiC/热解炭界面的 TEM 照片如图 6-22 所示。由图 6-22(a)可见,细小的纳米级 SiC 颗粒存在于靠近热解炭的 SiC/热解炭界面,颗粒尺寸为 50~300nm,这一层的厚度为几百纳米。而且可观察到 SiC 颗粒边缘存在大量的平行条状形貌[图 6-22(b)],此即堆垛缺陷。这与 Zollfrank 等[21,22]在研究仿生 SiSiC 陶瓷时观察的结果是类似的。这种纳米级 SiC 形貌的存在可以解释图 6-16(b)所示的热解炭与 SiC 的界面比较平缓的现象。因为在热解炭与 SiC 界面上是纳米级的细小 SiC 颗粒,所以界面起伏小。

图 6-22(c)是 SiC/热解炭界面的原子排布图。由图可知,SiC/热解炭界面之间不存在界面相,这与 Schulte-Fischedick[23]的结论是相符的。

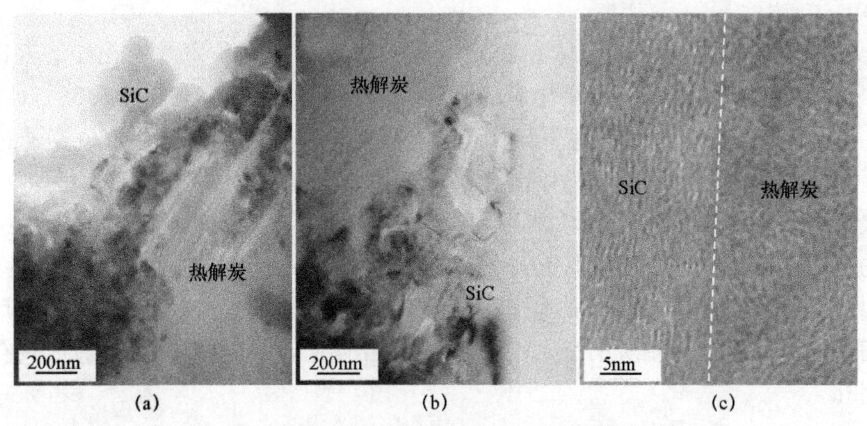

图 6-22　SiC/热解炭界面的 TEM 照片

3) 热解炭/炭纤维界面

图 6-23 是在透射电子显微镜下获得的热解炭/炭纤维界面图像。从图 6-23(a)可以看出，在热解炭/炭纤维界面处存在有细小的 SiC 纳米级颗粒，颗粒尺寸在 100～800nm，这比 SiC/热解炭界面的纳米级 SiC 颗粒[图 6-22(a)]略微要大。同时还观察到在某些区域的热解炭/炭纤维界面存在界面相[图 6-23(b)]，衍射花样分析表明界面相为微晶或纳米晶结构组分，应为 SiC 相。

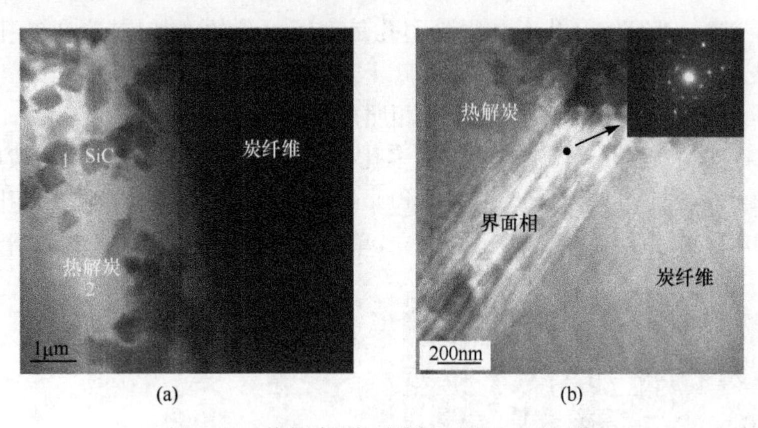

图 6-23　热解炭/炭纤维界面的 TEM 照片

6.3　短纤维增强 C/C-SiC 摩擦材料的制备及结构

6.3.1　C/C 多孔体的制备

首先将短炭纤维预成型浸渍树脂溶液得到预成型体，再将预成型体在一定温度下经模压制得模压坯体，最后将模压坯体炭化增密后便获得所需的 C/C 多孔体。

短炭纤维增强C/C多孔体在制备过程中其密度和气孔率的变化如表6-8所示。短炭纤维预制体在模压炭化后的密度为0.99g/cm³,开孔率为46.58%,理论开孔率为47.58%。理论开孔率与真实气孔率相差1%,非常接近,这说明通过短炭纤维预制体模压制备的样品中闭孔很少或几乎没有。这主要有如下原因:首先,短炭纤维预制体制备比较均匀,树脂可以较均匀地浸渍炭纤维,在纤维上有一层均匀的树脂,没有树脂聚集区;其次,树脂在炭化过程中由于其向孔中间收缩特性,不会因炭化收缩堵塞孔隙而形成闭孔;再者,树脂炭化过程中收缩比较大,因为其高收缩性使炭化后的树脂炭中产生很多裂纹,相互连通,从而使其几乎没有或只有很少闭孔。

表6-8 C/C复合材料密度和气孔率

	炭化后	增密后
开孔率/%	46.58	27.09
理论孔隙率/%	47.58	—
体积密度/(g/cm³)	0.99	1.29

经过呋喃树脂增密炭化后其密度和开孔率分别1.29g/cm³ 和27.09%,增密0.3g/cm³,这与其高的开孔率和很少闭孔是密不可分的,同时其联通气孔有利于熔融渗硅,为液Si的渗入提供通道。

模压炭化后的C/C复合材料的金相照片如图6-24所示。从图6-24(a)可以看出,整体来说,短炭纤维预制体的C/C多孔体中纤维分布比较均匀,孔隙(图中黑色区域)分布也较均一,孔径大小在400μm以内分布,没有特别的大孔隙。从图6-24(b)看到,短炭纤维分布比较孤立,单根炭纤维周围没有多少树脂炭包围,

(a) (b)

图6-24 模压炭化后C/C复合材料金相照片

这主要是因为该样品炭化后密度为 0.99g/cm³，密度较低，树脂炭含量较少；其次树脂在炭化过程中，由于其与纤维界面相互作用力小，炭化时基体脱离纤维，在界面上形成裂纹。

增密后的 C/C 多孔体金相照片如图 6-25 所示。从图 6-25(a)可以看出，在进行呋喃树脂增密之后，其孔隙进一步减少，炭化后的大孔隙在增密过程中被呋喃树脂填充，使大孔隙变成小孔隙，孔隙分布更加均一。从图 6-25(b)可以看出，在增密后密度的增加使炭纤维周围有一定的树脂炭包围，有利于熔渗过程中对炭纤维的保护。

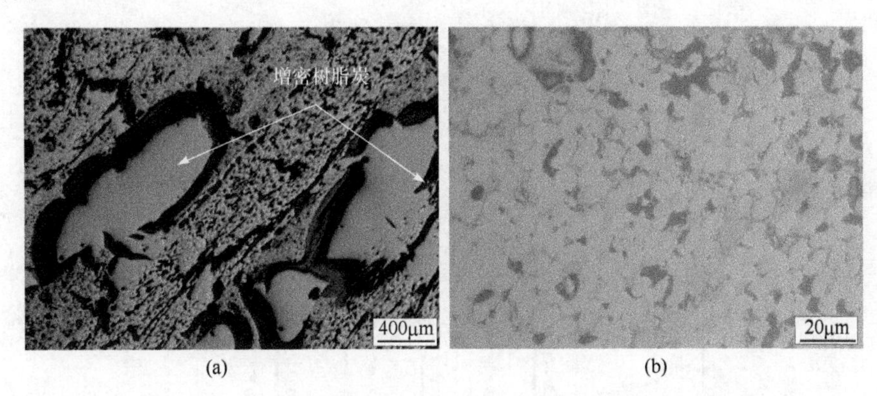

图 6-25　增密后 C/C 多孔体金相照片

增密后的 C/C 多孔体 SEM 照片如图 6-26 所示。从图 6-26(a)可以看出，纤维均匀分布其中，孔隙也较均一，没有特别的大孔；炭纤维周围被树脂炭或多或少地包围。另外，不难发现其有较明显的分层现象，这是由于在预制体制备过程中使用的是没有分散的纤维束，导致浸渍后纤维束间树脂较少，炭化后树脂炭较少，结

图 6-26　增密后 C/C 多孔体 SEM 照片

合没有纤维内部那么紧凑。从图 6-26(b)中看到,在增密过程中呋喃树脂填充了原坯体中的大孔隙,炭化后由于树脂炭向中间收缩特性填充了大孔隙,使大孔隙变成较均一的小孔隙,有利于后续的熔融渗硅。

6.3.2 C/C-SiC 摩擦材料的微观结构

熔硅浸渗后制备的短纤维增强 C/C-SiC 材料的 X 射线衍射图如图 6-27 所示。由其衍射图可知,采用该工艺制备的复合材料主要由 C 和面心立方的 β-SiC 组成,同时还含有少量的残留单质 Si。

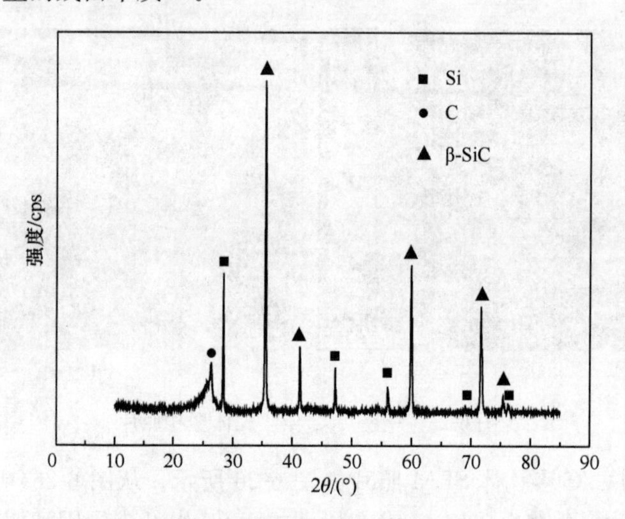

图 6-27 短纤维增强 C/C-SiC 复合材料 XRD 图

短纤维增强 C/C-SiC 复合材料的结构单元主要包括增强体炭纤维、基体 C、基体 SiC、残留 Si、孔隙和裂纹等。图 6-28 为短纤维增强 C/C-SiC 的金相结构组织。由图可知,C/C 多孔体中的大部分开孔隙和裂纹被浅灰色、深灰色及白色基体密实填充,试样残存有未被填充封闭的孔隙和裂纹。

图 6-29 为短纤维增强 C/C-SiC 复合材料显微结构。由 C/C 多孔体的金相结构可见,多孔体形成网状结构孔隙和裂纹将试样分割成不同的小块区域,由图 6-29(a)可见,熔融的 Si 在毛细管力作用下渗入并填充网状孔隙和裂纹;由图 6-29(b)可知,白色基体与浅灰色基体交界面尖锐,深色基体与浅灰色基体交界面平滑。由于 SiC 层的形成隔绝了液态 Si 和 C,部分 Si 未能与 C 充分反应,残留单质 Si 层主要分布于大孔隙和大裂纹填充区域。能谱分析结果表明,深色基体为 C 包裹炭纤维,在 C/C 纤维束外围孔隙和裂纹依次包裹为浅灰色基体 SiC 层(其厚度为 8～10μm)及白色单质 Si。Si 溶液与 C 的润湿角为 0°～ 30°,具有很强的润湿性,LSI 工艺过程中,液态 Si 够迅速在 C 表面铺展开并与溶解进入的 C 原子结合

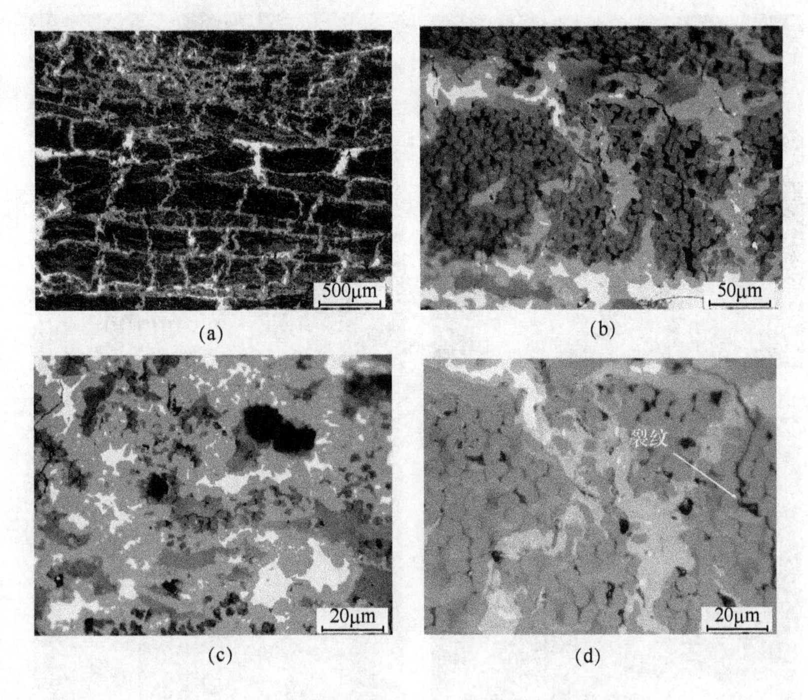

(a)　(b)　(c)　(d)

图 6-28　短纤维增强 C/C-SiC 材料的金相组织

形成 C-Si 四面体晶核，随着 C 原子的不断溶解进入，部分晶核不断长大，生成具有立方晶系结构的 β-SiC，其 SEM 形貌如图 6-29(c)、(d)所示，大颗粒 β-SiC 直径为 20～50μm，小颗粒的 SiC 直径为 4～11μm。图 6-29(e)、(f)对纤维间Ⅰ处基体 EDAX 分析表明，炭纤维间基体中主要为细颗粒的 SiC 和树脂炭。总体来说，熔融渗硅的过程中液硅在毛细管力的作用下基本填充了 C/C 多孔体的孔隙，在高温下液硅与碳发生化学反应生成 SiC 而获得 SiC 基体分布较均匀的 C/C-SiC 复合材料。

6.3.3　C/C-SiC 摩擦材料的孔隙结构分析

1. 不同工艺步骤处理后的孔隙结构

固体材料中孔隙的数量以及孔径的大小，对材料的性能具有很大的影响，尤其是显微气孔。对于熔渗法制备的材料，更是如此。

选取短纤维增强 C/C-SiC 材料在固化后、炭化后、热处理后以及熔融渗硅后的金相图像，利用图像分析仪对其孔隙结构进行表征和分析。图 6-30 分别为材料在固化后、炭化后、高温热处理后以及熔融渗硅后的 SEM 照片。从图中可以看出材料在制备过程中的孔隙变化：从固化至炭化，再至高温热处理这一过程，材料的

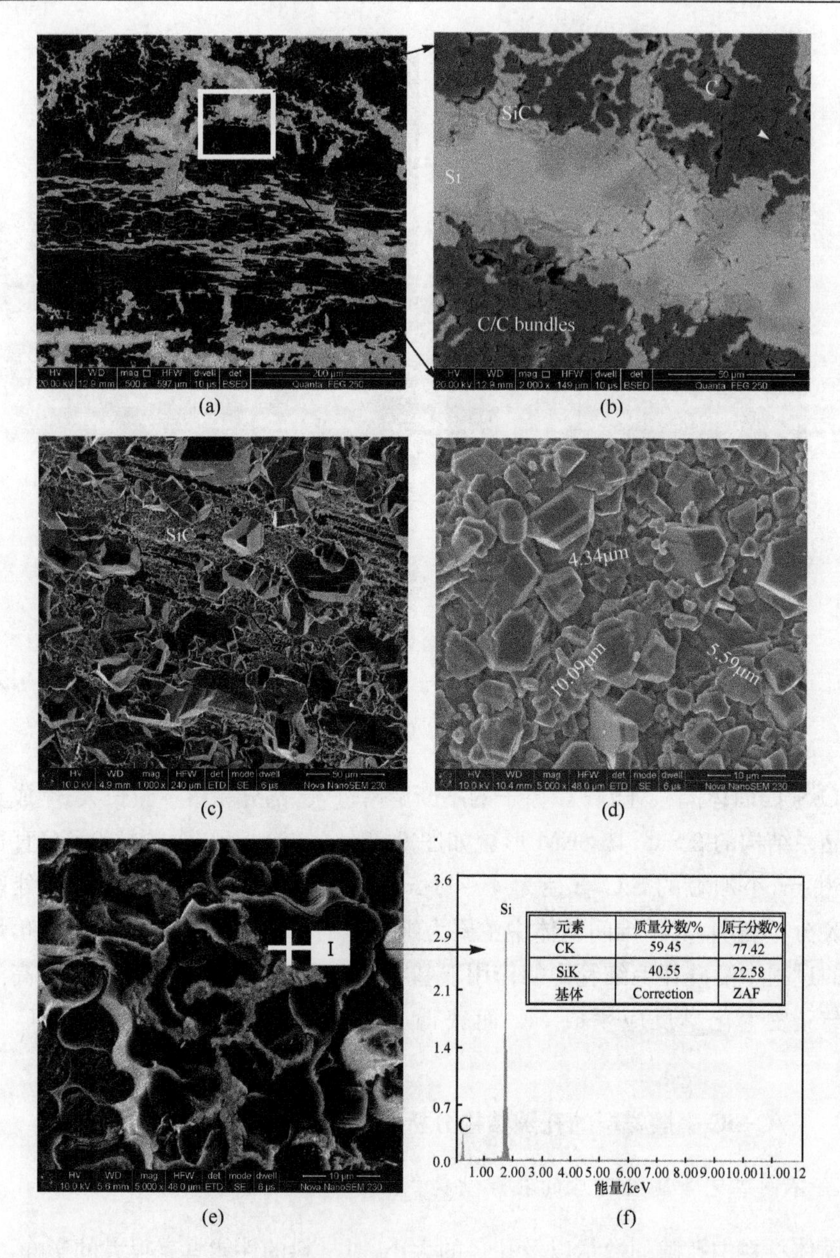

图 6-29 短纤维增强 C/C-SiC 材料的 SEM 显微结构

孔隙有明显的逐渐变大且连通的趋势，热处理后的 SEM 形貌图更明显地体现了这一特点。浸渗液体硅后，材料的孔隙率明显降低。

图 6-31 分别为短纤维增强 C/C-SiC 材料在固化后、炭化后、高温热处理后以及熔融渗硅后的金相照片。在固化后、炭化后及高温热处理后金相图片中，可以明

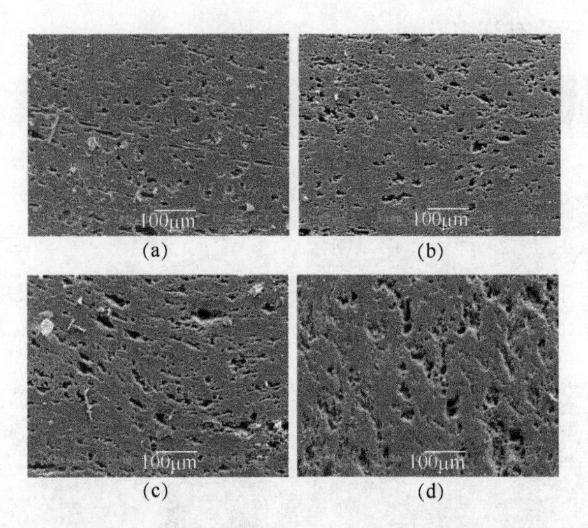

图 6-30　短纤维增强 C/C-SiC 材料不同工艺步骤处理后 SEM 形貌

(a) 固化后；(b) 炭化后；(c) 高温热处理后；(d) 熔融渗硅后

显看到材料中的炭纤维和基体炭及典型的 C/C 多孔体。而图 6-31(d)浸渗液体硅的图片则显示出以下三个特点：

(1) 炭纤维硅化很严重，这将严重影响其增强体作用的发挥。

(2) 材料中有较多明显的大孔隙，综合王林山[24]的研究结果“孔径低于 10μm 的孔隙不能被液体硅较好地浸渗”，可以认为，能被液体硅较好渗入的孔隙大小应该有一个更小的范围。

(3) 材料中存在较多的残留单质硅，这一组元也将对材料的性能产生重要影响。

综上所述，在材料的制备过程中，从固化、炭化、热处理到熔融渗硅，其孔隙结构及孔隙变化具有以下特点：

(1) 固化后，坯体有相当数量的孔隙，孔径尺寸多在 10～50μm。炭化及热处理后，出现了相当数量的大孔隙，孔径尺寸为 50～100μm，甚至大于 100μm。

(2) 炭化和热处理过程中产生了一定数量的孔径尺寸小于 10μm 的微裂纹和孔隙，原来存在的孔隙明显增大，高温热处理后这一趋势更加明显。

(3) 固化、炭化、高温热处理后，试样的孔隙尺寸明显逐渐增大；在热处理后，形成了相当数量的连通孔。

(4) 由于树脂炭和炭纤维的界面强度较低，炭化、热处理过程中，树脂和纤维容易出现界面分离，因此，新产生的裂纹和孔隙多数位于纤维的周围。在熔融渗硅阶段，炭纤维易被液体 Si 侵蚀。

(5) 多孔体浸渗液体 Si 后，孔隙多数没有被液体 Si 完全填充，或者被液体 Si 完全填充，但硅碳反应后体系体积缩小，所以尽管经过浸渗液体 Si 处理，材料基体的形貌整体上仍显示有许多孔隙。

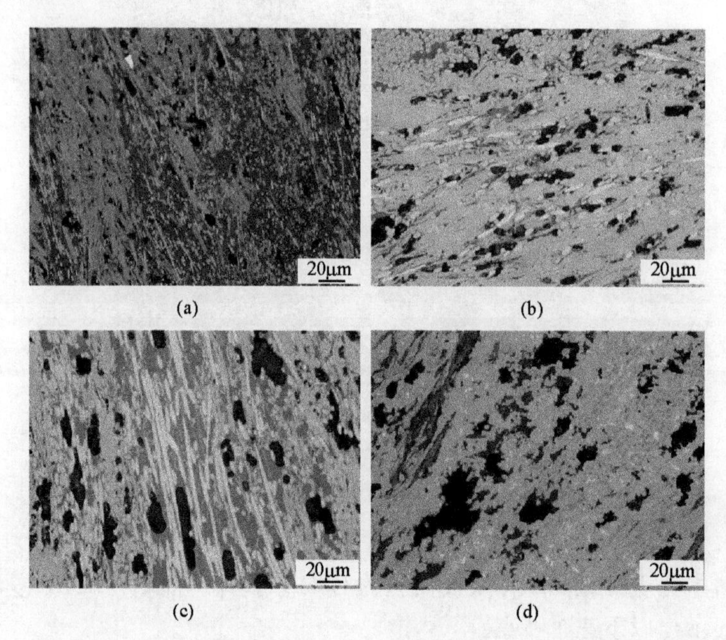

图 6-31 短纤维增强 C/C-SiC 材料不同工艺步骤处理后的金相照片

(a) 固化后;(b) 炭化后;(c) 高温热处理后;(d) 熔融渗硅后

2. 孔径分布测定

根据国际通行的标准,孔隙类型的分类如表 6-9 所示。气体吸附法适用于孔径为 2～200nm 的中微孔,压汞法适用于 400μm 以下的微米孔。

表 6-9 孔隙类型分类

孔径类型	微孔	中孔	大孔
孔径/nm	＜2	2～50	＞50

图 6-32 为经过 Q550 图像仪分析处理后的材料基体截面的金相形貌图片。通过图像中不同的灰度分布状态,识别区分材料中各物相和结构体。材料中的孔隙被标识为黑色,从这四张图片中,可以更加一目了然地观察到在材料的制备过程中,固化、炭化、高温热处理和熔融渗硅这四个阶段孔隙结构的变化特点。

由经过 Q550 图像仪分析处理后金相照片统计分析得到的孔隙分布数据结果如图 6-33 所示。从金相照片中孔隙分布的分析结果可以看出,小孔径孔隙在数量上占有绝对优势,大孔径孔隙数量非常少且较稳定。综合孔隙个数及面积百分比柱状图,认为孔径小于 100μm 的孔隙是材料中孔隙的主体。

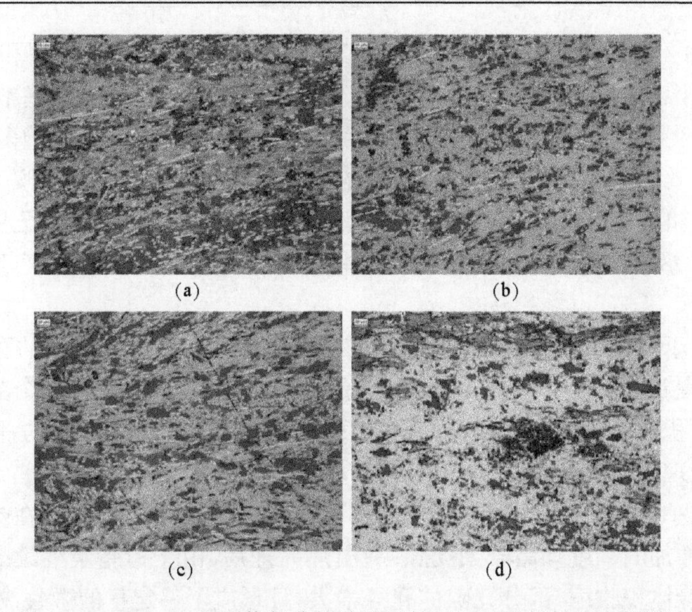

图 6-32　经过 Q550 图像仪分析处理后的 C/C-SiC 材料的金相照片

(a) 固化后；(b) 炭化后；(c) 高温热处理后；(d) 熔融渗硅后

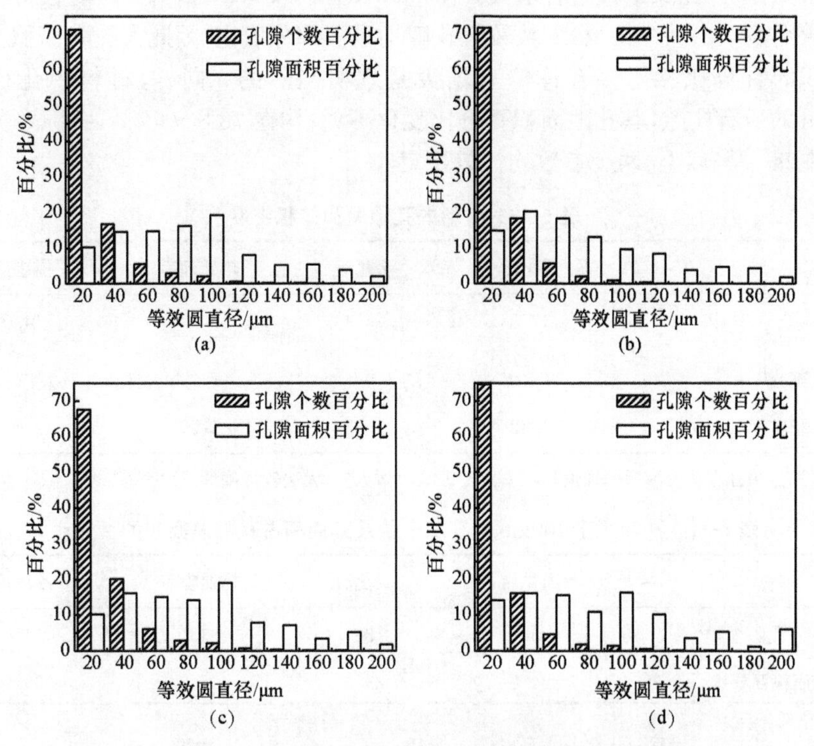

图 6-33　C/C-SiC 材料的各级等效圆直径的孔隙个数及面积百分比

(a) 固化后；(b) 炭化后；(c) 高温热处理后；(d) 熔融渗硅后

表 6-10 给出了制备过程中各处理工艺后测定的材料的开孔率和体积密度。由材料的孔隙率数据可以看出，固化后坯体的开孔率和理论孔隙率基本一致，而炭化后实际测得的开孔率数值与理论孔隙率差别较大，这说明炭化后的多孔体中，有相当一部分孔隙为闭孔。炭化后材料内的闭孔量占总孔隙量的比例为 15.3%，这直接说明了将多孔体进行高温热处理的必要性，其主要作用为在多孔体内形成一定量新的微裂纹和孔隙，将闭孔打开并形成连通孔，从而更有利于液体硅的浸渗。

孔径大于 120μm 的孔个数基本相同，进一步说明材料中大孔的存在比较稳定，且不易浸渗液体硅。表 6-11 给出了孔径大于 100μm 的孔隙的个数及其面积占孔隙总面积的百分比。由表可知：较大孔隙是在温压过程中形成的，而且在此后的一系列处理工艺过程中，孔隙个数略有增大；炭化后大孔隙面积所占总面积的百分比有所减小，是因为炭化后新形成的小孔隙和微裂纹的面积无论在数量上还是在面积上，增加的幅度均高于大孔隙；高温热处理后，由于树脂炭继续分解释放出小分子物质，体积收缩，部分孔隙的孔径增大，且形成了一定量的微裂纹和小孔隙；而熔融渗硅后，材料的体积略有膨胀，同时孔径较大的孔隙因毛细管力很小，基本上未填充，所以孔隙个数略有增大。图 6-30(d)及 6-31(d) C/C-SiC 复合材料的基体形貌图显示出一个特点：多数较大孔隙均是被部分填充，因此大孔隙面积占孔隙总面积的百分比相对多孔体略有增大是理所当然的。同样，材料中孔径低于 100μm 的所有孔隙，其孔隙面积百分比变化不大，均在 73%～77%，孔隙个数百分比均在 98.6%以上，两个参数均比较稳定。

表 6-10　材料的孔隙率和体积密度

	固化后	炭化后	热处理后	浸渗后
开孔率/%	17.5	25.4	34.4	14.0
理论孔隙率/%	17	30	—	—
体积密度/(g/cm^3)	1.42	1.32	1.29	2.01

注：高温热处理及浸渗后的理论孔隙率由于影响因素太多，无法较准确计算。

表 6-11　孔径大于 100μm 的孔隙个数及其面积占孔隙总面积的百分比

	固化后	炭化后	热处理后	浸渗后
孔隙个数	36	38	43	45
面积百分比/%	24.8	23.2	25.3	26.6

6.4　Si+C 熔渗反应模型

采用 LSI 制备 C/C-SiC 摩擦材料过程中，由于熔融 Si 与 C 和 SiC 的润湿角分别为 0°～30°和 37°，在毛细管驱动力作用下克服各种阻力，熔融 Si 能够填充到C/C 多孔体中。渗入到孔隙中的 Si 与 C 发生等摩尔的化学反应，该反应是一个强烈的放热反应，放热量高达 68kJ/mol。

目前，关于液 Si 与固体 C 反应形成 SiC 的模型主要有三个：①扩散模型，根据原子的迁移，建立数学模型来描述 SiC 的生长；②溶解-析出模型[25~27]，C 原子溶于液 Si 中形成过饱和溶液，然后 SiC 在溶液中析出；③混合模型[17,28]，C 原子溶解于液 Si 中(<1s)，生成 Si-C 簇，当吸附在液/固界面上的 Si-C 簇达到饱和后，通过均匀形核和晶体生长的混合过程生成初始 SiC 层(<4min)，随后的 SiC 生长由扩散机制控制。Gadow 等[29]研究了几种无孔炭材料(由玻璃炭与其他炭构成)的硅化过程，其硅化导致 SiC 生成。由此推断，反应发生在 C 和 SiC 界面上，因此 Si 的扩散是主要控制机制。总之，这三种机制虽然对特定实验现象做出了合理解释，但单独用于解释所有的 Si+C 反应时均遇到了困难，在适用范围上都有其局限性。

在反应生成 SiC 阻挡层后，随着时间的延长，SiC 层变厚，说明 Si 原子或 C 原子或两种原子通过阻挡层继续生成 SiC。然而制约 SiC 生长的因素至今还没有统一的认识，主要有三种观点：①Si 原子的扩散控制 SiC 的生长。在 1600～1800℃范围内，β-SiC 中 Si 原子的扩散系数 $D_e=4.2\times10^{-10}\,cm^2/s$(1600℃)和 $9.5\times10^{-10}\,cm^2/s$(1800℃)，C 原子的扩散系数为 $D_{bc}\approx8.86\times10^{-9}\,cm^2/s$(1600℃)和 $2.90\times10^{-7}\,cm^2/s$(1800℃)[30,31]，因而 Si 原子扩散在 SiC 生成过程中起控制作用。根据液 Si 通过边界层的迁移、通过 SiC 层的扩散和 SiC/C 界面的反应，建立了数学模型来描述 SiC 的生长。②C 原子的扩散控制 SiC 的生长。Kim 等[4]认为在 Si+C合成反应制备 SiC 过程中，C 原子扩散通过初始 SiC 界面层在 Si(l)/SiC 界面处生成 SiC。此外，Hong 等[32]认为是 C 空位的扩散控制 SiC 的生成。1783K 时，C 的空位浓度 $n_{vc}=5.38\times10^5\,cm^{-3}$，电子的浓度为 $n_e=1.70\times1018cm^{-3}$，而 Si 在反应中是充足的，因而 C 空位通过 SiC 层的扩散来控制 SiC 层的生长。③Si 和 C 原子都控制 SiC 的生长，并建立了数学模型[6,29]。

作者通过对 C/C-SiC 摩擦材料中各界面形貌的观察和分析的基础上，以热解炭为基体炭的 C/C-SiC 材料为例，给出了 Si+C 熔渗反应模型，认为 LSI 过程中 Si+C反应可分为以下三个阶段(图 6-34)：

(1) 当 Si 粉熔化后，液 Si 在毛细管力的作用下浸入 C/C 多孔体中纤维束及单根纤维之间的孔隙[图 6-34(a)]。由于液 Si 和基体炭及 SiC 的润湿角小，因此

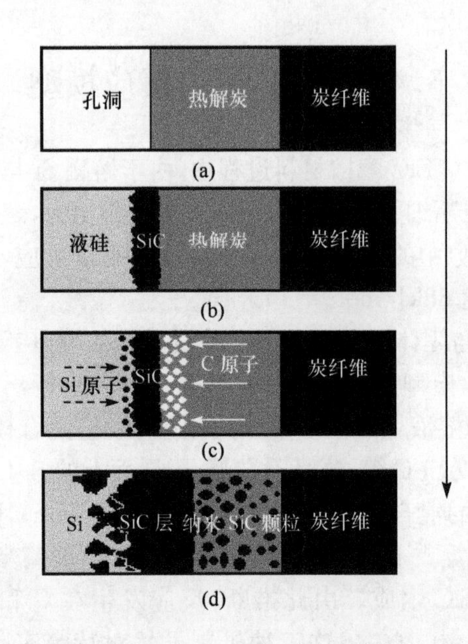

图 6-34　熔硅浸渗中 Si+C 反应模型示意图

(a) 纤维束间的孔洞；(b) 液硅渗入 C/C 多孔体与热解炭反应生成 SiC；(c) C 和(或)Si 原子通过 SiC 层扩散；(d) 两种形貌的 SiC

一旦液 Si 接触到基体炭，液 Si 便在其表面迅速铺展开，同时与碳反应生成 SiC，最终形成致密的细晶 SiC 层，如图 6-34(b)所示。

(2) SiC 层生成后，Si+C 反应只能通过原子扩散来进行。由于 β-SiC 中 Si 原子的扩散系数 $D_e=4.2\times10^{-10}$ cm^2/s(1600℃)和 9.5×10^{-10} cm^2/s(1800℃)，碳原子的扩散系数为 $D_{bc}\approx8.86\times10^{-9}$ cm^2/s(1600℃)和 2.90×10^{-7} cm^2/s(1800℃)，因此反应由硅原子的扩散来控制，如图 6-34(c)所示。

(3) 随着 SiC 的生长，SiC/Si 界面的部分 SiC 细晶尖角溶解于液硅中形成“岛状”的 SiC[图 6-34(d)]，SiC/Si 界面处的 SiC 也同时不断长大形成粗晶 SiC 层。由于 Si 原子的不断扩散，在 SiC/热解炭界面形成纳米 SiC 颗粒。

参考文献

[1] 曾庆衡. 物理化学. 长沙：中南工业大学出版社，1992：1-68

[2] Hauttmann S, Kunze T, Müller J. SiC formation and influence on the morphology of polycrystalline silicon thin films on graphite substrates produced by zone melting recrystallization. Thin Solid Films, 1999, (338)：320-324

[3] Olesinski R W, Abbaschian G J. The C-Si(carbon-silicon) system. Bulletin of Alloy Phase Diagrams, 1984, 5(5)：486-489

[4] Kim B G, Yong C, Lee J W, et al. Characterization of a silicon carbide thin layer prepared by a

self-propagating high temperature synthesis reaction. Thin Solid Films, 2000, 375: 82-86
[5] Fitzer E, Gadow R. Investigations of the reactivity of different carbons with liquid silicon// Somiya S, Karnai E, Aodo K, et al. Proceedings of the First International Symposium On Ceramic Components for Engines. Tokyo: KTK Scientific Publishers, 1983: 561-572
[6] Hillig W B. Making ceramic composites by melt infiltration. American Ceramic Society Bulletin, 1994, 73(4): 56-62
[7] Rhim W K, Chung S K, Rulison A J, et al. Measurements of thermophysical properties of molten silicon by a high-temperature electrostatic levitator. International Journal of Thermophysics, 1997, 18(2): 459-469
[8] Rhim W K, Ohsaka K. Thermophysical properties measurement of molten silicon by high-temperature electrostatic levitator: Density, volume expansion, specific heat capacity, emissivity, surface tension and viscosity. Journal of Crystal Growth, 2000, 208(1): 313-321
[9] Yang J, Ilegbusi O J. Kentics of silicon-metal infiltration into porous carbon. Composites: Part A, 2000, 31: 617-625
[10] 淡慕华，黄蕴元. 表面物理化学. 北京：中国建筑工业出版社，1985: 5-22
[11] Bell J. 多孔介质流动力学. 李竞生，陈冠希，译. 北京：中国建筑工业出版社，1982
[12] 朱文涛. 物理化学(下册). 北京：清华大学出版社，1995: 118-141
[13] Washburn E W. The dynamics of capillary flow. Physical Review, 1921, 21: 273-283
[14] Krenkel W. Cost effective processing of CMC composites by melt infiltration(LSI-process). Ceramic Engineering and Science Proceeding, 2001, 22(3): 443-454
[15] Frieβ M, Krenkel W, Brandt R, et al. Influence of process parameters on the thermophysical properties of C/C-SiC//Krenkel W, Naslain R, Sehneider H. High Temperature Ceramic Matrix Composites. Weinheim: Federal Republic of Germany, 2001: 328-333
[16] Einset E O. Capillary infiltration rates into porous media with applications to silicon processing. Journal of the American Ceramic Society, 1996, 79(2): 333-338
[17] Li J G, Hausner H. Reactive wetting in the liquid-silicon/solid-carbon system. Journal of the American Ceramic Society, 1996, 79(4): 873-880
[18] Trentkr T J, Hickman K N, Goel S C. Solution-liquid-solid growth of crystalline III-V semiconductors—An analogy to vapor-liquid-solid growth. Science, 1995, 270: 1791-1974
[19] Wang N, Tang Y H, Zhang Y F, et al. Si nanowires grown from silicon oxide. Chemical Physics Letters, 1999, 299(2): 237-242
[20] Tang Y H, Zhang Y F, Peng H Y, et al. Si nanowires synthesized by laser ablation of mixed SiC and SiO_2 powders. Chemical Physics Letters, 1999, 314(1/2): 16-20
[21] Zollfrank C, Sieber H. Microstructure evolution and reaction mechanism of biomorphous SiSiC ceramics. Journal of the American Ceramic Society, 2005, 88(1): 51-58
[22] Zollfrank C, Sieber H. Microstructure and phase morphology of wood derived biomorphous SiSiC-ceramics. Journal of the European Ceramic Society, 2004, 24(2): 495-506
[23] Schulte-Fischedick J, Zern A, Mayer J, et al. The morphology of silicon carbide in C/C-SiC

composites. Materials Science and Engineering A, 2002, 332: 146-152

[24] 王林山. RMI 法制备 CC-SiC 复合材料及其性能的研究. 长沙:中南大学硕士学位论文, 2003

[25] Pampuch R, Walasek E, Bialoskorski J. Reaction mechanisms in carbon-liquid silicon systems at elevated temperature. Ceramic International, 1996, 12: 99-106

[26] Sawyer G P, Page T F. Microstructural characterization of "REEF" (reaction-bonded) silicon carbides. Journal of Materials Science, 1978, 13: 885-904

[27] Ness J N, Page T F. Microstructural evolution in reaction-bonded silicon carbide. Journal of Materials Science, 1986, 21: 1377-1397

[28] Favre A, Fuzellier H, Suptil J. An original way to investigate the siliconizing of carbon materials. Ceramics International, 2003, 29(3): 235-243

[29] Fitzer E, Gadow R, Fibre-reinforced silicon carbide. Journal of the American Ceramic Society, 1986, 65(2): 326-335

[30] Hon M H, Davis R F. Elf-diffusion of ^{14}C in polycrystalline β-SiC. Journal of Materials Science, 1979, 15: 2411-2421

[31] Corman G S, Einset E O, Hillig W B. Observations on the kinetic processes for the formation of SiC form elemental carbon and silicon. 97CRD033, GE Research & Development Center, Schenectady, NY

[32] Hong Z, Raj N. Singh. Kinetics model for th growth of silicon carbide by the reaction of liquid silicon with carbon. Journal of the American Ceramic Society, 1995, 78(9): 2456-2462

第 7 章　温压-原位反应法制备 C/C-SiC 摩擦材料

本章介绍温压-原位反应法制备 C/C-SiC 摩擦材料的制备工艺[1,2]，研究 C/C-SiC 制备过程中显微结构的变化、Si＋C 原位反应机理以及材料制备过程中试样内部开裂损伤机理和控制技术。

7.1　温压-原位反应的理论分析及设计

7.1.1　Si＋C 原位反应机理

Si 的理论熔点为 1404℃，因此，低于 1404℃的高温热处理过程中，Si-C 原位反应主要以固-固反应的形式进行，通过扩散反应生成 SiC。高于 1404℃的高温热处理过程中，C/C-Si 多孔体材料中绝大部分的 Si 粉已熔化，主要通过液-固反应的形式生成 SiC。同时，Si(l)＋C 反应为放热过程，由反应热引起的局部区域温升可达到 1800℃[3]，加速了 Si 粉的熔化，同时降低了液 Si 的表面张力和黏度。由 Si＋C反应的差热分析曲线(图 7-1)可知：在 1110℃之前，曲线平滑，没有新物态出现或反应发生；略大于 1110℃时曲线出现了小幅波动，说明局部发生反应；在 1371.5℃时，曲线波动最为剧烈，即反应最为激烈。

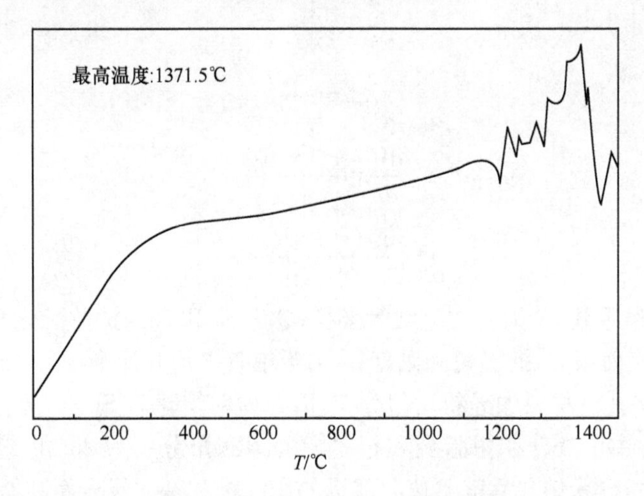

图 7-1　Si＋C 反应差热分析曲线

因此，当热处理温度超过 1100℃时，固态 Si＋C 开始缓慢反应，反应释放的热量会使局部温度升高，少量 Si 粉熔化，随着炉温的不断升高，熔化的 Si 粉逐渐增多，由于坯体内约有体积比为30%的Si粉分布其中，故熔融Si粉易于汇聚为小液滴向周围扩散，液态Si与周围所直接接触的碳源发生反应，这时，液Si扩散和C-Si反应构成了竞争。从活化能的角度分析，液Si与固体炭反应形成SiC的活化能的关系式如式(7-1)所示[4]：

$$\frac{\mathrm{d}\left(\frac{\phi}{T_{\mathrm{m}}^{2}}\right)}{\mathrm{d}\left(\frac{1}{T}\right)}=\frac{E}{R} \tag{7-1}$$

式中：ϕ、T_{m}和E分别是加热速率、最大温度和反应活化能。研究表明，与炭纤维相($\phi 5\mu\mathrm{m}$)比，炭黑($7\mu\mathrm{m}$)与Si粉更容易发生反应生成SiC，它们形成SiC的活化能分别为2875kJ/mol和1697kJ/mol。同时，纤维束内孔隙很小，小孔对液Si具有强大的毛细管吸附力，故液Si会沿束内孔隙对纤维表面扩散实现浸润。

液相Si与C、SiC的润湿性很好[5]，其润湿角分别为0°和37°。液Si出现后迅速润湿铺展开来，与就近的炭源充分接触反应，Si-C的液-固反应相对于固-固反应，反应速率更快，反应更完全。同时由液态Si和C反应生成的SiC有利于基体的完整连续性，提高力学性能，并弥补混料时可能造成的局部不均匀。

碳源与液Si之间SiC阻隔层一旦形成，Si+C反应就由原来剧烈的接触反应变为Si原子向SiC层中扩散传质到SiC/C界面的反应，反应速率由Si原子的扩散速率来控制，SiC生长厚度由式(7-2)和式(7-3)决定，而液Si沿毛细管润湿扩散的距离和时间由式(7-4)和式(7-5)决定[6]：

$$\mathrm{d}_{\mathrm{SiC}}\approx\sqrt{D_{\mathrm{eff}}t} \tag{7-2}$$

$$d_{\mathrm{eff}}=\frac{-Q}{RT} \tag{7-3}$$

$$\frac{\mathrm{d}V}{\mathrm{d}t}=\frac{r^{3}\pi\gamma\cos\theta}{4\eta x} \tag{7-4}$$

$$t=x^{2}\left[\frac{r\gamma(r^{3}/r_{0}^{2}R)\cos\theta}{2\eta}\right]^{-1} \tag{7-5}$$

式中：D为扩散系数；R为有效毛细管半径；Q为Si和C的扩散活化能；γ、θ、η分别是液相Si的表面张力、润湿角和黏度；r_0为毛细管平均几何半径。

C/C-Si多孔体材料中硅粉均匀分布，因此硅粉熔化后Si+C原位反应只需近程扩散即可。由于液硅在树脂炭和石墨上的湿润角分别为20°和0°[7]，两者具有很好的湿润性，硅粉熔化后就迅速向就近的炭纤维和基体炭表面铺展润湿，并与所接触的炭源发生原位反应生成β-SiC。钱军民等[8]以资料数据计算得到：液Si的润湿速率比扩散反应速率大五个数量级，这就使得液Si能够在炭纤维和基体炭上充分铺展，并与之反应生成SiC层。一般认为这个过程是由溶解-析出机制决定的，炭在液Si中溶解形成过饱和溶液，然后SiC晶粒从此过饱和溶液中析出。炭在液Si中溶解是一个放热反应，溶解热为247kJ/mol；SiC从溶液中的析出也是一个放热反应[9]。这些放出的热使体系局部温度升高，进一步促进了硅粉溶解。

Chiang认为[10]：生成的SiC层会因为SiC与碳源之间膨胀系数的失配而迅速破裂，液Si重新进入裂纹并继续与碳源反应，破碎和反应交替反复进行，直到SiC层完全致密，液Si无法渗入，转而由Si原子传质通过SiC层再继续与碳源反应，逐渐形成厚度均匀且连续的SiC层。因此，SiC层一旦形成，Si＋C反应就由原来的接触反应转变为Si原子向SiC层中扩散传质到SiC/C界面的反应，反应速率取决于Si原子的扩散速率。

7.1.2　C/C-SiC摩擦材料的设计

1. 短炭纤维

在短炭纤维增强复合材料中，纤维长度对复合材料有一定的影响。由纤维临界强度理论可知，只有当炭纤维的长度大于临界纤维长度l_c，即能够达到最大纤维应力的最小长度时，纤维才能发挥其增强增韧的作用。纤维临界长度计算公式为

$$l_c=\frac{d\sigma_f}{2\tau_i} \tag{7-6}$$

式中：l_c为纤维的临界长度；σ_f为炭纤维拉伸强度；τ_i为阻止纤维拔出的剪切应力；d为纤维直径。

在短炭纤维增强碳化硅基复合材料中[11]，一般取$\sigma_f=5\text{GPa}$，$\tau_i=20\text{MPa}$，$d=7\mu\text{m}$，得到$l_c=0.875\text{mm}$，即只要短炭纤维的长度不小于0.875mm，就能发挥其增强增韧作用。

纤维的增强作用可用增强系数K来表达[12]，即

$$S_c=KS_f\varphi_f+S_m\varphi_m \tag{7-7}$$

式中：S_f、S_m、φ_f、φ_m分别代表纤维、树脂的强度和体积分数；在S_f、S_m、φ_f、φ_m一定的前提下，复合材料的强度S_c取决于增强系数K。K值的大小与纤维长度有关，纤维长度越长，K值越大，S_c越大。因此，在保证纤维长度大于临界纤维长度l_c的前提下，尽量使纤维有较大的长径比，以最大限度地发挥纤维的增强作用。即纤维长度越长，其增强增韧作用越明显。

当纤维长度$l>10l_c$时，短纤维复合材料的强度趋近于具有相同体积分数的连续纤维复合材料。因此，从理论上说，当采用的短炭纤维长度超过0.875mm时，其制备材料的强度将接近连续纤维增强的复合材料。

短纤维作为材料的增强体，同时还在制备过程中对坯体起到骨架支撑的作用。

但其含量也并非越高越好，纤维含量过高，在成型时纤维变形会储存大量的残余应力，以至于炭化时坯体分层开裂；含量过低则无法充分体现增强作用。同时在保证材料性能的前提下，尽可能地降低纤维体积分数是控制材料成本的重要手段。

2. 树脂

采用温压-原位反应法制备 C/C-SiC 摩擦材料，树脂是重要的原材料。初始原料中的树脂采用固体酚醛树脂，固态粉末便于和其他成分混合均匀，酚醛树脂充当成型剂，其主要作用是利用其在温压时软化为液态，并固化后将模腔内的各组元固结成型，以保持坯体形状。酚醛树脂炭化后的树脂炭既可以黏结各成分，又可以为 Si+C 原位反应提供碳源[13]。后期增密时采用呋喃树脂，以保证其填充基体内开孔隙，固化炭化后提高材料强度。

由于树脂在高温下发生炭化分解，在此过程中会发生体积收缩导致微裂纹和孔隙。同时，初始原料中树脂过多易于使坯体内产生气泡，且脱模困难。因此，为了减少后期材料增密次数和确保坯体质量，在能保证成型需要的前提下初始酚醛树脂含量要低，多次实验表明，在纤维体积含量为 15%时，酚醛树脂体积含量取 18%～20%即可。

3. 基体 SiC

SiC 是一种共价键化合物，具有类金刚石的四面体结构，因此具有稳定的化学性能和优异的高温力学性能，是现代材料研究的热点之一。SiC 存在约 250 种结晶形态[14,15]。在繁多的 SiC 多型体中，基本可以分为立方结构的 α-SiC 和六方结构的 β-SiC 两大类。由于 β-SiC 相对 α-SiC 具有较高的硬度、韧性和热导率及更高的比表面积，具有相对较低的热膨胀系数[16]，因此，β-SiC 受到越来越多的关注。纯的碳化硅是无色的，工业用碳化硅由于含有铁等杂质而呈现棕色至黑色，晶体上彩虹般的光泽则由其表面产生的二氧化硅钝化层所致。在粉末冶金摩擦材料中，SiC 常作为摩擦组元加入其中，要得到摩擦系数高、磨损量低的制动材料，材料成分中的摩擦相和润滑相必须有一个合适的配比，并要兼顾材料的力学性能，增强相也起到重要作用。

碳化硅的结构和形貌与其制备方法和实验条件有关，目前已有大量文献报道。传统的碳热还原（焦炭和石英砂在 2000℃左右反应）方法制备的碳化硅主要是 α 晶型的晶体颗粒。在温压-原位反应工艺中，原料硅与碳反应生成碳化硅，其反应公式为

$$\mathrm{Si(s)+C(s)=\!=\!=SiC(s)} \tag{7-8}$$

原子量 28.09 12.01 40.10

密度/(g/cm^3)	2.34	1.8	3.21
摩尔体积/(cm^3/mol)	12.00	6.67	12.49

在试样配料过程中，加入的硅粉量体积比为 $V\%$时，生成的碳化硅占的体积比为 1.04$V\%$，可以近似认为就等于硅粉的体积。因此在材料配比时使用的硅含量(体积比)，在材料中就认为是 SiC 的体积含量。当摩擦副摩擦系数高于 0.6 时，易于产生尖叫和振动，综合前期研究成果，SiC 体积含量(即 Si 体积含量)控制在 20%～35%为宜。

4. *石墨*

石墨是元素碳的一种同素异形体，每个碳原子的周边连接着另外三个碳原子，排列方式呈蜂巢式的多个六边形，每层间有微弱的范德华引力。石墨是其中一种最软的矿物，不透明且触感油腻，颜色由铁黑到钢铁灰，形状呈晶体状、薄片状、鳞状、条纹状、层状或散布在变质岩中[17]。石墨和碳纳米管、石墨烯及富勒烯的结构示意图如图 7-2 所示。

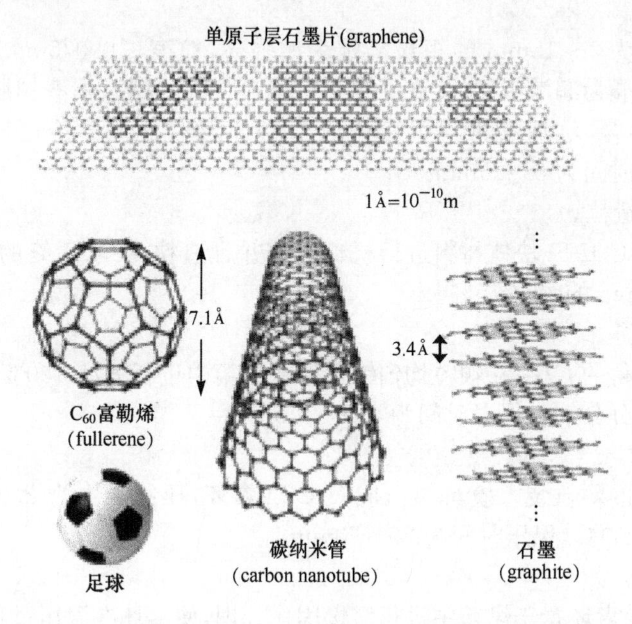

图 7-2　石墨和碳纳米管、石墨烯及富勒烯的结构示意图

工业上，根据石墨的结晶形态不同，把石墨分为三类：致密结晶状石墨、鳞片石墨和隐晶质石墨。鳞片形似鱼鳞状，属六方晶系，呈层状结构，具有良好的耐高温、导电、导热、润滑和耐酸碱等性能，常用作摩擦材料中的润滑组元，降低磨损，防止摩擦过程中的振动，调节摩擦系数。鳞片石墨的润滑性能取决于石墨鳞片的大小，鳞片越大，摩擦系数越小，润滑性能越好。

采用温压-原位反应法制备 C/C-SiC 过程中,添加石墨粉作为 Si+C 反应碳源的一部分,同时为了发挥石墨在摩擦过程中的润滑作用,Si+C 反应后材料中必须残留一定量的石墨。

7.2 C/C-SiC 摩擦材料的制备

7.2.1 温压-原位反应法的制备工艺

温压-原位反应法制备 C/C-SiC 摩擦材料的制备工艺流程是:采用短切炭纤维、石墨粉、树脂、硅粉和黏结剂冷压成炭纤维增强石墨粉和硅粉的(C/C-Si)块体材料,将制得的 C/C-Si 块体材料进行机械破碎并且造粒,然后将颗粒温压成 C/C-Si 素坯,将 C/C-Si 素坯炭化制得 C/C-Si 多孔体,将 C/C-Si 多孔体进行热处理,使 Si+C 发生原位反应生成 SiC 制得低密度 C/C-SiC 摩擦材料,最后对低密度的 C/C-SiC 摩擦材料采用树脂浸渍/炭化增密制得最终的 C/C-SiC 摩擦材料。该方法主要包括下列步骤。

(1) 冷压。

采用长度为 2～15mm 的短炭纤维为增强体,粒度≤0.075mm、石墨化度为 92%的鳞片石墨为润滑组元,将炭纤维与石墨粉、工业硅粉、酚醛树脂粉和添加剂按一定配比混合,然后在常温下冷压成 C/C-Si 块体材料。冷压压力为 2.0～5.0MPa,保压时间为 5～20min。

(2) 破碎造粒。

将制得的 C/C-Si 块体材料进行机械破碎并且造粒,要求最终的 C/C-Si 颗粒粒径在 5～15mm 的约占 75%。

(3) 预热。

将破碎制得的 C/C-Si 颗粒均匀铺平后在烘箱中进行 80～150℃预热,同时使黏结剂发生部分分解。保温时间为 0.5～1.5h。

(4) 温压。

将预热后的颗粒装入模具温压成 C/C-Si 素坯,压制压力为 2.0～10.0MPa,温度为 150～200℃,保压时间为 20～50min。

(5) 固化。

将 C/C-Si 素坯置于烘箱中进行缓慢固化处理,使素坯在温压过程中来不及固化的芯部区域完全固化。固化温度区间为 120～200℃,时间为 20～24h。

(6) 炭化。

在氮气保护气氛下,对固化后的 C/C-Si 素坯进行炭化处理,使树脂发生裂解转变成树脂炭得到 C/C-Si 多孔体。炭化压力为 0.1MPa、最高温度为 600～850℃、时间为 38～60h。炭化过程中树脂炭(或沥青炭)产生体积收缩导致 C/C-Si 多孔体内形成微裂纹,这些微裂纹成为后续熔硅浸渗过程中熔硅的渗入通道。

(7) 热处理(即原位反应)。

在氩气保护气氛下,对 C/C-Si 多孔体进行热处理,使 C/C-Si 多孔体中的碳和硅发生 Si＋C 原位反应生成 SiC,制得低密度 C/C-SiC 摩擦材料。压力为 0.1MPa、最高温度为 1500～1700℃、时间为 18～26h。

(8) 浸渍/炭化。

为进一步提高 C/C-SiC 摩擦材料的密度,同时增加材料中树脂炭的含量以调节摩擦系数,热处理后对 C/C-SiC 摩擦材料进行呋喃树脂浸渍/炭化。浸渍压力为 1.0～2.0MPa,最高温度为 80～120℃,时间为 2～5h。炭化压力为 0.1MPa,最高温度为 600～850℃,时间为 38～60h。

在纤维增强复合材料中,纤维的分布状态是影响复合材料强度的一个重要因素。从力学观点上看,纤维在材料中平行排列是最好的,所以应尽量避免纤维的杂乱分布,杂乱分布不但不能充分发挥纤维的增强作用,有些纤维还有可能成为缺陷,从而降低材料的性能[18]。如果不对短炭纤维做任何化学处理,直接将 Si 粉、石墨粉、树脂粉、短炭纤维及添加剂混合后压制,则最后材料中纤维分布不均匀,无法起到显著的增强增韧作用。由于强大的表面能和生产工艺等原因,短纤维表现为束状,必须施加外力强制分散。实验采用紊流气体分散法,利用高压氮气持续冲击。气体分散法不会引入新物质,省去液体分散时的烘干过程,简便易行。该制备方法使用的纤维分散装置示意图如图 7-3(a)所示,双螺旋混料装置示意图如图 7-3(b)所示。混料时,在电动机带动下,上、下两个螺旋桨叶片以一定的速度转动,搅动物料使之混合均匀。

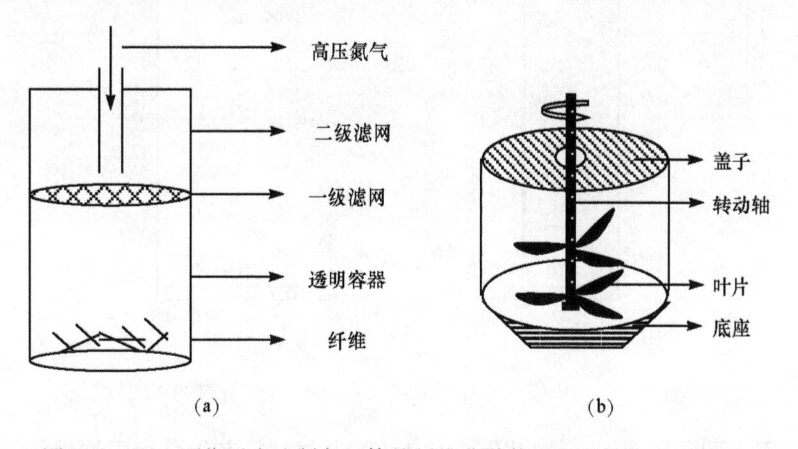

图 7-3　温压-原位反应法制备坯体的纤维分散装置和混料装置示意图

(a) 纤维分散装置;(b) 混料装置

短炭纤维在纤维分散装置分散前后的形貌照片如图 7-4 所示。由图 7-4(b)可知,纤维分散十分均匀。

图 7-4 短炭纤维分散前后的宏观形貌照片
(a) 未分散纤维;(b) 分散纤维

采用温压-原位反应法制备的 C/C-SiC 摩擦材料的 X 射线衍射图如图 7-5 所示。由图可知,试样主要由 C 和面心立方 β-SiC 组成,同时含有少量的 Si。与采用熔硅浸渗法制得的 C/C-SiC 的 XRD 分析结果(图 6-11)相比,Si+C 原位反应生成的 SiC 与熔硅浸渗生成的 SiC 具有相同的晶形结构,只是峰形没有熔硅浸渗生成的 SiC 那么尖锐,这说明原位反应生成的 SiC 的结晶度稍差。同时,温压-原位效应制备的 C/C-SiC 中也有部分残留 Si。

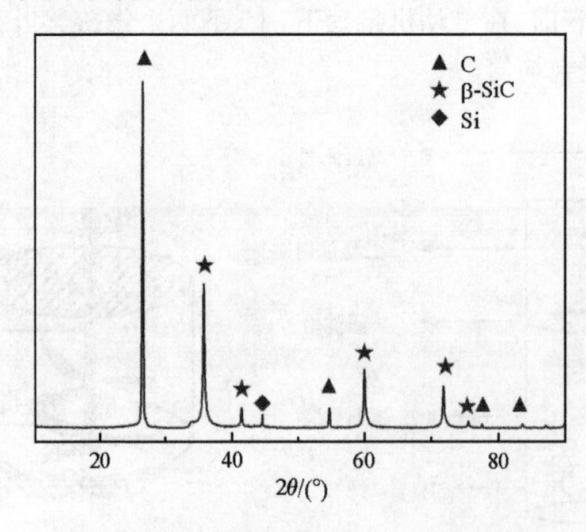

图 7-5 温压-原位反应法制备 C/C-SiC 摩擦材料的 XRD 图

由于采用温压-原位反应法制备的 C/C-SiC 材料,其组分可根据性能要求进行调整,因而不同试样组分的比例有些差别。

7.2.2　C/C-SiC 摩擦材料制备的影响因素

1. 温度的影响

分别在 1300℃、1350℃、1400℃、1450℃和 1500℃五个不同的温度(最高温度)高温热处理制得不同的 C/C-SiC 摩擦材料。

五组 C/C-SiC 试样的基本特性及 XRD 分析结果列于表 7-1 中。由表可知,随着热处理温度的升高,体积密度(ρ)逐渐降低,开孔率(ε)不断增大,1500℃处理后的 C/C-SiC 摩擦材料开孔率达到 15.3%。Si+C 反应生成 SiC 的过程中会产生体积收缩[式(7-8)],同时热处理温度越高,硅粉熔化后挥发也就越多,致使密度降低,开孔率增大。

由 XRD 分析结果可知,随着热处理温度的提高,C/C-SiC 中的 SiC 含量不断增加,残留 Si 不断减少。尤其是 1500℃热处理后 SiC 含量(62.7%)是 1300℃处理后材料(19.6%)的三倍还要多,而残留 Si 含量却比其低一个数量级。

表 7-1　不同温度热处理后 C/C-SiC 摩擦材料的基本特性及 XRD 物相组成

温度/℃	ρ/(g/cm³)	ε/%	w(C)/%	w(Si)/%	w(SiC)/%
1300	1.90	8.6	42.6	30.3	19.6
1350	1.89	9.5	37.9	21.4	34.2
1400	1.87	12.6	33.2	19	36.14
1450	1.85	14.1	29.5	11.6	47.8
1500	1.85	15.3	24.4	1.4	62.7

注:w(C)包括炭纤维和树脂炭的碳含量。

不同温度热处理后试样的 X 射线衍射图如图 7-6 所示。从其峰形和出峰位置可看出,(a)~(c)的 XRD 结果相似,β-SiC 特征峰均不明显;而(d)中 Si 衍射峰较

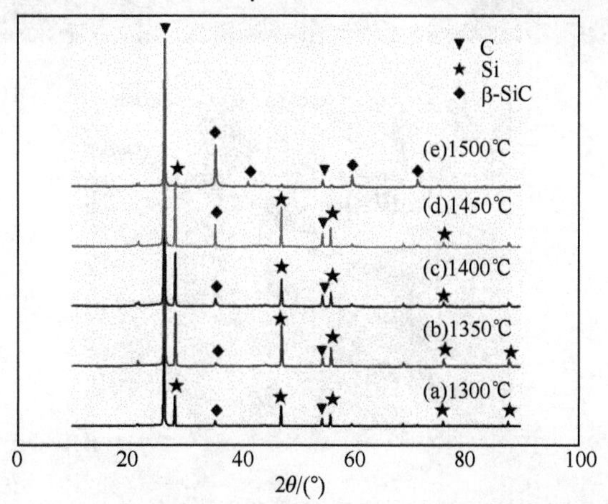

图 7-6　不同温度热处理后 C/C-SiC 摩擦材料的 XRD 图

尖锐，同时产生了明显的β-SiC特征峰；(e)已基本上看不到Si衍射峰，而β-SiC特征峰异常尖锐，说明随着热处理温度升高，反应生成的β-SiC结晶度越高。

图7-7是C/C-SiC材料经不同温度热处理后的金相显微照片。图7-7(a)是经过1300℃热处理后的试样，图中块状残留Si有明显的棱角，说明1300℃时Si粉未熔化，生成的SiC是Si(s)+C原位反应产生的。1350℃处理后大多数棱角已经消失[图7-7(b)]，但仍以Si(s)+C原位反应为主。1400℃热处理后已看不到棱角[图7-7(c)]，部分块状残留Si已熔化并开始发生Si(l)+C原位反应。由图7-7(d)可知，1450℃处理后试样中已只有少量的残留Si，且其四周呈不规则的形状，此时

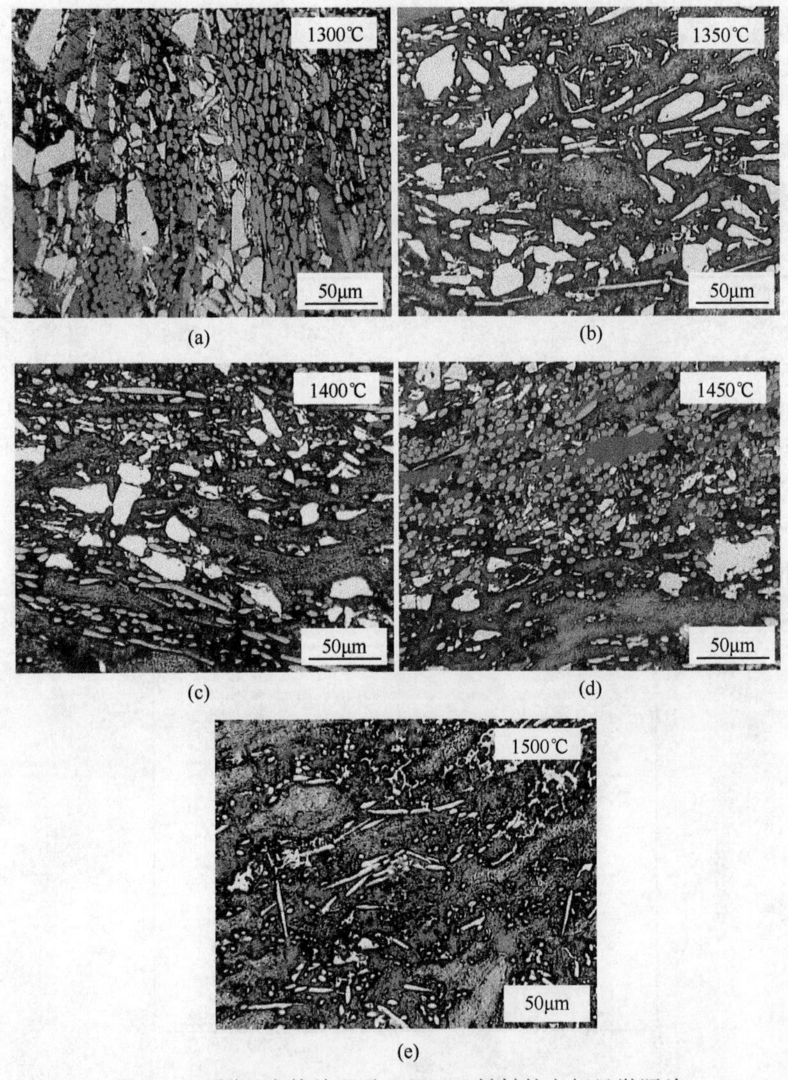

图7-7　不同温度热处理后C/C-SiC材料的金相显微照片

主要进行 Si(l)＋C 原位反应。1500℃处理过程中 Si 粉迅速熔化并与附近碳源反应，同时由于液 Si 的表面张力和黏度随温度的升高呈直线关系下降[19]，因此，液 Si 越容易在碳源上铺展开，原位反应越完全，残留 Si 含量也就越小，分布也越均匀［图 7-7(e)］。

由上述分析可知，五个不同温度热处理过程中 Si＋C 原位反应均会发生。在硅的熔点前以 Si(s)＋C(固-固)原位反应为主，通过扩散反应生成 SiC；熔点之后以 Si(l)＋C(液-固)反应为主，反应速率首先取决于液 Si 在炭表面的铺展速度，生成 SiC 薄层后取决于 Si 原子在 SiC 层中的扩散速度[20]。Si(l)＋C 反应相对于 Si(s)＋C反应速度更快，反应更完全。同时由于液 Si 的流动性，Si(l)＋C 反应生成的 SiC 可弥补试样中的微裂纹及小孔隙，有利于基体的连续性。

2. 炭纤维硅化的影响

在制备 C/C-SiC 摩擦材料的过程中，炭纤维或多或少会被硅腐蚀，从而影响纤维结构和增强性能。图 7-8 为日本东邦的 12K 的 HTA 长炭纤维硅化处理前后的粉末 X 射线衍射图。由图可知，未处理的炭纤维只有碳一种成分，硅化处理后的炭纤维的成分有 C、β-SiC 和 Si 三种。说明炭纤维在硅化处理过程中，硅挥发到达炭纤维表面与炭纤维反应生成了 β-SiC，最终炭纤维表面存在 C、β-SiC 和未反应的 Si。

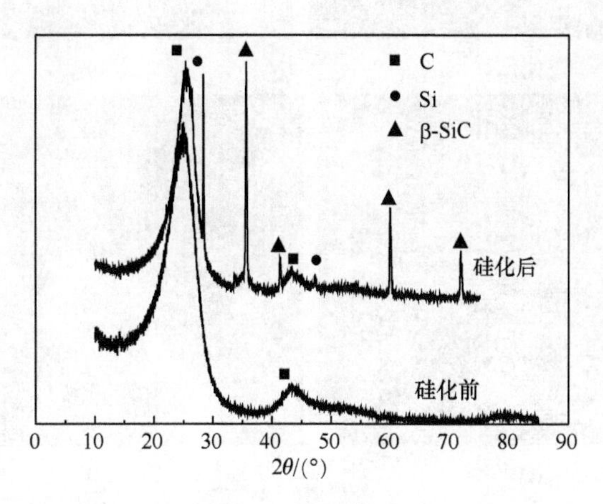

图 7-8　炭纤维硅化处理前后的 X 射线衍射图

图 7-9 是硅化处理前后的炭纤维的表面形貌，表 7-2 是图 7-9 中 A、B 点处的能谱分析结果。由图 7-9 可知，处理前的纤维表面光滑，而处理后的纤维表面生成了较多的富含碳的片状物质，还有些富含碳的较细的 SiC 纳米晶。陈建军等[21]认为炭纤维表面生成 SiC 纳米晶是由于在较高的硅蒸气压下，当气态的硅原子与炭纤维表面的被高温活化的活性炭原子相遇时，形成 SiC 纳米晶。根据经典的气相

形核理论，气相形核时，气体的过饱和度越大，新相晶体的形核率越高。在高温下硅原子与活化的活性碳原子形成晶核并进一步生长成为 SiC 纳米纤维。同时由于炭纤维具有皮芯结构且石墨化的炭表皮活性较活性碳原子差[22]，处于炭纤维内的活性碳原子可能通过表皮石墨层片之间错综复杂的空洞输运到炭纤维的表面提供碳源与硅反应。

表 7-2　能谱分析实验数据

位置	A	B
元素	C/Si	C/Si
质量分数/%	90.94/9.06	96.40/3.60
原子分数/%	95.91/4.09	98.43/1.57

(a)　(b)　(c)　(d)

图 7-9　炭纤维 SEM 表面形貌

(a) 处理前；(b)，(c)，(d)硅化处理后

表 7-3 为炭纤维硅化前后的拉伸强度。由表可知，当炭纤维完全暴露在硅蒸气下硅化腐蚀时，炭纤维的拉伸强度及弹性模量下降较大，强度下降了约 89%，模量约下降了 58%。显然硅化过程产生的 SiC 以及未反应的 Si 等脆性物质，与周围不同质的 C 结合较弱，容易脱落，从而破坏了炭纤维碳质的均一性，增加了炭纤维

的脆性。根据 Bennett 和 Johnson 提出的皮芯结构模型[12]，炭纤维表皮层的择优取向高，石墨微晶的层平面在皮层沿纤维轴向排列有序，芯部呈现出褶皱的紊乱形态，并在石墨层片之间存在错综复杂的空洞系统。这种由表及里的结构和密度径向分布的显著差异导致纤维的拉伸强度、弹性模量等外高而内低。由于硅化过程主要在纤维表面进行，因此炭纤维的表皮层在硅化过程中破坏最严重，因此纤维的强度大幅度下降。当然，这是炭纤维完全暴露在硅蒸气中的情况。而实际在制备 C/C-SiC 的过程中，炭纤维不可能侵蚀如此严重。为了较好地发挥炭纤维的增强作用，一般是先在纤维表面覆盖一层保护炭，然后加入到复合材料中。

表 7-3　纤维硅化前后的拉伸强度

纤维处理方式	拉伸强度/GPa	弹性模量/GPa
未处理	3.15	188.51
硅化处理	0.32	80

7.2.3　酚醛树脂的热分解过程及结构

在温压-原位反应法制备 C/C-SiC 的成分之中，树脂是重要的成分。树脂在模压阶段起到黏结剂的作用，炭化后的树脂炭既可以黏结各成分，又可以为硅碳反应提供碳源。另外，树脂在高温下发生炭化分解，在此过程中产生气体收缩形成裂纹和孔隙，这些变化会引起界面以及基体的变化，从而影响材料的性能。本节研究两种树脂(硼改性树脂和无机纳米改性树脂)的热分解过程及结构，为以这两种树脂为黏结剂制备材料的成型加工以及性能分析提供指导依据。

1. 树脂炭化过程的基本数据和结构分析

两种树脂炭化前后的基本物理数据如表 7-4 所示，表中的失重率以及收缩率是由树脂炭化后的样品相对于固化后的样品计算而来的。由表 7-4 可知，硼改性树脂炭化产物固化后的产物相比密度稍小，这说明树脂炭化过程中的质量和体积都在减少，减少的程度大致可以相抵，其残炭率为 64%左右，线收缩和体积收缩分别为 14.6%和 37.9%。无机纳米改性的树脂炭化产物与其固化后的产物相比密度较大，说明其收缩较大，其残炭率为 58%左右，线收缩和体积收缩分别为 23.4%和 48.4%。对于树脂炭化过程，残炭率越高越好，不仅由于树脂炭提供了与硅反应的碳源，较多的树脂炭可以节省原材料，还在于树脂在炭化过程经过热解和聚合、缩合反应产生大量的气体，热解而挥发的部分越多，产生的气孔就越多，颗粒之间的结合就不牢固。另外，树脂的收缩导致界面产生较大的收缩应力，导致纤维与基体脱黏，严重时甚至会损伤纤维。硼改性树脂较高的残炭率和较少的收缩率较适合复合材料的制备。

表 7-4 树脂 850℃ 炭化前后的基本数据

树脂种类	固化后密度/(g/cm^3)	炭化后密度/(g/cm^3)	失重率/%	体积收缩/%	线收缩/%			
					长	宽	高	平均
硼改性	1.17	1.16	36.0	37.9	16.2	16.9	10.7	14.6
无机纳米改性	1.19	1.32	42.0	48.4	20.0	21.6	28.6	23.4

图 7-10 为硼改性树脂固化及炭化后的断口形貌。由图可知，固化后的树脂断面有凹坑，且存在较多的台阶，说明断裂呈台阶状断裂。而炭化后的树脂炭有较大的树脂分解产生的孔隙、树脂收缩产生的裂纹。

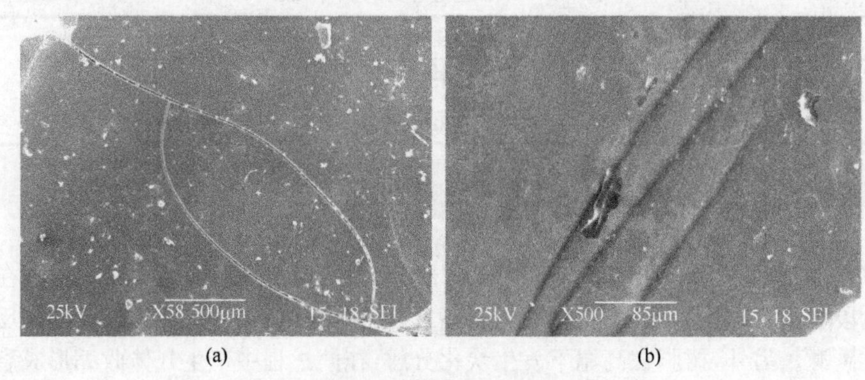

图 7-10 硼改性树脂炭化前后的断口形貌

(a) 固化后；(b) 炭化后

图 7-11 为无机纳米改性树脂固化及炭化后的断口形貌。由图可知，无机纳米改性树脂固化后有较多的裂纹、气孔等缺陷[图 7-11(a)]。而炭化后的样品除了具有裂纹和孔隙，还存在分层现象：一层具有河流状的花纹，较致密；另一层存在较多的小颗粒，应为无机纳米颗粒的偏聚区[图 7-11(b)]。

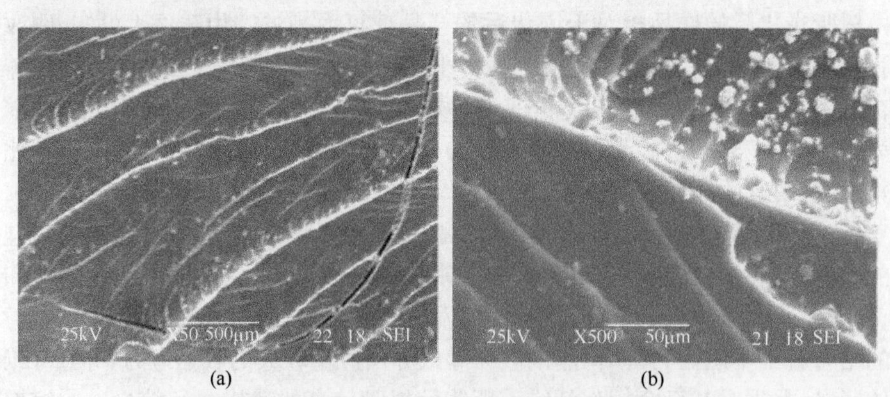

图 7-11 无机纳米改性树脂炭化前后的 SEM 形貌

(a) 固化后；(b) 炭化后

2. X射线分析

硼改性酚醛树脂和无机纳米改性的酚醛树脂样品在炭化前后的X射线衍射图谱如图7-12所示。由图7-12(a)可知,未处理的粉末状酚醛树脂样品有几个尖锐的聚合物结晶衍射峰,固化后的样品保留着2θ为20°、28°、40°左右的衍射峰,且衍射峰强度减弱或者峰形变宽。而850℃炭化处理后,结晶衍射峰消失,在2θ为26.5°、44°的位置出现了石墨微晶的(002)、(100)晶面衍射峰。随着石墨化程度的提高,有机物的结晶衍射峰消失,石墨微晶的晶面衍射峰的个数从低角度到高角度变多且峰形变陡峭[23,24]。

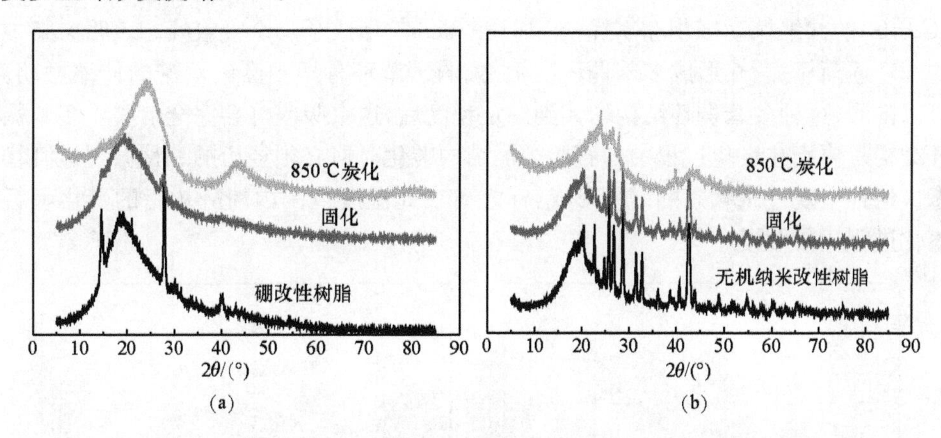

图7-12 硼改性树脂和无机纳米改性树脂炭化前后的X射线分析
(a) 硼改性树脂;(b) 无机纳米改性树脂

无机纳米改性的酚醛树脂在炭化前后的样品X射线衍射图谱如图7-12(b)所示。由图可知,未炭化处理前的粉末树脂样品有较多尖锐的结晶衍射峰,固化后的样品保留着结晶峰,只是强度略微减小。而850℃炭化处理后,结晶衍射峰消失很多,在2θ角为20°左右的结晶峰消失,衍射峰角度向高值方向移动,在26.5°附近有出现(002)衍射峰的趋势,在44°的位置出现了石墨微晶(100)晶面较平缓的衍射峰,保留着较多有机物尖锐的结晶衍射峰,说明该树脂在炭化过程中石墨微晶程度较低。

3. 红外分析

图7-13为硼改性酚醛树脂和无机纳米改性的酚醛树脂样品在炭化前后的红外分析图谱。硼改性酚醛树脂炭化前后的红外分析如图7-13(a)所示,表7-5为该树脂的红外基团归属。对照图表可知,固化阶段1010.36cm^{-1} CH_2—OH、3206.92cm^{-1}酚羟基OH、753.65cm^{-1}邻位及815.78cm^{-1}对位处的峰或变宽或减弱或消失,而

2931.24cm^{-1} CH_2处的峰有所变窄，说明树脂固化主要是羟甲基之间及羟甲基与酚环上活泼氢之间的反应，而且后者主要发生在酚环的邻、对位上。炭化后，—CH_2伸缩振动峰减弱，表明树脂连接苯环起桥梁作用的亚甲基已开始发生断裂并脱离苯环体系。1224.29cm^{-1}处的酚羟基碳氧键(C—O)伸缩振动峰，在固化后样品的红外光谱图中，这个吸收峰尚以很弱的形式存在，在炭化后，这个振动峰消失。炭化后，3604.03cm^{-1}酚羟基 OH 伸缩振动，1195.99cm^{-1}苯环 C—H 面内弯曲振动，882.68cm^{-1}苯环 C—H 面外对位振动，753.65cm^{-1}邻位取代苯环 C—H 的振动，690.99cm^{-1}苯环上的碳氢键 C—H 等吸收峰都已消失，表明树脂内苯环上的氢不断减少。炭化后，1593.52cm^{-1} 和 1454.44cm^{-1} 苯环骨架中碳碳双键(C═C)的伸缩振动峰相互靠拢，在 1513.75cm^{-1}形成了一个吸收峰。表明树脂中的苯环逐渐靠拢，并形成多苯稠环结构，减弱了苯环骨架中碳碳双键的伸缩振动。可以推测，这种多苯稠环结构增大到一定程度后，这个吸收峰会完全消失。多苯稠环结构是树脂在炭化过程中向石墨微晶结构转化时所必须经历的一种微观过渡状态。这种微观过渡状态的缓慢形成，标志着在此温度范围内酚醛树脂的炭化和石墨化进程比较缓慢。

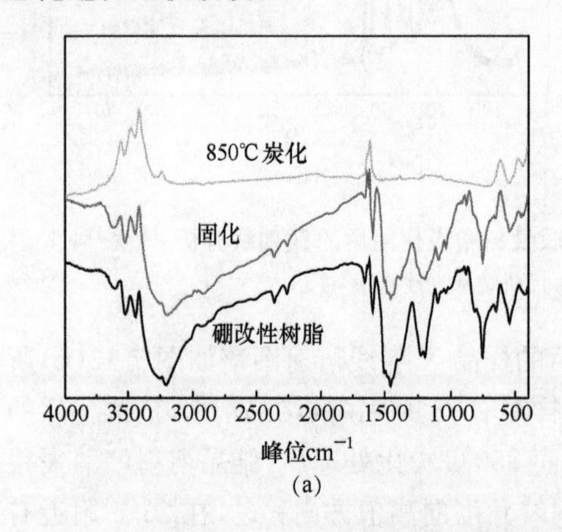

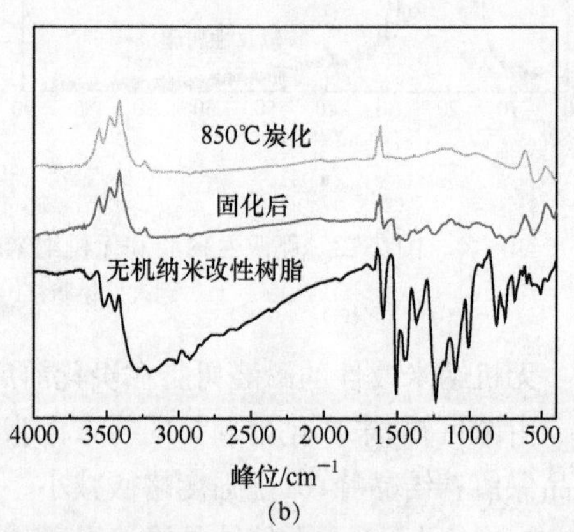

图 7-13 硼改性树脂和无机纳米改性树脂炭化前后的红外分析

(a) 硼改性树脂；(b) 无机纳米改性树脂

表 7-5 硼酚醛树脂的红外基团归属

峰位/cm^{-1}	峰位归属
3604.03,3520.58,3441.82,3206.92	酚羟基 OH 伸缩振动
2931.24	亚甲基 C—H 伸缩振动
2359.54,2260.81	苯环上的═C—H 碳氢键伸缩振动吸收峰
1653.89	羰基 C═O 伸缩振动
1593.52,1454.44	苯环 C═C 伸缩振动

续表

峰位/cm^{-1}	峰位归属
1389.96	硼氧键 B—O 伸缩振动
1224.29	芳环碳氧键(C—O)伸缩振动
1195.99	苯环 C—H 面内弯曲振动
1099.54,1037.5	脂肪碳氧键(C—O)伸缩振动
1010.36	羟甲基 CH_2—OH 的伸缩振动吸收峰
882.68	苯环 C—H 面外间位弯曲振动
815.78	对位取代苯环 C—H 的变形振动
753.65	邻位取代苯环 C—H 的变形振动
690.99	苯环上的碳氢键 C—H 弯曲振动

无机纳米改性酚醛树脂炭化前后的红外分析如图 7-13(b)所示,表 7-6 为该树脂的红外基团归属。对照图 7-13(b)和表 7-6 可知,固化阶段的 3620.75cm^{-1}羟基 O—H 伸缩峰、1008.05cm^{-1}羟甲基 CH_2—OH 的伸缩峰、814.95cm^{-1}对位取代苯环 C—H 的变形振动峰、756.12cm^{-1}邻位取代苯环 C—H 的变形振动峰消失或减弱,说明固化阶段有羟甲基之间及羟甲基与酚环上活泼氢之间的反应。另外 1168.71cm^{-1} C—N 的伸缩振动、2923.37cm^{-1}亚甲基 C—H 伸缩振动消失或减弱,说明固化阶段固化剂$(CH_2)_6N_4$发生了分解(二甲醇胺、甲醛和氨气),二甲醇胺与具有邻位活性的酚反应生成的亚甲基和$(CH_2)_6N_4$分解消失的亚甲基大致相抵。850℃炭化后,—CH_2伸缩峰消失,连接苯环起桥梁作用的亚甲基发生断裂并脱离苯环体系。从固化开始,3014.8cm^{-1}苯环上的═C—H 碳氢键伸缩振动、1369.74$cm^{-1}$$CH_2$剪式振动、1195.99$cm^{-1}$苯环 C—H 面内弯曲振动峰都减弱最终消失,说明树脂内苯环上的氢不断减少。1595.27cm^{-1}和 1450.90cm^{-1}处的(C═C)伸缩振动吸收峰从固化开始减弱并相互靠拢最终在炭化后的 1453.63cm^{-1}形成了一个吸收峰,形成多苯稠环结构,减弱了苯环骨架中碳碳双键的伸缩振动。

表 7-6　无机纳米改性酚醛树脂的红外基团归属

峰位/cm^{-1}	峰位归属
3620.75,3518.5,3440.97,3199.5	羟基 O—H 伸缩振动
3014.8	═C—H 碳氢键伸缩振动吸收峰
2923.37	亚甲基 C—H 伸缩振动
1664.07	羰基 C═O 振动
1595.27,1508.49,1450.9	苯环 C═C 伸缩振动
1369.74	CH_2剪式振动

续表

峰位/cm^{-1}	峰位归属
1234.55	芳环碳氧键(C—O)伸缩振动
1168.71	C—N 的伸缩振动
1100.58	Si—O 键的伸缩振动
1008.05	羟甲基 CH_2—OH 的伸缩振动
912.24	羟基的弯曲振动吸收峰
814.95	对位取代苯环 C—H 的变形振动
756.12	邻位取代苯环 C—H 的变形振动
689.56	苯环上的碳氢键 C—H 弯曲振动

4. *差热分析*

硼改性树脂和无机纳米改性树脂在 5℃/min 升温速率下的失重-差热分析曲线(TG-DSC)如图 7-14 所示。由硼改性树脂的 TG-DSC 曲线[图 7-14(a)]可知，该树脂失重分为四个阶段。

第一阶段在室温～200℃，为固化阶段，差热曲线上在 82.3℃和 105.3℃有两个峰值。此阶段失重为 15%左右，主要是固化中两个苯环上的羟甲基之间、一个苯环上的羟甲基和另一个苯环上的邻位或者对位的活泼氢反应脱出水分的过程[25]。

第二阶段为 200～500℃，此阶段失重较小，温度范围较大，主要是因为含有硼的三维交联网状结构的固化树脂中，B—O 键键能高于 C—C 键键能，提高了树脂的耐热性能，因此分解温度提高。

第三阶段为 500～700℃，是树脂的主要分解炭化阶段，此阶段发生剧烈的热分解和缩聚反应，树脂内部的苯环、羟基和亚甲基发生一系列复杂的裂解、重排，芳环的取代度渐增，树脂内苯环之间相互连接成多苯稠环结构，最后向石墨微晶结构转化，有 H_2O、H_2、CO、CH_4 等热解产物挥发。差热曲线上在 581℃有一个分解峰值，此阶段失重约 12%。

第四阶段是 700℃以后，是热解的收尾阶段，主要是芳香烃脱氢反应，气体逸出较少，一直到炭化结束，失重不明显。800℃时树脂的残炭率为 63%左右。

由分析可知，在制备以该树脂炭为基体的 C/C 复合材料的炭化过程中，树脂由于在第一和第三阶段的失重速率较大，升温不能过快，如果升温太快，反应剧烈，短时间内会产生大量气体产物，气态产物的迅速释放及气体通道受到固体树脂的阻碍，容易引起材料的分层和裂纹，降低材料的强度。而第二和第四阶段由于失重速率较小，升温速率可以适当提高。

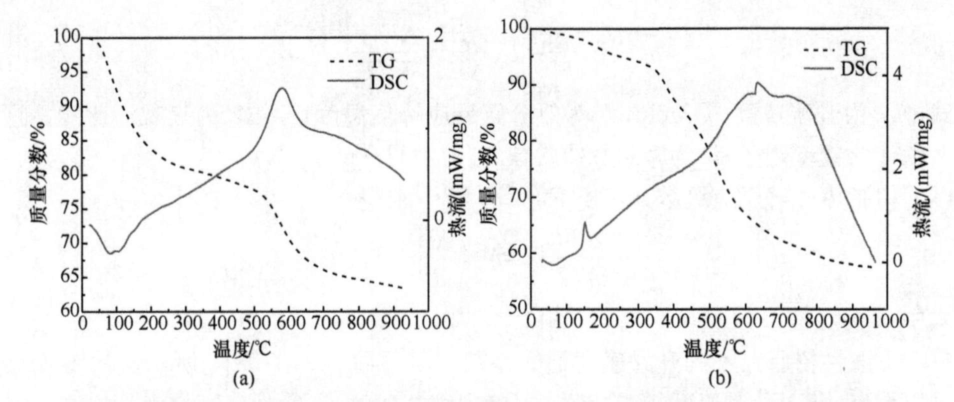

图 7-14 硼改性树脂和无机纳米改性树脂在 5℃/min 升温速率下的 TG-DSC 曲线
(a) 硼改性树脂；(b) 无机纳米改性树脂

无机纳米改性树脂在 5℃/min 升温速率下的失重-差热分析曲线(TG-DSC)如图 7-14(b)所示。由失重曲线可知，该树脂失重分为三个阶段。

第一阶段为室温～350℃，此阶段失重较小，为 10%左右。在 DSC 上的 65℃、151℃有反应峰值，65℃的峰值对应苯环上羟甲基和活泼氢之间的脱水；另外，六次甲基四胺在超过 100℃时发生分解，形成二甲醇胺和甲醛，与具有邻位活性或者具有对位活性的酚反应脱水，此过程与 151℃的峰值对应。

第二阶段为 350～700℃，是树脂的主要分解炭化阶段，此阶段发生剧烈的热分解和缩聚反应，树脂内部的苯环、羟基和亚甲基发生复杂的裂解、重排，树脂内苯环之间相互连接成多苯稠环结构，有 H_2O、H_2、CO、CH_4 等热解产物挥发，此阶段失重约 30%。在 DSC 曲线上 633℃处有一个分解峰值。

第三阶段为 700℃以后，是热解的收尾阶段，主要是芳香烃脱氢反应，失重不明显。

800℃时整个过程树脂的残炭率为残炭率 60%左右。同样，该树脂在第二阶段升温速度不宜过快，而第一和第三阶段可适当加快。

5. 树脂热分解反应表观动力学分析

为了表征树脂热分解过程中的反应速率的大小，需要建立树脂热分解反应表观动力学。树脂的热分解反应动力学可由下列方程表示[26]：

$$d\alpha/dt=k(1-\alpha)^n \tag{7-9}$$

式中：α 为物质的转变分数；k 为反应速率常数；n 为反应级数。

k 根据阿伦尼乌斯(Arrhenius)方程 $k=A\exp(-\Delta E/RT)$求得。其中，A 为频率因子；ΔE 为表观活化能，反映分解反应的难易程度。

树脂的分解反应的表观活化能 ΔE 和频率因子 A 可由 Kissinger 方程[27,28]求得：

$$\ln\frac{\beta}{T_p^2}=\ln\frac{AR}{\Delta E}-\frac{\Delta E}{R}\frac{1}{T_p} \tag{7-10}$$

式中:β为升温速度,℃/min;T_p为热分解反应峰值温度,K;ΔE为表观活化能,kJ/mol;A为频率因子;R为摩尔气体常数,8.31441J/(mol·K)。

树脂热分解反应级数n可由Rane方程[29]求得:

$$\frac{d\ln\beta}{d(1/T_p)}=-\left(\frac{\Delta E}{nR}+2T_p\right) \tag{7-11}$$

式中:n为反应级数。

硼改性树脂在不同升温速度下的差热(DSC)曲线如图7-15所示。从图7-15可以看出,随着升温速度(β)的提高,其峰温度相应增加,峰形向高温漂移。这是因为升温速度增加,则dH/dt(单位时间产生的热效应)越大,热惯性也越大,产生的温度差也就越大,反应峰必然向高温移动[30]。

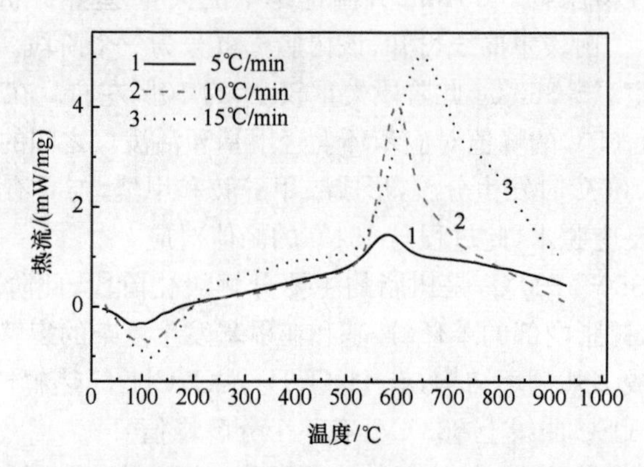

图7-15　硼改性树脂在不同升温速率下的DSC曲线

由图7-15的DSC曲线得到的该树脂分解时的峰顶温度(T_p)及其相关的参数计算值如表7-7所示。

表7-7　硼改性树脂的动态DSC数据

β/(℃/min)	T_p/K	$1/T_p\times10^{-3}$	T_p^2	$\ln\beta$	$-\ln(\beta/T_p^2)$
5	854.6	1.17	730341.16	1.61	11.89
10	872.226	1.15	760778.20	2.3	11.24
15	920.031	1.09	846457.04	3.0	10.65

按Kissinger方程,以$-\ln(\beta/T_p^2)$对$1/T_p$作图,进行线性拟合可得到一条直线(图7-16实线所示),其斜率为$\Delta E/R$,截距为$-\ln(AR/\Delta E)$。由图可得,此直线的斜率为1.42×10^4,截距为-4.87。计算得表观活化能为$\Delta E=118.06$kJ/mol,频率因子$A=1.85\times10^6\text{min}^{-1}$。在Rane方程中,当$\Delta E/nR\gg2T_p$时,则$2T_p$可以忽

略。以 $\ln\beta$ 对 $1/T_p$ 作图，经过线性拟合可得到一条直线(图 7-16 虚线所示)，直线的斜率为 $-\Delta E/nR$。由图可得，直线的斜率为 -1.61×10^4。即 $\Delta E/nR=1.61\times10^4$。则 $n=0.88$。所以该树脂热分解反应表观动力学方程为

$$\begin{aligned}d\alpha/dt &= k(1-\alpha)^{0.88}=A\exp(-\Delta E/RT)(1-\alpha)^{0.88}\\ &=1.85\times10^6\exp(-1.18\times10^5/RT)(1-\alpha)^{0.88}\end{aligned}$$

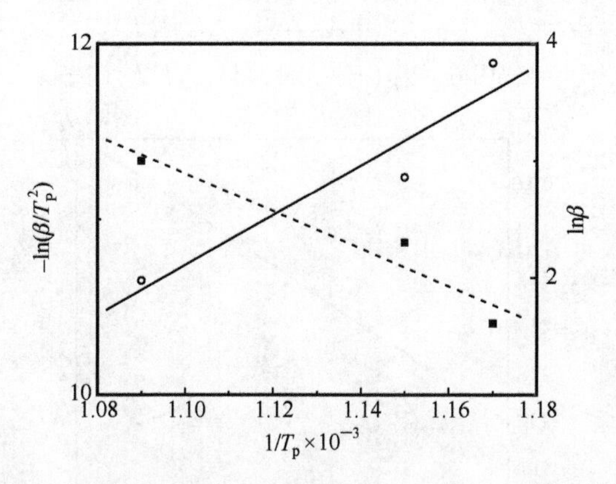

图 7-16　硼改性树脂的 $-\ln(\beta/T_p^2)$ 和 $\ln\beta$ 与 $1/T_p$ 的关系曲线

无机纳米改性树脂的不同升温速度下的 DSC 曲线如图 7-17 所示。由 DSC 曲线所得到的 T_p 值及其相关参数的计算值如表 7-8 所示。

表 7-8　无机纳米改性树脂的动态 DSC 数据

β/(℃/min)	T_p/K	$1/T_p\times10^{-3}$	T_p^2	$\ln\beta$	$-\ln(\beta/T_p^2)$
5	906.083	1.10	820986.4	1.61	12.01
10	997.802	1.00	995608.83	2.3	11.51
15	1020.049	0.98	1040499.96	3.0	10.86

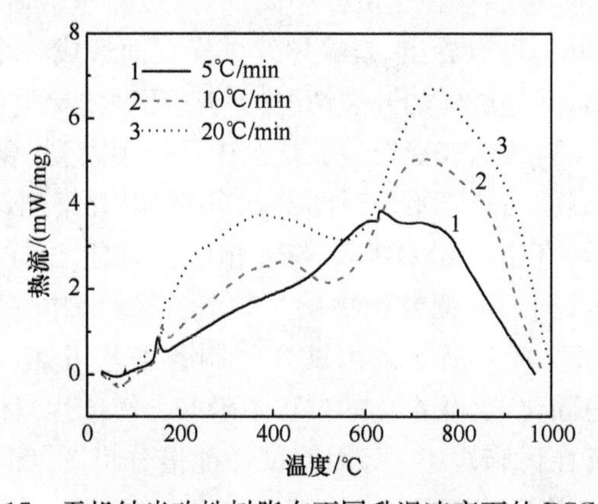

图 7-17　无机纳米改性树脂在不同升温速率下的 DSC 曲线

同样，根据 Kissinger 方程，以$-\ln(\beta/T_p^2)$对$1/T_p$作图，进行线性拟合，得到一条直线(图 7-18 实线)，得到此直线的斜率为8.10×10^3，截距为-3.14。计算得表观活化能为$\Delta E=67.35$kJ/mol，频率因子$A=350.61\text{min}^{-1}$。以$\ln\beta$对$1/T_p$作图，经过线性拟合得到一条直线(图 7-18 虚线)，斜率为-1.01×10^4。根据 Rane 方程求得$n=0.80$。建立该树脂的热分解表观动力学方程为

$$\begin{aligned}d\alpha/dt &= k(1-\alpha)^{0.80}=A\exp(-\Delta E/RT)(1-\alpha)^{0.80}\\ &=350.61\exp(-6.74\times10^4/RT)(1-\alpha)^{0.80}\end{aligned}$$

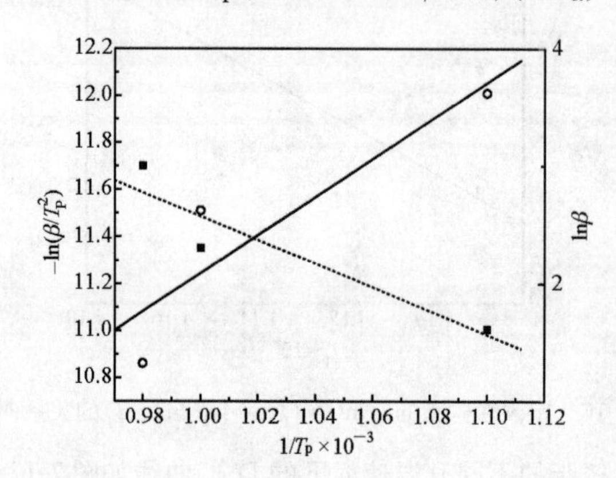

图 7-18 无机纳米改性树脂的$-\ln(\beta/T_p{}^2)$和$\ln\beta$与$1/T_p$的关系曲线

7.2.4 C/C-SiC 坯体裂纹形成及影响因素

1. C/C-SiC 的裂纹形貌

在温压-原位反应法制备 C/C-SiC 摩擦材料的过程中，温压后坯体易出现裂纹，导致材料各项性能下降甚至报废。其典型的开裂情况如图 7-19 所示。从图 7-19(a)可以观察到，裂缝存在于试样中间部分，裂缝呈台阶状伸出试样并造成试样分层。从图 7-19(b)可以看出，裂缝导致试样表面形成一个凹坑，裂缝在凹坑边缘也呈台阶状伸出，其他试样的开裂情况均与这两种情况类似。

图 7-20(a)是试样裂纹的表面形貌。从图中可以观察到，裂纹在试样边缘往左呈台阶状上升，裂纹表面凹凸不平。对图 7-20(b)可以观察到，裂纹表面存在许多较规则的颗粒状物质，直径为 2～4μm。与之相对应的是，试样切口处(非开裂处)的显微形貌[图 7-20(c)]未见颗粒状物质。对图 7-20(b)中一颗粒(A 处)进行能谱分析，其结果如图 7-20(d)所示。由试样的制备工艺可知，由于树脂中加入了 6%～8%的磷酸作为固化剂，在炭化的过程中磷酸分解产生气体和磷的氧化物，炭化后磷的氧化物残留在树脂炭中[31]，因此试样能谱分析图[图 7-20(d)]中存在 O 峰和 P 峰。Si 峰和 C 峰说明颗粒中含 SiC。

图 7-19　C/C-SiC 摩擦材料缺陷的宏观形貌及其示意图

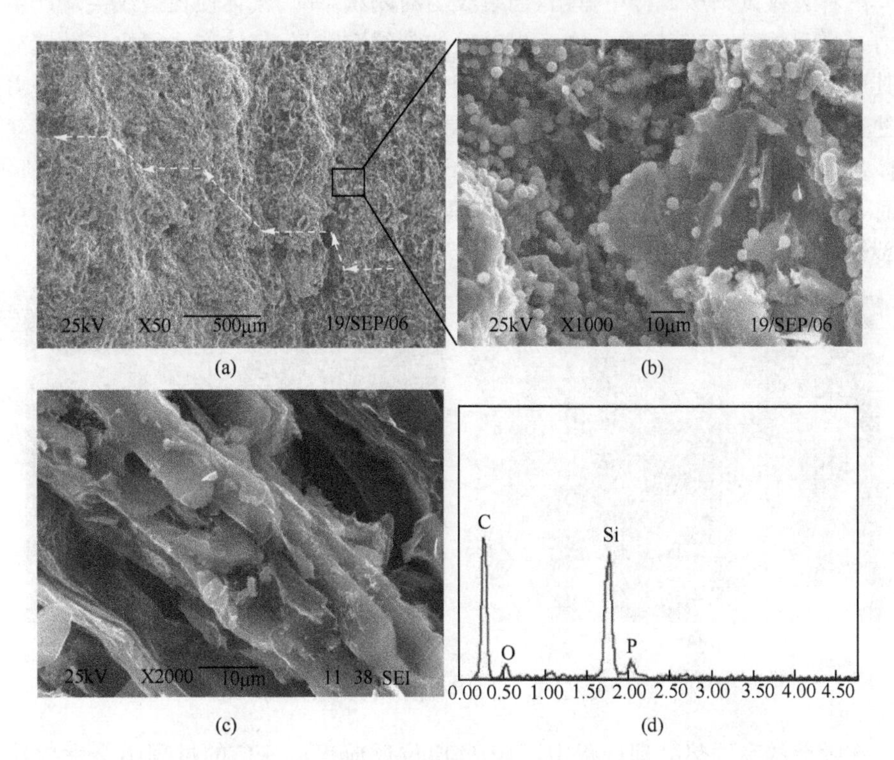

图 7-20　C/C-SiC 摩擦材料 SEM 照片及 EDAX 图

(a),(b) 裂纹表面形貌;(c) 断口形貌;(d)图(b)中 *A* 点的 EDAX 图

由于 Si 的理论熔点为 1404℃,而原位反应的炉温是 1450℃,在这个温度下 Si 没有足够的蒸气压液化成球,只能与碳反应生成 SiC[32]。另外,液相 Si 与 C、SiC 的润湿角分别为 0°和 37°,Si 粉熔化后在炭纤维、基体炭的表面迅速润湿铺展,并

与碳源接触反应生成 SiC。因此认为 A 处是含 C、P、O、H 等元素或基团的液滴炭化成的高碳含量的炭球,在高温热处理过程中液 Si 在炭球表面铺展并与表面的碳反应生成 SiC。

2. 裂纹的形成机制

温压-原位反应法制备 C/C-SiC 摩擦材料过程中,由于原料、混料及其他因素的影响,会在试样内部形成微裂纹及闭孔等缺陷,这些缺陷在后续的工艺中都有可能发展成为裂纹源。

试样温压成型后的炭化处理过程中,随着炭化温度的升高,树脂逐步分解产生 H_2O、CO、CO_2、CH_4、H_2 等小分子气体产物[33]。分解产生的一部分气体碰到裂缝壁时受阻并在裂缝壁上凝聚成含 C、P、O、H 等元素或自由基团的液滴。另一部分气体沿着裂纹试图从试样中排出,当裂纹为封闭状态时,气体便在裂纹尖端产生拉应力,促使微裂纹向前扩展。在产生的新的裂纹空隙里,气体产物很快扩散填充并在其表面凝聚成液滴,炭化产生更多的气体促使裂纹继续扩展,如此循环。随着炭化的进行,黏结剂中的氢、氧等原子不断减少,碳不断富集。最后,树脂炭化转变成基体炭,裂缝壁上的液滴转变成直径为 2～4μm 的高碳含量炭球,如图 7-21 所示。同时,树脂在转变成树脂炭的过程中体积有约 20%的收缩,使得树脂炭内部存在微裂纹,成为后续工艺的裂纹源。

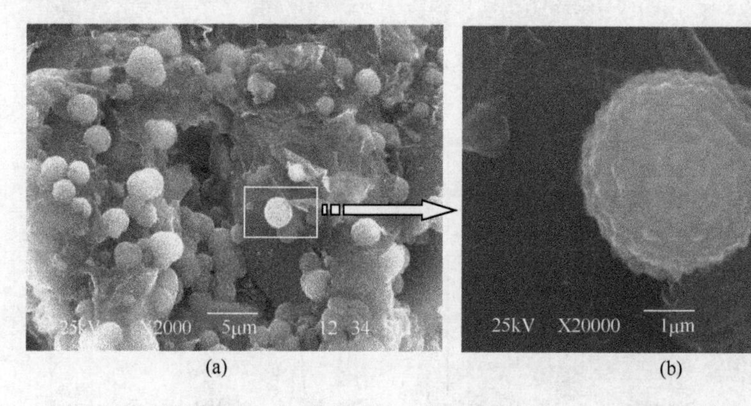

图 7-21 C/C-SiC 材料中微裂纹尖端的显微形貌

在随后的高温热处理过程中,Si+C 原位反应生成 SiC 的过程中会发生体积收缩[式(7-8)]。同时,基体炭内部及基体与炭纤维之间由于热膨胀系数的不匹配在升温和降温过程会产生热应力,也导致裂纹进一步扩展。

温压成型过程中树脂软化,混合原料表现出一定的流变性使得中心部位的纤维择优排布,优先分布在垂直于压力方向的平面内;而边缘部分因纤维缺少伸展空间,同时又受到模壁摩擦力的影响而在各方向分布较均匀。

因此，C/C-SiC中裂纹扩展时，首先在中心部位因缺少阻碍而在基体内沿水平方向迅速扩展。当裂纹扩展到试样边缘时，纤维对裂纹扩展产生阻碍作用，裂纹发生偏转，开始沿着纤维与基体的界面扩展。直到裂纹扩展到纤维末端进入基体，随后又开始沿水平方向扩展，再次遇到纤维后发生偏转。如此循环，直至裂纹呈台阶状扩展出材料。

3. 裂纹形成的影响因素

(1) 温压工艺。温压工艺的影响因素主要包括温压温度、温压压力和保压时间。适当的温压温度以保证物料中的树脂和黏结剂有良好的流动性，使粉料与纤维之间充分黏结，温度低则由于流动性差而无法成型。但是温度过高会造成试样表面树脂反应剧烈，表面树脂的收缩大于内部树脂而产生内应力。温压压力低则初坯的密度低，但是过高的压力会造成树脂和黏结剂溢出甚至试样破裂。同时温压过程中，树脂流动得快，炭纤维流得慢，树脂极易积聚或固化不完全，相应区域的炭纤维量偏低，这就造成了试样组织不均匀，极易产生微裂纹。充分保压则能为炭纤维提供足够的弛豫时间，减少坯体残余应力，从而减少内部微裂纹。

(2)高温热处理。基体和炭纤维之间膨胀系数的失配会导致界面产生微裂纹。C/C-SiC摩擦材料中T700炭纤维的纵向膨胀系数为2×10^{-6}℃$^{-1}$，弹性模量$E_f=280$GPa[12]，而SiC的膨胀系数为4.8×10^{-6}℃$^{-1}$，弹性模量$E_m=350$GPa。高温热处理的温度为1450℃，冷却到室温时，因两者热膨胀系数的不同会产生很大的热应力，为松弛应力会使两者界面产生微裂纹。

高温热处理后少量的Si会残留在材料中。当反应温度降到Si的熔点以下时，液Si开始凝固，在凝固过程中其体积会膨胀约8.1%。体积膨胀导致应力的产生，当应力大到一定程度并来不及释放时必然会导致微小裂纹的产生。同时，由于SiC基体与炭基体界面结合较弱，材料内部体积收缩产生的热应力主要通过基体与基体间的解离释放出来。

7.3　C/C-SiC摩擦材料的微观结构

7.3.1　C/C-SiC的微结构

图7-22是采用温压-原位反应法制备C/C-SiC过程中各个阶段的显微形貌。由温压后制得的C/C-Si素坯[图7-22(a)]可知，材料中的树脂将各组分黏结在一起，同时材料中的炭纤维有被损伤或折断的现象。这是因为在最开始的混料过程中，搅拌器中的刀片在高速搅拌中会对纤维产生损伤。C/C-Si素坯炭化后转变成C/C-Si多孔体，如图7-22(b)所示。酚醛树脂在转变成树脂炭的过程中会产生体积收缩，导致C/C-Si多孔体材料中存在许多收缩裂纹。

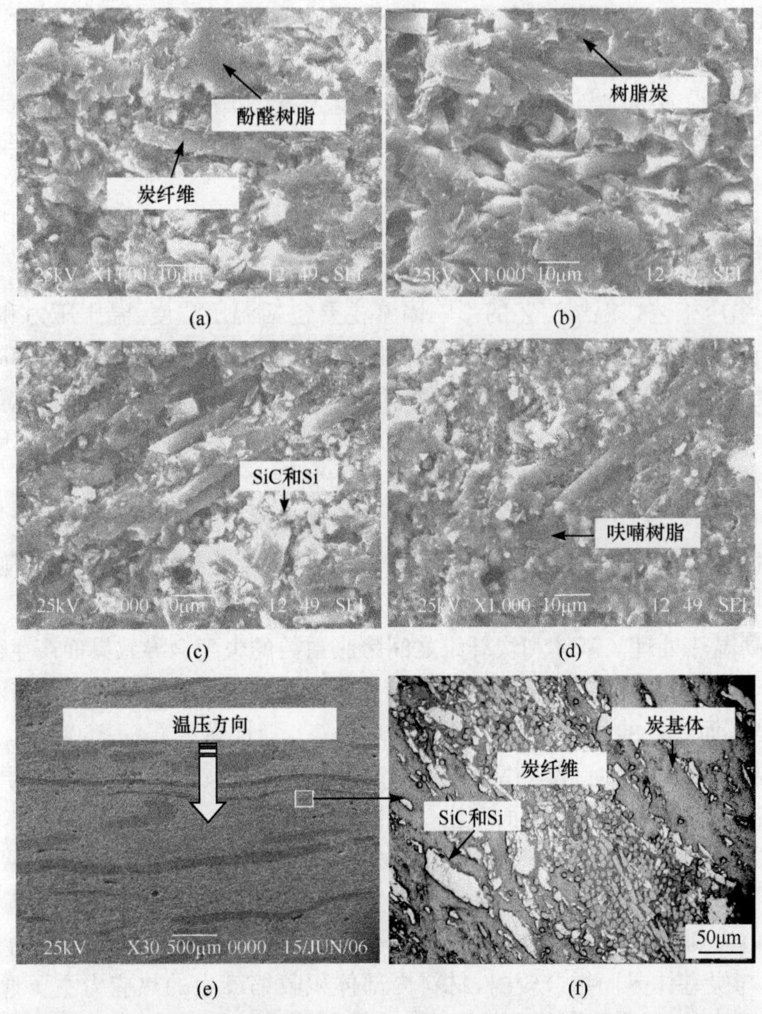

图 7-22 温压-原位反应法制备 C/C-SiC 过程中材料各个阶段的显微形貌

(a) 温压后;(b) 炭化后;(c) 原位反应后;(d) 浸渍;(e)和(f)C/C-SiC 显微形貌

高温热处理过程中 Si+C 原位反应生成 SiC 得到低密度的 C/C-SiC 材料[图 7-22(c)]。由于材料在树脂炭化过程中形成了大量的孔隙和微裂纹,同时 Si+C原位反应是一个体积收缩过程,其反应式如式(7-8)所示。因此,1mol 的 Si 和 1mol 的 C 反应生成 1mol SiC 后,体积收缩为

$$[1-12.5/(11.97+6.67)]\times 100\%=32.94\%$$

同时高温热处理时,加热或冷却过程中会在材料内部形成热应力裂纹。因此原位反应后生成的 C/C-SiC 密度低,开孔率达 30%左右,需要进一步增密。

图 7-22(d)是低密度的 C/C-SiC 材料浸渍呋喃树脂后的显微形貌。由图可知,材料中的孔洞及微裂纹均被呋喃树脂填充,材料的致密度达 95%以上。再次炭化后,呋喃树脂转变成树脂炭,得到最终的 C/C-SiC 摩擦材料。

图 7-22(e)和(f)是 C/C-SiC 摩擦材料的显微形貌。从垂直于材料摩擦面的横截面形貌[图 7-22(e)]可以看出,材料中纵向炭纤维与基体交替排布,有分层的趋势。这是因为 C/C-SiC 温压成型过程中,树脂软化混合原料表现出一定的流变性,使得纤维择优排布,优先分布在垂直于压力方向的平面内;而在平行压力方向的平面内则分布较少。

从图 7-22(f)可以看出,C/C-SiC 摩擦材料试样较致密,没有大孔隙存在。图中呈圆形或丝状的是短切炭纤维,单根纤维间填充有基体,说明温压混料前炭纤维束得到了有效的分散。图中明亮的白色块状物质是来不及反应的残留 Si,包裹残留 Si 的灰色区域是 Si+C 原位反应生成的 SiC。SiC 和残留 Si 分布在基体及单丝纤维间,并且有残留 Si 的区域周围必包裹有 SiC,但有 SiC 的区域不一定存在残留 Si。图中其他区域为基体炭,包括石墨和树脂炭两种。

1. 纤维形貌

温压-原位反应法制备 C/C-SiC 摩擦材料中的纤维微观形貌如图 7-23 所示,从图 7-23(a)可以看出,纤维以小束聚集的形态存在,纤维单根之间填充了基体,并由基体连接固定,纤维与基体结合较为紧凑,纤维束内基体物质可能为树脂软化后浸入或热处理时液 Si 的浸入。由于基体对具有较强的束缚和固定作用,试样在打磨时纤维端头受到磨粒持续冲击,形成的小裂纹扩展后以小块形式剥落,最终使纤维端头显得很不整齐。

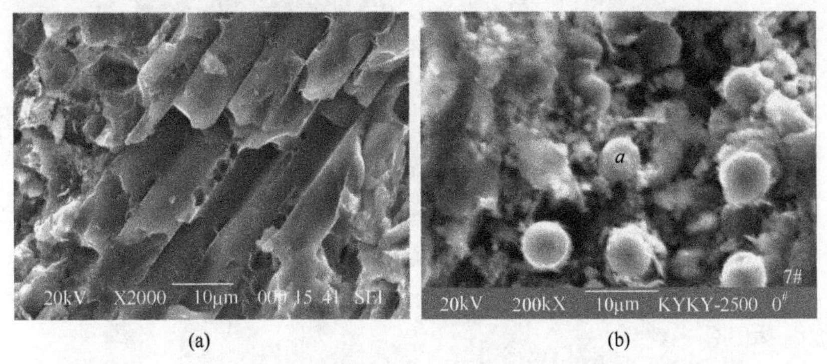

(a)　(b)

图 7-23　温压-原位反应法制备 C/C-SiC 摩擦材料中的纤维形貌

(a) 纤维侧面;(b) 纤维端头

观察材料凹陷部位[图 7-23(b)],凹陷部位没有受到破坏,能够反映纤维在坯体内部的真实形貌。同时纤维端头呈球面状,类似液滴,且色泽明亮,明显有别于其他部位。对端头 a 点处能谱分析发现几乎全部为 Si,纤维端头 Si 的来源有两种可能:其一为 Si 粉熔化后扩散至纤维端头,同时也可能由 Si 蒸气在纤维端头液化附着所形成,而原位反应时炉温没有超过 1500℃,Si 粉刚好熔化,没有足够的蒸气压使 Si 蒸气液化成球,因此,纤维端头的球形 Si 化物应为 Si 粉熔化后沿纤维表面铺展到端头的产物。

2. 基体炭形貌

基体的微观形貌如图 7-24 所示。从图中可以看出,基体大致可以分为三个部分,即包覆纤维部分、远离纤维部分与孔洞填充部分。包裹纤维的部分与纤维结合紧密,外表面有凹凸不平的颗粒状物质;填充孔洞部分与周围基体分离开来,可以认为是浸渍树脂炭化收缩后的树脂炭;远离纤维部分表面形貌较为复杂,由片状或颗粒状的物质组合而成。材料基体由石墨粉、成型树脂炭、浸渍树脂炭以及 Si 粉与之反应所生成的 SiC 组成,基体来源的多样性使组织形貌很不规整,较为复杂,基体裂纹处的表面形貌凹凸不平,形态各异,基体总体而言还是连续的,但并非全致密块体。

图 7-24 温压-原位反应法制备 C/C-SiC 摩擦材料中的基体形貌

3. 基体 SiC 形貌

采用重量分析法处理 C/C-SiC 以观察 SiC 的显微形貌。首先采用 80% HNO_3 + 20%HF(体积比)的混合溶液对试样腐蚀 48h 除掉残留 Si,材料的显微形貌如图 7-25

所示。由图 7-25(a)可知，C/C-SiC 中的炭纤维长短不一，部分基体炭及炭纤维表面覆盖有 SiC 薄层。这是因为液硅熔化后能在炭表面迅速铺展开，当某区域 Si/C 摩尔比<1 时，液硅只能与接触到的炭反应生成 SiC 薄层，没有更多的液硅通过原子扩散使生成的 SiC 长大。当某区域 Si/C 摩尔比≥1 时，则生成 SiC 薄层后可通过硅碳原子的相互扩散来使 SiC 长大成多面体形[图 7-25(b)]。

(a)　　(b)

图 7-25　C/C-SiC 腐蚀掉残留 Si 后的显微形貌

对除掉残留 Si 后的 C/C-SiC 材料继续在马弗炉静态空气气氛和 700℃条件下氧化 10h，除掉炭纤维和炭基体，材料中只留下原位反应生成的 SiC，其显微形貌如图 7-26 所示。由图所知，SiC 以网络状的形式分布在材料中[7-26(a)]，网络状结构有利于提高材料的力学性能。

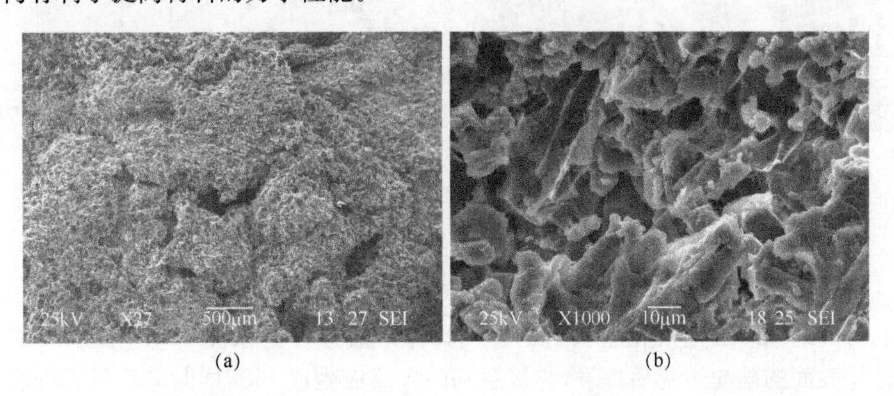

(a)　　(b)

图 7-26　温压-原位反应法制备的 C/C-SiC 摩擦材料中 SiC 的显微形貌

对其进行进一步放大[7-26(b)]可见，除上述的多面体形外，还包括圆弧状和不规则形状等。圆弧状的 SiC 原先是覆盖在炭纤维表面的 SiC 薄层，炭纤维及炭基体氧化后，便只留下 SiC“空壳”。

采用温压-原位反应制备 C/C-SiC 过程中，高温热处理(即 Si+C 原位反应)后试样表面及装试样的石墨罐内表面均会有一层绒状物，其显微形貌及其 XRD 图谱如图 7-27 所示。由图 7-27(c)可知，绒状物由直径在 100～200nm 的纳米纤维组成。其 XRD 分析结果[7-27(d)]表明纳米纤维中含有 SiC 和其他未知的物相，对比 XRD 卡片可知，未知相的主要成分为石墨化度不高的无定形碳。这些纳米纤维与 6.2.3 节中采用 LSI 制备的 C/C-SiC 材料孔洞中的 SiC 纳米线(图 6-18)有些相似。

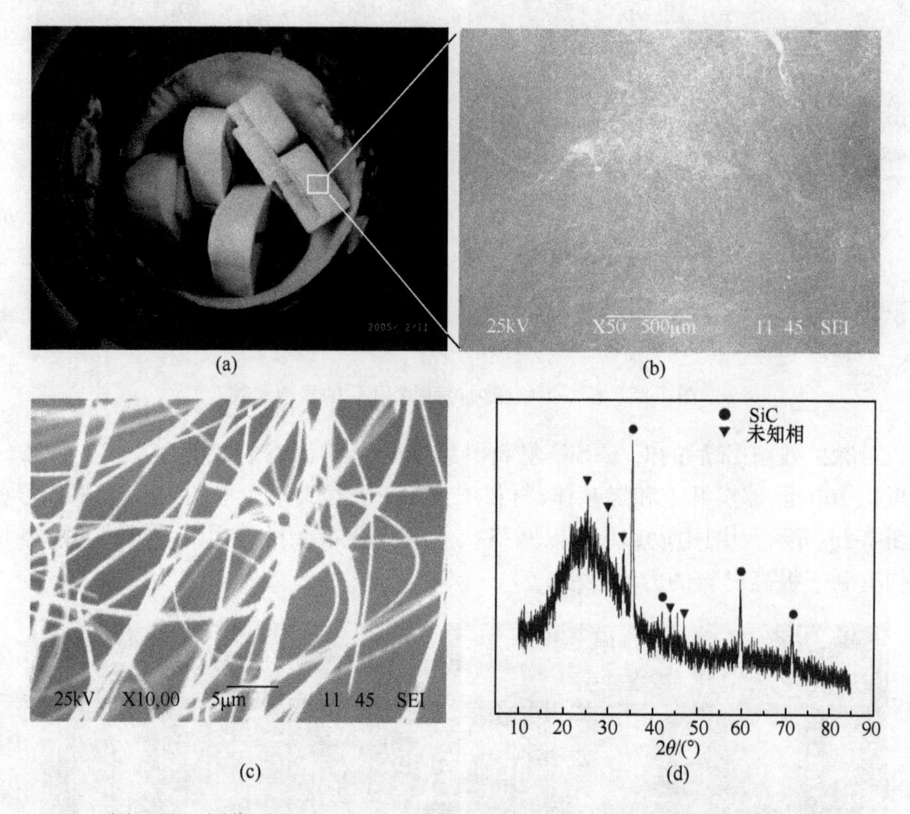

图 7-27 原位反应后 C/C-SiC 摩擦材料表面绒状物的形貌及成分分析

由于石墨罐内表面也生成了 SiC 纳米线，因此可以肯定的是，C/C-SiC 材料表面的 SiC 纳米纤维是气相生长机制。其具体形成过程是原位反应过程中 C/C-Si 多孔体表面的硅粉熔化后挥发，与接触到的炭反应生成 SiC，同时硅蒸气表面在挥发时附着一些非晶相(如树脂炭及混料过程中的一些其他添加剂等)，因此形成了含非晶的 SiC 纳米纤维。

7.3.2 C/C-SiC 的界面形貌

为了进一步了解温压-原位反应法制备的 C/C-SiC 摩擦材料显微结构，将试样在透射电子显微镜下进行观察。

1. 炭纤维之间

图 7-28 是 C/C-SiC 摩擦材料中单根炭纤维之间 SiC 的 TEM 形貌。由图可知，微米级的 SiC 薄层包裹炭纤维，同时有尺寸在 1μm 左右的 SiC 颗粒存在于炭纤维之间。

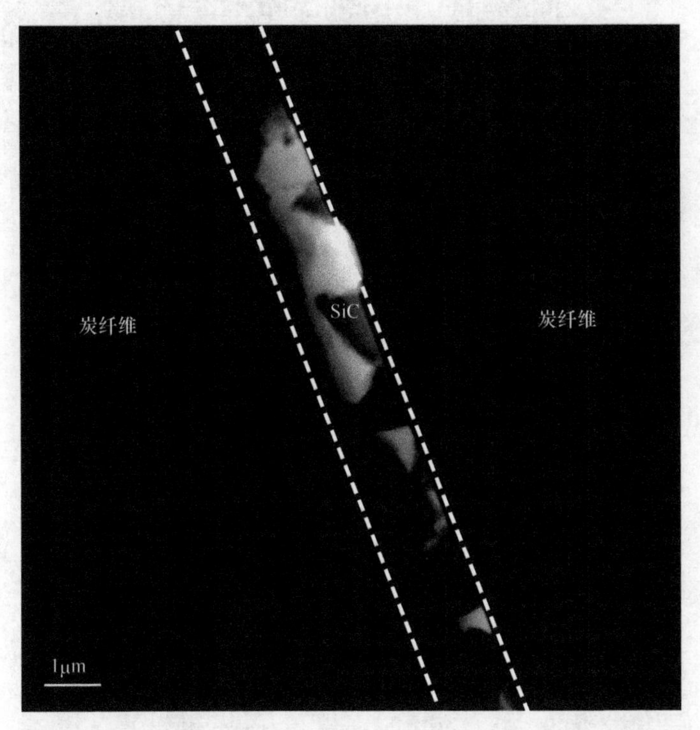

图 7-28　C/C-SiC 材料中单根炭纤维之间 SiC 的显微形貌

2. 树脂炭/SiC 界面层

C/C-SiC 材料中炭基体和 SiC 基体之间的 TEM 形貌如图 7-29 所示。由图可知，炭基体和 SiC 基体之间存在界面相，SiC 基体中存在大量孪晶，呈现平行分层生长的形貌。对炭基体和 SiC 基体进一步放大，两者的原子排布如图 7-30 所示。由图 7-30(a)可知，基体炭中碳原子近程无序，远程有序，呈乱层石墨排布，因此可以判断出此炭基体为树脂炭。由图 7-30(b)可知，SiC 基体中原子排布规则有序，晶面间距约为 0.4nm。

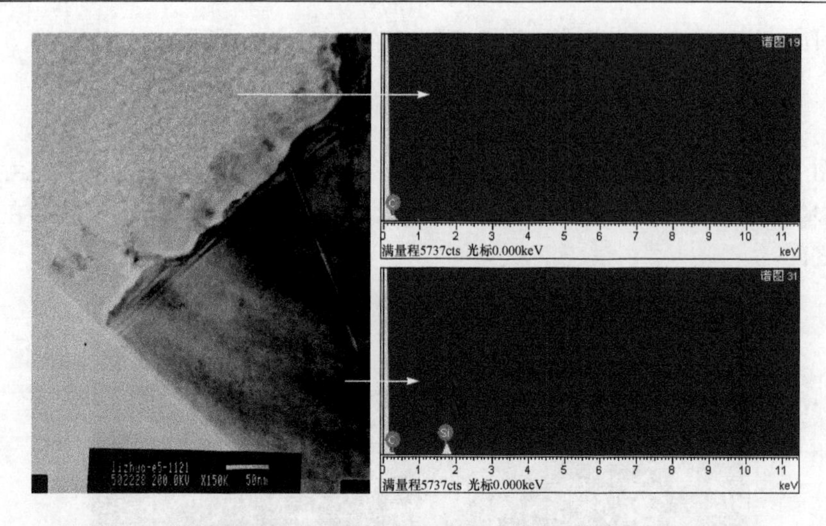

图 7-29　C/C-SiC 摩擦材料中基体炭和 SiC 之间的界面形貌及两者的衍射图

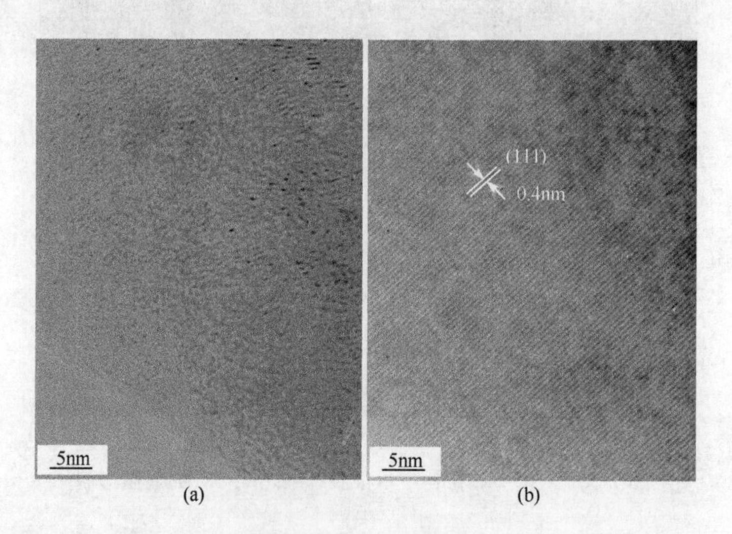

图 7-30　炭基体(a)及 SiC 基体(b)的 TEM 照片

(a) 炭基体；(b) SiC 基体

参 考 文 献

[1] 任芸芸. 原位反应法制备 C/C-SiC 复合材料的摩擦性能及氧化性能研究. 长沙：中南大学硕士学位论文，2004

[2] 吴庆军. 汽车摩擦用 C/C-SiC 复合材料的制备及性能研究. 长沙：中南大学硕士学位论文，2005

[3] Zhou H，Singh R N. Kinetics model for the growth of silicon carbide by the reaction of liquid silicon with carbon. Journal of the American Ceramic Society，1995，78(9)：2456～2464

[4] Kin B G, Yong C, Lee J W, et al. Characterization of a silicon carbide thin layer prepared by a self-propagating high temperature synthesis reaction. Thin Solid Films, 200, 375: 82-86

[5] Whalen T J, Anderson A T. Wetting of SiC, Si_3N_4, and carbon by Si and binary Si alloys. Journal of The American Ceramic Society, 2006, 58(9/10): 396-399

[6] Hillig W B. Melt infiltration approach to ceramic matrix composites. Journal of the American Ceramic Society, 1988, 71(2): 96-99

[7] Li J G, Hausner H. Reactive wetting in the liquid-silicon/solid-carbon system. Journal of the American Ceramic Society, 1996, 79(4): 873-800

[8] 钱军民,金志浩,乔冠军. 木材陶瓷的研究进展. 无机材料学报,2003,18(4): 716-724

[9] Hauttmann S, Kunze T, Muller J. SiC formation and influence on the morphology of polycrystalline silicon thin films on graphite substrates produced by zone melting recrystallization. Thin Solid Films, 1998, 326(1/2): 175-179

[10] Chiang Y M, Messner R P, Tewilliger C D, et al. Reaction-formed silicon carbide. Materials Science & Engineering A, 1991, A144(1): 63-74

[11] 周长城,周新贵,于海蛟,等. 短炭纤维增强碳化硅基复合材料的制备. 高科技纤维与应用,2004,29(4):35-38

[12] 贺福,王茂章. 炭纤维及其复合材料. 北京: 科学出版社,1995: 95-196

[13] 秦明升. 炭纤维及树脂对 C/C-SiC 摩擦材料性能的影响. 长沙: 中南大学硕士学位论文,2009

[14] Cheung R. Silicon carbide microelectromechanical systems for harsh environments. London: Imperial College Press, 2006: 3

[15] Morkç H, Strite S, Gao G B, et al. Large-band-gap SiC, III-V nitride, and II-VI ZnSe-based semiconductor device technologies. Journal of Applied Physics, 1994, 76(3): 1363

[16] Saddow S E, Agarwal A K. Advances in silicon carbide processing and applications. Boston: Artech House Publisher, 2004: 155

[17] http://zh.wikipedia.org/wiki/%E7%9F%B3%E5%A2%A8[2015-2-25]

[18] Donnet J B, Bansal R C. 炭纤维. 李仍元,过梅丽,译. 北京: 科学出版社,1989:157-166

[19] Yang J, Ilegbusi O J. Kinetics of silicon-metal infiltration into porous carbon. Composites: Part A, 2000, (31): 617-625

[20] 李专,肖鹏,熊翔,等. 热处理温度对 C/C-SiC 摩擦材料组织结构的影响. 材料导报,2008,22(5): 123-125,129

[21] 陈建军,潘颐,林晶. 硅气氛中 PAN 炭纤维原位生长碳化硅纳米纤维. 高科技纤维与应用,2006,31(3): 11-14

[22] Vix-Guterl C, Ehrburger P. Effect of the properties of a carbon substrate on its reaction with silica for silicon carbide formation. Carbon, 1997, 35(10/11): 1587-1592

[23] 贺福. 炭纤维及其应用技术. 北京:化学工业出版社,2004: 249

[24] 丁学文,陈东,曹建华,等. XRD 研究芳基乙炔聚合物炭化过程中的结构变化. 高分子材料科学与工程,2002,18(2): 127-130

[25] 黄发荣，焦杨声. 酚醛树脂及其应用. 北京：化学工业出版社，2003：77-84
[26] 苏震宇，邱启艳. 改性双马来酰亚胺树脂的固化特性. 纤维复合材料，2005，3：24-27
[27] 张明，安学锋，唐邦铭. 高性能双组份环氧树脂固化动力学研究和 TTT 图绘制. 复合材料学报，2006，23(1)：17-25
[28] 王庆，王庭慰，魏无际. 不饱和聚酯树脂固化特性的研究. 化学反应工程与工艺，2005，21(6)：492-496
[29] Maazouz A, Texier C, Taha M, et al. Chemo-rheological study of dicyanate ester for the simulation of the resin-transfer molding process. Composites Science and Technology, 1997, 16(4)：297-311
[30] 曾秀妮，段跃新. 8405 环氧树脂体系固化反应特性. 复合材料学报，2007，24(3)：100-104
[31] Kyotani T, Moriyama H, Tomita A. High temperature treatment of polyfurfuryl alcohol/graphite oxide intercalation compound. Carbon, 1997, 35(8)：1185-1203
[32] 李俊生，张长瑞，曹英斌，等. C/SiC 材料表面 Si/SiC 涂层及其对基底结构的影响. 复合材料学报，2006，23(6)：144-148
[33] 李专，肖鹏，熊翔，等. 温压-原位反应法制备 C/C-SiC 材料过程中裂纹的形成机制. 中南大学学报(自然科学版)，2008，39(3)：506-511

第 8 章　基体改性 C/C-SiC 摩擦材料的制备

温度对于 C/C-SiC 摩擦材料的摩擦磨损性能有很大的影响。随着温度的升高，摩擦表面会发生氧化反应等变化，导致摩擦磨损性能随之变化，这对于摩擦性能的稳定性非常不利。增大材料的导热系数，尤其是垂直于摩擦面的导热系数可以提高摩擦盘的散热能力，从而降低摩擦面的温度，提高摩擦性能。有研究指出，加入合金组元等对基体进行改性能够提高材料的导热系数、改善高频振动等现象[1,2]。并且，一般 C/C-SiC 摩擦材料的对偶件均为金属件，根据摩擦学理论中的黏着理论，固溶性高的两物质容易发生黏着，从而提高摩擦系数。

8.1　Cu 改　性

8.1.1　Cu-Si-C 体系热力学分析

反应的热力学计算的计算如下。

Gibbs-Helmholtz 公式为

$$\Delta G = \Delta H - T\Delta S \tag{8-1}$$

当 $\Delta G < 0$ 时，反应会自发进行；否则，反应不能发生。

在 Cu-Si-C 的体系中，由于 Cu 与 C 是不具有润湿性的，它们没有化学反应发生，故体系中会出现两个反应。

(1) 液 Si 与固体 C 的化学反应式为

$$\mathrm{Si(l)} + \mathrm{C(s)} \longrightarrow \mathrm{SiC(s)} \tag{8-2}$$

(2) Si 与 Cu 的化学反应式为

$$3\mathrm{Cu} + \mathrm{Si} \longrightarrow \mathrm{Cu_3Si} \tag{8-3}$$

由于 Cu-Si 化合物表现出多种反应的可能以及比较复杂的结构。根据本研究制定的熔渗成分质量比，以及相图[3]（图 8-1）确定生成的 η 相，即为 Cu_3Si。

Yan 等[4]对 η 相进行了结构模型的建立，认为 η 相 Cu_3Si 应为 $Cu_{19}Si_6$，故 Si 与 Cu 的化学反应式可修正为

$$19\mathrm{Cu} + 6\mathrm{Si} \longrightarrow \mathrm{Cu_{19}Si_6} \tag{8-4}$$

同时 Yan 等还给出了 $Cu_{19}Si_6$ 的吉布斯自由能计算公式：

$$G^{\eta}_{\mathrm{Cu,Si}} - 0.76G^{\mathrm{SER}}_{\mathrm{Cu}} - 0.24G^{\mathrm{SER}}_{\mathrm{Si}} = 1367.6622 - 7.1976229T \tag{8-5}$$

Cu、Si 及 C 在各温度下的基本热力学数据均在文献[5]可查，将数据代入式(8-1)和式(8-5)以及计算得到不同温度下 Cu-Si 以及 Si-C 的吉布斯自由能，如

表 8-1 所示。

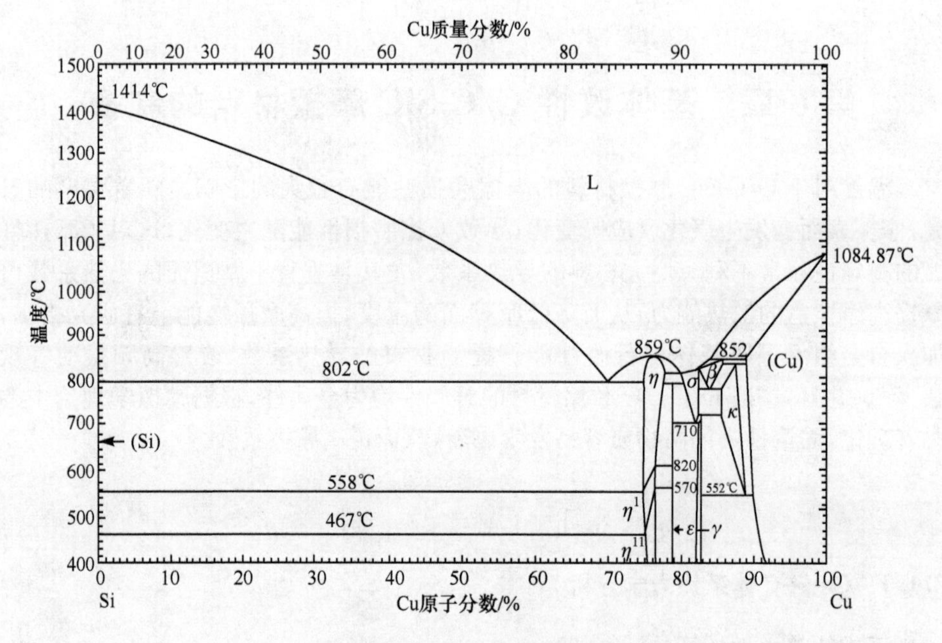

图 8-1　Cu-Si 二元相图

表 8-1　反应吉布斯自由能随温度的变化

温度/℃	ΔG/(kJ/mol)	
	Cu-Si	Si-C
1100	6795.37	62.25
1200	7317.05	61.50
1300	8342.13	60.75
1400	8342.13	59.56
1500	8830.99	55.81
1600	9315.47	52.09
1700	9795.79	48.37

为了确认 Cu-Si 反应与 Si-C 反应均能够进行，对两种反应的吉布斯自由能进行计算，根据已有文献对 Si-C 反应的热力学与动力学的分析，当温度低于 8400K 时，$\Delta G<0$，在热力学上 Si-C 反应可自动进行，然而实际中由于其动力学的影响，只有高于 1423K(1150℃)时才能发生化学反应[6,7]；由表 8-1 可知，1150℃以上时 Cu-Si 反应的吉布斯自由能远小于 Si-C，此时 Cu-Si 反应会更为容易。

8.1.2　材料制备及物相组成

采用全网胎整体炭毡(炭纤维型号为 T700),将其与 Cu 粉、Si 粉一同置于石墨坩埚中,在真空碳管烧结炉中进行熔融渗硅,并且采用相同工艺制备未改性的 C/C-SiC 摩擦材料作为对比。

表 8-2 为材料的密度和开孔隙率。由表可以看出,试样的密度随着熔渗剂 Si-Cu 中 Cu 质量比的增加呈上升趋势,这是因为 Cu 和 Si 的密度分别为 8.96g/cm^3 和 2.33g/cm^3,Cu 的密度将近 Si 的四倍。材料密度的增加主要来自 Cu_3Si 体积含量的增加,材料的致密度并没有以相同的幅度增加,说明材料的内部仍然存在大量基体缺陷。所以随 Cu 含量的升高,密度增加,但其致密度下降,即试样的开孔率随着铜含量的增加而增加,不含铜的试样 1# 的开孔率为 6.37%。且随着熔渗剂 Si-Cu 中 Cu 质量比增加,开孔率上升。含铜 25%(质量分数)的试样 2# 为 7.53%,含铜 50%的试样 3# 为 8.37%,含铜 75%的试样 4# 为 9.40%,从表 8-2 可直观地看出其变化趋势。

表 8-2　Cu_3Si 改性 C/C-SiC 复合材料的密度和开孔隙率

试样	元素含量/%(质量分数)		密度,ρ/(g/cm^3)	开孔隙率,ε/%
	Si	Cu		
1#	100	0	2.00	6.37
2#	75	25	2.21	7.53
3#	50	50	2.42	8.37
4#	25	75	2.80	9.40

图 8-2 为材料的 XRD 结果,对比图 8-2(a)和(b)可知,在 LSI 的反应过程中,不管 C/C-SiC 摩擦材料还是 Cu_3Si 改性 C/C-SiC 摩擦材料,均生成了 β-SiC,属于立方晶系,其中(111)面的衍射峰最强且尖锐,说明这是 β-SiC 的择优取向面,同时在图中还存在(200)、(220)、(311)、(222)面的衍射峰,说明 β-SiC 的结构较为完整。RMI 制备方法的特点使得材料会有残留的 Si,Si 属于面心立方结构,(111)面是其择优取向,且存在(200)、(220)、(311)、(400)、(331)面,晶体结构较为完整。在 Cu_3Si 改性 C/C-SiC 摩擦材料中,由于 Cu 粉与 Si 粉共同熔渗,生成了 Cu_3Si,其择优取向面为(012)、(300),根据其择优取向面发现 Cu_3Si 为正交晶系[8]。

为了大致确定各相在材料中的组分,通过 XRD 物相的半定量分析得到 C/C-SiC 摩擦材料各相的质量分数分别为:SiC53.3%、Si31.5%、C15.2%;Cu_3Si 改性 C/C-SiC 摩擦材料的质量分数分别为:SiC42%、Si13.8%、C18.2%、Cu_3Si23.9%、Cu2.1%,对比其不同组元的含量变化发现:由于 Cu 粉的加入,一部分 Cu 粉与 Si 粉

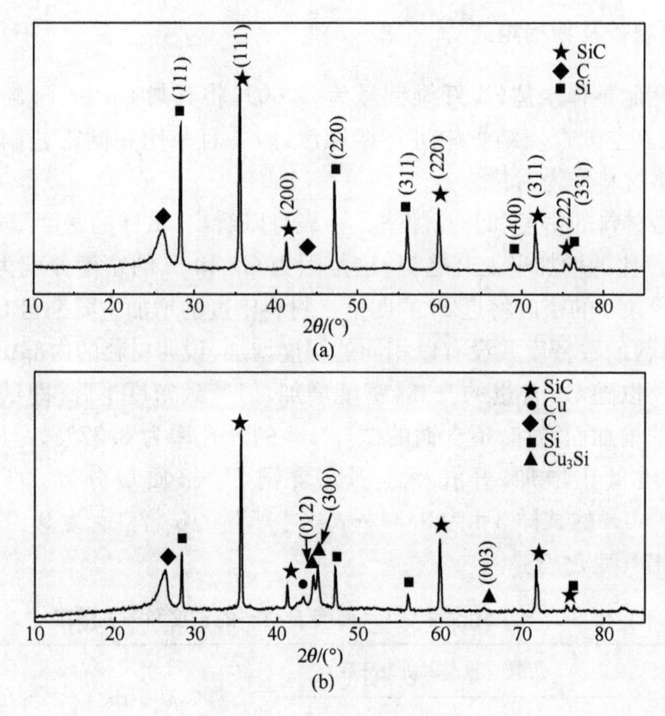

图 8-2　材料的 XRD 图

(a) C/C-SiC 复合材料；(b) Cu_3Si 改性 C/C-SiC 复合材料

发生了反应，使得 SiC 的生成量减少了，而 C 的含量基本没有发生变化。同时通过石墨化度的分析，得到 C/C-SiC 摩擦材料的石墨化度为 27.9%，石墨化度比较低，说明热解炭的大多为乱层无序结构。

8.1.3　材料微观结构

图 8-3 为 Cu_3Si 改性 C/C-SiC 摩擦材料的 SEM 图。从图中可以看出，材料主要由炭纤维、热解炭、浅灰色物质、深灰色物质以及灰白相间的物质组成。EDS 分析结果表明，浅灰色物质和深灰色物质分别为 Si 和 SiC，而灰白相间的物质则由白色的 Cu_3Si 以及灰色的残留 Si 组成，灰色的 Si 相弥散地分布在白色的 Cu_3Si 相中，这是典型的共晶组织。炭纤维和热解炭的存在形式表现为典型 C/C 复合材料结构特征；全网胎层由短纤维随机杂乱排列而成，孔隙尺寸大而且数量多，液 Si 和 Cu 很容易渗入孔隙中，熔渗反应生成的 SiC、Cu_3Si 以及残余 Si 就主要位于 C/C 材料的这些孔隙内。此外，在炭纤维/热解炭以及热解炭层间界面处也发现了沿界面分布的新相存在，EDS 结果显示其为 SiC 相。这是因为界面处的 C 具有较高的活性，易与 Si 反应生成 SiC。

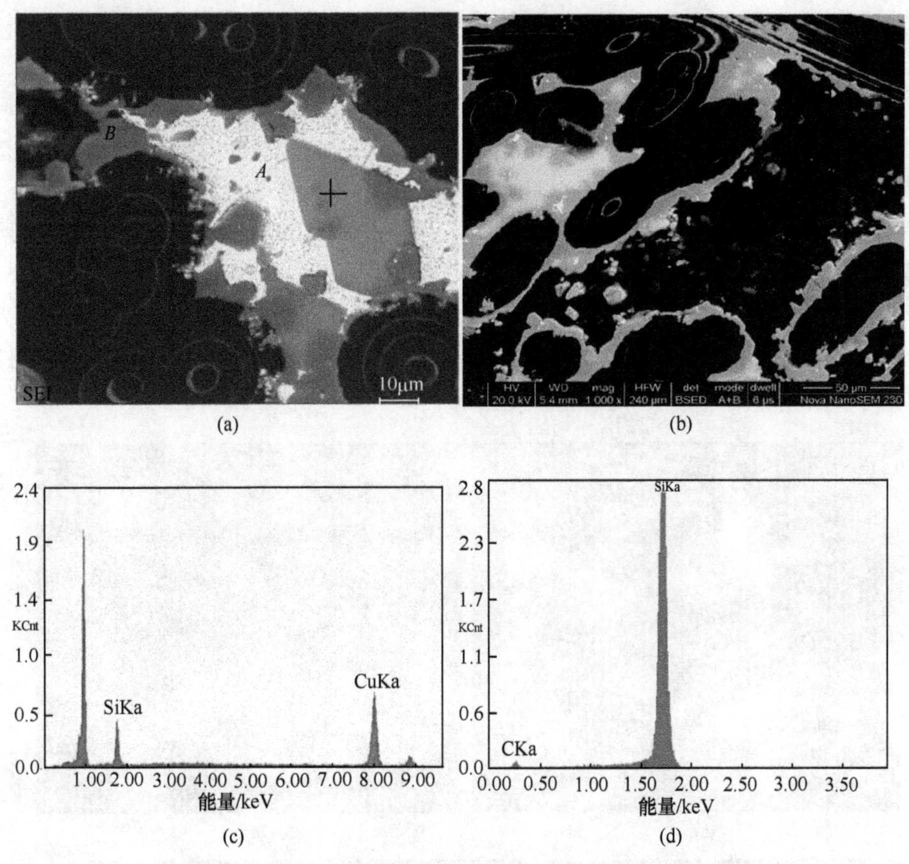

(a)　(b)

(c)　(d)

图 8-3　试样的微观组织 SEM-BS 图

(a) 3#；(b) 1#；(c) 图(a)中 *A* 区的 EDX；(d) 图(a)中 *B* 区的 EDX

在 LSI 工艺过程中，Cu 粉和 Si 粉熔化后在毛细管力的作用下浸入 C/C 材料并填充在空隙内。液 Si 和基体炭的润湿角较小，而 Cu 与 C 则不润湿。因此，一旦熔渗物质接触到基体炭，液 Si 便在炭的表面迅速铺展开来，并与基体炭反应生成 SiC，最终形成致密的细晶 SiC 层[9]。因此，复合材料中 SiC 相是在热解炭的表面不断生成的。

为了对比材料与典型 C/C-SiC 复合材料的结构，图 8-4(a)和(c)给出了 C/C-SiC 复合材料的微观结构，图 8-4(c)和(d)为采用王水腐蚀后的材料的 SEM 照片。在图 8-4(a)中可以观察 C/C-SiC 摩擦材料中各相的分布，出现十字消光的区域为热解炭，起到了在熔渗过程中保护炭纤维的作用。在热解炭外层的深灰色区域是 SiC 层，同时还存在少量独立在 Si 区域的“岛状”SiC 块，有研究认为原因是：随着 SiC 的生长，SiC/Si 界面的部分 SiC 细晶尖角溶解于液硅中形成“岛状”的 SiC。而大块面积填充着浅灰色的残留 Si，Si 的残留是由于在 SiC 层达到一定厚度之后，Si 原子来不及扩散，通过 SiC 与热解炭发生反应。由图中中间偏上区域可见，当 Si

的量过多时，可使包围在炭纤维附近的热解炭完全反应，而损伤炭纤维，降低材料的力学性能。

图 8-4(b)为 Cu_3Si 改性 C/C-SiC 材料的金相照片，在照片中观察到，其基本形貌是与 C/C-SiC 复合材料一致的，包括热解炭，Si、SiC 的分布均相同，其不同的是在照片中有浅灰色的物相，此为 Cu_3Si 相，Cu_3Si 相分布在 SiC 层之外。

由于在两种材料中 SiC 相的含量发生了变化，其包裹在热解炭周围的 SiC 层也发生了变化。C/C-SiC 摩擦材料[图 8-4(c)]的 SiC 层的厚度最小为 12.31μm，最后达到 16.80μm，而 Cu_3Si 改性 C/C-SiC 摩擦材料的 SiC 层厚度最小，仅为 2.09μm，最厚处也仅有 4.89μm。SiC 层的厚度差别很大限度地决定了其力学性能以及摩擦性能。

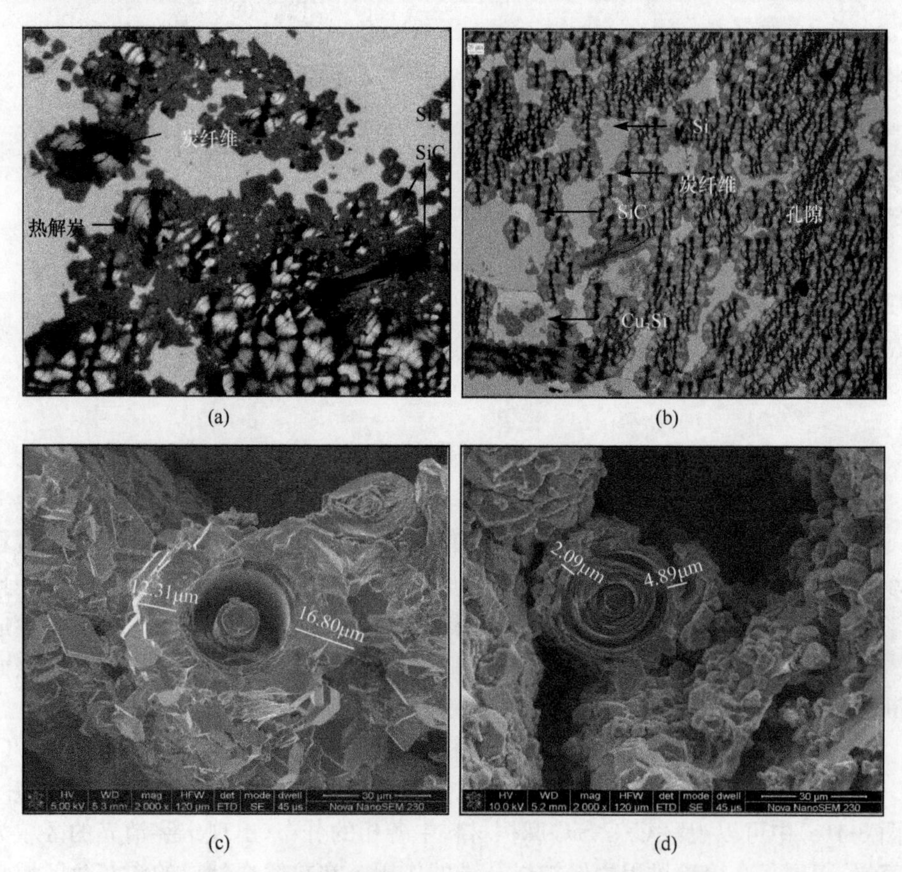

(a)　(b)　(c)　(d)

图 8-4　摩擦材料的组织结构显微形貌

(a) 和(c)C/C-SiC 摩擦材料；(b)和(d) Cu_3Si 改性 C/C-SiC 摩擦材料

图 8-5 为 Cu_3Si 微观形貌，Cu_3Si 在材料中呈现了两种形貌：一种是微小不规则的小颗粒状[图 8-5(a)和(b)]，这种颗粒的大小不到 1μm；另一种为规则的球状

颗粒[图 8-5(c)],分布在材料的表面,颗粒直径尺寸从 2μm 到 40μm 不等。

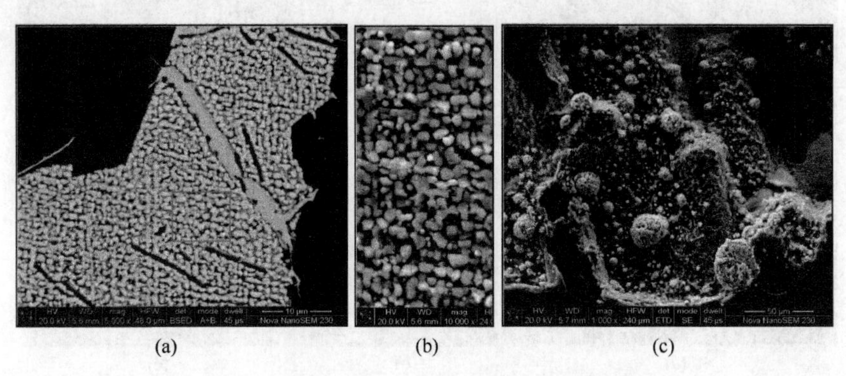

(a)　(b)　(c)

图 8-5　Cu_3Si 的微观形貌

根据 Cai 等[10]的理论认为,Cu_3Si 在整个制备过程中分为几个阶段:当制备温度达到共晶温度之上时,会出现如图 8-5(a)、(b)所示的这种不规则的小颗粒,同时材料内部的孔隙也存在着液体的 Cu_3Si,冷却后变成整体块状的 Cu_3Si;当温度继续上升时,更多的液态 Si 与 Cu 生成 Cu_3Si,同时在表面形成更大的液滴状的 Cu_3Si;冷却后,液态 Cu_3Si 会变成 Cu_3Si 颗粒,体积的收缩,会使得材料的孔隙增加,所以材料的孔隙率要大于 C/C-SiC 复合材料。

8.1.4　组元的显微硬度

根据 Krnel 等[11]的研究,材料硬度不仅对材料的抗磨损能力有很大的贡献,同时对摩擦系数也有较大的影响。由于 Cu_3Si 改性 C/C-SiC 摩擦材料属于多孔复合材料,材料的宏观硬度测量的离散性较大,数据并不可靠,故本研究采用显微硬度计测量各相的硬度,以便更好地分析各相在摩擦过程中起到的作用。图 8-6 所示为 Cu_3Si 改性 C/C-SiC 摩擦材料各相在 25g 的载荷下的显微压痕的形貌。在照片中可以得知压痕的两对角线长,根据式(8-6)计算得到材料各相的维氏硬度[12]。

$$\mathrm{HV}=\frac{2P\sin\frac{136^\circ}{2}}{d^2}=\frac{1.8544P}{d^2} \tag{8-6}$$

式中:d 为压痕的两对角线长度的平均值;P 为载荷大小。

表 8-3 为计算得出的 Cu_3Si 改性 C/C-SiC 摩擦材料不同相的显微硬度。通过表 8-3 可以看出,SiC 是整个材料中的最硬相(HV 为 3254.9),Si 次之,而 Cu_3Si 相较于 SiC 相来说,是一个较软相,硬度不到 SiC 的 1/4。

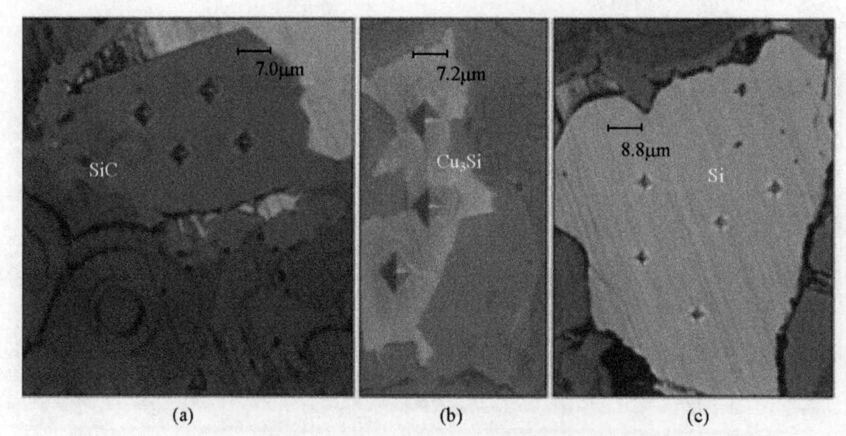

图 8-6　Cu_3Si 改性 C/C-SiC 摩擦材料不同相的显微压痕形貌

(a) Si；(b) Cu_3Si；(c) SiC

表 8-3　Cu_3Si 改性 C/C-SiC 复合材料在 25g 的载荷下不同相的显微硬度

相	β-SiC	Si	Cu_3Si	Cu	炭纤维	热解炭
HV	3254.9	1055.8	683.3	256.2	286.5	329.7

8.2　Cu-Ti 改 性

8.2.1　材料制备及物相组成

本节将 Si、Ti 和 Cu 熔渗进 C/C 多孔体，制备 Cu_5Si 改性 C/C-SiC 复合材料。图 8-7 所示为制备的 C/C-SiC-Cu_5Si 复合材料的 XRD 图谱。由图可知，C/C-SiC-Cu_5Si 复合材料由 C、β-SiC、TiC 和 Cu_5Si 四相组成。其中，C 相包括炭纤维和热解炭。物相中无残余 Si 存在，说明 Si 能够完全与 C 及 Cu 反应。同时，物相中无 Ti 存在，说明 Ti 亦与 C 完全反应。

8.2.2　材料微观结构

C/C 多孔体和 C/C-SiC-Cu_5Si 复合材料的基本物理性能如表 8-4 所示。由表可知：制备的 C/C-SiC-Cu_5Si 复合材料最终密度达到了 3.66g/cm^3，开孔率仅为 5.8%。相对于 C/C 预制体，密度提高了 2.52g/cm^3，开孔率降低了 31.9%。采用化学的方法腐蚀后，获得各元素含量，并通过计算得到各物相的质量分数。

图 8-8 为 C/C-SiC-Cu_5Si 复合材料的显微形貌。由图可以看出，热解炭周围存在灰色界面层，界面层外是白色区域，整个材料致密。能谱分析表明，灰色过渡层由原子分数分别为 58.24%C、5.79%Cu、0.98%Si 和 34.99%Ti 组成，结合图 8-7的 XRD 图谱可知，界面层为 TiC。另外，有少量 TiC 颗粒离散分布在白色

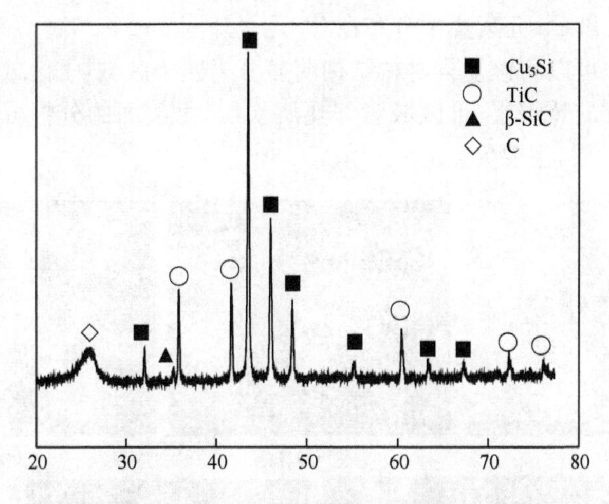

图 8-7　C/C-SiC-Cu_5Si 复合材料的 XRD 图谱

区域中。白色区域 A 由 6.02%C,11.93%Si,0.59%Ti 和 81.46%Cu 组成,表明主要相为 Cu_5Si;此外,还有少量 β-SiC 存在于 Cu_5Si 基体中。由图 8-8(c)还可知:TiC 颗粒截面基本呈长方形,并且远离热解炭的 TiC 颗粒明显比靠近热解炭的 TiC 颗粒大。

表 8-4　C/C 多孔体和 C/C-SiC-Cu_5Si 复合材料的基本物理性能

试样编号	密度/(g/cm^3)	开孔率/%	热扩散率/(cm^2/s)		组元/%(质量分数)			
			//	⊥	C	β-SiC	TiC	Cu_5Si
C/C 多孔体	1.14	37.7	—	—	100	—	—	—
C/C-SiC-Cu_5Si	3.66	5.8	0.13	0.08	19.87	11.91	14.99	53.23

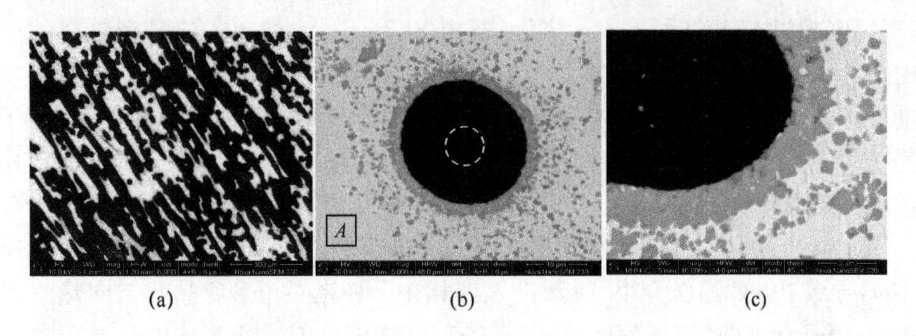

图 8-8　C/C-SiC-Cu_5Si 复合材料显微形貌
(a) 低倍;(b)和(c) 高倍

图 8-9 所示为 C/C-SiC-Cu_5Si 复合材料的微观形貌和对应元素的面分布图。由图可以看出,Ti 元素集中分布在热解炭周围,表明存在 Ti 元素向热解炭扩散的

倾向;而 Si 元素和 Cu 元素集中分布在 Ti 元素外围。

由图 8-9(a)可以将该复合材料结构明显分为四个区域:Ⅰ区域为炭纤维;Ⅱ区域为包覆炭纤维的热解炭;Ⅲ区域紧邻热解炭层,由前面的分析可知该层为 TiC;Ⅳ区域紧邻 TiC 层,主要为 Cu_5Si。

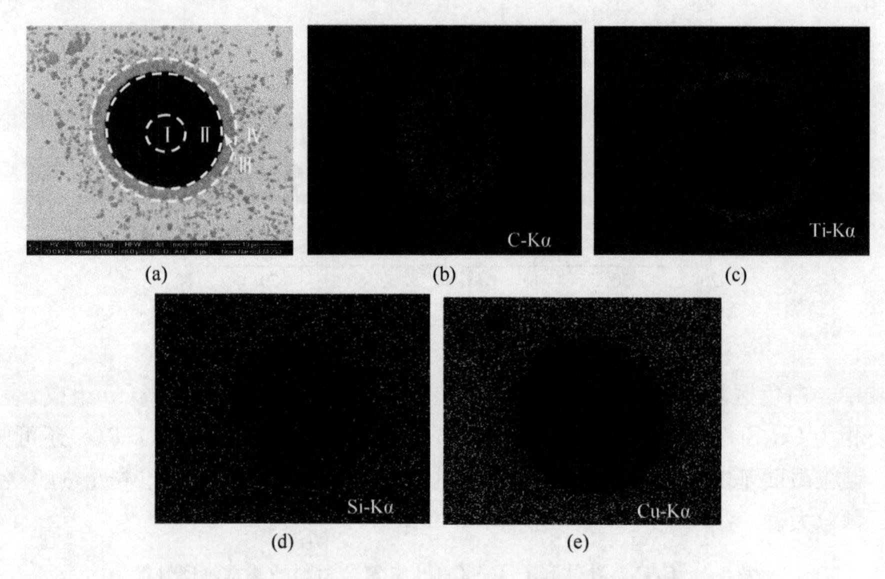

图 8-9 C/C-SiC-Cu_5Si 复合材料元素面分布图

(a) 微观形貌;(b) C-Kα;(c) Ti-Kα;(d) Si-Kα;(e) Cu-Kα

8.2.3 熔渗过程中的反应机制

由图 8-10 所示的 Ti-Cu 二元相图可知,Ti-Cu 共晶温度为 875℃,在熔渗过程中,当温度超过 875℃时,Ti-Cu 熔化,形成 Si-Ti-Cu 液相。C/C 复合材料的微观结构是热解炭包覆炭纤维形成的,因此,反应实际上在 Si-Ti-Cu 液相与热解炭之间进行。由于 Cu 与 C 不润湿,两者之间不会发生反应,只有 Si 原子和 Ti 原子与 C 发生反应。当 Si 作为活性组元向热解炭扩散时,按照方程(8-7)反应,当 Ti 作为活性组元向热解炭扩散时,发生反应(8-8),此外 Si 还与 Cu 发生反应(8-9)。

当大量的 β-SiC 在热解炭周围形成时,高活性的 Ti 原子与 β-SiC 发生反应(8-10),导致 β-SiC 晶粒变小,脱落进入液相中。脱落的 β-SiC 晶粒与向热解炭扩散的 Ti 原子相遇时,继续发生反应(8-10),这样就在 Cu_5Si 基体中形成了离散的 TiC 晶粒,分布在Ⅲ区域的外围,如图 8-9(b)所示,而 β-SiC 晶粒反应后变得更为细小,以至于在图 8-8 中观察不到。反应(8-8)~反应(8-10)的吉布斯自由能保证了 TiC 和 Cu_5Si 在熔渗温度下的稳定性。

当 TiC 晶粒形核以后,发生 TiC 晶粒的长大。图 8-9(c)中远离热解炭的 TiC

晶粒尺寸明显大于靠近热解炭的 TiC 晶粒尺寸，这是因为 TiC 晶粒的长大受 Ti 原子扩散的影响。由于远离热解炭的 TiC 晶粒更容易从 Si-Cu-Ti 液体中获得 Ti 原子，因此，其晶粒更容易长大。

$$Si(l)+C(s)=SiC(s) \quad \Delta G(kJ/mol)=-62.246 \tag{8-7}$$

$$Ti(l)+C(s)=TiC(s) \quad \Delta G(kJ/mol)=-183.1+0.01T \tag{8-8}$$

$$Si(l)+Cu(l)=Cu_5Si \quad \Delta G(kJ/mol)=-8203.56 \tag{8-9}$$

$$Ti(l)+SiC(s)=TiC(s)+Si \quad \Delta G(kJ/mol)=-129.7+0.0031T \tag{8-10}$$

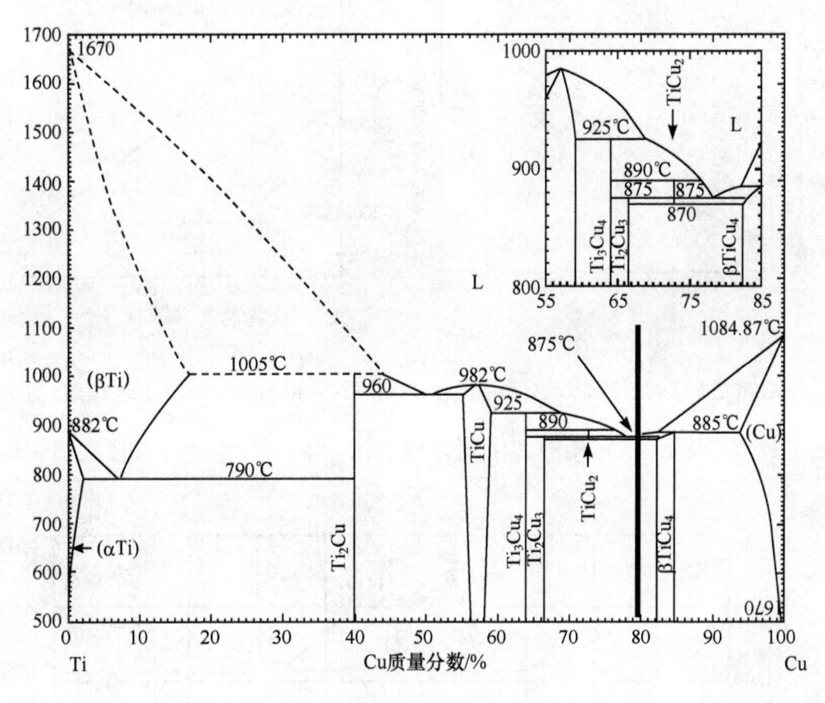

图 8-10　Ti-Cu 二元相图[3]

8.3　Fe 改 性

8.3.1　Fe-Si-C 体系热力学分析

Si 与 C 反应的热力学计算如 6.1.1 节所示。

Si 与 Fe 的化学反应式为

$$Si+Fe \longrightarrow SiFe \tag{8-11}$$

$$Fe+2Si \longrightarrow FeSi_2 \tag{8-12}$$

$$3Fe+Si \longrightarrow Fe_3Si \tag{8-13}$$

$$5Fe+3Si \longrightarrow Fe_5Si_3 \tag{8-14}$$

表 8-5 为 Si、Fe、C、SiC 和硅铁化合物的基本热力学数据，将数据代入式(8-15)计算

$$\Delta G_T=\Delta H_T-T\Delta S_T \tag{8-15}$$

可知，当温度低于 1200K 时，$\Delta G<0$，在热力学上 Si+C 反应可自动进行。然而实际中由于其动力学的影响，只有高于 1423K(1150℃)时才能发生化学反应。Si+C 的反应吉布斯自由能随温度变化如图 8-11 所示。

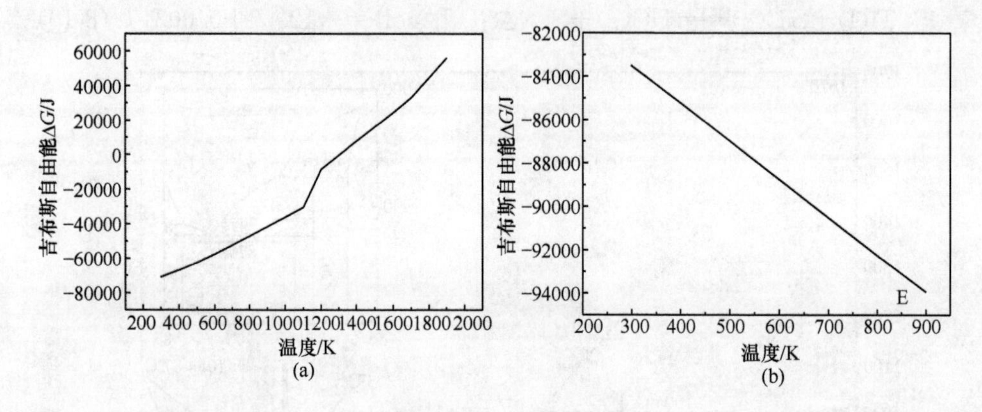

图 8-11　Si-C 系统在 298～1900K 区间内的 ΔG-T 关系(a)和 Si∶Fe=1∶1 时的 ΔG-T 关系(b)

图 8-12 为 Fe-Si 二元相图。由图可以看出，当 Fe 含量为 5%时，在 $FeSi_2$ 与 Si

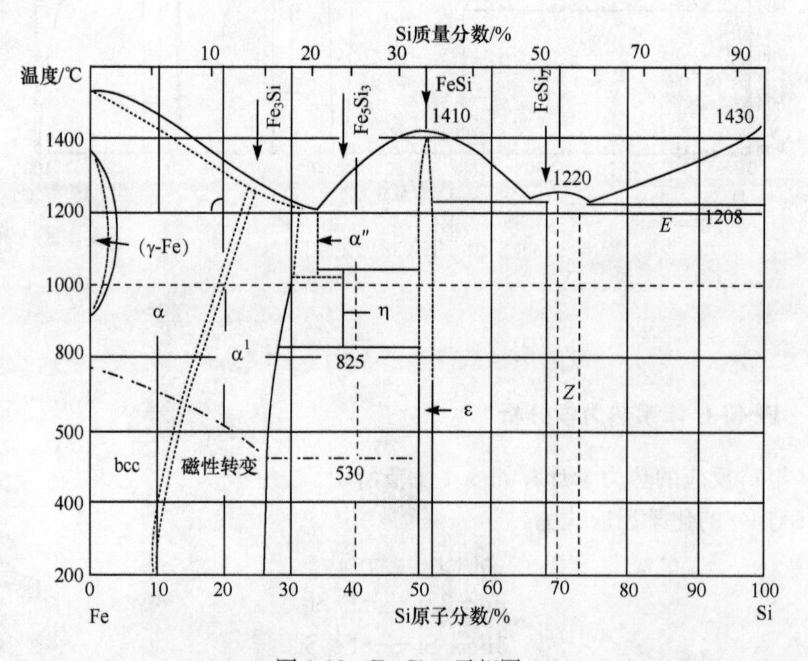

图 8-12　Fe-Si 二元相图

两相区之间，随着温度的降低，沿液相线析出 Si；当降到 E 点时，出现共晶转变，析出 $FeSi_2$ 和 Si，此时温度为 1220℃。故在铁含量较低时，生成物中为 $FeSi_2$；随着铁含量的增加，可能在熔融渗硅铁时，混合不够均匀，局部铁的含量可能比较大，有 Fe_3Si、Fe_5Si_3、FeSi 生成。

表 8-5　物质的基本热力学数据

T/K	SiC		C		Si		Fe		硅铁化合物	
	$H_T^\ominus - H_{298}^\ominus$	$S_T^\ominus$	$H_T^\ominus - H_{298}^\ominus$	$S_T^\ominus$	$H_T^\ominus - H_{298}^\ominus$	$S_T^\ominus$	$H_T^\ominus - H_{98}^\ominus$	$S_T^\ominus$	$H_T^\ominus - H_{98}^\ominus$	$S_T^\ominus$
298	0	16.61	0	5.732	0	18.828	0	27.28	0	62.342
300	54	16.791	17	5.789	40	18.962	50	27.447	100	62.678
400	3094	17.755	1051	8.741	2162	25.053	2679	34.994	5215	77.38
500	6722	20.121	2384	11.705	4440	30.13	5532	41.35	10510	89.188
600	10769	22.986	3957	14.566	6815	34.458	8610	46.955	15985	99.164
700	15104	26.035	5725	17.288	9262	38.228	11943	52.088	21639	107.877
800	19645	29.116	7647	19.853	11768	41.574	15570	56.927	27474	115.666
900	24339	32.157	9687	22.254	14326	44.587	19569	61.631	33488	122.748
1000	29151	35.118	11807	24.487	16933	47.333	24406	66.717	0	62.342
1100	34056	37.983	13972	26.55	19586	49.861	30471	72.517	100	62.678
1200	39038	40.746	28.509	28.509	22282	52.207	35548	76.918	5215	77.38
1300	44085	43.406	30.345	28.509	25021	54.399	38992	79.674	10510	89.188
1400	49187	45.964	32.068	28.509	27802	56.459	42519	82.288	—	—
1500	54339	48.426	33.692	28.509	30623	58.406	46131	84.779	—	—
1600	59533	50.796	35.226	28.509	33485	60.253	49826	87.164	—	—
1700	64768	53.079	36.678	28.509	86566	91.792	54555	90.024	—	—
1800	70039	55.28	38.058	28.509	89286	93.346	58751	92.423	—	—
1900	75343	57.404	39.371	28.509	92005	94.817	77129	102.526	—	—

8.3.2　材料制备及物相组成

采用熔融渗硅工艺制备了 Fe 改性 C/C-SiC 摩擦材料，其物相组成如表 8-6 所示。从表中可以看出，不含铁的试样 1＃的物相为 SiC、Si 和 C；含铁 5％的试样2＃为 SiC、C、Si 和 $FeSi_2$；含铁 10％的试样 3＃为 SiC、C、FeSi 和 $FeSi_2$；含铁 15％的试样 4＃为 SiC、C、Fe_3Si 和 Fe_5Si_3。试样的密度相差不大，在 2.3～2.4g/cm^3 波动。试样的开孔率随着铁含量的增加而增加，不含铁的试样 1＃密度为 2.30g/cm^3，开孔率为 5.2％。且随着铁含量增加，开孔率增加，含铁 5％的试样 2＃为 6.8％，含铁 10％试样 3＃为 8.0％，含铁 15％试样 4＃为 9.7％，可以看出随着铁含量的增加开孔率增加,但增幅缓慢。

表 8-6 不同 Fe 含量改性 C/C-SiC 试样的组成

试样编号	铁含量/%(质量分数)	密度/(g/cm³)	开孔率/%	相组成
1#	0	2.30	5.2	SiC+Si+C
2#	5	2.35	6.8	SiC+C+Si+$FeSi_2$
3#	10	2.39	8.0	SiC+C+FeSi+$FeSi_2$
4#	15	2.40	9.7	SiC+C+Fe_3Si+ Fe_5Si_3

8.3.3 材料微观结构

图 8-13 为不同 Fe 含量改性 C/C-SiC 试样的金相照片。由图可以看出,无纬布和网胎相互叠层编制;试样 1# 浅色部分为碳化硅和残留硅,深色部分为热解炭和炭纤维,可以看出碳化硅在网胎层中明显很多,由于网胎中炭纤维比较稀疏,Si 蒸气较容易渗入与热解炭反应生成碳化硅。随着铁含量增加,试样 2#、3#、4# 在网胎层中聚集较多的碳化硅与硅铁化合物。而在无纬布中,由于炭纤维排列密集,只有少量的硅铁化合物生成,因此浅色部分减少[图 8-13(c)、(d)]。

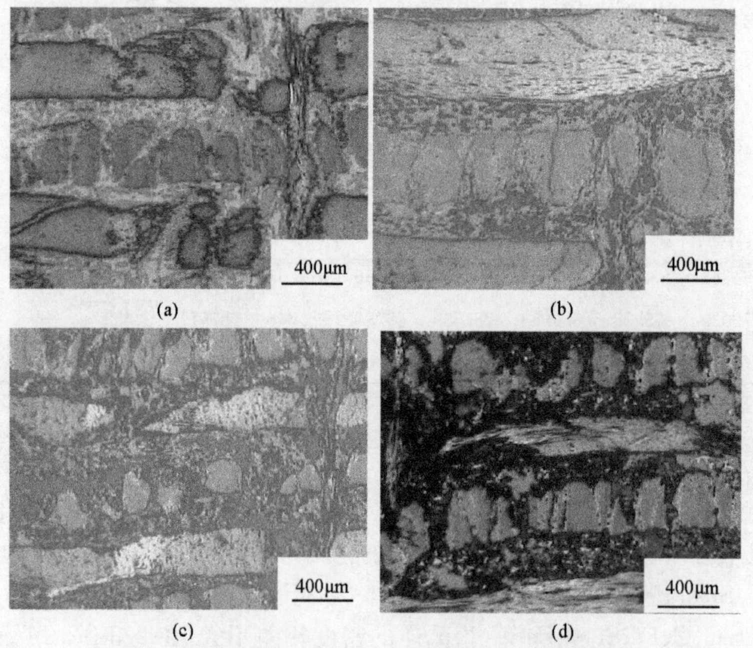

图 8-13 不同 Fe 含量改性 C/C-SiC 试样的金相照片

(a) 1#;(b) 2#;(c) 3#;(d) 4#

图 8-14 为试样 2# 和 4# 的线扫描。由图可以直观地看出纤维和基体中元素

的分布。图 8-14(a)中,刚开始硅元素最多(从左至右看),这个区域是残留硅,C 元素逐渐增加,物相中增加了碳化硅,随后铁元素渐渐地出现了,结合 XRD 分析可知是 $FeSi_2$。图 8-14(b)中也是如此,因此佐证了表 8-6 中的物相分析。

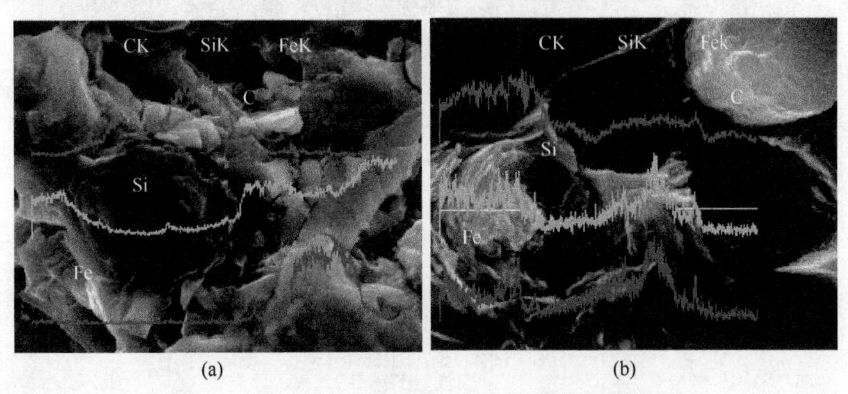

图 8-14　不同 Fe 含量改性 C/C-SiC 试样的线扫描图

(a) 2＃;(b) 4＃

界面相的厚度和与纤维的结合强度对材料性能影响很大,图 8-15(a)是试样 1＃横截面的背散射电子图,图 8-15(b)是线扫描图。从图中可以清晰地看到,圆圈是炭纤维,直径约 7μm,紧围着纤维的是热解炭与 Si 蒸气反应生成的碳化硅,其次是残留硅,界面相厚度大约 0.79μm,界面结合好。

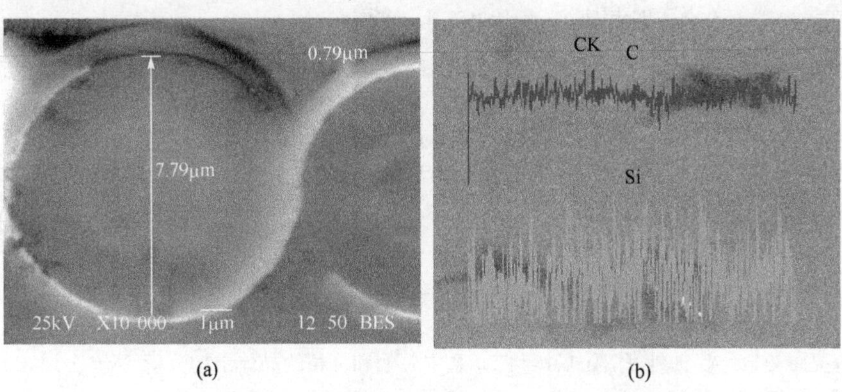

图 8-15　试样 1＃横截面的背散射电子图和线扫描图

(a) 横截面的背散射电子图;(b) 线扫描图

图 8-16 为试样 2＃和 4＃高倍下的二次电子扫描图。由图可以清晰地看到纤维与基体的结合情况。图 8-16(a)是 2＃试样放大 4000 倍的 SEM 图,可以看出纤维与界面之间有裂纹,纤维明显与界面有脱黏,纤维与纤维之间的基体有分层现象,同时基体中多了 $FeSi_2$,相界面增多。图 8-16(b)是试样 4＃的 SEM 图。由图可以看出,上面有很多薄薄的分层。随着铁含量的增加,在 1650℃熔融渗硅铁时,对纤维的损伤很大,同时生成的硅铁化合物是脆性相,脆性相增多时,界面结合不

牢,界面变得复杂。

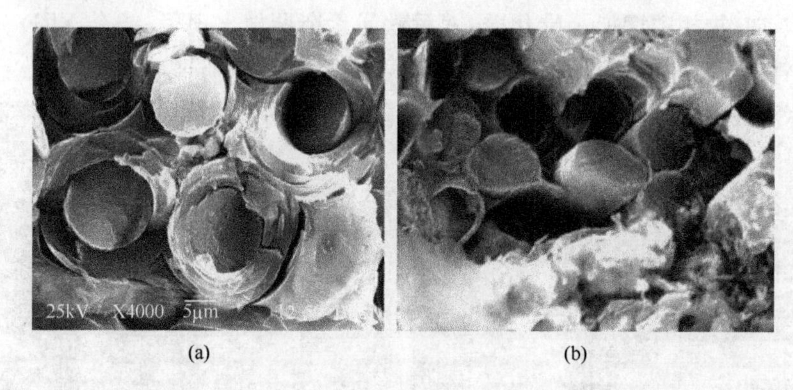

图 8-16 FexSiy 改性 C/C-SiC 材料在高倍下的 SEM 形貌

(a) 试样 2#;(b) 试样 4#

参考文献

[1] Fouquet S, Rollin M, Pailler R, et al. Tribological behaviour of composites made of carbon fibres and ceramic matrix in the Si-C system. Wear, 2008. 264(9/10): 850-856

[2] 肖鹏,李专,熊翔,等.不同制动速度下 C/C-SiC-Fe 材料的摩擦磨损行为及机理.中国有色金属学报,2009,19(6): 1044-1048

[3] 戴永年.二元合金相图集.北京:科学出版社,2009:428

[4] Yan X Y, Chang Y A. A thermodynamic analysis of the Cu-Si system. Alloys and Compounds, 2000, 308: 221-229

[5] 伊赫桑·巴伦.纯物质热化学数据手册.北京:科学出版社,2001: 209,602,1480

[6] 王林山,熊翔,肖鹏,等.反应熔渗法制备 C/C-SiC 复合材料及其影响因素的研究进展.粉末冶金技术,2003,21(1): 37-41

[7] Kunze T, Hauttmann S, Müller J. SiC formation and influence on the morphology of polycrystalline silicon thin films on graphite substrates produced by zone melting recrystallization. Thin Solid Films, 1999, 338: 320-324

[8] 陈亮维,刘泽光,何纯孝,等. Cu-Si 二元系中 k 相和 η 相的晶体结构分析.稀有金属,2000,24(6): 457-459

[9] 李专. C/C-SiC 摩擦材料的制备、结构和性能.长沙:中南大学博士学位论文,2010

[10] Cai H, Tong D B, Wang Y P, et al. Reactive synthesis of porous Cu_3Si compound. Journal of Alloys and Compounds, 2011, 509(5): 1672-1676

[11] Stadler Z, Krnel K, Kosmač T. Friction and wear of sintered metallic brake linings on a C/C-SiC composite brake disc. Wear, 2008. 265(3/4): 278-285

[12] 黄伯云,熊翔.高性能炭/炭航空制动材料的制备技术.长沙:湖南科学技术出版社,2007:358

第 9 章　C/C-SiC 摩擦材料的热物理性能

复合材料的热物理性能主要包括其热容量、热传导以及热膨胀性能。其中热传导性能和热容量将决定其与外界的热能交换和自身温度变化;其热膨胀性能决定了其结构尺寸稳定性,直接影响应力分布状态和抗热震性能。

温度对于 C/C-SiC 摩擦材料的摩擦磨损性能有很大的影响。随着温度的升高,摩擦表面会发生氧化反应等变化,导致摩擦磨损性能随之变化,这对于摩擦性能的稳定性非常不利。增大材料的导热系数,尤其是垂直于摩擦面的导热系数可以提高摩擦盘的散热能力,从而降低摩擦面的温度,提高摩擦性能。所以,研究 C/C-SiC摩擦材料的导热性能有着重要的意义。

当温度变化时,C/C-SiC 摩擦材料的密度基本不变,因此热容在所测温度范围内可假定为恒定值。本章主要描述不同工艺制备的 C/C-SiC 热扩散率及其影响因素、C/C-SiC 在室温～1300℃的导热性能及其导热机制。

9.1　LSI-C/C-SiC 摩擦材料的热物理性能

9.1.1　LSI-C/C-SiC 的热扩散率及影响因素

1. 炭纤维预制体结构

炭纤维预制体结构是 C/C-SiC 摩擦材料热性能的主要影响因素。分别以整体毡和全网胎为预制体,采用 LSI 制备两组 C/C-SiC 摩擦材料,其基本数据如表 9-1所示。由表可知,以整体毡为预制体的试样 1 和以全网胎为预制体的试样 2 相比,试样 1 密度较低,开孔率较高。试样 1 垂直摩擦面方向(⊥)的热扩散率较试样 2 低,而平行摩擦面方向(//)则要比试样 2 高得多。

表 9-1　预制体结构对 LSI 法制备 C/C-SiC 材料热扩散率的影响

试样编号	预制体结构	密度/(g/cm³)			开孔率/%	热扩散率/(cm²/s)	
		预制体	C/C	C/C-SiC		(⊥)	(//)
1	整体毡	0.572	1.36	2.12	5.4	0.13	0.38
2	全网胎	0.186	1.26	2.29	0.6	0.20	0.22

预制体结构、材料组分含量和孔隙率是导致上述差异的主要原因。首先,试样 1 以整体毡为预制体,纤维含量高(预制体密度高达 0.572g/cm³),其长纤维无纬

布平行于摩擦面方向，而其垂直摩擦面方向只有 Z 向针刺纤维，因此其平行摩擦面方向的热扩散率要高得多。试样 2 以全网胎为预制体，炭纤维含量低，短纤维呈短程杂乱、远程均匀分布，因此其垂直摩擦面方向和平行摩擦面方向的热扩散率相当，同时其平行摩擦面方向的热扩散率较试样 2 低。

其次，对比试样 1 和试样 2 C/C 多孔体密度和 C/C-SiC 密度可知，试样 2 含有更多的 SiC 基体。在垂直摩擦面方向，主要依靠基体和 Z 向针刺纤维导热，由于两者的 Z 向纤维相当，因此陶瓷基体越多，热扩散率也就越高。

最后，CVI 后试样 2 的 C/C 密度较低，在 LSI 过程中有更多的液 Si 渗入并与碳反应生成 SiC，导致试样 2 的开孔率(0.6%)比试样 1 开孔率(5.4%)相差近一个数量级。垂直于摩擦面的热扩散方向与纤维排布方向垂直，因此热扩散系数的大小反映了基体的热扩散能力。对于同一种微观结构的 C/C-SiC 摩擦材料，孔隙度增大，即意味着宏观缺陷增多。对于孔隙中的空气，可看成一弥散相，气孔能引起声子的散射，降低声子的平均自由程，因此气孔降低了材料的导热能力，有孔隙材料的导热系数可根据欧根(Eucken)公式计算[1]：

$$\lambda_p=\lambda_s\left[\frac{1+2P\left(\dfrac{1-\dfrac{\lambda_s}{\lambda_a}}{\dfrac{2\lambda_s}{\lambda_a}+1}\right)}{1-P\left(\dfrac{1-\dfrac{\lambda_s}{\lambda_a}}{\dfrac{2\lambda_s}{\lambda_a}+1}\right)}\right] \tag{9-1}$$

式中：λ_p为有孔隙材料总的导热系数，W/(m·K)；λ_s为有孔隙材料固相的导热系数，W/(m·K)；λ_a为空气的导热系数，W/(m·K)；P 为孔隙体积百分比，%。

对于垂直摩擦面方向，热流垂直无纬纤维布平面，导热主要依靠基体，由于 λ_s 远大于 λ_a，式(9-1)可简化为

$$\lambda_p=\lambda_s\left(\frac{1-P}{1+\dfrac{P}{2}}\right) \tag{9-2}$$

即当孔隙度增大时，C/C-SiC 摩擦材料导热系数降低，该理论能很好地解释实验现象。早期对炭毡基 C/C 复合材料的研究也已表明了这一点[2,3]。

2. 基体炭结构

关于热解炭结构对 C/C 复合材料导热性能的影响国内外研究者已经进行了深入的研究[4,5]。其结果表明：相同条件下，粗糙层(RL)的导热系数高于光滑层(SL)和各向同性(ISO)的导热系数。对于垂直纤维方向的热传导，炭纤维的导热

系数很低，因此复合材料该方向上传热的主要通道为基体，此时，基体中的裂纹、界面对热传导的阻碍作用显得尤为明显。本节主要研究热解炭和树脂炭对 C/C-SiC 摩擦材料导热性能的影响。

以整体毡为预制体，分别采用 CVI 和(或)树脂浸渍/炭化制得基体炭，然后利用 LSI 制得三组 C/C-SiC 摩擦材料，其基本数据如表 9-2 所示。由表可知，随着树脂炭含量的提高，材料的热扩散率不断增加，试样 6 的热扩散率是试样 1 的三倍多。

研究表明，由热固性树脂裂解得到的玻璃炭的热扩散率较 CVI 热解炭低[6]，而从试样 1 到试样 5，再到试样 6，试样中树脂炭含量逐渐增加，热解炭含量相应降低。这是一种不符合常理的反常现象，关于这一点，可以由以下原因来解释。

从试样 1 到试样 6，试样中的基体炭含量不断增加，试样 6 中 SiC 含量较其他两个试样也要高，而在平行于摩擦面的方向，材料的热扩散能力主要靠基体体现，因此基体含量越高则其热扩散率也越高。

另外，从试样 1 到试样 6，材料的开孔率不断降低，特别是试样 6 经过多次增密后其开孔率仅为 1.3%，如前所述，开孔率越高，则其热扩散率越低。

表 9-2　基体炭结构对 LSI 法制备 C/C-SiC 材料热扩散率的影响

试样编号	炭基体	密度/(g/cm)			开孔率/%	室温下热扩散率(⊥)/(cm^2/s)
		预制体	C/C	C/C-SiC		
1	热解炭	0.572	1.36	2.12	5.4	0.13
5	热解炭+树脂炭	0.601	1.40	2.16	3.5	0.28
6	树脂炭	0.601	1.45	2.37	1.3	0.43

3. 基体含量

以整体毡为预制体，采用 CVI+LSI 工艺制得五组 C/C-SiC 制动材料，其基本数据如表 9-3 所示。由表可知，从试样 7 到试样 11，材料中热解炭的含量从 55.87%逐渐增加到 74.95%，但材料的热扩散率并不随之线性增加。热解炭含量为 64.69%的试样 9 垂直摩擦面的热扩散率最高(达 0.126cm^2/s)，随后随着热解炭含量的增加热扩散率不断降低。

表 9-3　热解炭含量对 LSI 工艺制备 C/C-SiC 材料热扩散率的影响

试样编号	热解炭含量/%(质量分数)	密度/(g/cm^3)		开孔率/%	室温下热扩散率(⊥)/(cm^2/s)
		C/C	C/C-SiC		
7	55.87	1.257	1.892	17.9	0.097
8	57.30	1.311	1.939	18.5	0.102

续表

试样编号	热解炭含量/%（质量分数）	密度/(g/cm³)		开孔率/%	室温下热扩散率(⊥)/(cm²/s)
		C/C	C/C-SiC		
9	64.69	1.411	1.872	13.4	0.126
10	68.23	1.491	1.892	7.8	0.066
11	74.95	1.618	1.892	12.5	0.075

以整体毡为预制体，采用CVI＋LSI工艺制得五组C/C-SiC制动材料，其基本数据如表9-4所示。由表可知，随着SiC基体的增加，材料的热扩散率基本呈线性增加。

表9-4　SiC含量对LSI工艺制备C/C-SiC材料热扩散率的影响

试样编号	SiC含量/%（质量分数）	密度/(g/cm³)		开孔率/%	室温下热扩散率(⊥)/(cm²/s)
		C/C	C/C-SiC		
12	28.89	1.184	1.665	18.0	0.065
13	29.73	1.217	1.732	26.9	0.086
14	38.85/32.88	1.337	1.992	8.3	0.096
7	33.56	1.257	1.892	17.9	0.097
15	38.33	1.311	2.126	9.0	0.112

4. Fe_xSi_y改性

在材料体系确定的情况下，提高垂直于摩擦面的导热系数，是改善摩擦系数稳定性最有效的方法。提高垂直于摩擦表面的导热系数主要有三种措施：①使用热导率高的炭纤维（如高模量的炭纤维）；②增加纤维与摩擦面之间的夹角；③在基体中引入高导热系数的陶瓷物相等[7]。通过使用高模量的纤维来提高材料的导热系数，会导致材料制造成本的大幅度增加。增加纤维与摩擦面之间的夹角，可以通过纤维预制体的设计得以实现。相比之下，增加复合材料中陶瓷物相含量是一个能通过工艺调整的方法。但是由于纤维含量的减少，在陶瓷物相增加的同时，材料的强度和断裂韧性会下降。所以，必须根据摩擦系统的具体要求来设计C/C-SiC摩擦材料。本研究在综合考虑材料制造成本、工艺性和摩擦磨损性能之间合理匹配的前提下，根据摩擦理论中的分子作用理论，提出在材料中引入高导热的金属元素Fe或者其金属化合物的新思路。

以炭纤维整体毡为预制体，采用CVI制备C/C多孔体，然后将硅粉和铁粉共同熔融浸渗C/C多孔体制得Fe_xSi_y改性C/C-SiC摩擦材料，其基本数据如表9-5所示。由表可知，采用Fe粉和Si粉熔渗得到的C/C-SiC材料（即试样16和试样17）组分为C、SiC、FeSi及$FeSi_2$相。

表 9-5　Fe_xSi_y 改性 C/C-SiC 摩擦材料的热扩散率

试样编号	Si 和 Fe 的比例 /%(质量分数)	密度/(g/cm³) C/C	密度/(g/cm³) C/C-SiC	组元	开孔率 /%	热扩散率 (⊥)/(cm²/s)
1	100∶0	1.36	2.12	C,Si,SiC	5.4	0.13
16	90∶10(Fe)	1.36	2.16	C,SiC,FeSi,$FeSi_2$	4.8	0.18
17	>50∶50(Fe)	1.32	2.28	C,SiC,FeSi,$FeSi_2$	6.6	0.26

对比表 9-5 中三个试样可知,从试样 1 到试样 17,试样的热扩散率不断增大。这是因为试样中的基体含量不断增加;同时 FeSi 和 $FeSi_2$ 的含量也不断增加,而硅铁化合物作为导热性良好的金属合金化合物,可以显著提高材料的热性能。虽然试样 17 的开孔率较试样 16 高,但是其热扩散率还是要高,这说明在这个条件下材料组元对 C/C-SiC 摩擦材料热扩散率的影响比开孔率要大。

9.1.2　LSI-C/C-SiC 的热膨胀系数

范尚武等[8]研究了 LSI-C/C-SiC 的热膨胀系数随温度的变化关系,如图 9-1 所示。由图可知,热膨胀系数随温度升高总体呈增大趋势,但呈规律性波动;在相同温度下,垂直于摩擦面方向的热膨胀系数远大于平行方向的。从室温至 1300℃,平行和垂直于摩擦面方向的平均热膨胀系数,分别为 $1.75\times10^{-6}K^{-1}$ 和 $4.41\times10^{-6}K^{-1}$。

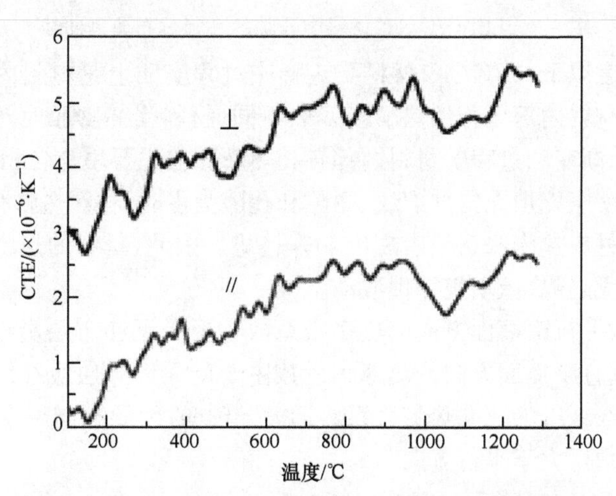

图 9-1　LSI-C/C-SiC 的热膨胀系数随温度的变化曲线[8]

固体材料热膨胀本质归结为点阵结构中原子间平均距离随温度升高而增大,因此材料热膨胀系数一般随温度升高而增大。热膨胀系数随温度波动变化是由材料内部的裂纹、间隙和孔隙所导致的。图 9-2 为范尚武等制备的 LSI-C/C-SiC 材料中孔隙的孔径分布典型曲线。由图可见,C/C-SiC 材料内孔径大小呈现明显的双峰分布。孔径尺寸主要分布在 0.1～2μm 以及 10～100μm。10μm 以下的孔隙主要分布在无纬布层的纤维束内，而稍大一点的孔隙主要分布在网胎层。

C/C-SiC 材料从制备温度冷却至室温时，材料中炭纤维、热解炭、SiC 和 Si 各相的热膨胀系数相差较大(表 9-6)，导致各相界面处存在较大的热应力，使材料内部产生大量的微裂纹。这些微裂纹主要分布在 SiC 和 Si 相区域，以及纤维和基体之间。由于 C/C-SiC 材料是非均质材料，其中炭纤维、热解炭、SiC 和 Si 各相的分布不均匀，因此材料中微裂纹的分布也不均匀。

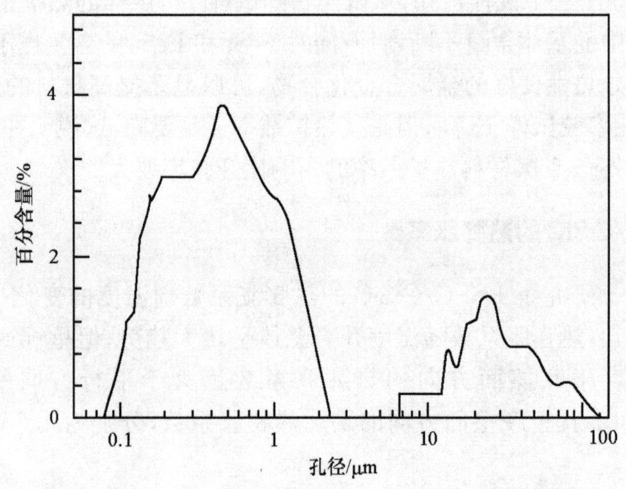

图 9-2　LSI-C/C-SiC 材料中孔隙的孔径分布典型曲线[8]

在制备温度以下，C/C-SiC 材料受热膨胀过程实质上是材料内部热应力释放的过程。由于材料内部各相的热膨胀系数不同，材料受热膨胀时热应力释放并不均匀，而是一个渐变的过程。材料内部各相热膨胀首先要填充各相附近的裂纹、间隙和孔隙。当膨胀以填充内部裂纹、间隙和孔隙为主时，材料热膨胀系数表现出下降趋势；反之，材料热膨胀系数表现出上升趋势。因此，材料的热膨胀系数随温度升高总体呈增大趋势，但呈规律性波动。

相对而言，平行摩擦面方向的热膨胀系数主要受无纬布层炭纤维的轴向热膨胀系数控制；垂直摩擦面方向的热膨胀系数主要受无纬布层炭纤维的径向热膨胀系数控制。而炭纤维的径向热膨胀系数远大于轴向，因此相同温度下，C/C-SiC 材料的热膨胀系数远大于平行方向。

表 9-6　炭纤维、SiC、Si 和 PyC 的膨胀系数

相	T-300 C_f[9]		SiC[10]	PyC[11]	Si[12]
	径向	轴向			
CTE/($\times10^{-6}K^{-1}$)	8.85	0.7～0.93	4.5	1.8	2.59±0.05

9.2 WCISR-C/C-SiC 摩擦材料的热物理性能

采用 WCISR 制备 C/C-SiC 过程中，制备工艺不同，会导致材料的组分、密度、孔隙度和石墨化度等不同。同时 C/C-SiC 中含有短炭纤维、石墨、树脂炭、残留硅和其他添加剂等组分，不同的组分对材料导热性能的贡献不同。

1. 制备工艺

采用 WCISR 制备五组不同的 C/C-SiC 摩擦材料，其性能如表 9-7 所示。由表可以看出，五组试样具有不同的密度和开孔率，试样 18 经过高温处理后没有继续进行树脂浸渍增密，只是低密度的 C/C-SiC 材料[图 7-22(c)]，故其具有最高的开孔率(28.2%)和最低的密度(1.59g/cm^3)。而试样 19 和试样 21 相对于试样 18 进行了树脂浸渍，但没有对树脂进行炭化处理，低密度的 C/C-SiC 材料中的大孔隙基本被树脂填充[图 7-22(d)]，故材料具有较高的密度，达到了 2.0g/cm^3 左右，开孔率也低于 10%。试样 20 和试样 22 在试样 19 和试样 21 的基础上，对试样进行后续炭化处理，树脂转变成树脂炭，试样的开孔率提高，密度下降。

表 9-7 采用 WCISR 工艺制备的不同 C/C-SiC 摩擦材料的热扩散率

试样编号	制备工艺	密度/(g/cm^3)	开孔率/%	室温下热扩散率(⊥)/(cm^2/s)
18	FD→WC→HTT	1.59	28.2	0.033
19	FD→WC→HTT→RI	1.98	9.8	0.068
20	FD→WC→HTT→RI→RC	1.81	14.4	0.056
21	FUD→WC→HTT→RI	2.01	7.6	0.063
22	FUD→WC→HTT→RI→RC	1.84	17.5	0.049

注：FD 表示分散纤维；FUD 表示未分散纤维；WC 表示温压；HTT 表示热处理；RI 表示树脂浸渍；RC 表示树脂炭化。

比较五组 C/C-SiC 摩擦材料的热扩散率可以看出：试样 19 和试样 21 具有最高的热扩散率，而试样 20 和试样 22 则较低，试样 18 的热扩散率最低。这是因为材料中孔隙的存在总是降低材料的热扩散能力。试样 18 由于含有大量的孔隙，所以材料的热扩散率最低。试样 19 和试样 21 浸渍树脂后，相对于试样 18 材料多了一个传热的组元。而试样 20 和试样 22 虽然同样浸渍了树脂，但是进行后续炭化后树脂转变成了树脂炭，并且收缩产生了孔隙。

同时，对比试样 19 和试样 21 或者试样 20 和试样 22 可知，采用分散纤维制备的试样其热扩散率要好于不分散的。这是因为 C/C-SiC 中炭纤维是导热的主要因素[25℃下,炭纤维的导热系数为 116.3W/(m·K),石墨的导热系数为 64W/(m·K),SiC 导热系数为 41.78W/(m·K)[13],分散纤维在基体中均匀分布,能起到更好的导热作用;另外,试样中纤维没有分散,也影响了混料的均匀性,大量的纤维堆积在一起,其导热作用不能很好地发挥,致使其热扩散率较低。

2. SiC 含量

采用 WCISR 制备 C/C-SiC 摩擦材料的过程中,由式(7-8)可知,当加入的硅粉体积比为 1.0V%时,生成体积比为 1.04V%的碳化硅。因此,为方便计算,近似以 Si 的体积分数表示 SiC 的体积分数。但由于在混料及高温热处理时,单质 Si 会有一定量的损失,所以其体积分数并不能准确代表最后材料中 SiC 的体积含量,仅能表示其一种相对递增关系。

通过加入体积分数分别为 10%、30%和 50%的 Si 粉制备了三组 C/C-SiC 摩擦材料,其基本数据如表 9-8 所示。由表可知,三组试样密度相差不大,SiC 含量不断增加,材料的开孔率也相应增加,热扩散率并没有随 SiC 含量的增加而增大,反而不断减小。材料的开孔率不断增加是因为高温热处理过程是在 Si 的熔点温度之上进行的,当加入的 Si 粉量较多时,会导致大量的 Si 挥发,因此试样 24 的开孔隙率较大。孔隙的存在能显著降低材料的导热性能,同时说明开孔率对 C/C-SiC 摩擦材料热扩散率的影响比 SiC 含量要大。

表 9-8 不同 SiC 含量对温压-原位反应法制 C/C-SiC 材料热扩散率的影响

试样编号	SiC 含量/%	密度(g/cm³)	开孔率/%	热扩散率/(cm²/s)	
				(⊥)	(//)
23	10	1.81	7.8	/	0.062
24	30	1.79	13.1	/	0.055
25	50	1.79	15.1	0.036	0.050

比较试样 25 平行和垂直方向的热扩散率可知,其平行方向较垂直方向高,这是因为纤维在材料中的取向对复合材料的导热系数影响很大。在 C/C-SiC 摩擦材料中,炭纤维是材料导热的主要因素之一。炭纤维的热传导主要靠声子进行。由于炭纤维是二维乱层石墨微晶组成的,微晶沿纤维轴向择优取向,因此决定了炭纤维导热系数有极强的各向异性,炭纤维轴向的导热能力要远远大于径向,纤维轴向的导热系数约为径向的数倍甚至数十倍[14]。由 WCISR 制备的 C/C-SiC 摩擦材料的显微形貌可知[图 7-22(e)],纤维主要分布在与温压时压力垂直的平面内,而平行于压力方向的平面内则分布较少。因此,平行于摩擦面方向(平行纤维轴向)的导热系数要大于垂直摩擦面方向(平行纤维径向)的导热系数。

3. 残留 Si 的含量

由于制备工艺的原因，C/C-SiC 摩擦材料中或多或少会存在一定量的残留 Si，为了考察残留 Si 对材料性能的影响，从同一 C/C-SiC 摩擦材料切取两块尺寸相同的试样，并对其中一块试样在 1600℃进行高温处理，使试样中的残留 Si 完全挥发。两组试样的热扩散率如表 9-9 所示。

从表 9-9 可知，试样 27 在高温处理中残留 Si 完全挥发，导致密度有所下降。去除 Si 后的试样 27 其开孔率要大于未除 Si 的试样 26，这主要是因为 Si 的挥发使材料孔隙率上升，同时除 Si 前存在的一些封闭气孔，在除 Si 时有可能被打开成为开孔，致使材料开孔隙率上升。

对比除 Si 前后材料的热扩散率可知，试样 27 的热扩散率明显低于试样 26。这主要有两方面的原因：首先，材料的导热系数在很大程度上受气孔相的影响，孔隙的存在，使热流传导受到严重的阻碍，使得材料的导热系数明显减小；其次，Si 的导热性能较好[25℃下，Si 的导热系数为 148.2W/(m · K)]，因此，一定量的残留单质 Si 可以提高 C/C-SiC 摩擦材料的导热性能。

表 9-9　残留 Si 对温压-原位反应法制 C/C-SiC 材料热扩散率的影响

试样编号	Si 含量/%	密度/(g/cm^3)	开孔率/%	室温下热扩散率(⊥)/(cm^2/s)
26	11.5%	1.88	14.4	0.065
27	0	1.84	24.8	0.028

9.3　CVI-C/C-SiC 摩擦材料的热物理性能

9.3.1　CVI-C/C-SiC 的热扩散率及影响因素

采用 CVI 制备的 C/C-SiC 摩擦材料热扩散率的主要影响因素包括：炭纤维的导热性能、炭纤维预制体结构、基体炭结构及含量、基体 SiC 含量。由于在本研究中所用炭纤维均为 T700，且各试样的炭纤维预制体结构相同，因此影响 CVI-C/C-SiC 摩擦材料热扩散率的因素将主要集中于基体炭结构及含量和基体 SiC 含量两个方面，下面将对各影响因素依次分析。

1. CVI-C/C-SiC 的热扩散率

以不同密度的 C/C 多孔体为预制体(表 5-4)，采用化学气相渗透法制备 C/C-SiC 摩擦材料的孔隙率及热扩散率如表 9-10 所示。由表可知，各试样平行方向上的热扩散率均明显高于其各自垂直方向上的热扩散率，造成这一现象的主要原因是炭纤维预制体的结构。众所周知，炭纤维具有良好的导热性，特别是沿纤维轴向方向上，因此，基体中炭纤维的排列顺序和方向对基体的导热性能有十分明显的影响。本研究中，所使用的预制体均为2.5D针刺炭毡，该预制体内部炭纤维含量高（预制体密度高达0.572g/cm³），其内部长纤维无纬布层呈交叉叠放，因此基体内绝大部分炭纤维的排列方向与摩擦面平行；但在垂直摩擦面方向，只有用于结合预制体所用的Z向针刺短纤维，因此在该方向上的炭纤维数量和长度远低于平行摩擦面方向，从而造成其平行摩擦面方向的热扩散率要高得多。

同时，由表9-10还可以看出，采用CVI法制备的试样随基体热解炭含量的升高，其热扩散率逐渐升高，但试样两个不同测试方向上热扩散率的差异不但没有减少，反而增加。此外，还应注意到，不同的制备工艺对C/C-SiC摩擦材料的热扩散率有明显的影响。尽管试样S3与表9-1中试样1的C/C多孔体密度相近，但由于制备工艺不同，试样1在两测试方向上的热扩散率明显高于试样S3，特别是在垂直摩擦面的方向上。这表明采用LSI法制备的试样较之CVI制备的试样，在制动过程中能够更快地将摩擦表面的热量导出，从而促进动能向热能转化，缩短制动时间。

表9-10 C/C-SiC摩擦材料的开孔率及热扩散率

试样编号	制备工艺	开孔率/%	室温下热扩散率/(cm²/s)	
			(⊥)	(//)
S1	CVI	20.1	0.046	0.16
S2	CVI	17.4	0.062	0.22
S3	CVI	13.0	0.081	0.24
S4	CVI	11.0	0.11	0.28

2. 基体炭结构及含量的影响

CVI制得的热解炭层有三种结构，即粗糙层结构、光滑层结构和各向同性层结构。目前，国内外许多研究者对热解炭结构的导热性能已经进行了深入的研究。上述三种结构在室温下的导热系数如表9-11所示。由表可知，相同条件下，粗糙层(RL)的导热系数高于光滑层(SL)和各向同性(ISO)的。这主要是由于在粗糙层的结构中，碳原子在排列上更加接近石墨的长程有序结构，而光滑层和各向同性层中碳原子的排列仅在近程呈现典型的石墨结构，但在长程则呈现无规则的排列方式，因此粗糙层热解炭的导热性能明显优于其他两种结构。石墨化处理可以使基体中碳的长程结构更接近于石墨，因而可以提高基体炭的导热性能。

表 9-11　不同结构热解炭的导热系数

热解炭结构	导热系数/[W/(m·K)]
粗糙层	415
光滑层	295
各向同性层	224

本研究中采用 X 射线衍射(XRD)法检测基体中碳的石墨化度。该法利用 X 射线衍射(XRD)测量(002)面的层间距 d_{002} 来表征碳的石墨化度,并以此计算石墨化度,其计算公式如式(9-3)所示。

$$g=(0.3440-d_{002})/(0.3440-0.3354) \tag{9-3}$$

式中:g 为石墨化度,%;0.3440 为完全未石墨化的碳的层间距,nm;0.3354 为理想石墨晶体的层间距,nm;d_{002},为(002)面的层间距,nm,d_{002} 由各试样的 XRD 结果,按照式(9-4)计算得到。

$$d_{002}=\lambda\cdot(2\sin\theta) \tag{9-4}$$

其中:λ 为 X 射线波长,$\lambda=0.154$nm;θ 为衍射角,(°)。

经计算,试样 S1～S4 基体的石墨化度如表 9-12 所示。由表可以看出,各试样的石墨化度较低,均小于 11.8%。这主要是热处理温度较低造成的。将表 9-10 与表 9-12 对比后便可发现,尽管基体炭的石墨化度不断下降,试样的热扩散率反而不断上升。特别是垂直方向,其热导率增长了 132%,其原因是基体自身的热解炭含量较高。

表 9-12　基体炭的石墨化度及热解炭的含量

试样	石墨化温度	热解炭含量/%	石墨化度/%
S1	2300	16	11.8
S2	2200	30	9.1
S3	2100	43	6.2
S4	2000	56	2.7

由于炭纤维在纤维径向方向的导热系数很低(表 9-13),因此垂直方向上 C/C-SiC 摩擦材料传热的主要通道为基体。由表 9-12 可以看出,尽管基体中热解炭的石墨化度不断降低,但基体热解炭的含量却在大幅度上升,增加了基体内热量传输的通道数量,降低了传热阻力,从而提高了基体的导热性能。

表 9-13　各牌号炭纤维径向与轴向的导热系数

炭纤维牌号	导热系数/[W/(m·K)]	
	径向	轴向
T300	44	600
T500	42	720
T700	41	870
T1000	40	1205

同时,随着基体热解炭含量的升高,孔隙率不断下降。如前所述,由于垂直于纤维径向上传热的主要通道为基体,因此,当复合材料的制备方法相同时,基体的孔隙率对热传导的影响显得尤为明显。对同一种微观结构的 C/C-SiC 摩擦材料,当基体的孔隙率增大时,也意味着宏观缺陷增多。

由第 5 章的分析可知,对于采用 CVI 法制备的试样,基体中热解炭的含量对 C/C-SiC 摩擦材料的孔隙含量和孔隙分布具有显著影响,即随基体中热解炭含量的提高,C/C-SiC 摩擦材料基体中孔隙含量明显降低,孔隙尺寸明显下降。因此,试样 S1～S4 中基体热解炭含量越高,其热扩散率越高。同时也说明,对于采用 CVI 法制备的试样,基体热解炭含量对热扩散率的影响明显高于其结构对热扩散率的影响。

3. SiC 基体含量

室温下 SiC 和空气的导热系数分别为 83.6W/(m·K)和 0.023W/(m·K)。结合炭纤维及热解炭的导热系数(表 9-11 和表 9-13)分析可知,C/C-SiC 摩擦材料基体中对传热过程起主导作用的是炭纤维和热解炭的含量。当基体 C 含量较低时,特别是热解炭含量较低时,C/C 多孔体中含有大量相互贯通的开孔,且尺寸较大,空气的导热性能极差,从而造成 C/C 多孔体的热扩散率较 C/C-SiC 材料低。在化学气相沉积过程中,SiC 沉积在这些相互贯通的开孔中,从而大幅度降低了基体的开孔率和孔隙尺寸,传热条件得以明显改善,因此基体的热扩散率明显升高。当基体 C 含量较高时,C/C 多孔体的开孔率较低,尺寸较小,且开孔多集中分布于纤维稀疏区域(如网胎层、针刺位置),这使得 SiC 层多集中生成于这些区域内。同时,由于纤维稀疏区域具有良好的传质条件,因而在 C/C 多孔体的制备过程中此类区域中便形成有大量的热解炭层。而热解炭的导热性能远优于 SiC,从而限制了 SiC 层对传热过程的贡献,导致基体 C 含量较高时,C/C 多孔体与 C/C-SiC 摩擦材料热扩散系数的差值较小。

9.3.2　CVI-C/C-SiC 的热膨胀系数

李宏等[15]采用 CVI 法制备了 2.5D C/C-SiC 材料,其预制体结构示意图如

图 9-3所示。由于炭纤维轴向热膨胀系数远小于 SiC 基体，当材料从制备温度 1000℃冷却至室温时，纤维轴向受压应力，而 SiC 基体受拉应力[16]，这种热失配导致界面产生热应力，基体内部沿经纱轴向产生大量微裂纹[图 9-3(b)]。

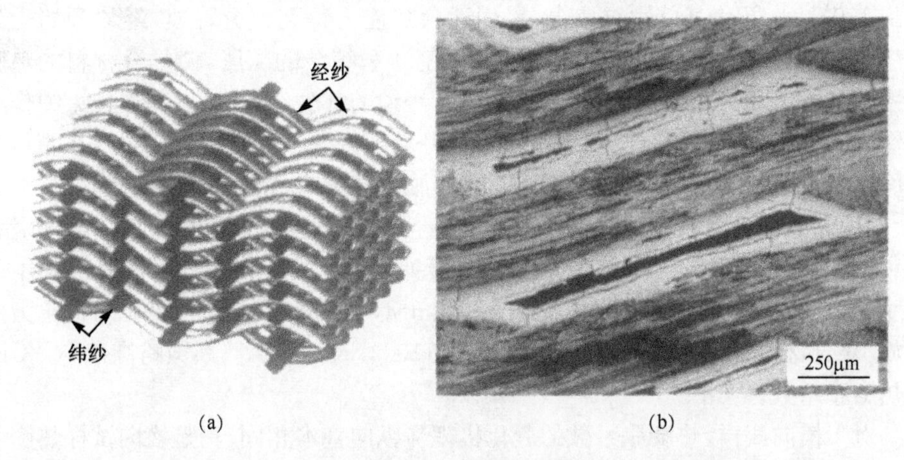

图 9-3　2. 5D C/C-SiC 材料的炭纤维预制体示意图和显微形貌[15]

(a) 预制体示意图；(b) 显微形貌

2. 5D C/C-SiC 材料从室温到 1400℃的热膨胀系数如图 9-4 所示。由图可知，2. 5D C/C-SiC 材料热膨胀系数随着温度的升高而增加，并且在 350℃和 700℃附近出现波动现象。温度较低时，C/C-SiC 材料横向(2. 5DT)和纵向(2. 5DL)的热膨胀系数曲线比较接近。随着温度的升高，横向热膨胀系数开始明显高于纵向，并且整个温度范围内，横向试样热膨胀均高于纵向试样。

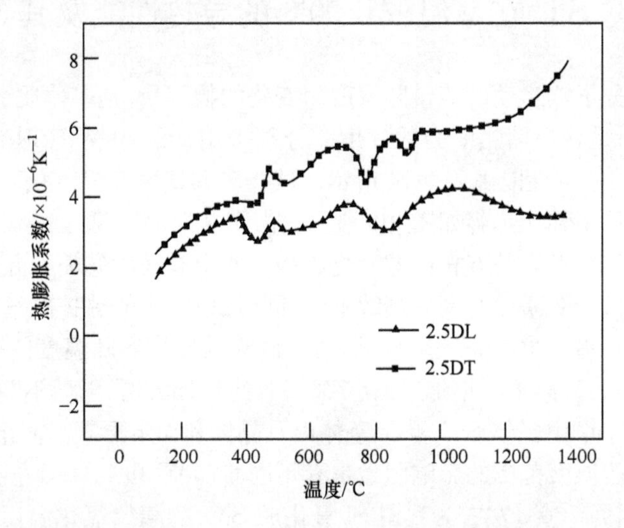

图 9-4　CVI 制备的 2. 5D C/C-SiC 材料的热膨胀系数随温度变化曲线[15]

对于纵向试样，随着温度升高，材料内部的裂纹开始愈合，由于界面和纤维会对其产生限制作用，所以材料热膨胀系数下降，但当界面开始滑移后，限制作用减弱，热膨胀系数开始回升，因此热膨胀系数曲线在 350℃附近出现波动。当温度升高到 700℃时，部分基体裂纹愈合，界面残余热应力得到部分释放，经纱开始受到拉应力，产生的束缚作用变大，因而限制了基体和纬纱的膨胀，使复合材料的热膨胀系数有所下降。随着拉应力的不断增大，经纱的部分纤维发生脱黏，使束缚作用减弱。因此，800℃时复合材料的膨胀系数开始回升。这种脱黏主要发生在基体和界面之间。此外，炭纤维与 SiC 基体的热膨胀系数不同，致使在降温过程中材料收缩，使脱黏的部分出现间隙。到 1100℃时，经纱在高温下出现负膨胀，加强了对基体和纬纱膨胀的束缚作用，膨胀系数再次开始下降，并在 1300℃附近再次发生纤维脱黏，则材料的热膨胀系数再次回升。由于部分纤维的拔出断裂和残余应力的释放，复合材料获得更大的膨胀空间，因而 1100℃时的热膨胀系数略高于 700℃时的热膨胀系数。

对于横向试样，热膨胀系数的变化机理与纵向基本相同，只是横向试样热膨胀系数明显高于纵向试样。这是因为纬纱较少，产生的束缚作用比较小；而经纱较多，径向产生的膨胀作用比较大，所以整体热膨胀系数比纵向试样大。700℃时，纬纱受拉应力，部分纤维发生脱黏和拔出，甚至出现纤维断裂。在 1100℃时，由于纬纱负膨胀造成的束缚较小，经纱提供的膨胀作用大，因此，横向热膨胀系数未出现下降，但其上升速度很缓慢。超过 1200℃后，再次发生纤维脱黏和断裂，致使束缚作用减弱，热膨胀系数开始明显上升。

9.4 C/C-SiC 在室温～1300℃的导热性能及其导热机制

比热容是分子热运动的能量随温度而变化的物理量，是单位质量物体升高 1K 所需要的能量，是材料储热能力的标度。分别采用 LSI 和 WCISR 制得试样 7 和试样 28，试样的基本性能由表 9-14 所示。试样 7 和试样 28 从室温到 1300℃温度范围内的热扩散率和比热容如图 9-5(a)所示。由图 9-5(a)可见，随着温度的升高，两个试样的热扩散率具有基本相同的变化趋势。两个试样均先随着温度的升高不断降低，在700～1100℃略微升高后继续下降，同时试样 28 的热扩散率随温度的变化较试样 7 更加敏感。由图 9-5(b)可见，两个试样的比热容随温度的变化趋势也相似，先随着温度的升高不断增加，均在 700℃时达到最大值，随后不断降低。

由于 C/C-SiC 由晶体 SiC 和 Si 基体以及晶体和无定形碳基体组成，因此其导热性能在不同的温度范围的影响因素也有不同。700℃和 1100℃左右为图 9-5(b)的拐点，这是因为 700℃左右为残留 Si 氧化成 SiO_2 的起始氧化温度点，而 1100℃左右为 SiC 基体的氧化起始点。Si 氧化成 SiO_2 是一个增重的过程，而 SiC 的氧化是一个失重过程。因此,C/C-SiC 随温度升高,由于其组分不断发生变化,其导热性能也随之相应改变。

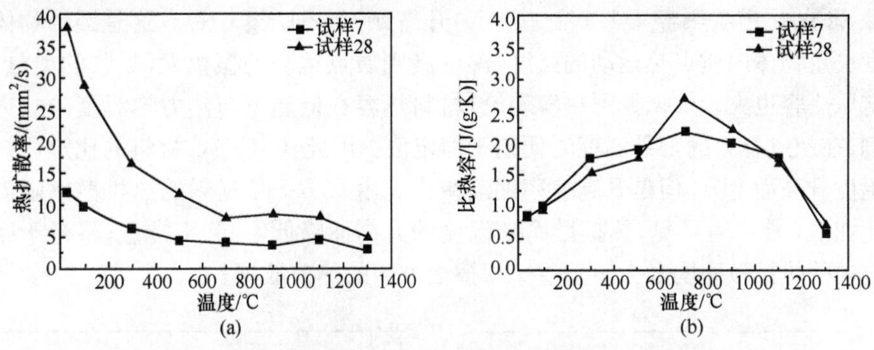

图 9-5　C/C-SiC 摩擦材料不同温度下的热扩散率和比热容

(a) 热扩散率;(b) 比热容

采用 CVI 工艺制备的 C/C-SiC 材料从室温到 1300℃温度范围内的热扩散率和比热容如图 9-6 所示。由图 9-6(a)可见,随着温度的升高,CVI-C/C-SiC 材料的热扩散率均随着温度的升高不断降低。由图 9-6(b)可见,随着温度的升高,比热容均呈现出先升高后降低的变化趋势,最大值出现在 500℃,而后不断降低。

表 9-14　试样 7 和试样 28 的组分含量及基本性能

试样编号	密度/(g/cm³)	组分含量%(质量分数)			开孔率/%
		炭纤维	炭基体	SiC	
7	1.89	10.5	55.9	33.6	17.9
28	1.85	15	42.6	40.7	16.8

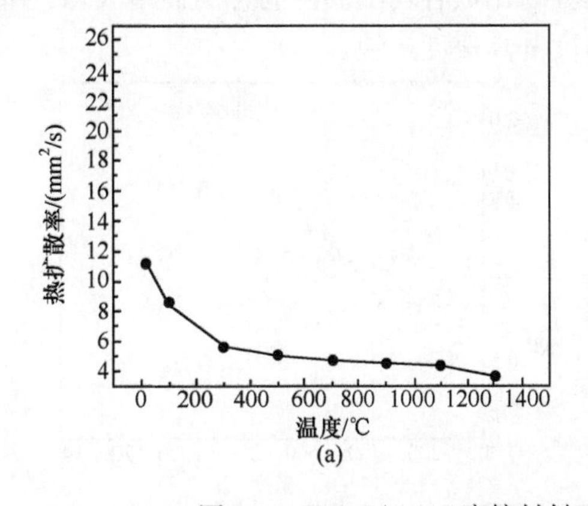

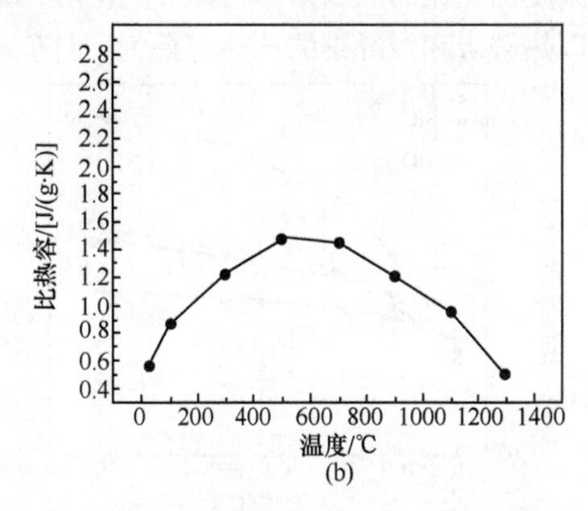

图 9-6　CVI-C/C-SiC 摩擦材料不同温度下的热扩散率和比热容

(a) 热扩散率;(b) 比热容

范尚武等[8]研究了 LSI-C/C-SiC 的比定压热容和热扩散率随温度的变化关系，分别如图 9-7 和图 9-8 所示。由图 9-7 可知，温度从 100℃升高到 1400℃，C/C-SiC的比定压热容从 1.14J/(g·K)升高到 1.92 J/(g·K)。这是因为物体的温度决定物体内质点热运动的强度，温度高则质点运动的振幅大，吸收的热量多，比定压热容也大。根据德拜热容理论，材料热容在低温下与热力学温度的立方成比例，在超过材料的德拜温度时便趋于恒定值。因此，C/C-SiC 材料的比定压热容随温度升高而上升，但是升高速率逐渐减少。由 C/C-SiC 材料的热扩散率随温度变化曲线(图 9-8)可见，热扩散率随温度的升高而降低，并趋于常量；平行于摩擦面方向的热扩散率明显大于垂直于摩擦面方向的热扩散率。

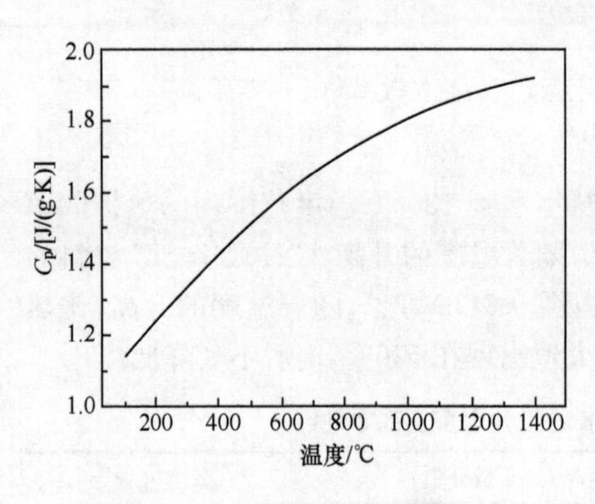

图 9-7　LSI-C/C-SiC 摩擦材料的比定压热容随温度变化曲线[8]

图 9-8　LSI-C/C-SiC 摩擦材料的热扩散率随温度变化曲线[8]

图 9-9 为基体中热解炭、SiC 和 Si，氧化产物 SiO_2 和 T700 炭纤维的比热容随温度的变化曲线。由图可知，基体中各组分的比热容均随温度的升高而增大，其中以热解炭和炭纤维的比热容最大，且随温度升高速度最快。

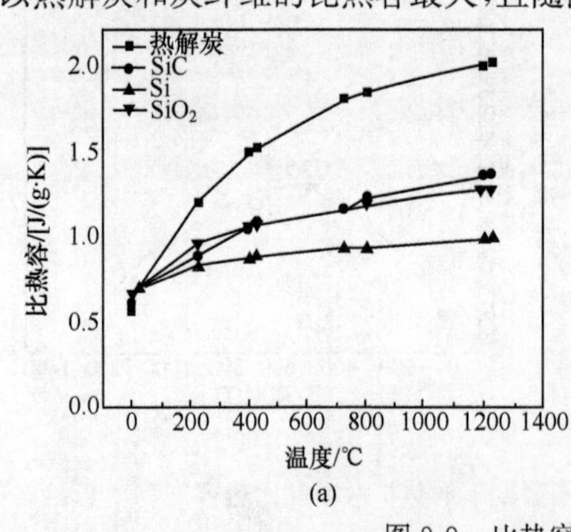

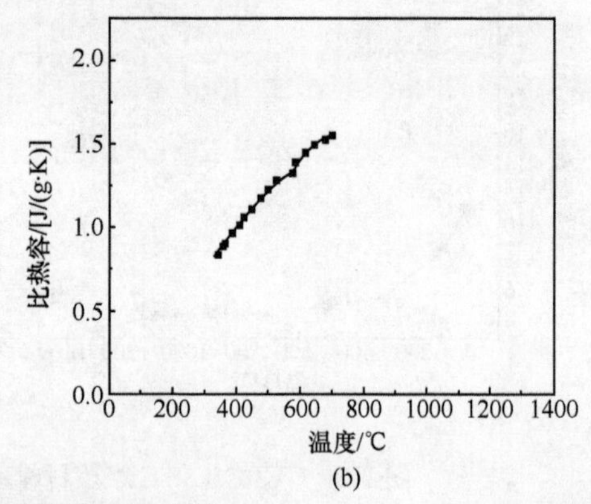

图 9-9　比热容随温度的变化曲线

(a) 热解炭、SiC、Si 和 SiO_2；(b) T700 炭纤维

固体中存在两种导热机理：对于大多数金属来说，导热是通过电子漂移来实现的；而对于非金属，导热是通过晶格振动来实现的，前者称为电子导热，后者称作声子导热。这两种导热方式对某一材料导热过程的贡献，可通过 Wiedmann-Franz 公式来计算[17]：

$$\text{Wiedmann-Franz 比值}=(\text{导热系数}\times\text{电阻率})/\text{温度} \tag{9-5}$$

当 Wiedmann-Franz 比值为常量时，其导热机制为电子导热；当比值为变量时，其导热机制为声子导热。对于 C/C-SiC 摩擦材料，Wiedmann-Franz 比值为变量，因此其导热机制为声子导热。

由声子导热控制的 C/C-SiC 摩擦材料导热系数 λ 可通过德拜方程求得[18]：

$$\lambda=\frac{1}{3}cvl \tag{9-6}$$

式中：λ 为导热系数，W/(m·K)；c 为声子的体积热容，J/(m^3·K)；v 为声子的平均速度，m/s；l 为声子的平均自由程，m。

声子的平均自由程的大小由两种过程决定：一是声子之间的碰撞，它是非谐效应的反映；二是晶体中的杂质、缺陷以及晶体边界对声子的散射。因此，声子平均自由程 l 与两种散射存在如下关系：

$$\frac{1}{l}=\frac{1}{l_e}+\frac{1}{l_d} \tag{9-7}$$

式中，l_e为声子-声子散射路程；l_d为不均匀相、缺陷、晶界等的间隔度。

由于 C/C-SiC 摩擦材料由 SiC、Si 晶体和无定形碳等物相构成，结构具有多样性，不同的结构在声子散射贡献方面存在非常大的差别。对于结晶度高的材料，例如，SiC 基体和残留 Si 的缺陷及晶界较少，因此来自于 l_d的影响小。两个因素影响了这类材料的导热系数：一方面是声子间散射路程 l_e，其对整个散射起主导作用，它与温度成反比，从中温到高温，导热系数逐渐降低；另一方面，在低温段，随着温度降低，声子间散射路程增加，其对导热有利，而此时材料的比热容却降得很快。对于结晶程度低的碳材料或无定形碳材料，结构不均匀引起的声子散射比单纯的声子-声子散射重要得多。

Bokros[19] 给出了晶体和无定形碳材料的导热系数与温度的关系(图 9-10)。由图可见，随着石墨化过程的进行，碳材料的结晶度提高，声子平均自由程增大，导热系数也相应增大。廖寄乔[20]通过研究具有不同织构热解炭的 C/C 复合材料的导热系数随温度的变化也得到了相似的结论。

试样 7 和试样 28 的导热系数随温度的变化关系如图 9-11 所示。由图可知，随着温度的升高，试样 7 的导热系数在 1100℃之前恒定在 15～21W/(m·K)，随后急剧下降至 1300℃的 3.95W/(m·K)。而试样 28 的导热系数在室温时高达 57.6W/(m·K)，随温度升高不断下降，至 1300℃时仅为 7.1W/(m·K)。这是因

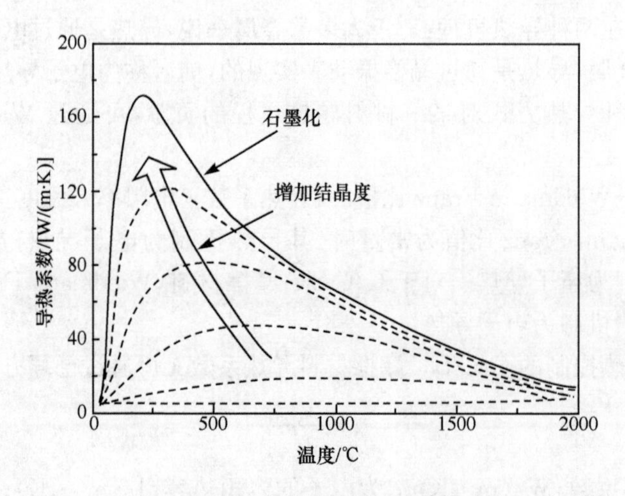

图 9-10 晶体和无定形碳材料的导热系数与温度的关系[19]

为从中温到较高温度,随着温度的升高,声子热容不再增大,逐渐为一常数,因此,声子导热也不再随温度的升高而增大。更高温度下声子导热变化不大,而材料因为氧化变得疏松,开孔率增大,其导热系数急剧下降。

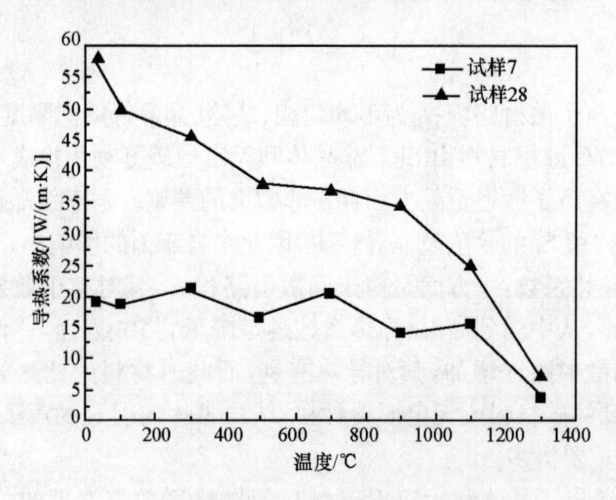

图 9-11 C/C-SiC 摩擦材料的导热系数随温度的变化规律

参 考 文 献

[1] 黎婉棠,吴英凯. 固体物理学. 北京:北京师范大学出版社,1990: 134

[2] Klett J W, Edie D D. Flexible towpreg for the fabrication of high thermal conductivity carbon/carbon composites. Carbon, 1995, 23: 1485~1503

[3] 德尔蒙特 J. 炭纤维和石墨纤维复合材料技术. 北京:科学出版社,1987: 424-445

[4] Williams, R M. Advance in the development of RPG. 12th SAMPE Symposium, Anaheim

California 1967：AC-13

[5] Luo R Y，Liu T，et al. Thermalphysical properties of carbon/carbon composites and physical mechanism of thermal expansion and thermal conductivity. Carbon，2004，42：2887-2895

[6] 熊翔. 炭/炭复合材料摩擦性能研究. 长沙：中南大学博士学位论文，2004

[7] 田广来，徐永东，范尚武，等. 高性能 C/SiC 刹车材料及其优化设计. 复合材料学报，2008，25(2)：101-108

[8] 范尚武，张立同，成来飞. 三维针刺 C/SiC 刹车材料的热物理性能. 复合材料学报，2011，28(3)：56-62

[9] Peebles Jr L H. Carbon fibres：Structure and mechanical properties. International Materials Reviews，1994，39(2)：75-92

[10] 尹洪峰，徐永东. 连续炭纤维增韧 SiC 复合材料的制备与性能研究. 硅酸盐学报，2000，28(5)：437-440

[11] Mital S K，Murthy P L N. Characterizing the properties of a C/SiC composite using micromechanics analysis. 19th Aias Applied Aerodynamics Conference Paper Aol-25133，2001：1363

[12] Okada Y，Tokumaru Y. Precise determination of lattice parameter and thermal expansion coefficient of silicon between 300 and 1500 K. Journal of Applied Physics，1984，56(2)：314-320

[13] 关振铎，张中太，焦金生. 无机材料物理性能. 北京：清华大学出版社，2002，131-150

[14] 贺福，王茂章. 炭纤维及其复合材料. 北京：化学工业出版社，2004：32

[15] 李宏，徐永东，张立同，等. 2.5D C/SiC 复合材料的热物理性能. 航空材料学报，2007，27(4)：60-64

[16] Quek M Y. Analysis of residual stresses in a single fibre-matrix composite. International Journal of Adhesion and Adhesives，2004，24(5)：379-388

[17] Kelly B T. The Thermal conductivity of graphite//Walker Jr P L. Chemistry and Physics of Carbon，New York：Marcel Dekker，Inc.，1969，(5)：119

[18] Taylor R，Gilchrist K E，Posten L J. Thermal conductivity of polycrystalline graphite. Carbon，1968，6(4)：573-544

[19] Bokros J C. Chemistry and physics of carbon//Walker Jr P L. New York：Marcel Dekker，1969，5：1-118

[20] 廖寄乔. 热解炭微观结构对 C/C 复合材料性能影响的研究. 长沙：中南大学博士学位论文，2003：78-81

第 10 章　C/C-SiC 摩擦材料的力学性能及其失效机制

摩擦过程是一个冲压剪过程，不仅对摩擦材料的摩擦性能有特别的要求，对其力学性能也有一定的要求。摩擦材料在刹车时，会受到压缩、弯曲、拉伸、剪切等多种力的作用，如果摩擦材料的力学性能不好，则材料很容易发生脆断，导致交通事故发生[1]。

C/C-SiC 摩擦材料是多相非均质复合材料，研究它的力学性能及破坏失效机理，首先应从研究纤维、基体、界面性质与微观破坏特征的关系入手，进一步探索材料的微观破坏机理与其性能的内在联系[2]。C/C-SiC 摩擦材料的力学性能依赖于纤维、基体、界面的结合强度、成分含量、制备工艺等，而其使用性能及失效模式与使用环境、制动速度和制动压力等密切相关。

本章主要介绍采用 LSI、WCISR 和 CVI 三种不同工艺制备的 C/C-SiC 摩擦材料的力学性能及其影响因素，并研究其失效机制。

10.1　LSI-C/C-SiC 的力学性能及影响因素

10.1.1　弯曲和压缩性能

1. 炭纤维预制体结构

分别采用 T700、12KPAN 基炭纤维针刺整体毡和全网胎为预制体，并用 CVI 进行基体炭增密制备 C/C 多孔体，然后采用 LSI 制得两组 C/C-SiC 摩擦材料(试样的密度等基本性能见表 9-1)。C/C-SiC 摩擦材料垂直摩擦面方向的力学性能如图 10-1 所示。从图 10-1 可以看出，试样 1 的弯曲强度(σ_b)比试样 2 要高得多，其冲击韧性也较试样 2 高，而试样 1 的压缩强度却低于试样 2。

图 10-2 为试样 1 和试样 2 典型的载荷-位移曲线。由垂直弯曲载荷-位移曲线可看出[图 10-2(a)]，以整体毡为预制体的试样 1 弯曲载荷-位移曲线呈抛物线形，为典型的韧化复合材料曲线，表现出良好的“假塑性”，弯曲强度高。而试样 2 的应力-位移曲线在达到最大值后直线下降，表现为脆性断裂。这是因为以整体毡为预制体制备的试样 1 由 0°和 90°两个方向的长纤维无纬布和网胎层交替排布，大量的长纤维发挥增韧作用。而以全网胎为预制体制备的试样 2 内部是短炭纤维杂乱分布，同时纤维含量较试样 1 低，因此试样 2 的纤维增韧有限。试样 1 的载荷-位移

曲线可分为以下四部分[3,4]。

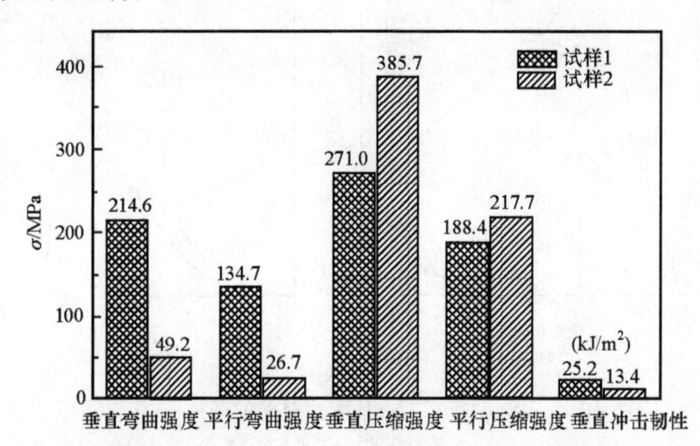

图 10-1　以整体毡和全网胎为预制体，采用 LSI 制 C/C-SiC 摩擦材料的力学性能

第一部分（*AB* 段）为线弹性阶段，此阶段陶瓷基体将载荷传给纤维并同时承载，弯曲时材料内原始的微裂纹（在制备过程产生的）未产生开裂和扩展，且基体未产生新的裂纹，表明在该阶段材料未受到任何破坏，依然保持材料的弹性。

第二部分（*BC* 段）为非线性阶段，此阶段由于应力超过了材料的弹性极限，随着应力的增加，基体内部逐渐萌生新的微裂纹；同时材料中原始的微裂纹开始开裂和扩展，并在基体和界面中发偏转，从而导致材料抵抗应力变化的能力稍有降低，载荷-位移曲线的斜率稍有减小。

第三部分（*CD* 段）陡变区，本阶段随着应力的逐渐增大，基体产生大量裂纹并不断扩展，导致基体开裂，使得基体承载能力陡然降低，同时会引起纤维与界面之间产生脱黏和滑移，并有部分纤维断裂并拔出，使得复合材料抵抗应力变化的能力陡然降低，载荷-位移曲线的斜率迅速减小。

第四部分（*DE* 段）为失稳区，即随着载荷的增加，位移迅速减小。本阶段基体已基本丧失承载能力，纤维大量断裂，并与界面之间产生脱黏和滑移，最终拔出，导致材料承载失效。

图 10-2(b)为试样的平行压缩载荷-位移曲线。由图可看出，试样 1 和试样 2 的曲线线形基本相似。这是因为平行压缩时，载荷与无纬布方向平行，主要是基体承受载荷，纤维的增强作用不明显。

2. 基体炭结构

以炭纤维针刺整体毡为预制体，制得不同基体炭结构的三个试样，试样的密度等基本性能见表 9-2。三个试样的力学性能如图 10-3 所示。从图可以看出，三个试样的弯曲强度相差较大，试样 1（以热解炭为炭基体）＞试样 5（以热解炭和树脂

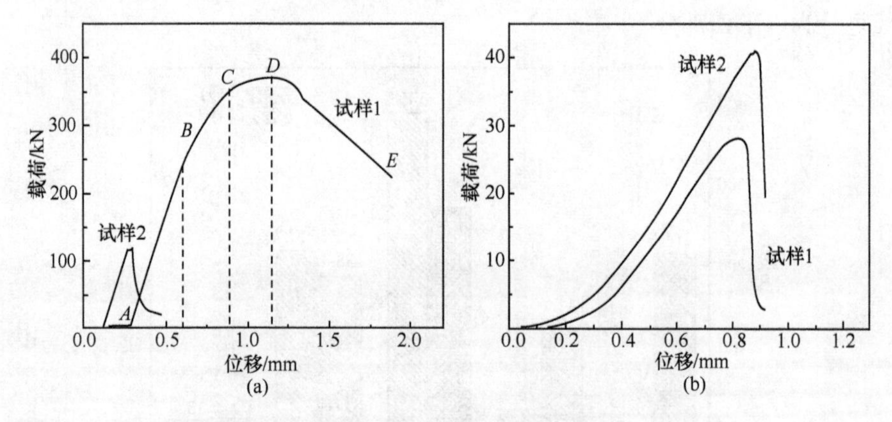

图 10-2　LSI 制备 C/C-SiC 摩擦材料的载荷-位移曲线

(a) 垂直弯曲；(b) 平行压缩

炭为炭基体)＞试样 6(以树脂炭为炭基体)，三个试样的压缩强度相当，这说明热解炭基体比树脂炭基体更有利于提高材料的弯曲强度。

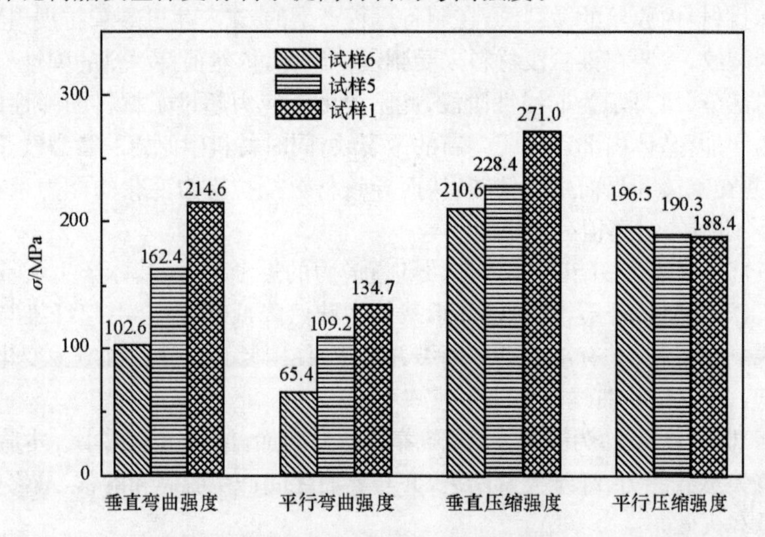

图 10-3　以热解炭或(和)树脂炭为炭基体，采用 LSI 制 C/C-SiC 的力学性能

3. 熔渗温度

表 10-1 所示为采用不同熔渗温度制备的 C/C-SiC 摩擦材料的弯曲性能，1700℃渗硅制备的 CR1 材料比 1900℃渗硅制备的 CR2 材料的密度稍低，但弯曲强度更高。更高的渗硅温度意味着液 Si 穿过热解炭界面层向炭纤维扩散的能力增强，炭纤维更易硅化损伤，使得炭纤维的强度下降，导致复合材料的弯曲强度下降。

图10-4为C/C-SiC复合材料的应力-应变曲线。对于CR1材料，在载荷增加阶段，载荷与位移几乎表现为完全的线性关系，一定载荷后，出现三个类似金属屈服的平台，每个平台之后应力-应变曲线下降。应力穿过基体进入热解炭涂层，热解炭涂层破裂，纤维与热解炭涂层脱黏，纤维被拔出；同时预制体为无纬布叠层针刺整体毡，无纬布层间仅靠少量针刺固定，则无纬布层间的结合相应较差，复合材料出现逐层断裂的现象，所以应力-应变曲线出现三个平台。CR1材料具有较好的假塑性，可认为是韧性断裂。CR2材料的应力-应变曲线在最大载荷以后，也出现了一个小平台，然后锯齿形下降，呈现出一定的塑性，但材料很快破坏。

表10-1　LSI制备2.5D C/C-SiC复合材料的弯曲性能和断裂韧性

复合材料	熔渗温度/℃	密度/(g/cm³)	弯曲强度/MPa	断裂韧性/(MPa·m$^{1/2}$)
CR1	1700	2.25	131	7.6
CR2	1900	2.34	105	5.3

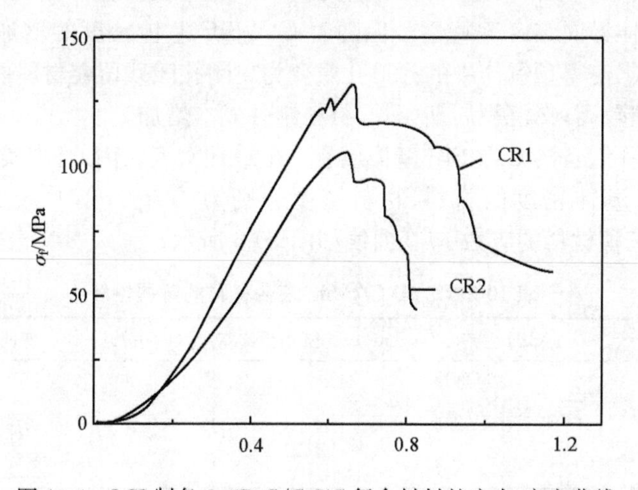

图10-4　LSI制备2.5D C/C-SiC复合材料的应力-应变曲线

图10-5是2.5D C/C-SiC复合材料断口的SEM照片。从图10-5(a)可知，CR1材料的断面上，纤维束大量拔出，且拔出较长。而CR2的断口形貌[图10-5(b)]明显不同，仅有少量的纤维拔出，断口平整，表明复合材料呈现典型的脆性断裂。在用LSI法制备的CR1和CR2材料中，1900℃渗硅制备的CR2材料虽然密度较高，但熔融Si容易与热解炭界面层和炭纤维发生反应，使热解炭界面层失去弱化SiC基体与炭纤维界面结合的功能，同时硅化反应降低了炭纤维的强度，致使材料的力学性能较低；而对于CR1材料，适当的温度和适当的渗硅时间大大减少了熔融Si对炭纤维的侵蚀，且纤维与基体的结合相对较弱，纤维能充分脱黏拔出。

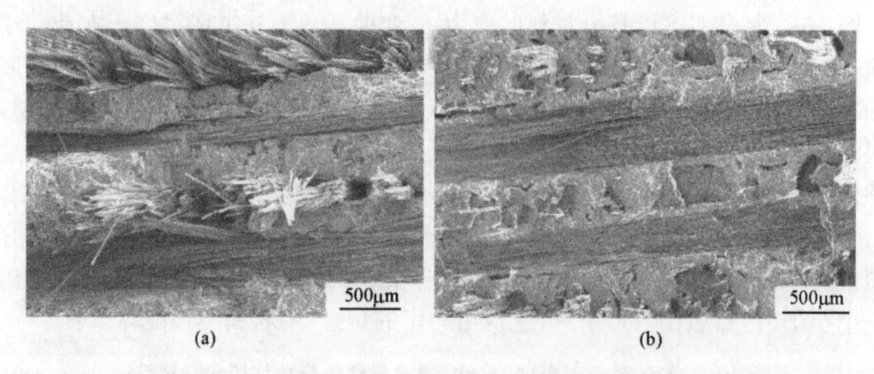

(a) (b)

图 10-5 LSI 制备 2.5D C/C-SiC 复合材料的断口形貌

4. SiC 基体含量

CVI 沉积 SiC 基体的主要目的是保护炭纤维使其避免受到液 Si 的化学侵蚀，改善纤维/基体界面结合等特性。但随着 CVI-SiC 基体密度的增加，又会带来两个不利影响：①使得预制体中的开口孔隙变为封闭孔隙残留在材料内部，从而导致材料的孔隙率较高；②沉积周期变长，材料制备成本增加。

因此，CVI 制备的 CVI-SiC 基体应有一个最佳密度。因此，本实验设计了三个不同 CVI-SiC 基体密度的材料，材料密度分别为 1.3g/cm³，1.5g/cm³，1.8g/cm³（表 10-2）。三种材料的应力-应变曲线如图 10-6 所示。

表 10-2 2.5D C/C-SiC 复合材料的弯曲性能

试样编号	CVI 后密度/(g/cm³)	LSI 后最终密度/(g/cm³)	弯曲强度/MPa
A	1.3	2.25	125
B	1.5	2.34	133
C	1.8	2.31	225

A 材料和 B 材料的断裂行为基本相同，断裂过程可明显划分为线性和非线性两个阶段，当应力达到最大值后缓慢降低，表现出类似金属材料非灾难的断裂特征。A 材料和 B 材料的弯曲强度分别为 125MPa 和 133MPa，最大断裂位移分别达到了 0.8mm 和 1.2mm，均表现出明显的韧性断裂行为。C 材料的断裂行为与 A 材料和 B 材料明显不同，应力达到最大值后迅速下降，表现为脆性断裂模式。复合材料的弯曲强度达到 225MPa，但最大断裂位移仅 0.7mm。

由于渗硅温度相同，三种复合材料宏观力学性能的差异可从三者的 CVI-SiC 基体密度差异来解释。A 材料和 B 材料的断裂行为相近，但从应力-应变曲线来说，B 材料的韧性行为较好，曲线呈阶梯形缓慢下降，A 材料则强度保持率低于 B 材料。说明 A 材料和 B 材料经 CVI 沉积 SiC 后得到的 CVI-SiC 基体层都能较好

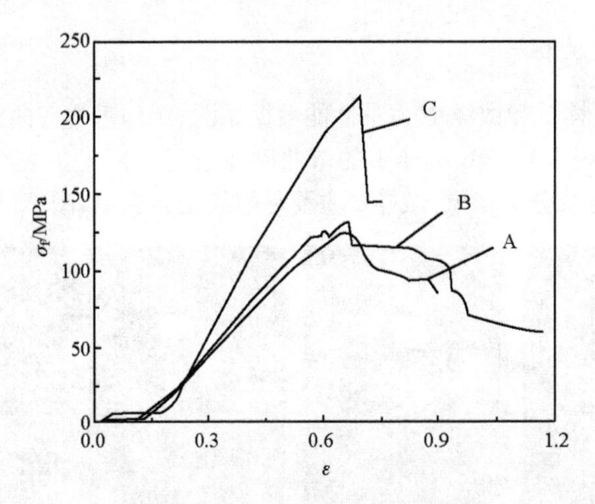

图 10-6　2.5D C/C-SiC 复合材料的应力-应变曲线

地抵御 LSI 过程中高温下熔融 Si 对炭纤维的侵袭，炭纤维的增韧效果都能得到较好的发挥。由于 B 材料的 CVI-SiC 基体多于 A 材料，同时 CVI-SiC 基体比 LSI-SiC 基体组织细密、强度高，所以 B 材料的强度保持率高于 A 材料。C 材料的 CVI-SiC 基体量较多，弯曲强度也较高，但当 CVI-SiC 基体量较多时，由于纤维束之间以及纤维与 SiC 基体之间的结合强度都很高，因此 C 材料表现出脆性断裂特征。

三种材料断裂面的微观结构如图 10-7 所示，在断裂面上均存在一定程度的拔出纤维。A 材料纤维拔出的长度较长，在 100μm 以上；B 材料中纤维拔出的长度差异很大，有些拔出纤维长达 200μm 以上；而 C 材料由于 CVI-SiC 基体量较多，纤维/基体界面结合强度高，限制了纤维/基体脱黏、纤维拔出，因而复合材料的应力-应变曲线表现出脆性破坏模式，复合材料的断裂面上拔出纤维很少，纤维拔出长度很短，图 10-7(c)所示。

图 10-7　2.5D C/C-SiC 复合材料的断口形貌

(a) A 材料；(b) B 材料；(c) C 材料

5. 弯曲失效机制

图 10-8 为试样 1 和试样 2(力学性能数据见图 10-1)垂直弯曲破坏后断口的宏观形貌。由图 10-8(a)可知,试样 1 的弯曲破坏过程中发生了裂纹偏转和纤维桥接,同时还存在裂纹分叉现象,试样 2 主要是裂纹偏转现象[图 10-8(b)]。

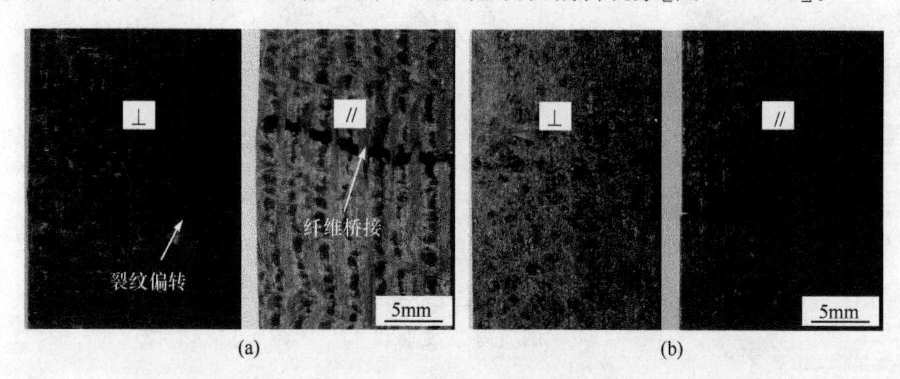

图 10-8　LSI 法制 C/C-SiC 摩擦材料弯曲破坏后的断口宏观形貌

(a) 试样 1;(b) 试样 2

裂纹偏转主要依靠裂纹沿结合较弱的纤维/基体界面弯折,偏离裂纹原来的扩展方向,使裂纹扩展路径增加,从而使裂纹在扩展过程中吸收更多的能量,达到增韧的效果。

纤维桥接是通过桥接的纤维使基体产生裂纹闭合的力,阻止裂纹进一步开裂,从而增大材料的韧性;而且桥接往往伴随着基体开裂、基体裂纹逐渐向纤维与基体界面扩展、界面脱黏、纤维断裂和纤维拔出等复杂过程,其示意图如图 10-9 所示,因此纤维桥接对复合材料增韧有较大作用。

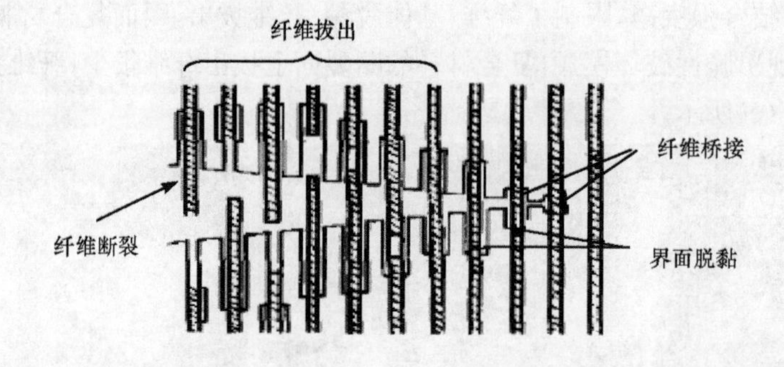

图 10-9　C/C-SiC 摩擦材料力学破坏过程示意图

裂纹分叉是裂纹扩展过程中受到纤维的阻挡,沿着界面越过纤维时分叉扩展,实现裂纹尖端应力的重新分布,造成应力的分散,缓解基体裂纹端部的应力扩展能量,起到增韧的作用。

图 10-10 为试样垂直弯曲破坏后断口的 SEM 照片。由图 10-10(a)和(b)可知,试样 1 有大量的纤维和纤维束拔出,并且拨出纤维很长,界面发生脱黏,说明试样中纤维/界面结合适中。纤维拔出主要依靠克服纤维与基体之间的结合力来实现能量的耗散,达到增韧的效果。界面脱黏可以有效地调节复合材料内部的应力分布,缓解基体裂纹端部的应力集中,阻止裂纹向纤维扩展,从而防止复合材料发生脆性断裂,起到增韧的作用。试样 2 在弯曲过程中以单根纤维的形式拔出[图 10-10(c)和(d)],绝大部分纤维拔出较短。

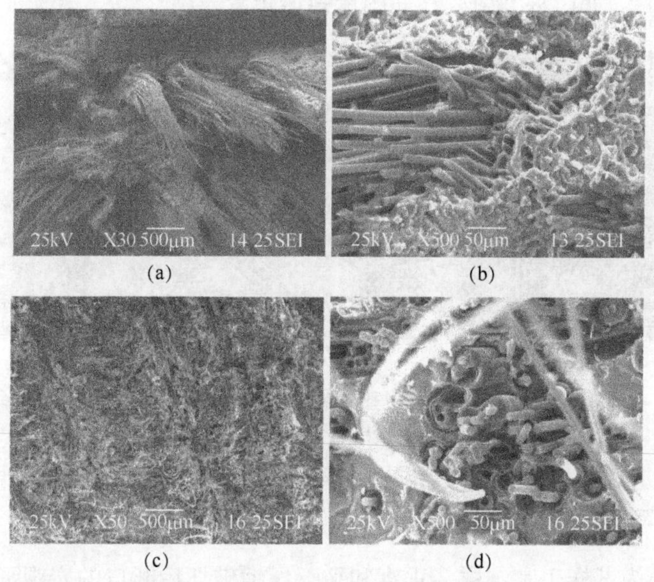

图 10-10　LSI 制备 C/C-SiC 摩擦材料垂直弯曲破坏后的断口形貌

(a) (b)试样 1;(c),(d) 试样 2

图 10-11 为试样 5 和试样 6(力学性能数据见图 10-3)弯曲破坏后断口的显微形貌。由图 10-11(a)可见,试样 5 的断口形貌有大量的纤维拔出,同时发现部分热解炭从炭纤维上剥落,仍有一部分留在炭纤维上。这样使得其纤维或纤维束在拔出过程中能释放更多的应力,从而使得弯曲破坏既有较高的弯曲强度,又有较大的位移,表现出较好的"假塑性"。试样 6 的弯曲断口较平整[10-11(b)],仅有少量的纤维被拔出,增韧作用不明显。

不同基体炭对 C/C-SiC 摩擦材料弯曲性能的影响可从界面结合强度、脱黏面上滑移阻力、在界面层制备过程中对炭纤维的损伤程度及 LSI 过程中基体炭对炭纤维的保护作用四个方面来解释。界面结合强度高,不能发生界面脱黏,导致脆性断裂;界面结合强度太弱,不能有效地将载荷传递给纤维,纤维起不到增强和增韧作用。因此,界面结合强度要适中,才能充分体现纤维增韧复合材料的优势。

以树脂炭为基体的试样 6，一方面树脂炭与炭纤维界面结合强度大，弯曲破坏过程中界面不能及时脱黏吸收应力；另一方面树脂在炭化过程中，会产生较大的体积收缩并在材料中形成裂纹，树脂炭不能像热解炭一样把纤维束包裹起来进行保护，使得纤维束外围的部分炭纤维在 1650℃ 的高温下与渗入的熔融硅反应生成 SiC，炭纤维因硅化而性能下降，因而试样 6 的弯曲强度低。与树脂炭涂层相比，热解炭涂层制备过程中对炭纤维损伤小，具有适中的界面结合强度且其断裂能低（$<1J/m^2$），满足界面脱黏条件，纤维起到增韧作用，热解炭杂质少、致密，高温热处理过程中不形成裂纹，可减少或避免在 LSI 过程中液 Si 对炭纤维的侵蚀，使得试样 1 和试样 5 表现为"假塑性"断裂，弯曲强度相应提高。

图 10-11 以热解炭或(和)树脂炭为基体炭制 C/C-SiC 垂直弯曲破坏后的断口形貌
(a) 试样 5；(b) 试样 6

6. 压缩失效机理

图 10-12 为试样 1 和试样 2 垂直和平行压缩破坏后断口的宏观形貌及其示意图。通常情况下，连续纤维增强复合材料的垂直压缩强度与无纬布层间的剪切性能密切相关，平行压缩强度与纤维束和基体之间的界面性能以及纤维束和基体的剪切性能密切相关。由图 10-12(a)和(b)可知，试样垂直压缩破坏断口与加载方向夹角接近 45°，这是由于试样上下压缩表面受到了平行于压缩表面指向面心的摩擦力的作用，同时在垂直压缩表面受到压力，在这些力的共同作用下试样沿其对角线劈裂，表现为明显的剪切破坏形式[10-12(c)]。平行压缩试样破坏断口形貌[图 10-12(d)和(e)]同垂直压缩试样的破坏形式也基本相同，但由于压力平行于纤维的铺层方向，因此表现为多层复合剪切破坏形式。

图 10-13 为两个试样垂直压缩破坏后断口的形貌。由图可知，试样 1 有大量的纤维束断裂[图 10-13(a)]，纤维拔出较明显[图 10-13(b)]。而试样 2 主要是基体压溃[图 10-13(c)]，纤维与断口基本平齐[图 10-13(d)]。结合压缩试样断口形貌可以得出，C/C-SiC 的压缩破坏主要是由基体的压剪组合破坏情况所决定的。

图 10-12 熔硅浸渗法制试样 1 和试样 2 垂直和平行压缩破坏后的断口宏观形貌及其示意图

(a),(d)试样 1;(b),(e) 试样 2

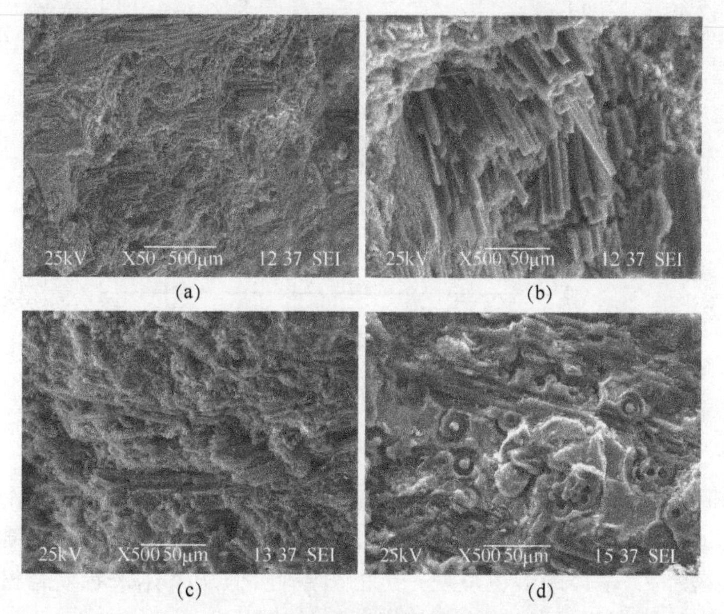

图 10-13 LSI 制 C/C-SiC 摩擦材料垂直压缩破坏后的断口形貌

(a),(b) 试样 1;(c),(d) 试样 2

综上所述,LSI 制备的 C/C-SiC 的力学性能优异,加上具有突出的导热、化学性能等,这种材料非常适宜在超高温及承受压力载荷的环境下服役,如德国已经将这种材料成功地应用于航空发动机摩擦件[5]。

10.1.2 拉伸性能

表 10-3 为采用 CVI 和 LSI 制备的 2.5D C/C-SiC 复合材料的密度和拉伸性能。由表可知,A1 材料的密度比 A2 材料的密度稍高,拉伸强度也稍高。

表 10-3 2.5D C/C-SiC 复合材料的密度和拉伸性能

复合材料	CVI 后密度/(g/cm³)	LSI 后最终密度/(g/cm³)	拉伸强度/MPa
A1	1.3	2.41	15
A2	1.3	2.36	14

图 10-14 为 2.5D C/C-SiC 复合材料的拉伸载荷-位移曲线。由图可见,在低应力状态下,A1 和 A2 的应力-应变关系为非线性。A1 的拉伸强度稍高于 A2,且断裂应变稍大。

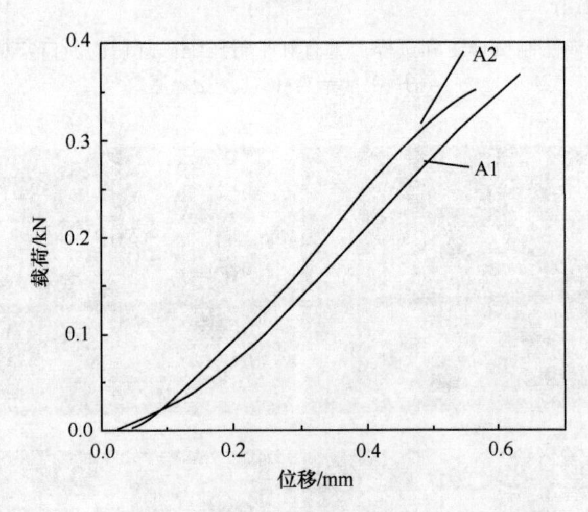

图 10-14 2.5D C/C-SiC 摩擦材料的拉伸载荷-位移曲线

图 10-15 为 2.5D C/C-SiC 复合材料的拉伸断口形貌,复合材料在 0°/无纬布方向的纤维束出现了开裂、滑移或脱黏,此方向纤维表面较光滑,表明熔融 Si 对纤维损伤少。复合材料在 90°/无纬布方向出现了基体开裂的现象,纤维被逐级拔出,拔出长短不一,基体断裂也呈现一定的分层性,但从整体来看复合材料呈现混合断裂的特征,既有脆性断裂,也有韧性断裂的特征。

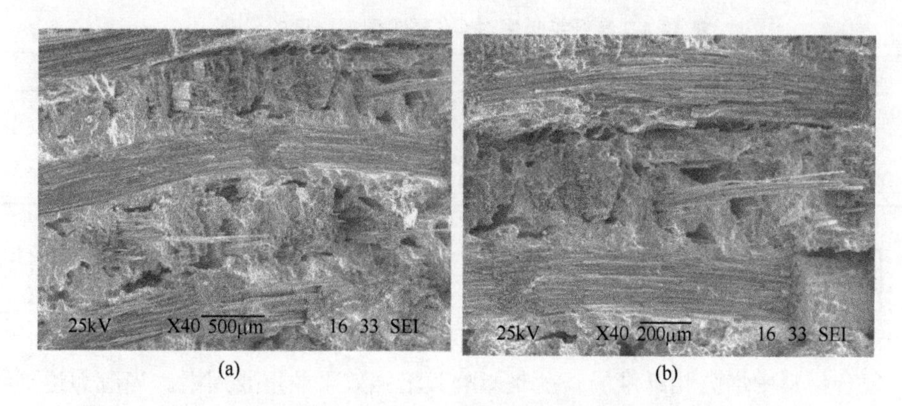

(a)　(b)

图 10-15　2.5D C/C-SiC 摩擦材料的拉伸断口形貌

10.2　WCISR-C/C-SiC 的力学性能及失效机制

纤维是短纤维增强复合材料中承受载荷的主要组分。由于纤维被切成几毫米到几十毫米的长度,纤维是不连续的,所以短纤维复合材料中载荷的传递过程要比连续纤维复合材料复杂得多,表现在纤维的端头部分,以及在纤维、界面和基体中存在非常复杂的应力状态。

短纤维增强复合材料在受载荷时的力学性质和断裂行为与很多因素有关。分散纤维比纤维束在基体中分布均匀,纤维与基体的结合界面多,载荷能通过纤维/基体界面有效地传递。纤维在基体中的排布和均匀性也影响纤维增强作用的发挥,若纤维方向与载荷垂直,易发生纤维的断裂或拔出,与载荷平行时则易出现劈裂和脱黏。纤维体积分数 V_f 过大,容易造成复合材料难以加工成型,纤维之间的孔隙缺陷也会增多;纤维体积分数 V_f 过小,则起不到增强基体的效果。纤维的长径比,在可行范围内,以大于 100 或更大为好,长径比太小的纤维起不到明显的增强效果,有时反而作为缺陷起不良作用。

纤维/基体界面性能决定了纤维引入的效果,并在很大程度上影响复合材料的断裂形式。只有结合强度适中的界面才能产生纤维脱黏、桥连和拔出等能量的耗损机制,从而达到纤维增韧作用。

10.2.1　弯曲性能

1. 纤维长度对弯曲性能的影响

分别以 2mm、5mm、12mm 长的分散短切炭纤维,体积分数为 15%,采用"纤维混合粉料→温压→热处理→树脂浸渍→炭化"工艺路线制备所需复合材料,分别测试其弯曲强度和弯曲模量,所得数据如表 10-4 所示。

表 10-4 炭纤维长度对 C/C-SiC 弯曲强度的影响

编号	纤维长度/mm	弯曲强度/ MPa	弯曲模量/GPa
M4	2	56.81	35.17
M5	5	59.06	40.55
M6	12	55.25	39.95

由表 10-4 可知，当纤维长度分别为 2mm、5mm、12mm 时，随着纤维长度的增加，复合材料的弯曲强度、弯曲模量先增大后减小。5mm 长的纤维制备材料弯曲性能最好，其弯曲强度为 59.06MPa，弯曲模量为 40.55GPa。

复合材料中增强相纤维的长度是影响其增强效果的重要因素。当应力达到纤维断裂应力时，最短纤维的长度为纤维的临界长度 L_c，其计算公式为 $L_c=\frac{dX_f}{2\tau_s}$（d 为纤维直径，X_f 为纤维强度，τ_s 为基体屈服应力）。对于不同长度的纤维，作用在纤维上的拉应力也不同，单向短纤维复合材料的强度取决于纤维长度 L，若 $L<L_c$，则短纤维上的拉应力达不到纤维的断裂强度，复合材料的破坏由基体或界面破坏引起；若 $L>L_c$，纤维发生断裂，导致材料的失效[6,7]。取 $d=7\mu m$，$X_f=4GPa$，$\tau_s=20MPa$，计算可得 $L_c=0.7mm$，即只要纤维长度 $L>0.7mm$ 就可以发挥纤维的增强作用。本研究中采用的纤维长度均大于 0.7mm，所造成的弯曲性能差异，应是纤维长度与纤维分布、纤维与基体界面结合强度以及制备工艺等其他因数共同作用的结果。

图 10-16 为试样 M5 抗弯断口扫描照片。由图可见，断面上纤维断口都很平整，纤维都是直接脆性断裂。断面上纤维周围有大量的白灰色物质出现[图 10-16(a)]，经分析，为残留的 Si 以及生成的 SiC。可见断裂主要发生在硅碳反应剧烈的地方。残留 Si、脆性生成物 SiC，脆性 SiC/纤维界面都是造成脆性断裂的原因。同时断面上有浸渍树脂炭化收缩孔隙和裂纹出现[图 10-16(b)]，这些都易成为材料脆性断裂的有利路径。

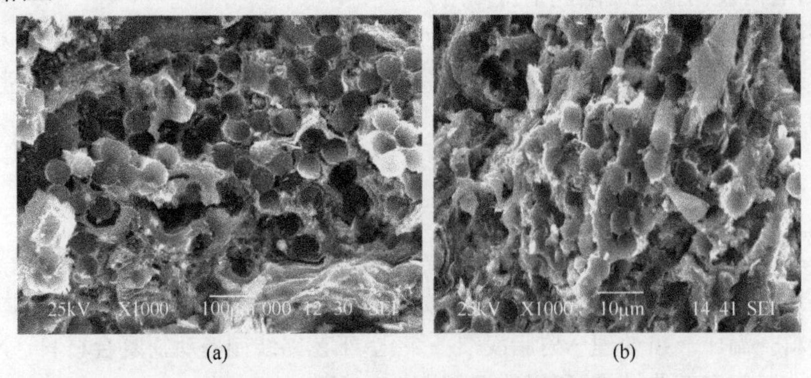

(a) (b)

图 10-16 试样 M5 抗弯断口 SEM 形貌

2. 纤维体积分数对弯曲性能的影响

分别以体积分数为 5%、10%、15%，长为 5mm 的分散短纤维，采用“纤维混合粉料→温压→热处理→树脂浸渍→炭化”工艺制备所需材料，其弯曲性能测试结果如表 10-5 所示。

表 10-5 炭纤维体积分数对 C/C-SiC 材料弯曲强度的影响

编号	纤维长度/mm	体积分数/%	弯曲强度/MPa	弯曲模量/GPa
M5-1	5	5	52.08	22.02
M5-2	5	10	55.70	24.20
M5	5	15	59.06	40.55

由表 10-5 可知，当纤维的体积分数分别为 5%、10%、15%时，随纤维体积分数的增加，弯曲强度和弯曲模量都有提高，其弯曲强度分别为 52.08MPa、55.70MPa、59.06MPa，弯曲模量分别为 22.02GPa、24.02GPa、40.55GPa，且弯曲模量的提升幅度大于弯曲强度的提高。

复合材料中纤维的增强作用主要依靠纤维从基体拔出、界面脱黏、断裂以及对开裂裂纹的偏转、纤维之间搭桥等增加基体开裂能的机制。本研究中，当复合材料中的纤维体积分数较低时($V_f=5\%$)，基体中分布的纤维较少，纤维与基体的结合界面不多，纤维对基体的支撑作用很弱，石墨粉和硅粉依靠树脂的黏结力黏结在一起。图 10-17(a)是体积分数为 5%时试样断口 SEM 照片，照片中纤维很少，断裂的发生主要是由于基体之间的弱结合被破坏。随着纤维体积分数的提高，纤维与基体的结合界面增多，纤维在基体中的随机穿插分布，受力载荷时纤维能与基体协同作用，在相互的拉扯下极大地提高材料对断裂裂纹的抵抗能力。图 10-17(b)是体积分数为 10%时试样断口的 SEM 照片，断口上有纤维出现且纤维与基体结合较好时，纤维与基体的结合能在一定程度上提高材料的断裂能力。所以当纤维体积分数从 5%增加到 15%时，抗弯强度一直增加。纤维体积分数的增加对复合材料力学性能的提高也是有一定范围的，一般是体积分数在 30%以下。纤维含量过高时，纤维可能会出现明显的偏聚现象，偏聚区的纤维呈束状或呈严重的相互搭接状分布，由于偏聚区内基体材料很难浸入而易形成孔洞，该类孔洞成为复合材料中明显的结构缺陷，严重地影响了材料的力学性能，此时随着纤维含量的增加力学性能反而会下降。

3. 弯曲断裂机理

图 10-18 是采用 WCISR 制备的四组纤维长度为 5mm、体积分数为 15%的 C/C-SiC复合材料的典型抗弯载荷-位移曲线。图中试样 M1 短纤维未分散；试样

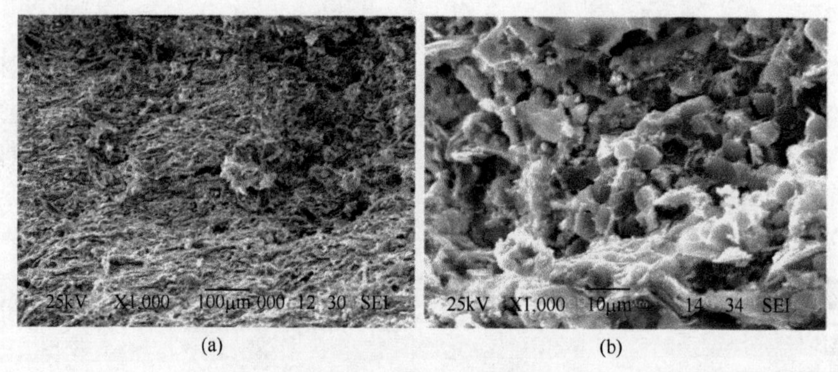

(a)　　(b)

图 10-17　不同纤维体积分数的 C/C-SiC 材料抗弯破坏断口 SEM 照片
(a) 5%体积分数；(b) 10%体积分数

M2 短纤维分散均匀。从图可以看出，这四条曲线的载荷随位移的增加基本上呈线性增加，当载荷到达顶点后四条曲线出现了不同的载荷下降变化趋势，M1、M2、M8 载荷下降较缓慢，M5 则以直线陡降。当增强纤维未分散，以纤维束分布于基体中时，材料断裂方式为脆性断裂(M1 曲线)。当增强纤维以分散纤维分布基体中，但未进行后续炭化处理时，材料断裂方式为韧性断裂(M2、M8 曲线)，而进行了后续炭化处理的材料为脆性断裂(M5 曲线)。主要原因在于：①纤维束增强时纤维与基体的结合界面少，纤维束中有孔隙存在，断裂时易导致应力集中，纤维束的集中断裂形成材料的脆性断裂。②分散纤维增强时，纤维与基体的结合界面多，有利于载荷的传递，以及纤维拔出、界面脱黏、纤维搭桥等增强、增韧机制的出现。③后续炭化处理使浸渍增密树脂炭化收缩，在基体中形成收缩的裂纹、空隙，成为脆性断裂的有利通道。④炭纤维与 Si 反应生成的 SiC 与炭纤维为化学结合，结合强度很高，与基体同属脆性断裂，同时短炭纤维受到液 Si 侵蚀而强度有所下降。上述原因导致本研究制备的 C/C-SiC 复合材料的抗弯强度不是很高，断裂的方式也不尽相同。

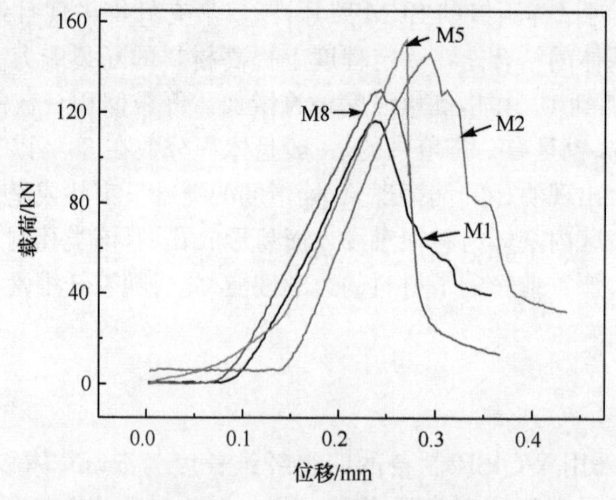

图 10-18　几组典型载荷-位移曲线

对抗弯测试后断口进行扫描电镜观察，如图 10-19 所示。由于材料中的树脂在炭化过程会产生收缩变形，导致纤维和基体炭的界面很弱或出现裂缝，较低的应力就能使炭纤维与树脂炭、SiC 的界面结合破坏，或使力学性能较差的树脂炭破坏。裂纹容易通过这些薄弱环节扩展，并最终破坏炭纤维实现整体断裂。后续树脂浸渍增密，在一定程度上能弥补基体中的孔隙、裂纹等缺陷，阻止断裂裂纹的迅速扩展，材料的失效方式出现非直接脆性断裂。当采用后续炭化处理后，由于树脂被炭化，后续浸渍树脂只是填充了一定的孔隙，增加了材料密度，制备的 C/C-SiC 材料仍然表现出直接脆性断裂特征。

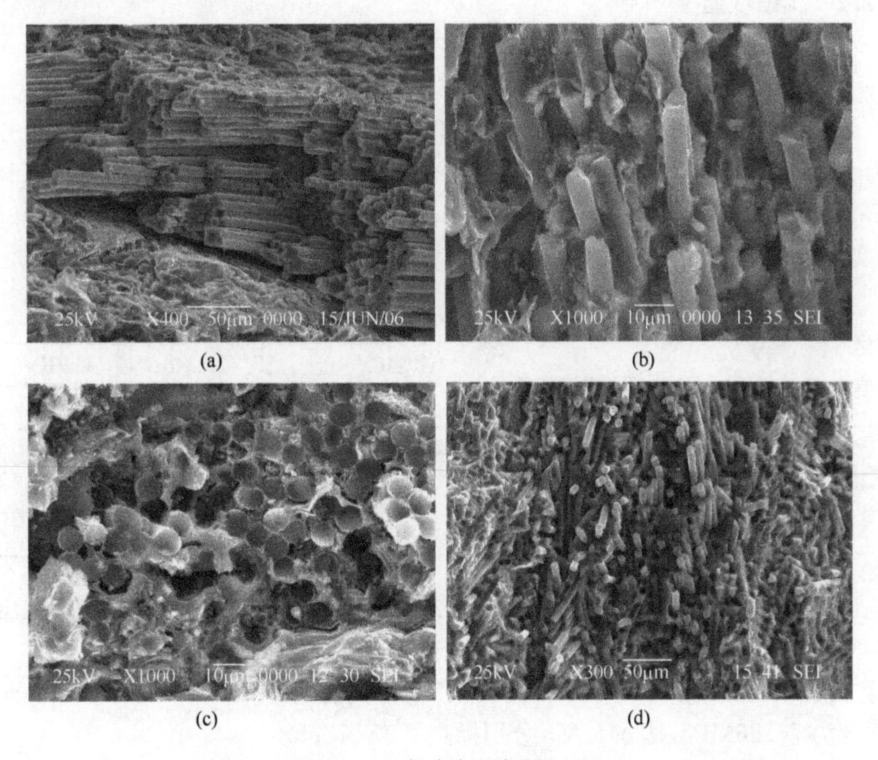

图 10-19　抗弯断口扫描照片

纤维对材料的增强、增韧作用依赖于基体强度及其与基体的界面结合状况，致密的基体和适中的界面结合强度为宜。纤维束增强时，纤维与基体的结合界面只有纤维束的外层纤维及两端，结合界面少，当界面结合好时，纤维不会发生脱黏、拔出，裂纹通过界面在纤维束中传播，纤维束中的单根纤维很脆，单根纤维受力折断，并迅速传递至其他纤维，导致纤维束整体断裂失效，如图 10-19(a)所示；界面结合不好时，失效裂纹易通过破坏纤维束外层纤维及两端与基体的结合界面使纤维束整体从基体中的剥离出来，纤维的增强效果也没有发挥出来。

分散纤维的随机分布及纤维与基体生成大量 Si-C 界面，受力时其断裂机制复杂。纤维分布取向与裂纹扩展方向一致时，裂纹扩展将使纤维与基体结合界面破坏，纤维沿裂纹扩展方向剥离或劈裂，如图 10-19(b)所示。纤维分布取向与裂纹扩展方向垂直时，纤维受加载弯应力的作用发生折断；纤维与基体强结合时，纤维、基体同时断裂，裂纹直接通过，断面平整，如图 10-19(c)所示。纤维与基体结合不强，纤维发生拔出，或在 Si-C 结合界面滋生微裂纹的作用下，形成纤维短拔出的“拔鞘”现象，同时在基体上留下纤维凹坑，如图 10-19(d)所示。纤维轴向与裂纹扩展方向成一定角度时，纤维受到拉应力或扭应力作用。

10.2.2 压缩性能

1. 纤维分布对压缩性能的影响

分别将 8mm 长的未分散纤维、分散纤维和高温处理分散纤维(纤维体积分数均为 15%)，按照“纤维混合粉料→温压→热处理→树脂浸渍”的工艺路线压制成 C/C-SiC 材料，切成 10mm×10mm×10mm 的压缩测试试样后进行抗压性能测试，实验结果如表 10-6 所示。

表 10-6 纤维分布对 C/C-SiC 材料抗压强度的影响

编号	纤维处理	纤维高温处理	抗压强度/MPa		抗压弹性模量/GPa	
			//	⊥	//	⊥
M1	未分散纤维	—	75.37	65.12	12.76	24.63
M2	分散纤维	—	89.29	76.86	19.10	39.05
M3	分散纤维	2300℃	75.23	69.30	20.18	39.51

由表 10-6 可见，采用分散纤维增强的 M1 试样平行方向和垂直方向上抗压强度均高于由未分散纤维增强的 M1 试样、高温处理分散纤维增强的 M3 试样。其平行方向抗压强度为 89.29MPa，比 M1、M3 分别提高了 18%、19%。垂直方向抗压强度为 76.86MPa，比 M1、M3 分别提高了 18%、11%。

抗压弹性模量则是采用分散纤维增强的 M2、M3 试样均大于由未分散纤维增强的 M1 试样。其中，M2 试样为 39.05GPa，M3 试样为 39.51GPa，而 M1 试样仅为 24.63GPa。

分散纤维增强的抗压强度比未分散纤维增强的好，主要是分散的纤维与基体结合较好，纤维之间基体炭填充好，孔隙、裂纹等缺陷比未分散纤维少。抗压测试时，纤维和基体结合成一个整体并相互拉扯、摩擦，提高了抵抗压缩时的变形能力，防止了裂纹的迅速扩展，提高材料的抗压强度和模量。分散纤维经过高温处理后，热处理过程中，纤维被损伤，本身的力学性能下降，导致最终的抗压强度相比 M2 试样有一定的下降。

2. 纤维长度对压缩性能的影响

分别以 2mm、5mm、12mm 长的分散短切炭纤维(纤维体积分数均为 15%)采用"纤维混合粉料→温压→热处理→树脂浸渍→炭化"工艺路线制成所需材料，切成 10mm×10mm×10mm 的压缩测试小样后进行抗压性能测试，实验结果如表 10-7 所示。

表 10-7　纤维长度对 C/C-SiC 材料抗压强度的影响

编号	长度/mm	抗压强度/MPa		抗压弹性模量/GPa	
		//	⊥	//	⊥
M4	2	133.47	144.56	42.47	75.77
M5	5	147.03	134.25	43.058	42.76
M6	12	132.47	120.98	34.792	40.05

由表 10-7 可知，随着纤维长度的增加，平行方向上的抗压强度先增大后减小，垂直方向上的抗压强度则单调下降。当纤维长度为 2mm、5mm、12mm 时，平行方向抗压强度分别为 133.47MPa、147.03MPa、132.47MPa，垂直方向抗压强度分别为 144.56MPa、134.25MPa 、120.98MPa。值得注意的是，2mm 纤维增强的材料在垂直方向上压缩强度(144MPa)超过了其平行方向的抗压强度。其原因主要是 2mm 的纤维长度最短，混料时短纤维与添加粉末混合更加均匀，从宏观上观察混合料，2mm 混合料接近球形，其他的则为棉絮层片状，平行压制方向上有相对较多的纤维分布，垂直方向上压缩测试时纤维的断裂、拔出、劈裂能有效延缓、抵制分层开裂，强度提高。三种材料的抗压弹性模量都很大，特别是 M4 在垂直方向上的抗压弹性模量达到 75.77GPa，应该是因为 2mm 长的纤维在垂直压制压力方向上分布较多，并且基体与其结合好。

3. 纤维体积分数对压缩性能的影响

以纤维体积含量分别为 5%、10%、15%的 5mm 长的分散短切炭纤维，采用"纤维混合粉料→温压→热处理→树脂浸渍→炭化"工艺制备所需 C/C-SiC 材料，切成 10mm×10mm×10mm 的压缩测试小样后进行抗压性能测试，实验结果如表 10-8 所示。

表 10-8　纤维体积含量对 C/C-SiC 材料抗压性能的影响

编号	长度/mm	体积分数/%	抗压强度/MPa		弹性模量/GPa	
			//	⊥	//	⊥
M5-1	5	5	95.08	82.34	25.16	43.19
M5-2	5	10	111.29	92.84	22.15	27.79
M5	5	15	147.03	134.25	43.06	52.76

由表 10-8 可见，随纤维体积含量的增加，材料的两向抗压强度都有提高。纤维体积分数从 5% 增加到 15% 时，平行方向抗压强度从 95.08MPa 增加至 147.03MPa，垂直方向抗压强度从 82.34MPa 增加至 134.25MPa，分别增加了 55%和 63%。

当纤维体积分数为 5%时，材料中纤维所占比例很小，材料主要由基体炭、树脂炭以及生成的 SiC 组成。压制烧结后材料虽然较致密，但这些组元之间相互结合力不强，且有脆性相 SiC 的存在。压缩加载时，试样容易在这些结合不强的地方产生裂纹并迅速扩展直至试样被压溃，抗压强度较低。当纤维体积分数提高到 15%时，随着材料中纤维所占比例的增加，纤维在基体中与基体炭、树脂炭以及 SiC 结合也增加，各组元之间的相互结合使材料成为较为完整的整体。压缩时，纤维与其他组元之间有相互牵扯和摩擦，提高试样中裂纹的扩展阻力，同时纤维的断裂、搭桥也可以延缓裂纹的扩展速度，抗压强度得到提高。

抗压弹性模量的变化则随纤维体积分数的增加先减小后增大，纤维体积分数分别为 5%、10%、15%时，抗压弹性模量平行方向分别为 25.16GPa、22.15 GPa、43.06 GPa，垂直方向分别为 43.19 GPa、27.79 GPa、52.76 GPa。主要原因是纤维体积分数为 5%时，纤维的加入量少，抗压弹性模量主要由基体的强度控制。当纤维体积分数为 15%时，由于纤维的加入量增多，纤维与基体的结合面多，抗压弹性模量则由纤维与基体的结合强度、基体的致密度等因素共同来控制。

4. 组分对压缩性能的影响

采用 WCISR 制备 C/C-SiC 摩擦材料，试样的主要成分及密度列于表 10-9。从表可知，试样 29 的 SiC 基体质量分数最高(达 52.1%)，相应地，其密度也最高。这是因为 C/C-SiC 材料中 SiC 的密度较其他组分的密度要高得多。试样 31 的 SiC 基体含量次之(密度亦次之)，但是其炭纤维含量是最低的，只有 10%。试样 30 的基体碳含量是最高的，达到了 42.6%。由表还可知，炭纤维、基体炭和 SiC 基体三者之和不是 100%，这是由于 C/C-SiC 材料中还含有少量的残留 Si。

表 10-9 WCISR 制备 C/C-SiC 摩擦材料的主要成分和密度

试样编号	组元/%(质量分数)			密度/(g/cm^3)
	炭纤维	炭基体	SiC	
29	15	34.7	50.1	1.91
30	15	42.6	40.7	1.85
31	10	35.0	49.8	1.89
32	15	35.2	41.0	1.84

表 10-10 是表 10-9 中四个试样的力学性能结果。从表 10-10 可知，试样 29 的

综合压缩性能最好，垂直压缩强度（$\sigma_{\perp}$）为 118.2MPa，平行抗压强度（$\sigma_{/\!/}$）为 86.9MPa，试样 32 次之。而 SiC 质量分数最低的(40.7%)的试样 30 抗压性能最差，垂直抗压强度为 83.9MPa，平行抗压强度仅为 40.2MPa。

对比表 10-9 和表 10-10 中试样 29 和试样 32 的成分及抗压性能可看出，在其他成分基本相同的情况下，增大 SiC 含量，材料的压缩性能随之增大。这是因为 X 射线衍射结果表明，在所有试样中 SiC 均以面心立方 β-SiC 形式存在，β-SiC 具有高硬度、高强度、耐磨等特性。压缩过程中，高硬度的 SiC 以硬质点形式存在，在试样中呈骨架形态提高材料强度。因此，SiC 含量越高，试样的硬质点就越多、分布越密集，试样的压缩强度也就越高。

表 10-10　温压-原位反应法制备 C/C-SiC 摩擦材料的力学性能

试样编号	抗压强度		弯曲强度/MPa	冲击韧性/(kJ/m²)
	垂直/MPa	平行/MPa		
29	118.2	86.9	71.0	10.90
30	83.9	40.2	58.2	8.45
31	96.2	66.6	47.3	6.57
32	103.5	71.3	41.9	6.73

注：垂直和平行分别指垂直和平行于摩擦面方向。

同样，对比试样 30 和试样 32 可知，尽管炭纤维含量和 SiC 含量大致相同，但随基体碳含量的增加，材料的压缩强度并没有增加，而是有所下降。这是因为基体碳含量的增加主要来源于树脂炭含量的增加，残留石墨的量基本不变。而树脂在炭化过程中，会产生气泡结构孔和体积收缩，在后续的高温热处理过程中树脂炭会进一步收缩，这样使得树脂炭基体中存在较多的闭孔和微裂纹。因此，随着基体碳含量的增加，压缩性能显著下降。

对比试样 29 和试样 31 可发现，在基体成分之和相等的情况下，相对于试样 29，炭纤维含量低 5%的试样 31 其压缩性能较差，尤其是平行压缩强度，几乎与纤维含量成正比。就本质而言，C/C-SiC 摩擦材料属于半脆性或脆性基体复合材料，压缩实验试样失效的过程中，从微观力学的角度看，裂纹扩展可能经历五个步骤：基体开裂、界面脱黏、裂纹桥接与摩阻、纤维断裂和拔出[9]。这些过程均需消耗或吸收能量，从而增加材料的压缩性能。因此，纤维含量高的试样 29 压缩强度就高。

从表 10-10 可知，试样 29 到试样 32 弯曲强度依次降低，试样 29 为最高的 71.0MPa，而试样 32 仅为 41.9MPa。上述四个试样属于同一批样，制备工艺对材料性能的影响可以忽略。因此其弯曲性能的影响因素除上述提到的基体外，主要是纤维长度、纤维含量和材料的致密度。

由表 10-9 可知，试样 29 和试样 31 的密度相当，但试样 29 的纤维含量比试样 31 多 5%，因而其弯曲性能强度高近 18%。虽然试样 32 的纤维含量和试样 29 相等，但是其密度最低。同时，从上述分析还可知，材料致密度比纤维含量对材料的弯曲性能影响更大。

从表 10-10 中还可知，WCISR 制备 C/C-SiC 摩擦材料的冲击韧性与其弯曲性能具有相似的变化趋势。四个试样中，试样 29 的冲击韧性最高（10.90kJ/m^2），试样 30 次之，试样 31 和试样 32 相当。这主要是因为试样 31 的纤维含量低，纤维的增强作用较其他试样不明显。而试样 32 的密度较低，基体承受载荷的能力较差，同时不能有效地将载荷传递给纤维。

图 10-20 所示为试样典型的压缩载荷-位移曲线。由垂直压缩载荷-位移曲线[图 10-20(a)]可看出，所有试样的曲线形状均呈抛物线形状，显示典型的韧性断裂特征。这主要是因为垂直压缩时，纤维和基体交替共同承受载荷，反映的是基体与短炭纤维结合界面的强度。在弹性变形阶段，受炭纤维高模量的直接影响，载荷随位移增加迅速上升，曲线较陡，说明材料有较高的纵向压缩模量[10]。达到最大载荷后，曲线并没有陡降，表明试样的韧性较强，试样呈“假塑性”断裂。

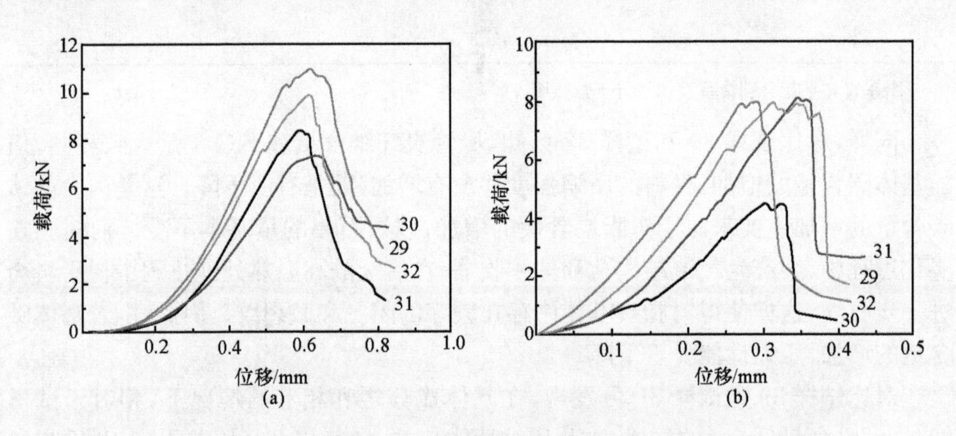

图 10-20 温压-原位反应法制 C/C-SiC 摩擦材料的压缩载荷-位移曲线

(a) 垂直压缩；(b) 平行压缩

平行压缩性能反应的主要是基体本身抵抗裂纹扩展的能力，而炭纤维的增韧作用有限，因此其剪切强度一般较低。图 10-20(b)所示为试样的平行压缩载荷-位移曲线。由图可知，所有试样呈现典型的脆性断裂特征。这是因为平行压缩时主要是基体承受载荷。因而在弹性变形阶段载荷随位移增大较缓慢，材料有较低的平行压缩弹性模量，一旦超出基体能够承受的极限载荷后，基体断裂或压碎，曲线陡降，导致材料失效。从图 10-20(b)还可以观察到，每条曲线的顶部都呈锯齿状，说明基体并不是达到极限载荷后立即断裂，而是经过了一段“缓冲期”。这是由于当载荷达到基体临界载荷时，裂纹扩展、界面脱黏、纤维拔出和断裂等增韧作用能吸收一部分应力；同时基体晶粒之间通过小范围的相互“滑移”释放应力，因而试样能够继续承受载荷直至最终断裂[11]。

5. 压缩失效机制

1) 垂直压缩

通常情况下，试样的压缩性能与纤维和基体之间的界面性能以及基体的剪切性能密切相关。垂直压缩时是短炭纤维和基体交替共同承受载荷，短炭纤维的增韧作用，如纤维脱黏、纤维拔出、微裂纹增韧等，在试样压缩过程中能够吸收一部分断裂能[12]，使材料获得韧性产生非突发性的破坏。垂直压缩时试样上下压缩表面受到加载载荷作用，试样平行方向受到垂直于加载方向的剪切力作用，剪切力大小为[13]：

$$\tau=\delta_c\sin\theta\cos\theta$$

式中：τ 为试样平行方向受到的剪切力，N；δ_c 为试样的承载载荷，N；θ 为载荷方向与试样横向平面法向的夹角。

由剪切力大小表达式可知，在夹角 θ 为 45°的平面内试样所受剪切力最大。图 10-21是试样 32 纵向压缩后的试样断口形貌。由试样的宏观断口[图 10-21(a)]可以观察到，试样断口方向与加载方向约成 45°，沿对角线劈裂破坏，与理论计算结果相符，表现为明显剪切破坏形式。同时由于纤维的增韧作用，试样并不是沿对角线快速直接裂开，而是呈台阶式缓慢断裂，这从图 10-20(a)的载荷-位移曲线形貌也可以反映出。

采用 SEM 观察断面可发现，随着加载载荷的增加，基体逐渐发生褶皱[图(10-21(b)]。在纤维分布较少的区域，因基体承载能力较低而易被压溃，如图 10-21(c)所示，压溃面上残留有很多基体碎屑和少量的碎断短炭纤维。在纤维分布较多的区域，压缩破坏主要通过短炭纤维与基质炭的分离实现，断裂裂纹沿纤维/基体界面或在基体内扩展，达到试样极限载荷后纤维断裂并从基体中拔出[图 10-21(d)]，产生非突发性的破坏。其他试样的断口宏观形貌与之类似，其压缩破坏机制也应相似。

2) 平行压缩

C/C-SiC 摩擦材料的平行压缩破坏不同于平行压缩破坏。平行压缩时，当载荷增加到一定程度时，其剪切应力大到足够使试件内部薄弱处产生裂缝，随着载荷继续增加，裂缝扩展或分枝，最后导致试样破坏。图 10-22 是试样 32 沿平行摩擦面方向压缩破坏后的断口形貌。由其宏观断口形貌[图 10-22(a)]可见，试样呈现

图 10-21 WCISR 制备 C/C-SiC 摩擦材料垂直摩擦面压缩破坏后的断口形貌

出三条明显的主裂纹和许多裂纹分支，表现出典型的多层复合剪切破坏形式。裂缝的扩展和走向主要取决于基体的模量[14]，由于受基体中微裂纹和孔洞的干扰，裂纹扩展产生了偏转，裂纹为折曲的，而非平直的，并且还产生了分枝。基体碳含量越多，微裂纹和孔洞越多，层间剪切强度越低，复合裂纹也就越多。

从微观角度观察压缩试样破坏断口，如图 10-22(b)所示。由图可见，断裂裂纹呈台阶式地沿分层劈裂面贯穿试样而导致试样最终破坏。这是因为试样垂直摩擦面方向纤维的择优排布导致层与层之间没有纤维或纤维分布很少，压缩过程中主要是没有纤维增韧的基体承受载荷。这样，扩展裂纹倾向于从基体内贯穿试样，或造成 SiC 和树脂炭等基体发生剪切破坏[图 10-22(c)]，或沿纤维/基体界面发生剪切破坏[图 10-22(d)]，因而试样呈现典型的脆性断裂特征，压缩强度也均较纵向压缩强度低。从图 10-22(c)基体光滑的剪切表面还可知，C/C-SiC 基体的剪切破坏往往是在较高的应力下“突发”产生的，这从图 10-20(b)的载荷-位移曲线也可以反映出。

图 10-22　WCISR 制备 C/C-SiC 摩擦材料平行摩擦面压缩破坏后的断口形貌

10.3　CVI-C/C-SiC 的力学性能及失效机制

10.3.1　弯曲性能

1. 2.5D C/C-SiC 复合材料的弯曲性能

从表 10-11 可以看出,弯曲强度和断裂韧性等力学性能均随密度的增加而提高。随着密度的增加,弯曲强度大幅提高,C3 的弯曲强度达 329MPa,比 C1 提高了 46.2%。密度对弯曲强度的影响实质上体现为在垂直于受力方向上材料有效承载面积的大小。很明显,密度越高,则有效承载面积越大,强度越高。

表 10-11　CVI 制备 2.5D C/C-SiC 复合材料的密度和弯曲性能

复合材料	密度/(g/cm^3)	弯曲强度/MPa	断裂韧性/$MPa \cdot m^{1/2}$
C1	1.83	225	9.5
C2	1.95	310	13.6
C3	2.05	329	11.2

图 10-23 为不同预制件结构 CVI-C/C-SiC 材料的应力-应变曲线。从图 10-23(a)可以看出，密度较低的 C1 材料没有明显的屈服点，在很小的弹性变形之后就进入了塑性变形阶段，曲线平滑，呈现出典型的塑性行为。密度较高的 C2 材料在强度达到最高值后有一定程度的下降，然后进入一个平缓的平台，之后材料才破坏，且具有较好的断裂韧性。密度最高的 C3 材料的应力-应变曲线呈现马鞍形，经过最高载荷后迅速下降直至材料断裂。

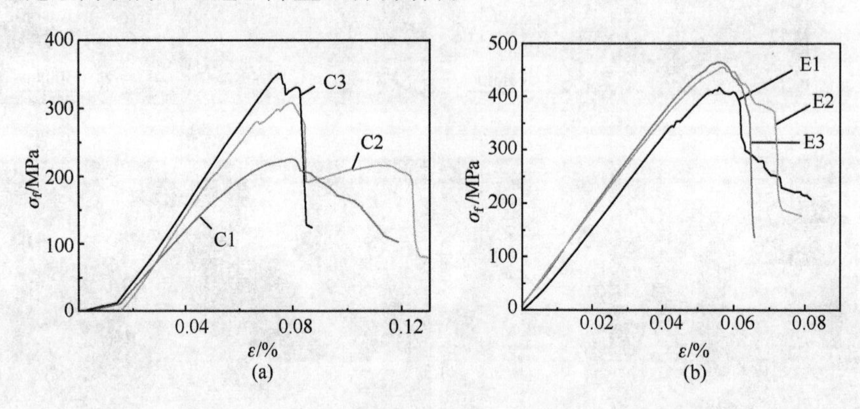

图 10-23 CVI-C/C-SiC 复合材料的弯曲应力-应变曲线

(a) 2.5D; (b) 3D

采用 CVI 法制备的材料中，密度较低的 C1 材料中无纬布和网胎层均有大量纤维束和纤维拔出[图 10-24(a)]，材料的韧性较好，断裂曲线上没有凸起也没有台阶；密度较高的 C2 材料中一个方向无纬布层纤维由于受到应力拉伸作用有大量的拔出，另一方向无纬布纤维没有拔出[图 10-24(b)]，因此在断裂曲线上对应着一些小台阶；密度最高的 C3 材料断口较平整[图 10-24(c)]，应力拉伸方向仅有少量的无纬布纤维拔出。当密度较低时，SiC 基体主要存在于纤维束内部的纤维与纤维之间，纤维束表面的 SiC 较少，这样纤维束之间的结合程度较差，呈弱连接，因此在断裂过程中会出现纤维束的拔出现象，在应力-应变曲线上表现为应力的阶梯

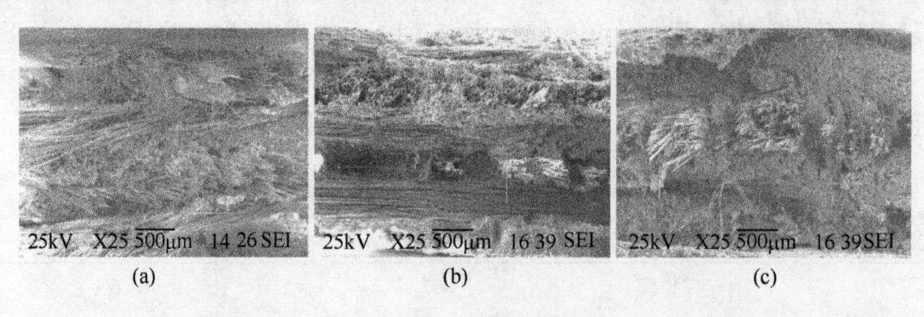

图 10-24 2.5D C/C-SiC 复合材料的弯曲断口形貌

(a) C1; (b) C2; (c) C3

形缓慢降低，出现参差不齐的断口，如图 10-24(a)所示。当致密度高且纤维/基体的结合程度较强时，基体裂纹穿过热解炭涂层扩展到纤维表面，纤维和热解炭涂层不能有效地解离，裂纹不能在热解炭涂层中发生偏转，进而应力在纤维附近集中，裂纹穿过纤维继续传递，断口平整[10-24(c)]。

材料的制备工艺决定了材料的结构，而材料的结构决定了材料的性能。对于陶瓷基复合材料，界面结构和致密度是影响材料性能的两个关键因素。如果界面结合强度过高，材料易发生脆性断裂，达不到纤维增韧的效果；反之，结合强度太低时，界面不能有效地在基体与纤维间传递载荷，达不到纤维增强的目的。所以，应该适当控制纤维和基体的界面结合状态，使得材料在断裂过程中产生界面脱黏、纤维拔出、裂纹转向和分支等能量吸收机制，从而提高材料的力学性能。

图 10-25 是 2.5D CVI-C/C-SiC 复合材料弯曲破坏断口的微观形貌。从图中可以看出，试样 C2 纤维断口完整，纤维未受到工艺的损伤，热解炭涂层起到了很好的保护作用，并且纤维和基体界面结合适中，当裂纹传递到纤维表面时，纤维和基体发生界面解离，裂纹沿界面继续传播，纤维被拔出，材料的强度和抗破坏能力得到提高，纤维在破坏过程中起到了很好的增强增韧作用。

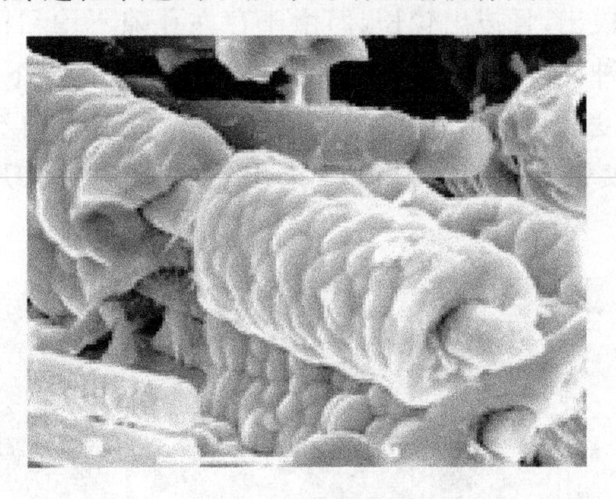

图 10-25　2.5D CVI-C/C-SiC 复合材料弯曲破坏断口的微观形貌

2. 3D C/C-SiC 复合材料的弯曲性能

表 10-12 给出了采用 CVI 法制备的三种密度不同的 3D C/C-SiC 复合材料的力学性能。由表可以看出，密度越高的材料弯曲强度越高。从 E1 到 E2，材料密度增加不多，但弯曲强度增幅较大，E2 的弯曲强度为 456MPa，而 E3 的密度比 E2 的密度大得多，但弯曲强度增加不大。表明材料达到一定密度之后，材料的弯曲强度增加不大。

表 10-12 3D C/C-SiC 复合材料的密度和弯曲性能

复合材料	密度/(g/cm³)	弯曲强度/MPa	断裂韧性/MPa · m$^{1/2}$
E1	1.93	416	13.8
E2	1.97	456	14.9
E3	2.11	465	15.1

从 3D C/C-SiC 复合材料的断裂行为特征上[图 10-23(b)]看,3D C/C-SiC 三种材料的应力-位移曲线的斜率几乎一样。一旦材料发生破坏,应力呈梯形迅速降低,每个阶梯下降的幅度不同。E1 材料应力-位移曲线在最大值的时候有一个台阶,而不是迅速下降,之后经历一个梯形下降,曲线下降的趋势比较平缓。E2 材料则不同,曲线经历最大值的时候缓慢下降,到达一定程度后迅速下降。E3 则是曲线经历最大值后下降变快。

从 3D C/C-SiC 复合材料的断口形貌(图 10-26)来看,当复合材料的密度较低时,由于纤维束与纤维束之间的结合强度较低,纤维束成束地拔出[图 10-26(a)],E1 材料呈现出一定的假塑性特征。当材料的密度在 1.97g/cm³时,基体致密度较高,纤维和基体之间的界面结合强度适中,应力裂纹在扩散过程中发生偏转并导致纤维与纤维束大量拔出,且拔出较长,但由于存在孔隙不均和材料的异向性,断裂过程往往表现为一种混合断裂,在断裂曲线上对应着锯齿形下降和阶梯形下降的现象。当材料的密度达到 2.1g/cm³时,材料的抗弯强度增加不大,而纤维与基体之间的界面结合较强,仅有少量纤维拔出,曲线整体呈现出脆性断裂特征[图 10-26(c)]。

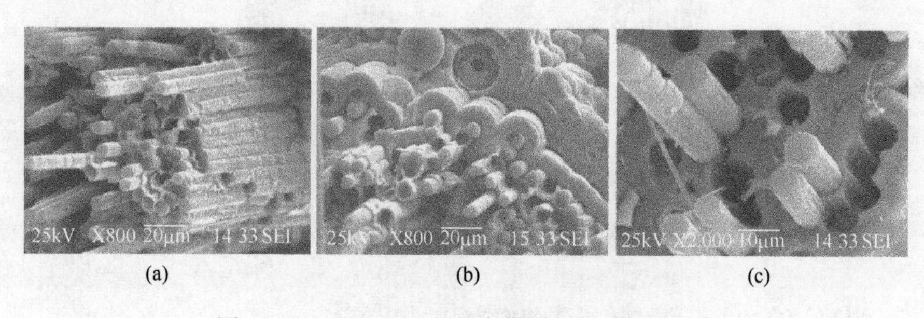

图 10-26 3D C/C-SiC 复合材料的断口显微结构

3. 弯曲载荷作用下的破坏机制

弯曲载荷作用下,C/C-SiC 复合材料可能出现多种破坏形式,如剪切破坏、压缩破坏、拉伸破坏,这些破坏形式往往相伴发生、彼此交互影响,使 C/C-SiC 复合材料弯曲行为多样化、复杂化。

剪切破坏是 CVI 法制备的密度较低的 C/C-SiC 复合材料的重要失效模式,当试样密度较低时，材料弯曲过程中，剪切破坏在剪应力作用下发生剪切破坏，试样上斜 45°的剪切破坏断口上，出现一个较为明显的损伤区。C/C-SiC 复合材料发生剪切破坏的条件是，复合材料内部存在微孔隙聚集体或较大尺寸孔隙群等薄弱环节。提高基体致密化程度和减小纤维束间残留孔隙尺寸与含量，有利于提高 C/C-SiC 复合材料的抗剪切破坏能力。

拉伸破坏是 C/C-SiC 复合材料破坏的主要模式，特别是最终致密化程度达到较高水平时，与成型方法无关。弯曲过程中，弯曲试样出现拉伸破坏时，主裂纹的扩展方向与炭纤维编织体的主轴方向垂直，裂纹必须穿过炭纤维编织体的主轴才能进一步扩展，此时纤维可起较大的承载作用，各种与纤维有关的破坏形式开始表现出来，如纤维的脱黏、断裂、拔出等多种破坏方式。

弯曲载荷作用下，C/C-SiC 复合材料的最终破坏方式并不一定是拉伸破坏，取决于纤维与基体间的界面结合强度：当结合强度过高时，材料表现出脆性断裂特征，断裂面呈近似镜面解理形貌特征，如无柔性界面层的材料；当结合强度适中时，如含柔性界面层的材料，材料表现出韧性断裂特征，台阶式断裂面散布参差不齐的拔出纤维及拔出孔洞。

在弯曲载荷作用下，由于纤维的存在对裂纹扩展有阻碍作用，初始裂纹不会直接扩展形成贯穿性裂纹，而是伴随着多重性的纤维脱黏断裂拔出、层次性的曲折扩展和台阶式裂纹传播路径，使材料表现出良好的强韧性。

10.3.2　拉伸性能

1. 典型连续纤维增强陶瓷基复合材料的拉伸性能

纤维增强陶瓷基复合材料的拉伸性能报道的比较多，特别是 1D、2D 复合材料的室温拉伸性能相对研究得比较深入。综合各资料报道[15~17]可发现，连续纤维增强陶瓷基复合材料的拉伸应力-应变曲线大体可分为三部分，如图 10-27 所示。图

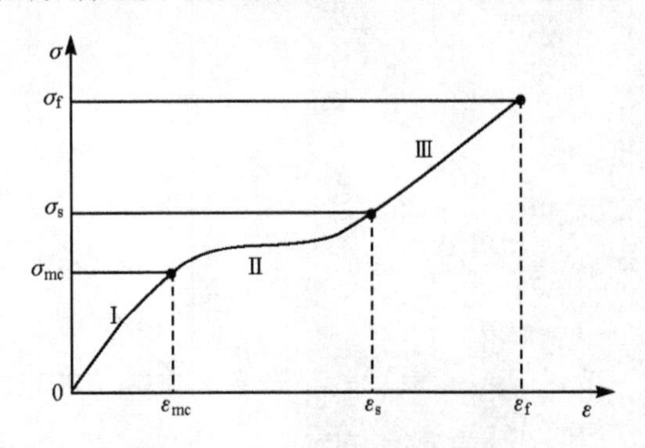

图 10-27　连续纤维增强陶瓷基复合材料的应力-应变曲线

中，各个参数代表的物理意义如下：σ_{mc}为基体开裂应力；ε_{mc}为基体开裂应变；σ_s为基体裂纹饱和应力；ε_s为基体裂纹饱和应变；σ_f为复合材料断裂应力；ε_f为复合材料断裂应变。

每一部分都对应于不同的损伤机制和破坏过程。第Ⅰ部分对应的是任何有影响的微观损伤产生之前的材料线弹性行为。第Ⅱ部分对应的主要是横向裂纹的增加及扩展并逐渐达到饱和的过程。第Ⅲ部分是基体由于其中的裂纹达到饱和而不能承受更大的载荷，基体形成一系列由纤维连接的基体块。此阶段内发生基体与纤维之间界面的脱黏和滑动，并伴随有部分纤维的逐渐失效，最终导致材料的断裂。第Ⅰ阶段和第Ⅱ阶段的分界拐点纵坐标和横坐标分别为σ_{mc}和ε_{mc}；第Ⅱ阶段和第Ⅲ阶段分界拐点的纵坐标和横坐标分别为σ_s和ε_s；最终断裂点的纵、横坐标为σ_f和ε_f。由于这些点与材料内部发生显著的组织结构变化相对应，因此准确地预报这些力学参数对材料制造特别是工程上构件的安全设计具有重要意义。

2. 2.5D C/C-SiC 复合材料的拉伸性能

表 10-13 为 CVI 制备 2.5D C/C-SiC 复合材料的密度和拉伸性能参数。由表可以看出，材料的拉伸强度只有 103MPa，相对不高，这与材料的无纬布叠层结构有关。

表 10-13　CVI 制备 2.5D C/C-SiC 复合材料的密度和拉伸性能

复合材料	密度/(g/cm³)	拉伸强度/MPa
2.5D CVI-C/C-SiC	2.02	103

从图 10-28 复合材料的断口形貌来看，总共有六层无纬布 90°相互叠层，其中只有三层被拉出，被拉出的这三层无纬布纤维束对材料的拉伸强度起主要作用。

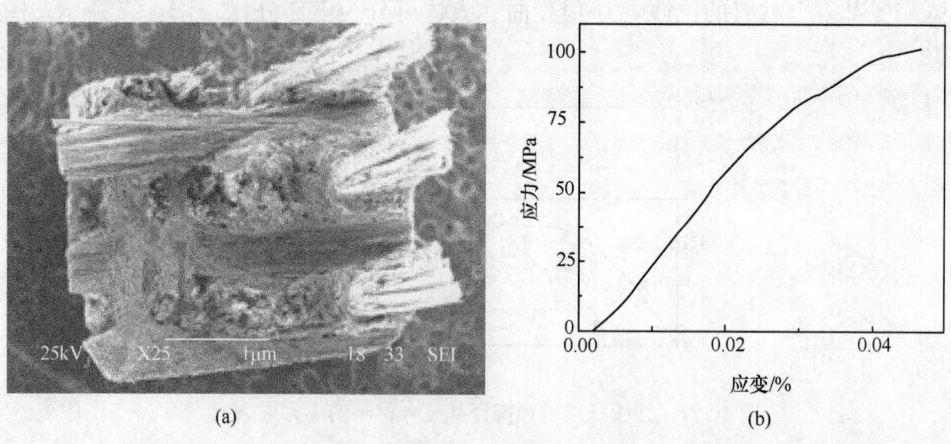

图 10-28　2.5D C/C-SiC 复合材料的拉伸断口形貌和应力-应变曲线

在 2.5D C/C-SiC 的拉伸过程中[图 10-28(b)]，低应力的第一阶段，在界面相传递载荷能力范围内，纤维与基体均呈线弹性变形。此时在外加应力的作用下，应力集中区域即纤维束的编织空洞和编织夹角处开始萌生微裂纹，并在外加应力的作用下扩展。其扩展路径取决于界面相的性能和所处的受力状态。应力逐渐增大，当应力到达一定的值，即基体开裂应力 σ_{mc} 时，基体开始开裂，微观裂纹汇合形成宏观裂纹，并随着应力的增大裂纹逐渐增加，并最终达到饱和，形成一定间距的裂纹分布。此时由于基体开裂形成一系列的小基体块而不再承受载荷，载荷逐渐转移到纤维上。因此在应力-应变曲线上表现为应力增加平缓，应变迅速增大。而且基体开裂后纤维束之间和纤维之间均有相对滑动，造成纤维的摩擦损伤。应力进一步增大，超过 σ_s（即基体裂纹饱和应力）后，基体不再承受任何载荷，全部载荷由纤维承担。此时纤维进一步拉长，增大了总的应变，而且在此过程中编织成互成夹角的纤维束在外力的作用下向受力的轴向靠拢，纤维束间的夹角要减小，也增大了材料的应变。同时，纤维在滑动过程中由于受磨损程度不同和自身性能的差异而逐渐发生断裂。最终当应力达到 σ_f 时，整个试样发生破坏失效。

3. 3D C/C-SiC 复合材料的拉伸性能

表 10-14 为 CVI 制备 3D C/C-SiC 复合材料的密度和拉伸性能，3D C/C-SiC-1 的密度比 3D CVI-C/C-SiC-2 的稍高，拉伸强度也较高，达到了 168MPa，大大高于表 10-13 中 2.5D CVI-C/C-SiC 复合材料的拉伸性能，说明 3D 预制体相比 2.5D 针刺整体毡作为预制体具有优越性。

表 10-14　CVI 制备 3D C/C-SiC 复合材料的密度和拉伸性能

复合材料	密度/(g/cm^3)	拉伸强度/MPa
3D CVI-C/C-SiC-1	2.10	168
3D CVI-C/C-SiC-2	2.03	163

图 10-29 为 3D C/C-SiC 复合材料的应力-位移曲线。3D C/C-SiC-1 的曲线先经历一段线性阶段后，斜率减小，曲线逐渐平滑；又经历两个锯齿形状阶段，曲线的斜率又逐渐增加。经历两个锯齿形状阶段，可能是由于材料的加载速率不高，仅为 0.1mm/min。3D C/C-SiC-2 的曲线经历两个阶段，线性阶段和平滑阶段，整个曲状没有出现锯齿阶段。两个材料出现这种差别，与它们的密度有关，3D C/C-SiC-1 密度稍高，纤维基体间结合较紧密，在破坏过程中易出现脆断的一面，在曲线上则反映为一个急剧下降的过程，又由于纤维的脱黏拔出效应，曲线又向上升高。3D C/C-SiC-2 的密度稍低，纤维基体间结合较松，纤维在应力作用下一直被拔出，直到断裂，在曲线上反映为线形较平滑。

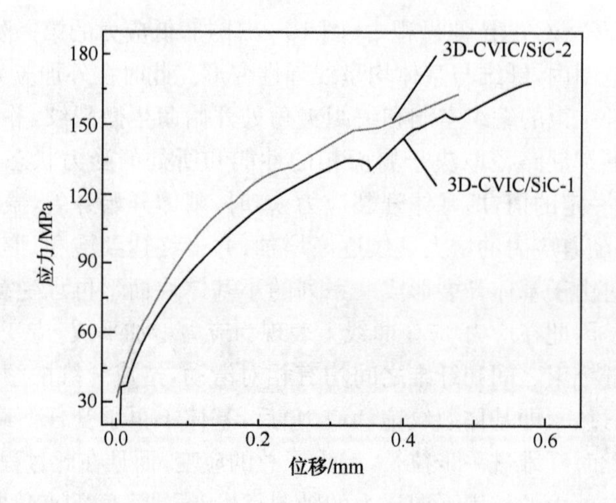

图 10-29 CVI 制备 3D C/C-SiC 复合材料的应力-位移曲线

4. 拉伸载荷下的破坏机制

图 10-30 为 CVI 制备 2.5D C/C-SiC 复合材料的拉伸曲线。由图看出，2.5D C/C-SiC 复合材料的拉伸曲线与典型 1D、2D 陶瓷基复合材料的拉伸曲线(图 10-27)有很多相似的地方，曲线有明显的分段现象，第一段均为卸载后变形可恢复的线弹性阶段，对应也有明确的产生损伤的临界应力 σ_{mc}。第二段类似于前面的第Ⅲ部分，呈现伪线性行为。但也有一些区别，该曲线只有明显的两段。没有与第Ⅱ部分类似的明显的损伤产生及扩展阶段，体现了 2.5D 纤维增强陶瓷基复合材料与低维相应材料的损伤破坏机理不同。

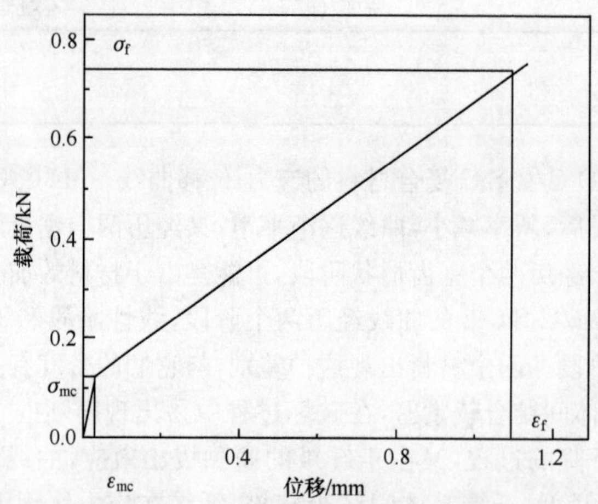

图 10-30 2.5D C/C-SiC 复合材料的拉伸曲线

连续纤维增强陶瓷基复合材料从纤维束过渡到复合材料需考虑基体及界面黏结的作用。由于组分性质、界面结合、纤维含量和几何排列等的差别，其破坏过程也不相同。因为纤维、基体或界面相中都可能有薄弱环节，其强度表现与纤维或基体单独使用时的差别很大。随着载荷的增大，薄弱环节先出现破坏源，其破坏范围将随机扩大；同时破坏源的个数也随机增多，直到最后的破坏。在一些纤维断裂后，损伤进一步增长的模式取决于基体和界面的性能[18]。

如果基体是脆性的且界面结合良好，则纤维断裂处的裂纹将穿过基体引起临近纤维的断裂，直到某个薄弱截面失去承载能力而导致整个材料破坏；若界面较弱，纤维断裂产生的应力集中使断裂纤维界面产生脱黏，引起部分纤维从基体中拔出；在基体或界面很弱的情况下，复合材料不同横截面上的裂纹可沿纤维方向脱黏或伴随基体剪切破坏。因此复合材料在轴向拉伸过程中的破坏模式主要有三种：①脆性断裂(断口平均)；②有纤维拔出的基体脆断(断口不平均)；③不仅有纤维拔出，而且还带有较长范围内界面或基体的剪切破坏。

参考文献

[1] 李专，肖鹏，熊翔. 温压-原位反应法制备C/C-SiC材料的压缩性能及其破坏机理. 中国有色金属学报，2008，18(1)：1-6

[2] Heidenreich B, Renz R. C/C-SiC composites for advanced friction systems. Advanced Engineering Materials, 2002, 4(8): 427-436

[3] Byrne C, Wang Z. Influence of thermal properties on friction performance of carbon composites. Carbon, 2001, 39(12): 1789-1801

[4] 范尚武，徐永东，张立同，等. 三维针刺C/SiC摩擦材料的拉伸性能. 新型炭材料，2007，22(2)：188-192

[5] Vaidyaraman S, Purdy M, Walker T, et al. C /SiC material evaluation for aircraft application. 4th International Conference on High Temperature Ceramic Matrix Composites (HT-CMC4), Munich, Germany, 2001

[6] 沈观林. 复合材料力学. 北京：清华大学出版，1986：103-108

[7] 才红. 剑麻纤维/酚醛树脂力学性能的研究. 塑料，2003，33(5)：70-73

[8] Kyotani T, Moriyama H, Tomita A. High temperature treatment of polyfurfuryl alcohol/graphite oxide intercalation compound. Carbon, 1997, 35(8): 1185-1203

[9] Anand K, Gupta V, Dartford D. Failure mechanisms of laminated carbon-carbon composites-Ⅱ: Under shear loads. Acta Metallurgica et Materialia, 1994, 42(3): 797-809

[10] 熊翔，黄伯云，肖鹏. 准三维C/C复合材料的层间剪切性能及其断裂机理. 中国有色金属学报，2004，14(11)：1879-1803

[11] Mühlratzer A. Production, properties and applications of ceramic matrix composites. C/Fiber DKG, 1999, 76(4): 30-35

[12] Fitzer E. Future of carbon-carbon composites. Carbon, 1987, 25(2): 163-190

[13] Sohn K Y, Oh S M, Lee J Y, et al. Failure behavior of carbon/carbon composites prepared by chemical vapor deposition. Carbon, 1988, 26(2): 157-162
[14] Gupta V, Anand K, Kuyska M. Failure mechanisms of laminated carbon-carbon composites-Ⅰ: Under uniaxial compression. Acta Metallurgica et Materialia, 1994, 42(3): 781-795
[15] Lamon J. Interfaces and interfacial mechanics: influence on the mechanical behavior of ceramic matrix composites(CMC). Journal De Physique IV, 1993, 3(7): 1607-1616
[16] 马军强,徐永东,张立同,等. 化学气相渗透 2.5 维 C/SiC 复合材料的拉伸性能. 硅酸盐学报,2006,34(6): 728-732
[17] Shi Y, Araki H, Yang W, et al. Influence of fiber pre-coating on mechanical properties and interfacial structures of SiC(f)/SiC composites. Journal of Inorganic Materials, 2001, 16(5): 883-888
[18] 罗国清. 3D-C/SiC 复合材料的拉伸性能. 西安: 西北工业大学硕士学位论文,2003
[19] 贾德昌,宋桂明. 无机非金属材料性能. 北京:科学出版社,2008

第 11 章　C/C-SiC 摩擦材料的氧化行为及机制

C/C-SiC 摩擦材料服役时大都处于氧化气氛中，由于该材料中有裸露的炭纤维和基体炭，其氧化特征与 C/C 复合材料有些类似。如在 400℃以上的有氧气氛中，由于炭的氧化使试样开始出现氧化失重。同时由于 SiC 和 Si 的存在以及制备工艺的多样性，C/C-SiC 摩擦材料的氧化性能势必比 C/C 材料的更为复杂。

本章通过非等温热重分析和等温氧化失重等测试手段，研究不同工艺制备的 C/C-SiC 摩擦材料的氧化性能，并与 C/C 复合材料的氧化性能进行对比，进一步探讨材料氧化性能差异的原因及氧化机制。由于摩擦材料连续摩擦时摩擦表面温度大多在 700℃以下，局部闪点温度达 1000℃左右，因此本研究的将氧化温度区间重点设定在 400～1100℃。

11.1　单一组元的氧化行为

11.1.1　组元的 TG-DSC 分析

由于制备工艺不同，C/C-SiC 摩擦材料中的组元也就不同，同时不同的组元热性能也不相同。因此有必要首先研究 C/C-SiC 中组分的热性能。

图 11-1 分别为 C/C-SiC 摩擦材料中炭纤维、热解炭、石墨和硅粉的热重和差热分析(TG-DSC)曲线。由图 11-1(a)中的 TG 曲线可知，炭纤维在 496℃后开始产生明显的氧化失重，在 800℃后曲线逐渐趋于水平，失重率达 99.5%，表明此时炭纤维已氧化完全。DSC 曲线 250℃左右产生了一个轻微的吸热峰，这并不是炭纤维开始氧化的温度，而是炭纤维制备过程中表面涂胶的氧化温度点。767℃左右明显的吸热峰是炭纤维急剧氧化的温度点。

在 CVI 炉的石墨底座上切取少量的纯热解炭进行热分析，其 TG-DSC 曲线如图 11-1(b)所示。由图可知，热解炭的 TG 曲线在 600℃后开始逐步下降，但是其速度较炭纤维的要慢，在 960℃时失重达到 99%。热解炭 DSC 曲线的吸热峰较炭纤维的要宽，在 896℃时达到顶峰。

图 11-1(c)为石墨在室温～700℃时的 TG-DSC 曲线。由图可知，石墨的 DSC 曲线在 368℃有个轻微的吸热峰，说明石墨在此温度下开始发生缓慢氧化。石墨从 580℃开始急剧氧化，至 700℃氧化失重达 15.93%。恒温氧化实验同时表明，石墨在 320℃氧化 30h 氧化失重仅为 0.48%。

图 11-1(d)为 Si 粉的 TG-DSC 曲线。由图可知，在 800℃以下温度，TG 曲线

氧化增重微弱，DSC 曲线没有明显的吸热峰，表明 Si 粉几乎不发生氧化。温度为 900℃时，TG 曲线有轻微增重，表明 Si 粉发生轻微氧化。在 1000℃以上温度，TG 曲线有明显的增重，1200℃时对应的增重为 3.76%，表明 Si 粉快速发生氧化。相应地，DSC 曲线中 949.83℃处有一个微弱的吸热峰，对应 Si 发生氧化反应生成 SiO_2的温度。恒温氧化实验表明，在 900℃以下温度，Si 粉的氧化增重可以忽略，900℃氧化 3h 增重仅为 1.5%，表明低温下 Si 粉很难发生氧化。

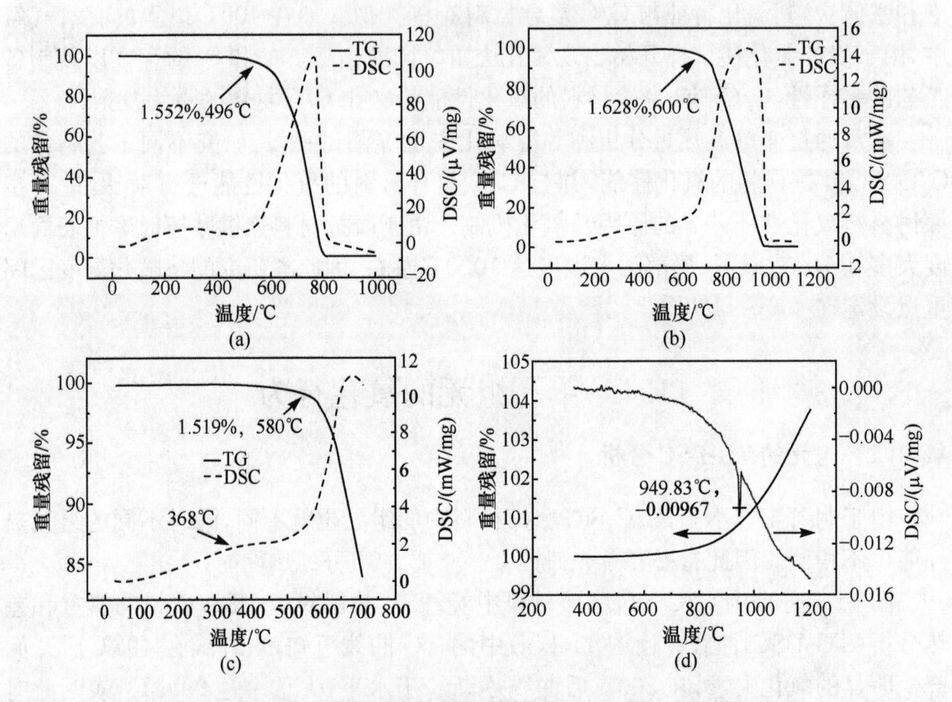

图 11-1　C/C-SiC 摩擦材料中组分的 TG-DSC 分析曲线

(a) 炭纤维；(b) 热解炭；(c) 石墨；(d) 硅粉

11.1.2　碳相的氧化

炭纤维的最大缺点是在 400℃以上的空气中会发生氧化。一般认为，氧化首先在炭纤维表面的一些活性点开始，如纤维表面棱脊的边缘处，此时纤维的氧化程度较轻。随着氧化过程的进行，纤维表面变得光滑，接着在纤维表面形成尺寸较小的坑洞。当氧化较严重时，表面的活性点很快被氧化掉，继而在纤维的表面形成尺寸较大的坑洞。随着氧化过程的进一步进行，坑洞相连，在纤维表面形成裂纹。氧化更严重时会使纤维发生裂解，纤维强度损失殆尽[1-3]。

以 T300 炭纤维为增强体的 C/C-SiC 复合材料，由于 T300 炭纤维的活化能为 300kcal/mol，而热解炭界面层的活化能计算为 26kcal/mol[4,5]，因此复合材料的氧化开始于热解炭界面处。研究表明,炭纤维和热解炭的氧化可以分为三个阶段:①热解炭以垂直于纤维的方向氧化;②当氧扩散到纤维表面后,纤维和热解炭以平行于纤维的方向氧化;③热解炭完全氧化后,炭纤维全面氧化。在前两个过程中,复合材料氧化失重的速度较慢,因为这个过程主要为热解炭的氧化。在过程③中,复合材料氧化失重速度很快,因为纤维在 O_2 中远比热解炭在 O_2 中的活性高。

11.1.3　SiC 的氧化

SiC 有两种氧化行为:被动氧化(passive oxidation)和主动氧化(active oxidation)。被动氧化的特点是生成有保护作用的致密 SiO_2 膜,伴随着质量的增加;主动氧化的特点是生成挥发性的 SiO,伴随着质量的减小。

SiC 发生被动氧化的反应式为

$$SiC(s)+3/2O_2(g) \longrightarrow SiO_2(s)+CO(g) \tag{11-1}$$

SiC 发生主动氧化的反应式为

$$SiC(s)+O_2 \longrightarrow SiO(g)+CO(g) \tag{11-2}$$

SiC 的主动氧化一般只发生在氧分压很低的情况下,通常低于 100Pa。在常压下,SiC 的主动氧化不会发生[6]。SiC 的被动氧化和主动氧化的热力学关系如图 11-2所示[7]。

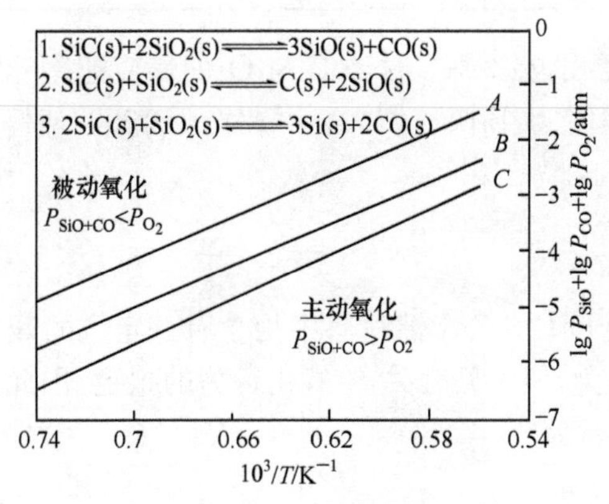

图 11-2　SiC 的被动氧化和主动氧化的热力学关系[7]

$1atm=1.01325\times10^5Pa$

SiC 的氧化反应发生在 SiO_2/SiC 界面,整个氧化过程可分为以下几个阶段[8]:

(1) 氧化性气体通过气相传输到达气体/SiO_2界面。

(2) 氧化性气体扩散并溶解在 SiO_2中。

(3) 氧化性气体通过分子扩散或者离子扩散穿过 SiO_2层。

(4) 在 SiC/SiO_2界面,氧化性气体与 SiC 反应。

(5) 反应产物由 SiC/SiO_2 界面传输回气相，这可以由产物气体分子通过 SiO_2 的扩散过程来完成，也可能由气泡的形成和迁移来实现。

在 SiC 的氧化过程中，如果气体扩散阶段控制氧化速度，则 SiC 的氧化速度应随时间的增加而逐渐降低；如果界面反应控制氧化速度，则 SiC 的氧化速度应不随时间变化。经过多年的研究，人们认为 SiC 在纯氧中氧化时，可能控制 SiC 氧化速度的三个阶段为氧的向内扩散、CO 向外扩散和 SiO_2/SiC 界面反应[9]。纯 SiC 的氧化数据表明，其氧化速率大多符合抛物线动力学规律，这表明 O_2 向内扩散的速率控制着 SiC 的氧化。

C/C-SiC 复合材料中的 SiC 相发生氧化时，在时间 t 内，生成 SiO_2 层的厚度 x 随氧化时间服从抛物线关系：

$$x^2 = Bt \tag{11-3}$$

式中：B 为抛物线速率常数，nm^2/min。

Filipuzzi 等[10]研究了 CVD SiC 的氧化行为，并测出了氧分压为 100kPa 时，其在 900～1500℃的抛物线速率常数 B，如表 11-1 所示。

表 11-1 CVD SiC 氧化过程中的抛物线速率常数[10]

温度/℃	900	1000	1100	1200	1300	1400	1500
B/(nm^2/min)	5	49	188	404	777	1406	3365

从表 11-1 可以看出，在 900℃时，SiC 与 O_2 的反应速率非常低。随着氧化温度的升高，抛物线速率常数 B 快速增大。因此低于 1000℃时，可以不考虑 SiC 相与 O_2 的反应。

11.1.4 Si 的氧化

不同工艺制备的 C/C-SiC 摩擦材料中均含有一定量的残留 Si。已有大量文献报道 SiC 的氧化行为，但未见有关 Si 氧化行为的报道，因此简要研究了微米级 Si 粉(325 目)的氧化行为。

1. 热力学分析

与 SiC 的氧化过程相比，Si 的氧化过程较为简单，但其氧化产物也因氧化温度和时间而异。通常情况下，低温、短时间氧化时，表面生成无定形的 SiO_2 薄层；高温、长时间氧化时，生成结晶良好的方石英。由 Si-O 相图知，常见的 Si 的固态氧化物有石英、鳞石英和方石英。由文献[11]提供的热力学数据可计算出 Si 氧化为不同产物的吉布斯自由能随温度的变化，列于图 11-3 中。由图 11-3 可知，从常温至 1600℃的高温，吉布斯自由能的变化均为负值，说明反应可以自发进行。然而实际中由于动力学因素的制约，只有高于一定的温度时才显著发生反应。

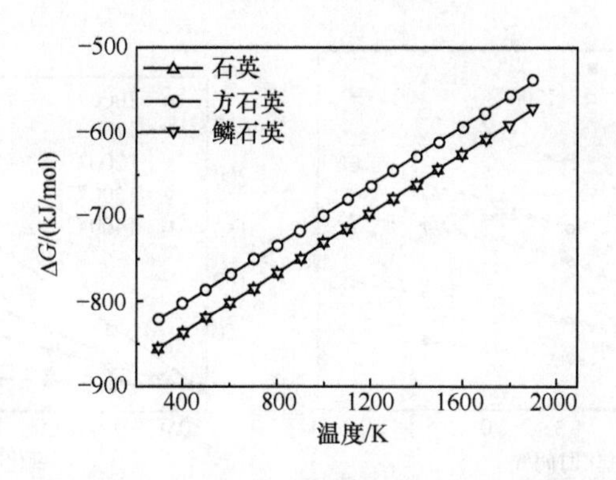

图 11-3　Gibbs 自由能随温度的变化曲线

2. 微米级 Si 粉的非等温氧化

图 11-1(d)为微米级 Si 粉的 TG-DSC 曲线。在 800℃以下温度，TG 曲线氧化增重微弱，DSC 曲线没有明显的吸热峰，表明 Si 粉几乎不发生氧化。温度为 900℃时，TG 曲线有轻微增重，表明 Si 粉发生轻微氧化。在 1000℃以上温度，TG 曲线有明显的增重，1200℃时对应的增重为 3.76%，表明 Si 粉快速发生氧化。相应地，DSC 曲线中 949.83℃处有一个微弱的吸热峰，对应 Si 发生氧化反应生成 SiO_2 的温度。恒温氧化实验表明，在 900℃以下温度，Si 粉的氧化增重可以忽略，其于 900℃氧化 3h 的增重仅为 1.5%，表明低温下 Si 粉很难发生氧化。

3. 微米级 Si 粉的等温氧化

主要研究了高温下 Si 粉的氧化行为。图 11-4(a)为微米级 Si 粉在空气中经 1000～1400℃氧化后，粉末增重百分数(Δm)随时间的变化关系。由图可知，氧化增重与氧化时间的关系服从抛物线规律。图 11-4(b)为该温度范围内 Δm^2 随时间的变化关系，对每个温度点的数据进行线性拟合，获得拟合直线的线性相关系数(r)列于表 11-2。由表可知，r 均小于 0.99，表明 Δm^2-t 关系曲线可按直线处理，直线方程如式(11-4)所示，这进一步证明 1000～1400℃微米级 Si 粉的氧化服从抛物线规律，氧化过程主要由扩散控制。同时可获得不同温度下的氧化速率等数据(表 11-2)。

$$\Delta m^2 = K_p t + C \tag{11-4}$$

式中：Δm 为增重百分数，%；t 为氧化时间，h；K_p 为氧化速率常数；C 为常数。

以表 11-2 中各温度下速率常数的对数值 $\lg K_p$ 与热力学温度的倒数 $1/T$ 作图(图 11-5)，二者基本符合直线关系，其斜率和线性相关系数分别为 0.657 和 0.992。由阿伦尼乌斯方程[式(11-5)]计算该温度范围内的平均表观活化能为 125.86kJ/mol。

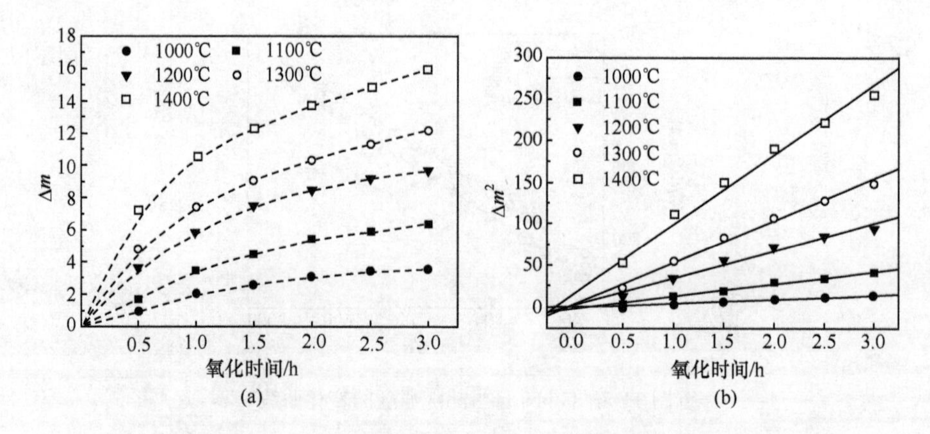

图 11-4 (a) Si 粉增重与时间的关系曲线；(b) Si 粉增重平方与时间的关系曲线

表 11-2 图 4-4 中直线的 K_p 和 r 值

T/℃	1000	1100	1200	1300	1400
K_p	4.719	14.505	33.115	50.712	84.446
r	0.991	0.995	0.992	0.997	0.993

$$\lg K_p = -\frac{E_a}{2.303RT} + A \tag{11-5}$$

式中：A 为常数；E_a 为表观活化能，J/mol；T 为热力学温度；R 为摩尔气体常数。

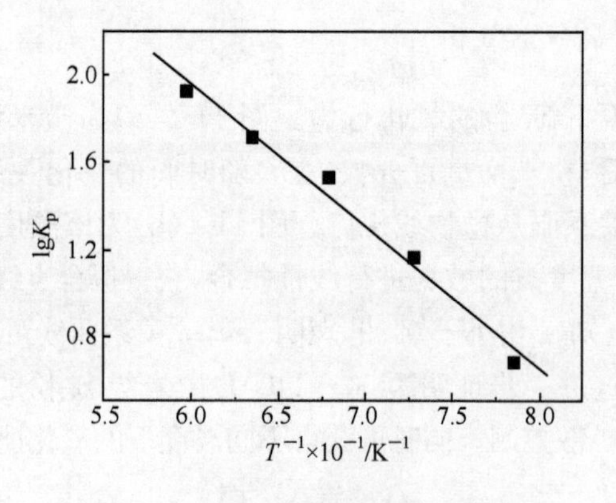

图 11-5 $\lg K_p$ 与 $1/T$ 的关系曲线

高温下，微米级 Si 粉的氧化过程与 SiC 粉的氧化过程相似，受氧分子通过 SiO_2 膜的内扩散控制。为了进一步确定微米级 Si 粉在高温下空气中氧化时，受氧分子通过不断增长的 SiO_2 氧化膜的内扩散控制，还可以用金斯特林格方程[12,13]加以验证。若该过程服从扩散控制，则应能很好地符合金斯特林格方程，即

$$1-\frac{2}{3}G-(1-G)^{\frac{2}{3}}=kt$$

式中：G 为氧化度；k 为某一温度下的反应速率常数；t 为反应的时间。

该方程的推导是以化学反应速率远大于扩散速率，过程由扩散为控制步骤，采用球形模型为假设。若实验数据符合该方程，那么氧化过程是以 O_2 扩散为控制步骤，否则为偏离扩散控制或以化学反应为控制步骤。实验数据处理如下：

	$Si(s)+O_2(g)\longrightarrow$	$SiO_2(s)$	增重值
按化学式：	28.09	60.08	31.99
完全氧化值	W		ΔW

所以

$$\Delta W=\frac{31.99\times W}{28.09}$$

$$G(\text{氧化度})=\frac{\Delta g}{\Delta W}$$

式中：Δg 为实验中 Si 粉的氧化增重，g；ΔW 为 Si 粉完全氧化时的增重，g。

将实验数据代入金斯特林格方程，以 $F(G)=1-\frac{2}{3}G-(1-G)^{\frac{2}{3}}$ 对 t 作图，如图 11-6 所示，所拟合直线的线性相关系数列于表 11-3。由图 11-6 和表 11-3 可知，在 1000～1400℃，$F(G)$与 t 具有非常好的线性关系，说明在此温度范围内氧化过程确实受扩散过程控制。

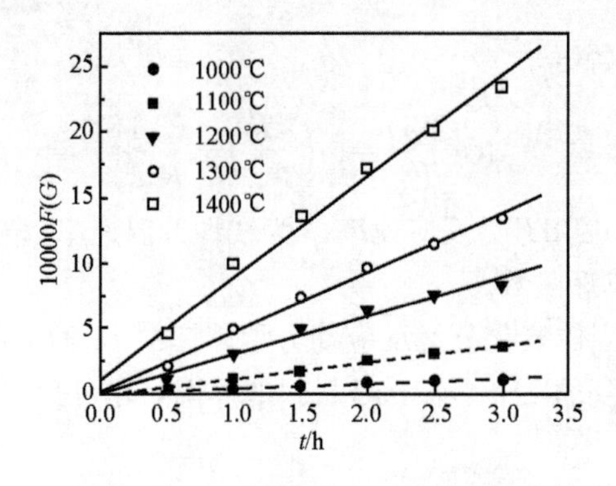

图 11-6　$F(G)$与时间 t 的关系曲线

表 11-3　图 11-6 中直线的 r 值

T/℃	1000	1100	1200	1300	1400
r	0.991	0.995	0.993	0.998	0.995

11.2　LSI-C/C-SiC 的氧化性能及机制

11.2.1　C/C-SiC 复合材料的非等温氧化行为

以 LSI-C/C-SiC 材料为代表，研究 C/C-SiC 复合材料的非等温和等温氧化动力学和机理。

根据 TG 分析用样少的特点，与恒温氧化实验所用试样相比，TG 所用试样通常与 O_2 具有更大的接触比表面积。随氧化温度的升高，C/C-SiC 试样和 C/C 试样中的炭最终会氧化消耗殆尽，较高温度下材料的 TG 结果仅仅表现为 Si 和 SiC 的氧化增重。因此，主要借助 TG-DTG 分析研究低温时 LSI-C/C-SiC 材料的氧化行为。

采用微分 Achar-Brindley-Sharp-Wendwort 方程[14]［式(11-6)］和积分 Satava-Sestak 方程[15]［式(11-7)］、Coats-Redfen[16] 方程［式(11-8)］来研究 LSI-C/C-SiC 复合材料在非等温条件下的氧化反应的动力学和反应机理。

Achar-Brindley-Sharp-Wendworth 方程：

$$\ln\left[\frac{1}{F(\alpha)}\frac{\mathrm{d}\alpha}{\mathrm{d}T}\right]=\ln\left(\frac{A}{\beta}\right)-\frac{E_{\mathrm{a}}}{R}\frac{1}{T} \tag{11-6}$$

Satava-Sestak 方程：

$$\lg[G(\alpha)]=\lg\left(\frac{AE_{\mathrm{a}}}{\beta R}\right)-2.135-\frac{0.4567E_{\mathrm{a}}}{R}\frac{1}{T} \tag{11-7}$$

Coats-Redfen 方程：

$$\ln\frac{G(\alpha)}{T^2}=\ln\left(\frac{AR}{\beta E_{\mathrm{a}}}\right)-\frac{E_{\mathrm{a}}}{R}\frac{1}{T} \tag{11-8}$$

式中：α 为转化分数；$\mathrm{d}\alpha/\mathrm{d}T$ 为反应速率；β 为线性升温速率；$F(\alpha)$ 和 $G(\alpha)$ 分别代表不同的微分和积分机理函数。

表 11-4 给出了固体氧化分解反应动力学计算中 16 种常用的机理函数[17~19]。从 TG-DTG 曲线得到的 LSI-C/C-SiC 材料非等温氧化过程的温度、转化率和反应速率数据见表 11-5。

表 11-5 给出了 C/C-SiC 材料在 835～970K(即 562～697℃)温度范围内的 α 和 $\mathrm{d}\alpha/\mathrm{d}T$ 的值。将表中的数据(T，α，$\mathrm{d}\alpha/\mathrm{d}T$)以及表 11-4 中的机理函数分别代入三种方程。对式(11-6)而言，以 $\ln[(\mathrm{d}\alpha/\mathrm{d}T)/F(\alpha)]$ 对 $1/T$ 作直线；对式(11-7)而言，以 $\lg[G(\alpha)]$ 对 $1/T$ 作直线；对式(11-8)而言，以 $\lg[G(\alpha)/T^2]$ 对 $1/T$ 作直线，可直接获得直线的线性相关系数和标准偏差，从直线的斜率和截距可分别计算活化能和指前因子。

表 11-4　固体氧化分解反应动力学计算中常用的机理函数

函数名称	机理		函数形式 $F(\alpha)$	函数形式 $G(\alpha)$	符号
Avrami-Erofeev equation	Random nucleation	$n=1$	$(1-\alpha)$	$-\ln(1-\alpha)$	A1
		$n=2$	$2(1-\alpha)[-\ln(1-\alpha)]^{1/2}$	$[-\ln(1-\alpha)]^{1/2}$	A2
		$n=3$	$3(1-\alpha)[-\ln(1-\alpha)]^{2/3}$	$[-\ln(1-\alpha)]^{1/3}$	A3
Parabola law	1D diffusion		$1/(2\alpha)$	α^2	D1
Valensi equation	2D diffusion, decelerator α-t curve		$[-\ln(1-\alpha)]^{-1}$	$\alpha+(1-\alpha)\ln(1-\alpha)$	D2
Jander equation	3D diffusion, decelerator α-t curve		$1.5(1-\alpha)^{2/3}[1-(1-\alpha)^{1/3}]^{-1}$	$[1-(1-\alpha)^{1/3}]^2$	D3
G-B equation	3D diffusion, spherical symmetry		$1.5[(1-\alpha)^{-1/3}-1]^{-1}$	$[1-2\alpha/3]-(1-\alpha)^{2/3}$	D4
Z-L-T equation	3D diffusion		$1.5(1-\alpha)^{4/3}[(1-\alpha)^{-1/3}-1]^{-1}$	$[(1-\alpha)^{-1/3}-1]^2$	D5
Phase boundary reaction	Decelarator α-t curve	Cylindrical symmetry	$(1-\alpha)^{1/2}$	$[1-(1-\alpha)^{1/2}]$	P2
		spherical symmetry	$1-(1-\alpha)^{2/3}$	$[1-(1-\alpha)^{1/3}]$	P3
Reaction order		$n=2$	$1/2(1-\alpha)^{-1}$	$1-(1-\alpha)^2$	R2
		$n=3$	$1/3(1-\alpha)^{-2}$	$1-(1-\alpha)^3$	R3
		$n=4$	$1/4(1-\alpha)^{-3}$	$1-(1-\alpha)^4$	R4
Chemical reaction	Decelarator α-t curve		$(1-\alpha)^2$	$(1-\alpha)^{-1}$	F2
Mampel power		$n=2$	$2\alpha^{1/2}$	$\alpha^{1/2}$	M2
		$n=3$	$3\alpha^{2/3}$	$\alpha^{1/3}$	M3

整个动力学计算过程采用最小二乘法在计算机上完成，计算结果见表 11-6。

对于某种机理函数，采用微分和积分法所得到的计算结果如果同时满足下列条件，则该机理函数所代表的机理为材料非等温氧化反应的实际机理，同时可获得氧化反应的活化能和指前因子等数据[17]。

(1) 采用不同公式计算所得的活化能 E_a 均位于 80～250kJ/mol，指前因子 $\lg A$ 均位于 7～30min^{-1}，而且不同处理方法所得到的对应数值相差不大。

(2) 所得直线的线性相关系数 $r<-0.98$。

(3) 所得直线的标准方差 S. D. <0.3。

(4) 根据上述原则选择的机理函数应与研究对象的状态相符。

(5) 与两点法、Kissinger 法、Ozawa 法和其他微积分法求得的动力学参数值应尽量一致。

表 11-5 LSI-C/C-SiC 复合材料非等温氧化过程的温度、转化率和反应速率数据

T/K	α	dα/dT /(%/K)	T/K	α	dα/dT /(%/K)	T/K	α	dα/dT /(%/K)
835.04	0.017	0.037	885.02	0.085	0.137	935.09	0.306	0.413
840.05	0.021	0.043	890.12	0.098	0.155	940.14	0.343	0.446
845.08	0.025	0.050	895.11	0.112	0.174	945.05	0.382	0.475
850.01	0.03	0.057	900.02	0.128	0.195	950.09	0.425	0.500
855.02	0.035	0.065	905.06	0.146	0.218	953.03	0.451	0.507
860.01	0.041	0.074	910.09	0.166	0.244	955.06	0.469	0.506
865.05	0.048	0.084	915.03	0.188	0.272	960.04	0.512	0.490
870.12	0.055	0.095	920.14	0.213	0.305	965.07	0.553	0.458
875.09	0.064	0.108	925.06	0.24	0.341	970.05	0.591	0.414
880.12	0.074	0.122	930.06	0.271	0.378			

根据上述判据对表 4-5 的数据进行分析可知，符合的机理函数共有三个，分别为 A1、P3 和 R3。其中 P3 所代表的机理为相边界反应-球形对称-减速型 α-t 曲线，与 C/C-SiC 复合材料的氧化过程显著不符；C/C-SiC 材料低温短时间氧化时，失重率与氧化时间成正比，表明为一级反应动力学，可排除 R3 所代表的三级反应动力学机理。因此，合适的机理函数为 A1[$F(\alpha)=(1-\alpha)$, $G(\alpha)=-\ln(1-\alpha)$]，氧化机理为随机成核，动力学参数为 $\lg A=8.752\text{min}^{-1}$，$E_a=169.167\text{kJ/mol}$。

表 11-6 不同方法计算得到的动力学参数

	Achar-Brindley-Sharp-Wendworth				Satava-Sestak			
符号	E_a/(kJ/mol)	LgA/min^{-1}	r	S. D.	E_a/(kJ/mol)	lg$A$/min^{-1}	r	S. D.
A1	156.830	9.411	−0.995	0.105	178.181	8.554	−1	0.014
A2	63.143	4.234	−0.975	0.093	89.091	3.980	−1	0.007
A3	31.914	2.433	−0.918	0.089	59.394	2.531	−1	0.005
D1	31.914	2.433	−0.918	0.089	339.864	16.961	−0.999	0.048
D2	317.680	17.837	−0.995	0.199	345.208	16.998	−0.999	0.0412
D3	326.355	18.068	−0.997	0.176	350.757	16.695	−0.999	0.03
D4	335.307	17.963	−0.998	0.153	347.057	16.462	−0.999	0.039
D5	329.358	17.599	−0.997	0.168	362.073	17.41	−1	0.022
P2	353.156	19.056	−0.999	0.11	173.997	7.994	−0.999	0.019
P3	147.906	8.864	−0.992	0.125	175.379	7.904	−0.999	0.017
R2	−42.553	−0.899	0.931	0.108	162.154	7.863	−0.998	0.034

续表

	Achar-Brindley-Sharp-Wendworth				Satava-Sestak			
符号	E_a/(kJ/mol)	LgA/min^{-1}	r	S. D.	E_a/(kJ/mol)	lg$A$/min^{-1}	r	S. D.
R3	156.830	9.109	−0.995	0.105	154.838	7.587	−0.996	0.042
R4	103.285	6.608	−0.939	0.245	147.973	7.288	−0.994	0.050
F2	85.436	5.640	−0.882	0.295	16.973	0.918	−0.912	0.023
M2	174.679	10.504	−0.998	0.074	84.966	3.735	−0.999	0.012
M3	49.6322	3.407	−0.933	0.124	56.644	2.375	−0.999	0.008

Coats-Redfen									
符号	E_a(kJ/mol)	LgA/min^{-1}	r	S. D.	符号	E_a/(kJ/mol)	LgA/min^{-1}	r	S. D.
A1	172.459	8.292	−1	0.034	P2	168.059	7.711	−0.999	0.046
A2	78.772	3.077	−0.999	0.018	P3	169.512	7.627	−0.999	0.042
A3	47.543	1.232	−0.999	0.013	R2	155.605	7.516	−0.997	0.079
D1	342.483	17.278	−0.999	0.113	R3	147.912	7.197	−0.995	0.099
D2	348.103	17.328	−0.999	0.098	R4	140.692	6.857	−0.992	0.116
D3	353.939	17.040	−0.999	0.082	F2	2.934	−2.133	−0.354	0.050
D4	350.047	16.797	−0.999	0.093	M2	74.435	2.786	−0.998	0.030
D5	365.838	17.783	−1	0.052	M3	44.652	1.0279	−0.998	0.020

11.2.2　C/C-SiC 复合材料的等温氧化动力学和机理

对于碳材料(C/C 材料和 C/C-SiC 材料),在低温、短时间氧化时,失重率与氧化时间成正比[20],见式(11-9):

$$\frac{M_0-M}{M_0}=kt \tag{11-9}$$

式中:M_0 为材料的初始质量;M 为材料氧化 t 时间时的质量;k 为反应速率常数。

反应速率常数与活化能的关系遵从阿伦尼乌斯方程,见式(11-10):

$$\ln k=\ln A-\left(\frac{E_a}{R}\right)\frac{1}{T} \tag{11-10}$$

式中:A 为指前因子;E_a 为氧化反应的活化能;T 为反应温度;R 为摩尔气体常数。

对式(11-9)两边取对数，并进行移项后带入式(11-10)得到

$$\ln\left(\frac{M_0-M}{M_0}\right)=-\frac{E_a}{R}\frac{1}{T}+(\ln A+\ln t) \tag{11-11}$$

图 11-7 为 LSI-C/C-SiC 和 C/C 两种复合材料等温氧化失重的阿伦尼乌斯曲线，通过图中直线的斜率可以计算氧化反应的活化能，结果列于表 11-7。从图 11-7和表 11-7 可以看出，在 900℃以下，C/C 材料较 LSI-C/C-SiC 材料有更高的氧化活化能，表明 C/C 材料更难发生氧化。对于 LSI-C/C-SiC 材料，其阿伦尼乌斯曲线明显地分为三段。在氧化反应的第Ⅰ阶段(500～800℃)，由于温度较低，氧分子在材料中的扩散速率大于 C-O 的反应速率，材料内不存在氧浓度梯度，这时反应速率主要由氧化反应控制。在氧化反应的第Ⅱ阶段(800～1100℃)，由于温度较高，C-O 之间反应加快，变得可以和扩散速率相比，甚至超过扩散速率。同时还开始发生 Si-O、SiC-O 之间的固-气反应。在这种情况下，反应速率不仅取决于氧化反应，还取决于氧通过生成 SiO_2 层的扩散过程。在氧化反应的第Ⅲ阶段(1100～1300℃)，由于反应温度进一步升高，Si 和 SiC 的氧化速率加快，扩散和反应共同控制反应速率变得更为显著。

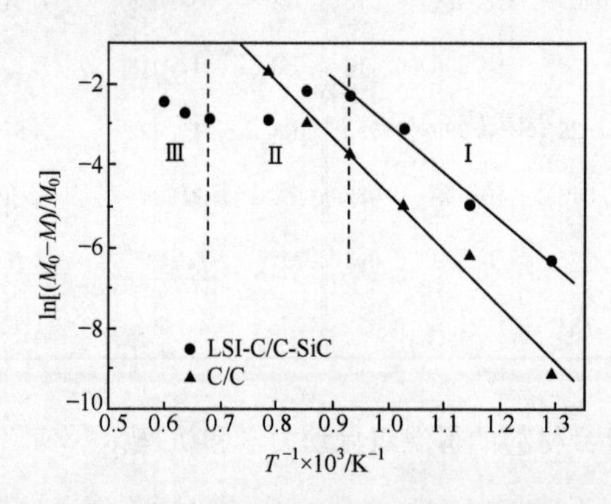

图 11-7 LSI-C/C-SiC 和 C/C 复合材料的阿伦尼乌斯曲线

表 11-7 LSI-C/C-SiC 和 C/C 复合材料氧化反应的活化能数据

复合材料	阶段	E_a/(kJ/mol)	r
C/C	500～1000℃	114.91	0.993
LSI-C/C-SiC	Ⅰ(500～800℃)	96.91	0.993

此外，考察了氧化时间对 LSI-C/C-SiC 材料氧化反应活化能的影响。图 11-8 为该材料在 500～800℃范围内阿伦尼乌斯曲线。根据所拟合直线的斜率可计算出不同氧化时间的活化能，结果列于表 11-8。由表 11-8 中的数据可知，当氧化时

间分别为 0.5h、1h、1.5h 和 2h 时，相应的 E_a 值分别为 96.89kJ/mol、93.89kJ/mol、91.25kJ/mol 和 87.68kJ/mol，即随氧化时间的延长，材料低温氧化反应的活化能逐渐降低，进一步表明材料的氧化特征为自催化反应。

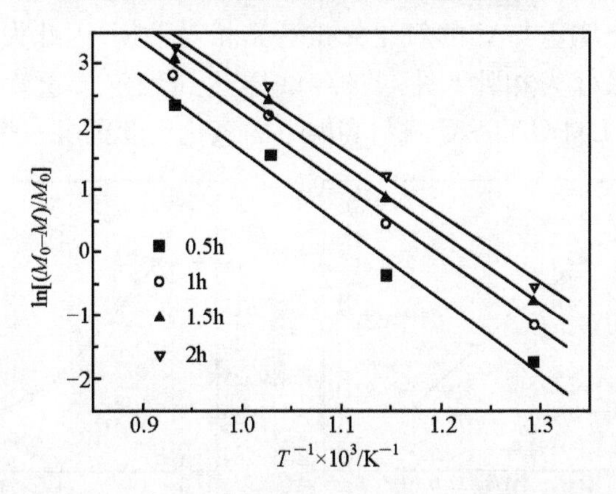

图 11-8　LSI-C/C-SiC 复合材料 500～800℃的阿伦尼乌斯曲线

表 11-8　LSI-C/C-SiC 复合材料氧化反应的活化能数据

氧化时间/h	0.5	1	1.5	2
r	0.993	0.994	0.994	0.992
E_a/(kJ/mol)	96.89	93.89	91.25	87.68

11.2.3　C/C-SiC 复合材料的长时间氧化行为

图 11-9 给出了 LSI-C/C-SiC 材料和 C/C 材料在 600～900℃的氧化失重曲线。对于 C/C 材料，失重率随氧化时间均呈直线变化，表明氧化过程受同一种机制控制。C/C 材料 600℃氧化 8h 的失重率为 1.58%，700℃氧化 10h 的失重率为 9.43%。在 800℃及其以上温度，氧化十分严重，随氧化时间的延长，氧化失重迅速增大。800℃氧化 10h、900℃氧化 5h 和 1000℃氧化 1.5h 的失重率均达到 50%。

对于 LSI-C/C-SiC 材料，相同温度下短时间内的氧化失重均大于 C/C 材料。600℃氧化 8h 的失重率为 15.83%，是 C/C 材料失重率的 10 倍。700℃氧化 10h 的失重率为 34.26%，为 C/C 材料的 5 倍。随氧化温度的进一步升高，C/C-SiC 材料的失重率也迅速增加，在 800℃和 900℃氧化初期的失重率也均高于 C/C 材料，且由于 LSI 材料中有 Si 和 SiC 存在，当氧化时间分别延长至 5h 和 4h 时，试样中的 C 几乎氧化殆尽，但由于仍残留 Si 和 SiC，失重率最终达到稳定。在 700℃时，氧化 10h 方达到稳定。

图 11-10 给出了 LSI-C/C-SiC 复合材料 1000～1400℃的氧化行为。显然，在 1000℃、1200℃和 1400℃氧化相同的时间时，其失重率相差不大。这是由于高温下，Si 和 SiC 发生一定氧化，温度越高，其氧化越明显，同时 C 的氧化失重越大。Si 和 SiC 引起的氧化增重与 C 的氧化失重达到相对平衡，因此失重率总体上相近。与 900℃时的氧化行为相比(图 11-9)，试样达到稳定失重率的时间有所延长(≥5h)，这也表明 LSI-C/C-SiC 材料高温下的氧化程度更弱一些。

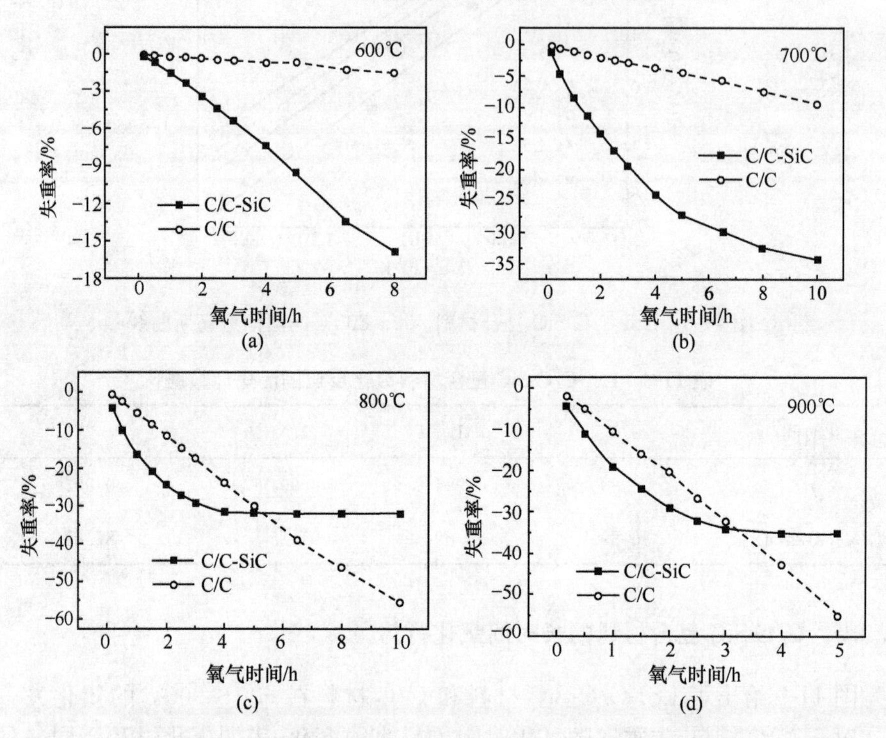

图 11-9　LSI-C/C-SiC 和 C/C 复合材料 600～900℃的氧化行为

图 11-11 给出了 LSI-C/C-SiC 不同温度氧化 10h 后的 XRD 图谱。经 800℃氧化后，物相组成为 Si 和 SiC，没有 SiO_2 生成，这也说明低温下 Si 和 SiC 氧化速率十分缓慢，可认为不发生氧化反应。经 1000℃、1200℃和 1400℃氧化后，物相组成均为残留 Si、SiC 和氧化生成的 SiO_2，且随氧化温度的升高，生成 SiO_2 的含量逐渐增多，其保护作用相对增强。这也证实 LSI 材料在 800℃氧化最严重。

从图 11-12 所示氧化后的宏观形貌可见，C/C 材料经 600℃氧化 8h 和 700℃氧化 10h 后，由于氧化程度较弱，均保持原来的形状。而经 800℃氧化 10h 后，试样由于氧化而变得疏松，边缘出现毛刺，且有局部脱落现象。经 1000℃氧化 1.5h 后，试样体积显著缩小，脱落现象更加明显，表明温度对 C/C 材料的氧化失重有显著影响。从图 11-13所示的微观形貌可以看出，经 800℃氧化 1h 后，C/C 材料中的纤维/热解炭界面和热解炭之间的界面等位置优先发生氧化，但底部基体等位置依然相对致密[图 11-13(a)]。当温度升高至 1000℃，氧化 1h 后，仅剩余纤维芯部和极少量薄片状热解炭，试样氧化十分严重，因而影响其形状保持率[图 11-13(b)]。对于 LSI-C/C-SiC 材料，在 600～1400℃氧化足够时间后，均能保持整体形状。与未氧化的试样相比，在 1000℃以下氧化的试样表面无显著变化，但在 1000℃以上，由于 Si 和 SiC 的氧化生成一定的 SiO_2，基体区域出现发蓝现象。由于 Si 和 SiC 等物质构成了网状结构，即使表层的 C 严重氧化，试样仍能保持原有形状[图 11-13(d)]。

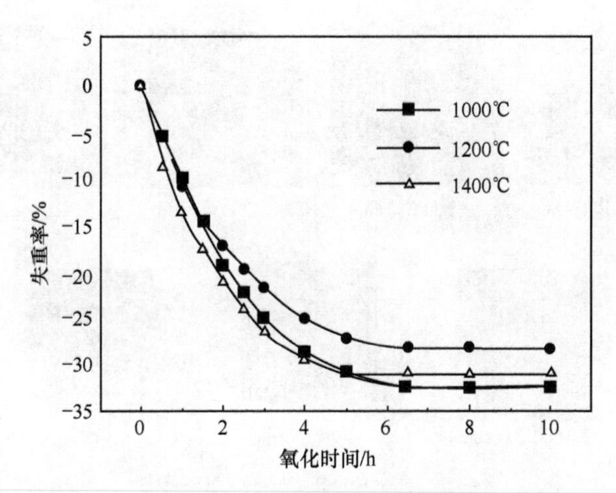

图 11-10　LSI-C/C-SiC 复合材料 1000～1400℃的氧化行为

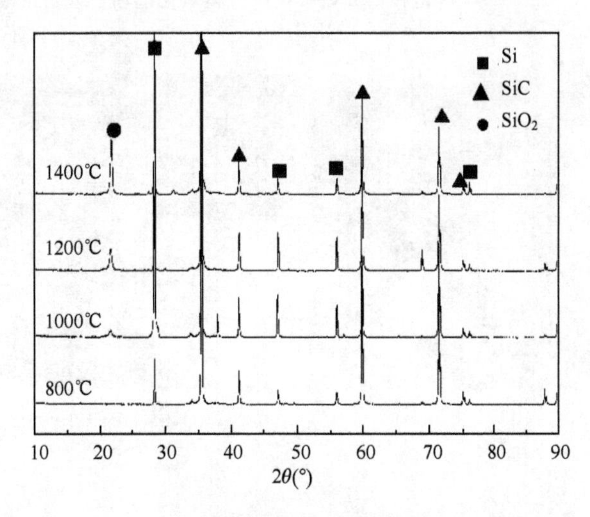

图 11-11　LSI-C/C-SiC 复合材料不同温度氧化 10h 后的 XRD 图谱

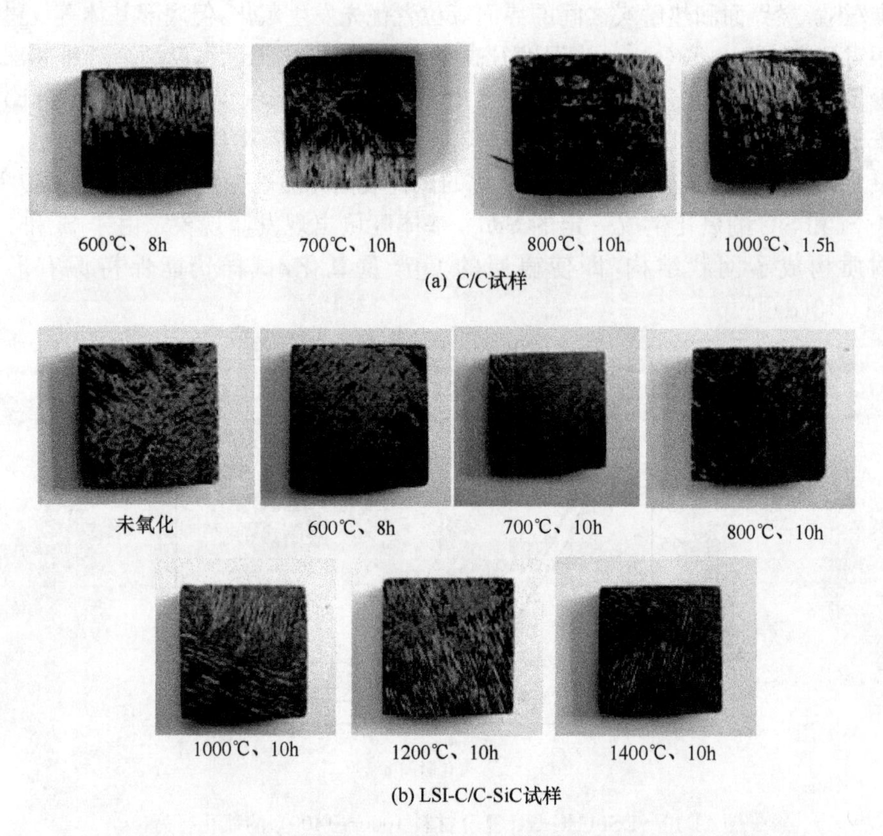

图 11-12　C/C 材料和 LSI-C/C-SiC 材料氧化前后的宏观形貌

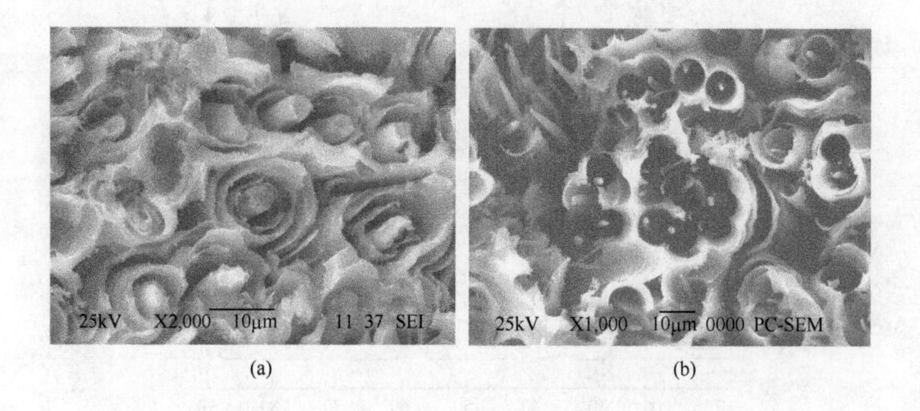

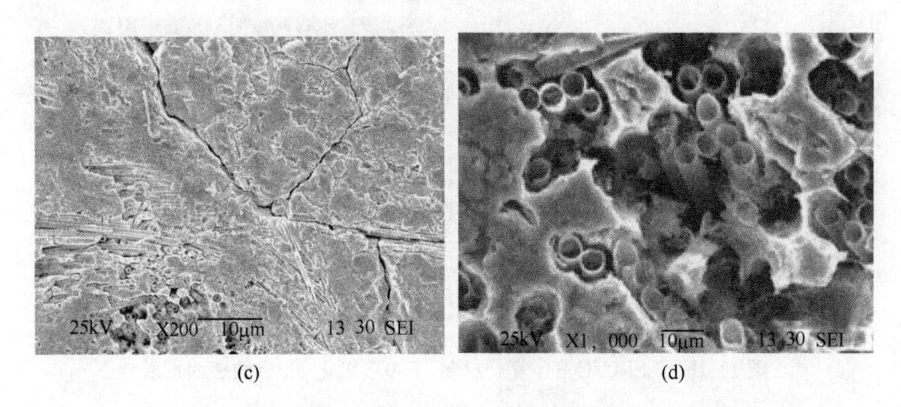

(c)　(d)

图 11-13　C/C 材料和 LSI-C/C-SiC 材料氧化后的微观形貌
(a) C/C 材料 800℃氧化 1h；(b) C/C 材料 1000℃氧化 1h；
(c)和(d)C/C-SiC 材料 800℃氧化 1h

图 11-14 给出了 LSI-C/C-SiC 复合材料经 1200℃氧化 10h 后的微观形貌。材料中纤维束被氧化为空洞，纤维空壳表面有大量的 SiO_2 熔体生成。此时，材料的强度已经完全丧失。

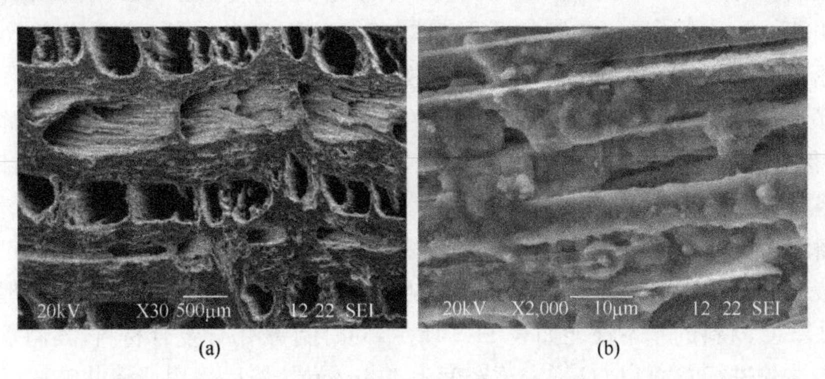

(a)　(b)

图 11-14　LSI-C/C-SiC 复合材料 1200℃氧化 10h 后的微观形貌

一个有趣的现象是 LSI-C/C-SiC 试样 1500℃氧化时的显微形貌。即使经 1h 的短时间氧化，试样表面也会变得凹凸不平，出现大量的 SiO_2 熔融团聚体(图 11-15)。这一现象应与氧化温度和试样的成分有关。1500℃高于 Si 的熔点(1410℃)，试样中的残留 Si 发生熔融。由于其蒸气压很高，Si(g)向试样外迁移，扩散至试样表面时由于过饱和度降低，在试样表面沉积下来，迅速氧化为 SiO_2。因此，对于含有较多残留 Si 的 C/C-SiC 复合材料，不能直接应用于 1500℃以上的高温环境。

图 11-15 LSI-C/C-SiC 复合材料 1500℃氧化 1h 后的表面形貌

11.3 CVI-C/C-SiC 的氧化性能及机制

11.3.1 C/C-SiC 复合材料的非等温氧化行为

以 2.5D 的 PAN 基炭纤维整体毡(体积密度 $0.56g/cm^3$)为骨架,经 1600℃高温除胶后,采用 CVD 工艺制备热解炭(PyC)涂层/基体,经 2300℃高温热处理(HTT)后,再采用不同工艺制备 SiC 基体。对于 LSI 工艺,预制体经 CVD PyC 增密至密度为 $1.2\sim1.3g/cm^3$ 后,进行 LSI 处理。对于 CVI 工艺,首先采用 CVD 工艺使预制体增密至密度为 $0.6g/cm^3$,即在纤维表面制备约 $0.2\mu m$ 厚的热解炭界面层,然后进行 CVI SiC 增密。CVI 增密过程中对试样进行表面机加工以打开表面闭孔,直至延长 CVI 时间试样密度无显著增加。对于 CVI+LSI 工艺,在纤维表面制备约 $0.2\mu m$ 厚的热解炭界面层后,先采用 CVI SiC 增密至密度为 $1.3g/cm^{-3}$,再改用浸渍呋喃树脂增密,经固化-炭化后制备树脂炭基体,最终进行 LSI 处理。三种 C/C-SiC 材料的基本性能如表 11-9 所示,同时制备 C/C 复合材料,其制备过程为预制体先进行 CVD PyC 增密至密度为 $1.4g/cm^3$,然后采用浸渍呋喃树脂补充增密,该过程循环 3~5 次。

表 11-9 三种 C/C-SiC 和 C/C 复合材料的基本性能

试样	密度 /(g/cm^3)	开孔率 /%	成分/%(质量分数)		
			C	Si	SiC
LSI 材料	2.40	2.5	12.4	14.2	73.5
CVI 材料	1.98	15.37	8.6	0	91.4
CVI+LSI 材料	2.19	10.2	4.2	0.6	95.2
C/C 材料	1.84	2.33	—	—	—

将制备的三种 C/C-SiC 复合材料和 C/C 复合材料制成质量为 40～50mg 的小试样，置于 Φ5mm×3mm 的刚玉坩埚内，进行热重分析以考察试样的非等温氧化行为。图 11-16 为三种 C/C-SiC 复合材料和 C/C 复合材料的 TG 曲线。由图可以看出，LSI 材料、CVI 材料、CVI＋LSI 材料和 C/C 材料的起始氧化温度依次为 524℃、710℃、554℃和 617℃。CVI 材料的起始氧化温度比 LSI 材料高约 180℃，LSI 材料和 CVI＋LSI 材料的起始氧化温度相当，且均低于 C/C 材料的起始氧化温度。LSI 材料在 736℃失重率达到最大，还有约 58％剩余。CVI 材料在 1052℃失重达到最大，还有约 66％剩余。CVI＋LSI 材料在 907℃失重达到最大，还有约 78％剩余。C/C 材料在 1057℃完全氧化。

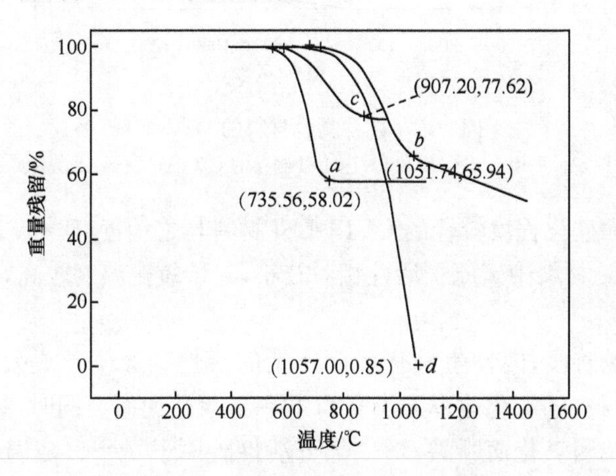

图 11-16　四种复合材料的 TG 曲线

a、*b* 和 *c* 分别表示采用 LSI、CVI 和 CVI＋LSI 制备的 C/C-SiC 材料，*d* 表示 C/C 复合材料

从图 11-17 所示的 DTG 曲线可以看出，氧化初期，LSI 材料即有很高的氧化速率，在 681℃达到最大氧化速率，为 0.504％/℃。CVI 材料氧化速率最小，但在 850℃以上温度，其氧化速率增幅较大，928℃达到最大值，为 0.195％/℃。CVI＋LSI 材料氧化速率适中，744℃达到最大值，为 0.117％/℃。氧化初期，C/C 材料的氧化速率比 LSI 材料和 CVI＋LSI 材料均要低些，但在 800℃以上氧化速率快速增大，1027℃达到最大值，为 0.612％/℃。氧化速率与材料的氧化失重成正比，因此低温下的氧化程度为 LSI 材料＞CVI＋LSI 材料＞C/C 材料＞CVI 材料。

微观上，C/C-SiC 复合材料中的 C 为类石墨结构（sp^2 杂化）[21]。类石墨炭材料的分子结构为延伸的二维链，硅化反应将导致这种二维链结构断裂，产生许多新的不饱和碳原子——活性碳原子，从而引起材料的活性增加，与 O_2 接触时，更易于发生氧化反应，这些活性碳原子的氧化对应材料的起始氧化温度。由于 LSI 材料中纤维易发生硅化损伤，因此具有最多的活性碳原子，相应地具有最低的起始氧化

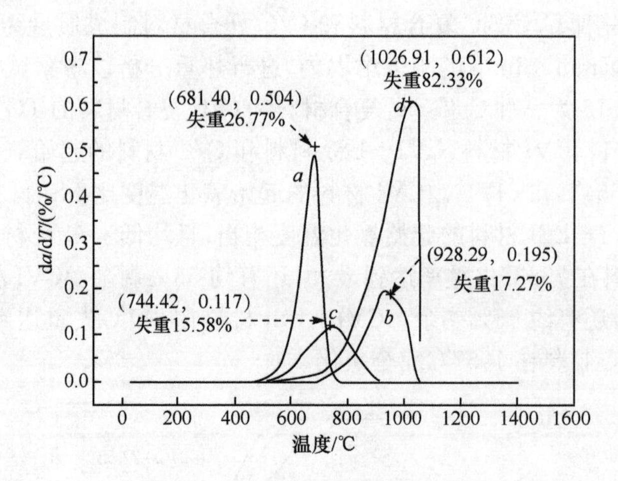

图 11-17　四种复合材料的 DTG 曲线

a,*b* 和 *c* 分别表示采用 LSI,CVI 和 CVI+LSI 制备的 C/C-SiC 材料,*d* 表示 C/C 复合材料

温度(524℃),而硅化程度较轻的 CVI+LSI 材料与之相近(比 CVI 材料高 30℃)。CVI 材料和 C/C 材料中碳原子活性相对较小,起始氧化温度较高,分别为 710℃和 617℃。

在氧化初始阶段,因发生硅化反应产生的活性碳原子首先发生氧化,LSI 材料、CVI+LSI 材料的氧化速率大于 CVI 材料的氧化速率。同时,材料中完整的二维分子链也开始因氧化而断裂,形成部分活性碳原子[22,23]。随温度的升高,氧化反应进一步进行,材料失重增加,同时越来越多的完整二维分子链因氧化而断裂,形成更多的活性碳原子,这将导致氧化反应速率增加。亦即随材料失重增加,氧化反应速率增加,这是典型的自催化反应。

新生成的活性碳原子的数量依赖于二维分子链的长度和 C 的表面积,而这两者均随氧化反应的进行而减少。而氧化速率的增加会导致越来越多的活性碳原子被消耗。亦即随着氧化反应速率的增加,新生成的活性点的数量逐渐减少而反应消耗的活性点数量逐渐增加。因此,当二者数量相等时,氧化反应速率最大。对于 LSI 材料,当氧化失重达到 26.77%时,形成的活性碳原子最多,氧化速率最大。此后,随着氧化失重的增加,可以断裂的二维链结构越来越少,形成的活性碳原子越来越少,氧化反应速率降低。

11.3.2　C/C-SiC 复合材料的等温氧化行为

将三种 C/C-SiC 复合材料和 C/C 复合材料切割成 20mm×20mm×5mm 的氧化试样,表面经抛光后,进行超声波清洗并烘干,测试 C/C-SiC 材料在 500～1400℃和 C/C 材料在 600～1000℃的氧化性能。

图 11-18 为在空气中氧化 0.5h 时，三种 C/C-SiC 复合材料和 C/C 复合材料的等温氧化失重曲线。由图可以看出，在 900℃以下温度，LSI 材料具有最大的氧化失重率，其次为 CVI＋LSI 材料，CVI 材料和 C/C 材料的失重率最小，且二者的失重率较为接近。在 900℃以上温度，C/C 材料的失重率随温度的升高而迅速增大，CVI 材料和 CVI＋LSI 材料的失重率随温度的升高而缓慢增加，且均在 1200℃达到最大值。相比之下，CVI 材料的高温氧化失重（＞1000℃）较 CVI＋LSI 材料更大些。对于 LSI 材料，在 900℃时氧化失重达到最大值，在 1000℃以上温度，氧化失重较 900℃时有所降低，且失重变化较为平稳。

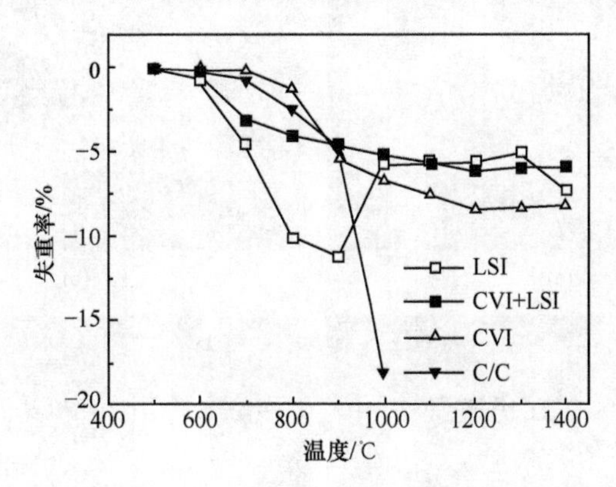

图 11-18　四种复合材料的氧化曲线

C/C-SiC 材料的氧化由 C 的氧化失重和 SiC、Si 的氧化增重[式(11-12)和式(11-13)]共同引起。在 900℃以下温度氧化时，由于 Si 和 SiC 氧化过程非常缓慢，可以认为不发生氧化反应[24,25]，因此随氧化温度的升高，因碳的氧化加剧而使材料的氧化失重增大。在 1000℃以上，Si 和 SiC 氧化生成一定量的 SiO_2，碳的氧化受扩散过程控制[26,27]，LSI 材料的氧化失重较 800℃和 900℃时的有所降低。同时，由于 Si 和 SiC 的氧化增重与碳的氧化失重达到平衡，总体上材料的失重率趋于稳定。CVI 材料和 CVI＋LSI 材料在 1000℃以上失重率也趋于平稳。

$$2SiC + 3O_2 \longrightarrow 2SiO_2 + 2CO \qquad (11\text{-}12)$$

$$Si + O_2 \longrightarrow SiO_2 \qquad (11\text{-}13)$$

图 11-19 给出了在空气中 800℃氧化 5min 后，三种 C/C-SiC 复合材料和 C/C 复合材料的微观形貌。从图 11-19(a)可以看出，LSI 材料中纤维和基体之间发生显著分离，基体之间出现了大量的“瓦片”状间隙。这些氧化产生的间隙作为新的界面，进一步提供了 O_2 的扩散通道，加速材料的氧化。在 CVI 材料中，可清晰地观察到纤维周围包覆的完整的热解炭界面层(厚度约为 0.2μm)，其与纤维和基体均结合完整，无明显的氧化发生[图 11-19(b)]。而在 CVI＋LSI 材料中，纤维表面的部分热解炭界面层发生氧化，产生了一定的氧化间隙[图 11-19(c)]。在 C/C 材

料中,纤维和热解炭以及热解炭基体之间均保持致密,无显著的氧化发生[图 11-19(d)]。综合表明,在 800℃时,四种材料的氧化程度以 LSI 材料最严重,CVI+LSI 材料次之,CVI 材料和 C/C 材料几乎不发生氧化,与图 11-18 中的氧化失重规律保持一致,也进一步证实了低温下的氧化速率为 LSI 制备的 C/C-SiC 材料>CVI+LSI 制备的 C/C-SiC 材料>CVI 制备的 C/C-SiC 材料和 C/C 材料(图 11-18)。

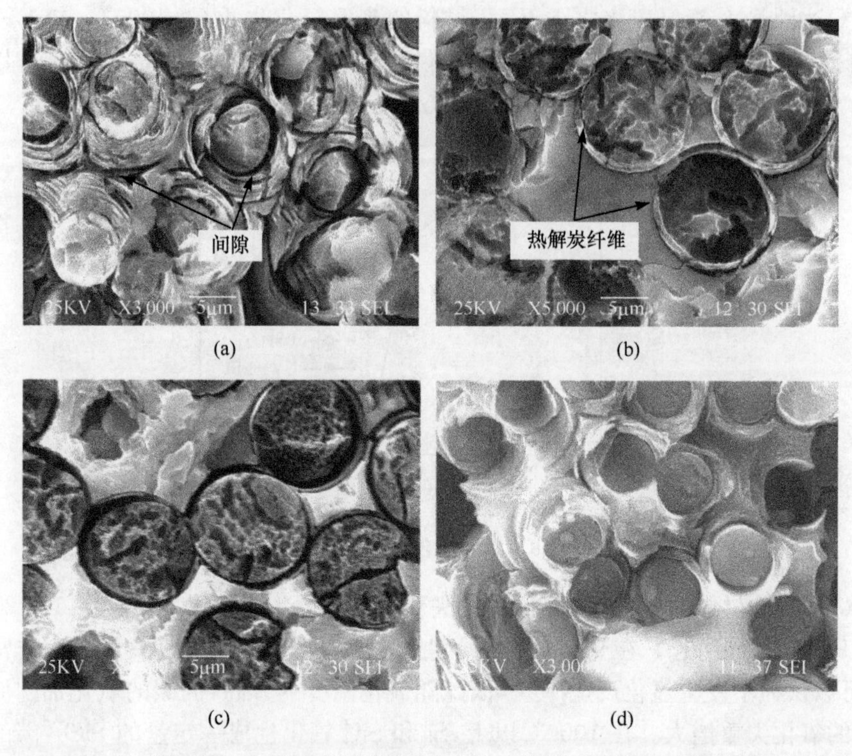

图 11-19　四种复合材料 800℃、5min 氧化后的微观形貌

(a) LSI 制备的 C/C-SiC 材料;(b) CVI 制备的 C/C-SiC 材料;(c) CVI+LSI 制备的 C/C-SiC 材料;(d) C/C 材料

Liao 等的研究结果表明,氧化优先发生在纤维/基体及基体/基体之间的界面等位置,随后沿着界面间裂纹进行[28]。此外,在 LSI 工艺中,Si(g)扩散至纤维边缘的热解炭界面处和层状热解炭之间,发生硅化反应,引起界面处碳的活性增加,使得氧化更容易先在界面处进行,因此,在 800℃时,四种材料的氧化程度以 LSI 制备的 C/C-SiC 材料最严重,CVI+LSI 制备的 C/C-SiC 材料次之,而 CVI 制备的 C/C-SiC 材料和 C/C 材料由于温度较低,几乎无氧化发生。

图 11-20 为三种 C/C-SiC 复合材料 1200℃氧化 5min 后的微观形貌。由图可以看出,在 LSI 材料中,纤维束发生了一定氧化,从高倍的照片[图 11-20(b)]可以看出,表面纤维氧化严重,有较多的絮状残留物,而内部纤维相对完整。这是由于 LSI 材料致密度高,高温氧化时,氧化沿表面的碳相向材料内逐步推进,使表层纤

维氧化最严重。相比之下，CVI 材料中纤维几乎氧化殆尽，只剩周围包覆的 CVI SiC 空壳。CVI+LSI 材料中纤维被氧化为笋尖状。由于 CVI 材料和 CVI+LSI 材料的致密度相对较低，氧化在碳相表面和内部均可进行，表现为表面和内部均发生严重氧化，且致密度相对较高的 CVI+LSI 材料内部氧化较表面氧化相对弱些。显然，1200℃时的氧化程度以 CVI 材料最为严重，与图 11-18 中高温下 CVI 材料具有最大氧化失重一致。

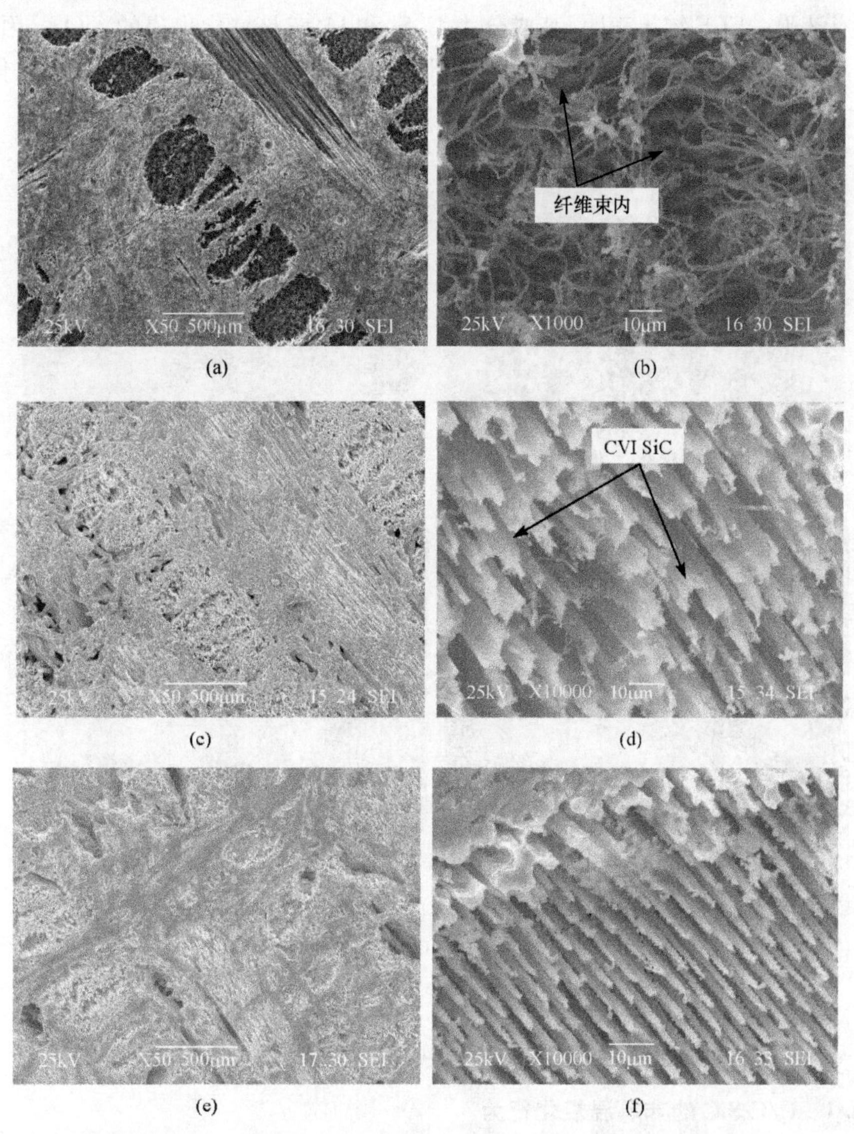

图 11-20　三种 C/C-SiC 复合材料 1200℃氧化 5min 后的微观形貌

(a)和(b)LSI 材料；(c)和(d)CVI 材料；(e)和(f)CVI+LSI 材料

图 11-21 给出了 LSI-C/C-SiC 复合材料经不同温度氧化后的微观形貌。由图可以看出，经 800℃ 氧化 30min 后，纤维几乎氧化殆尽，只剩一层薄薄的空壳[图 11-21(a)]。从纤维轴向的微观形貌可以看出，纤维表面有部分不连续的熔体[图 11-21(b)]。显然，这是由于温度较低，材料中的 Si 和 SiC 未能充分氧化。相比之下，经 1200℃ 氧化 30min 后，材料中有较多的纤维残留[图 11-21(c)]，氧化程度明显较轻。从纤维轴向的 SEM 照片[图 11-21(d)]可以看出，纤维表面有一层熔融态液膜。EDS 结果表明，其成分为 C、Si 和 O，应是氧化生成的 SiO_2。因此，在高温下，Si 和 SiC 氧化生成的 SiO_2 对纤维起一定的保护作用，使试样的氧化失重较 800℃时有所降低。

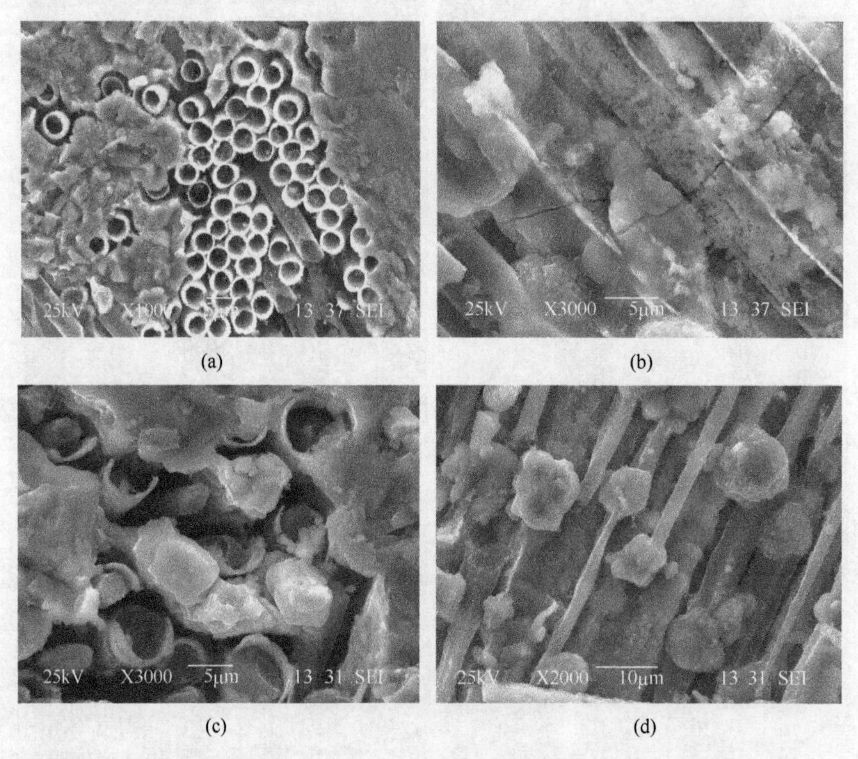

图 11-21 LSI-C/C-SiC 复合材料经不同温度氧化后的微观形貌

(a)和(b)800℃氧化 30min；(c)和(d)1200℃氧化 30min

11.4 WCISR-C/C-SiC 的氧化行为及机理

11.4.1 C/C-SiC 的非等温氧化行为

采用热重分析法考察三种 C/C-SiC 摩擦材料与 C/C 复合材料的非等温氧化

行为。三个 C/C-SiC 试样中，试样 6 以树脂炭为基体，采用 LSI 制备，其的基本性能见表 9-2；试样 7 以热解炭为基体，采用 LSI 制备；试样 28 采用 WCISR 制备；试样 7 和试样 28 的基本性能见表 9-14。将试样分别制成质量为 40～50mg 的粉末样，置于 ϕ5mm×3mm 的刚玉坩埚内，升温速率为 15K/min，在大气环境中进行。

图 11-22 为三种 C/C-SiC 摩擦材料和 C/C 复合材料的热分析曲线。由图 11-22不同试样的 DSC 曲线可知，试样 7[图 11-22(a)]和试样 6[图 11-22(b)]两者的 DSC 线性较为相似，这是因为这两个试样除基体炭不同外(试样 7 以热解炭为炭基体，试样 6 以树脂炭为炭基体)，其余组分均相同。温压-原位反应法制备的试样 28 其 DSC 曲线存在多个吸热和放热峰[图 11-22(c)]，这主要是因为试样 28 中不仅包括多种基体，而且炭基体也是由石墨和不同的树脂炭组成的。C/C 复合材料的 DSC 曲线在 617℃左右存在一个吸热峰[图 11-22(d)]，对应于材料中炭纤维及基体炭的氧化起始温度点。

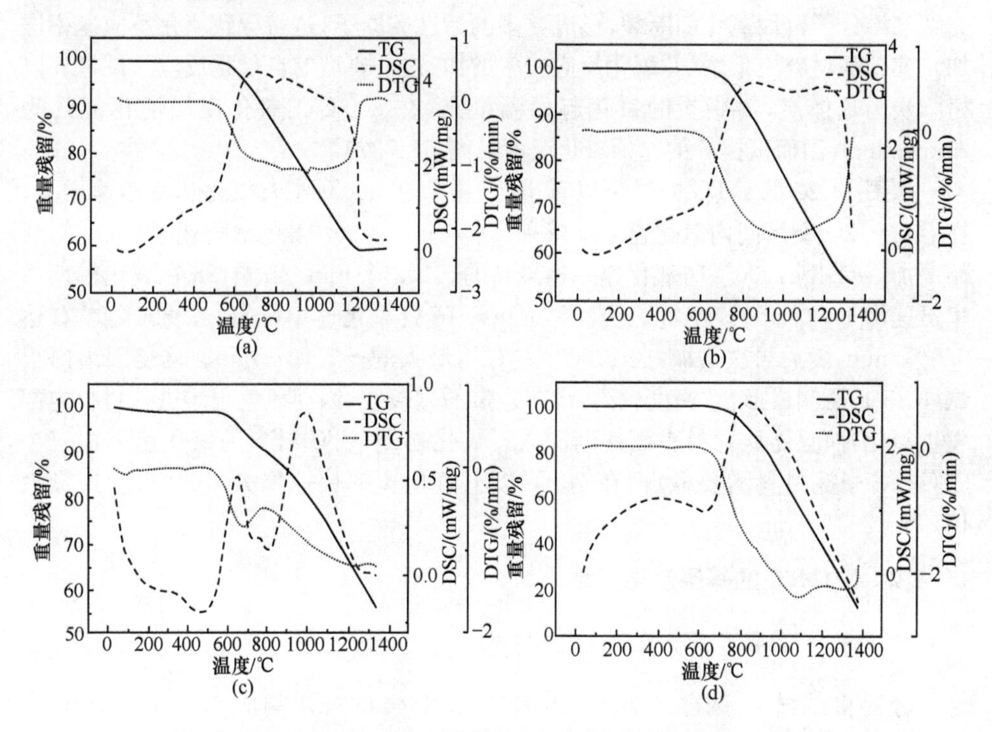

图 11-22　三种 C/C-SiC 摩擦材料和 C/C 复合材料的热分析曲线
(a)试样 7；(b) 试样 6；(c) 试样 28；(d) C/C

从图 11-22 的 TG 曲线可以看出，试样 7 的起始氧化温度为 611℃，而试样 6 的起始氧化温度为 732℃，试样 28 的起始氧化温度为 602℃，C/C 复合材料的起始氧化温度为 617℃。试样 7 和试样 28 的起始氧化温度相当，且均低于 C/C 材料的起始氧化温度，试样 6 的起始氧化温度比 C/C 材料高约 115℃。从 TG 曲线还可以看出，试样 7 在 1200℃失重达到最大(约 62%)，试样 6 在 1350℃失重达到最大(约 56%)，试样 28 在 1380℃时还继续在失重，此时已失重约 55%，而 C/C 材料在 1057℃完全氧化。

试样 28 具有最低的氧化起始温度(602℃)是因为：一方面其炭纤维没有制备保护涂层，裸露在外表面很容易发生氧化；另一方面，基体炭包括石墨和树脂炭，而石墨在 580℃左右便开始氧化[图 11-1(c)]。试样 7 以热解炭为基体炭，而热解炭为类石墨结构(sp^2杂化)。类石墨炭材料的分子结构为延伸的二维链，硅化反应将导致这种结构断裂，产生许多新的活性碳原子，从而引起材料的活性增加，与氧气接触时，更易于发生氧化反应。在氧化初始阶段，因发生硅化反应产生的活性碳原子首先发生氧化，同时材料中完整的二维分子链也开始因氧化而断裂，形成部分活性碳原子。随温度的升高，氧化反应进一步进行，材料失重增加，同时越来越多的完整二维分子链因氧化而断裂，形成更多的活性碳原子，这将导致氧化反应速率增加。亦即随材料失重增加，氧化反应速率增加，这是典型的自催化反应。试样 6 以树脂炭为基体炭，树脂炭的氧化起始温度高，在 800℃其氧化反应活化能约为 20kcal/mol，因而试样 6 的起始氧化温度最高，达 732℃。

从图 11-22 的 DTG 曲线可以看出，试样 7 在 600℃左右氧化速率迅速增大，在 600～1200℃区间内氧化速率维持在－1%/min。试样 6 的氧化速率从 600℃开始增加，一直到 1000℃时氧化速率达最高的－1.2%/min。试样 28 在氧化初期速率迅速增加，在 650℃左右达－0.8%/min，随后氧化速率降低，在 800℃左右达 0.5%/min，随后再次增加，在 1200℃左右达最大的－1.2%/min。这是因为由于试样 28 是压制成形，致密度较高，没有连贯的微裂纹，因而氧气很难进入材料内部发生氧化，而只能从材料表面逐渐深入。氧化初期，C/C 材料的氧化速率比三个 C/C-SiC 摩擦材料均要低，但在 700℃以上氧化速率快速增大，1082℃达到最大值，为－2.4%/min。

11.4.2　C/C-SiC 的等温氧化行为

1. 氧化失重率随温度的变化规律

分别将试样 6、试样 7、试样 28 和 C/C 复合材料切割成 10mm×10mm×10mm 的试样，表面经抛光后，进行超声波清洗并烘干，测试四种材料在 400～1100℃的氧化性能。

图 11-23 为不同试样在空气中氧化 10min 的等温氧化失重曲线。结合图 11-1 和图 11-22的分析可知，图 11-23 中碳的氧化起始点在 500℃左右，Si 的氧化起始点在 900℃左右。因此，图 11-23 不同试样的等温氧化失重曲线均可分为以下三个阶段。

第Ⅰ阶段(室温～500℃):材料中水的蒸发及其他附着物的氧化,此阶段试样 28 的失重较其他三个试样明显。

第Ⅱ阶段(500～900℃):材料中炭(包括石墨、热解炭、树脂炭及炭纤维)的氧化阶段。由于试样 7 制备过程中的硅化作用比较明显,因此其氧化速率在初期较其他试样快。

第Ⅲ阶段(900～1100℃):C/C-SiC 材料中的残留 Si 开始氧化,使得试样 6 和试样 7 的氧化趋于稳定,试样 28 略有增重,而 C/C 材料加剧氧化。

从图还可以看出,在 500～1100℃的温度区间内,三种 C/C-SiC 材料的氧化程度为试样 7>试样 28>试样 6。与三种 C/C-SiC 材料的氧化相比,温度低于 700℃时 C/C 材料的氧化失重率最低;在 700～800℃时,介于三者之间;高于 800℃时,氧化失重率最高。

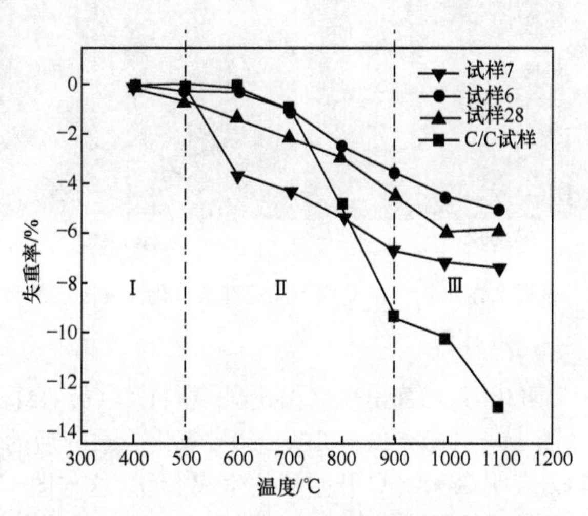

图 11-23　四种复合材料的氧化曲线

图 11-24 是试样 7 分别在 400℃、500℃、600℃和 700℃氧化 10min 后的表面形貌。从图 11-24(a)和(b)可以看出,纤维端口棱角明显,纤维和热解炭以及基体之间均保持致密,这说明试样 7 在 500℃之前无显著的氧化发生。试样 7 在 600℃氧化后[图 11-24(c)],纤维和基体之间发生显著分离,基体之间出现了大量的“瓦片”状间隙。这些氧化产生的间隙作为新的界面,进一步提供了 O_2 的扩散通道,加速材料的氧化。经 700℃氧化后[图 11-24(d)],试样 7 中的碳相已经基本氧化完全,只留有 SiC 基体,同时能谱分析表明材料中的 Si 未发生氧化。

试样 7 分别在 800℃、900℃、1000℃和 1100℃下氧化 10min 后的表面形貌如图 11-25 所示。由图可知,经 800℃氧化后,试样 7 的切面因氧化作用导致凹凸不平[图 11-25(a)],纤维束中单根纤维的端头已全部氧化,留下较多的絮状残留[图 11-25(b)]。对图 11-25(b)进行 EDAX 面扫描[图 11-26(a)],未发现氧元素,

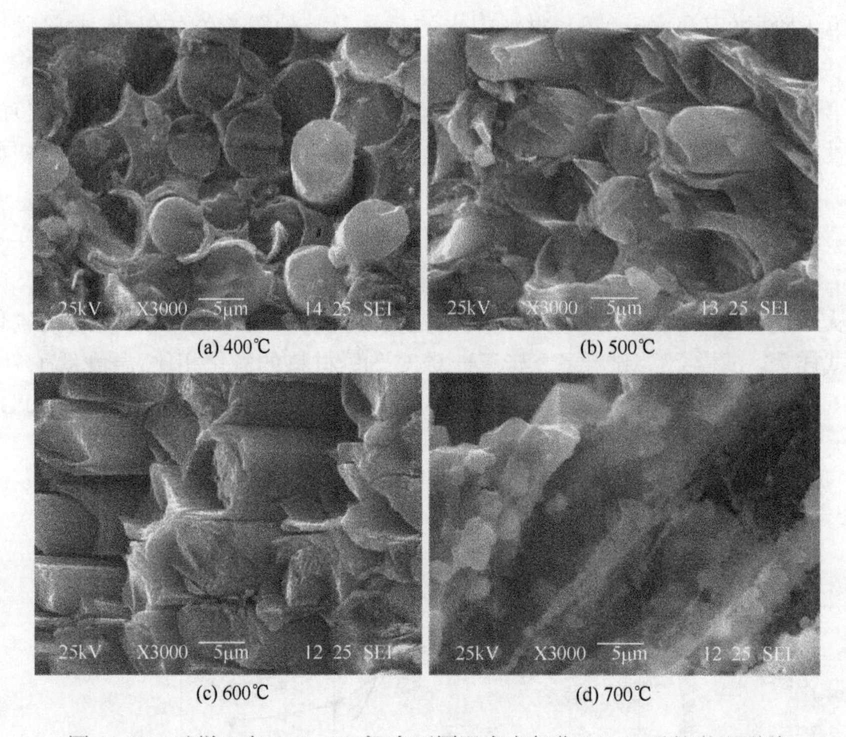

(a) 400℃ (b) 500℃ (c) 600℃ (d) 700℃

图 11-24 试样 7 在 400～700℃内不同温度点氧化 10min 后的微观形貌

表明 Si 和 SiC 都还没开始氧化。

试样 7 经 900℃氧化后，切面出现氧化孔洞[图 11-25(c)]，纤维被氧化为笋尖状[图 11-25(d)]。图 11-26(b)是试样 7 经 900℃氧化 10min 后的 EDAX 结果，其成分包括 C、Si 和 O，表明 Si 和 SiC 开始氧化生成 SiO_2，这与图 11-23 中 C/C-SiC 摩擦材料氧化曲线的第Ⅲ阶段特征相吻合，即因为 Si 和 SiC 的氧化使得 C/C-SiC 的氧化失重率较 800℃时有所降低。

试样 7 经 1000℃氧化后，纤维束区域进一步氧化[图 11-25(e)]，从纤维轴向的 SEM 照片[图 11-25(f)]可以看出，靠近纤维的 SiC 表面有一层熔融态液膜，这是因为基体炭在氧化过程中会使局部温度急剧升高，因此与热解炭临近的 SiC 基体发生氧化生成玻璃态的 SiO_2。

试样 7 经 1100℃氧化后，纤维束氧化区域更深，孔洞几乎贯穿整个试样[图 11-25(g)]。切面出现较多因 Si 和 SiC 氧化产生的 SiO_2 圆球，直径大小不一，2～10μm[图 11-25(h)]。

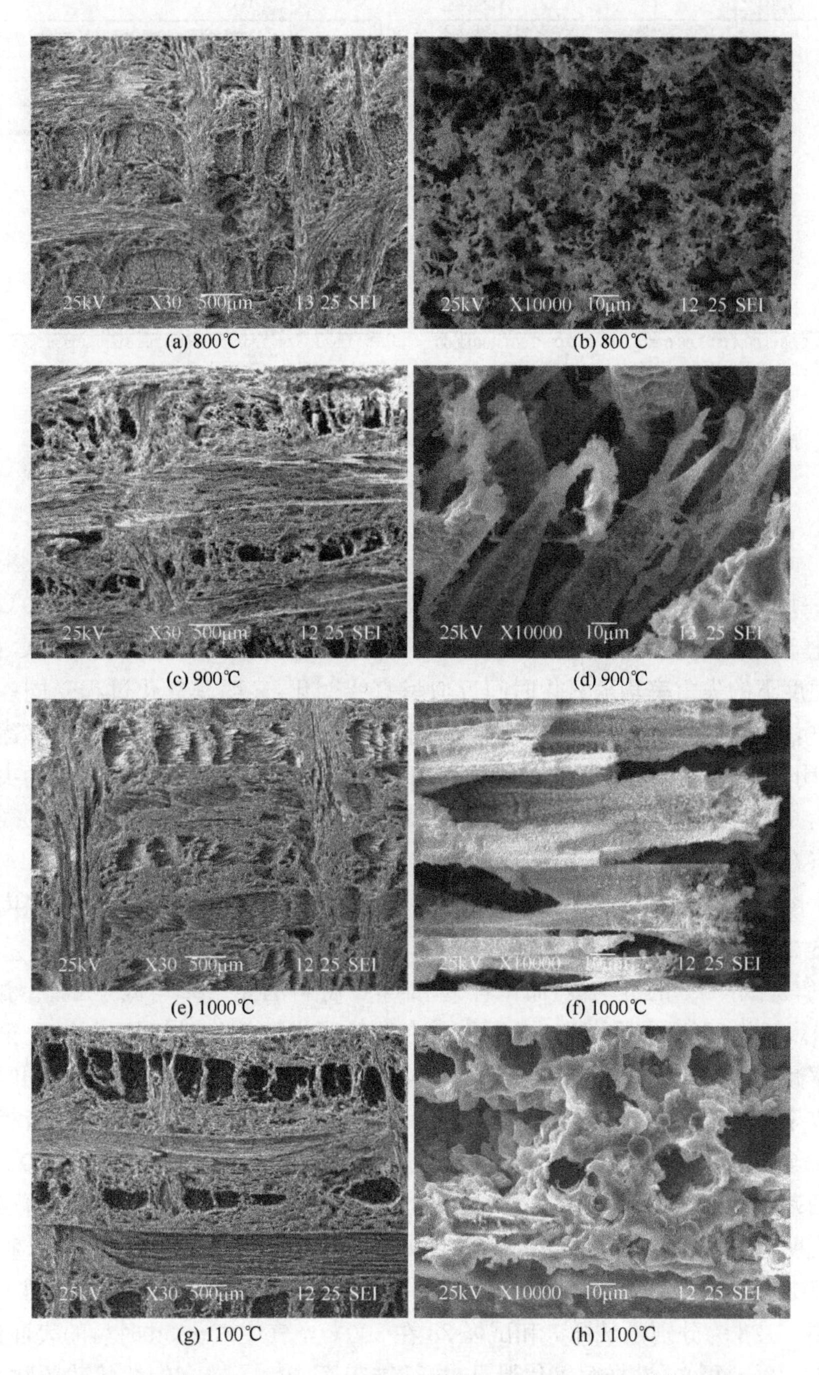

(a) 800℃　(b) 800℃

(c) 900℃　(d) 900℃

(e) 1000℃　(f) 1000℃

(g) 1100℃　(h) 1100℃

图 11-25　试样 7 在 800～1100℃内不同温度点氧化 10min 后的微观形貌

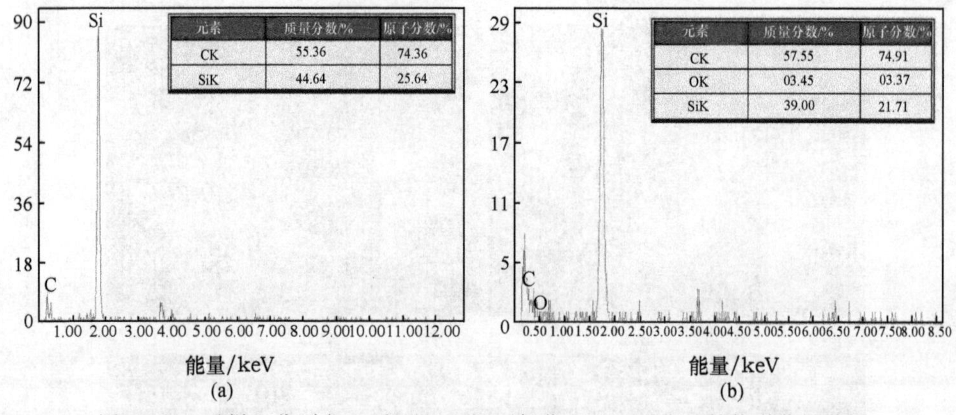

图 11-26　试样 7 分别在 800℃和 900℃下氧化 10min 后表面的能谱分析结果

(a) 800℃；(b) 900℃

2. 氧化失重率随时间的变化规律

图 11-27 是 C/C-SiC 摩擦材料与 C/C 材料分别在 500℃、600℃和 700℃空气中氧化 5h 后的等温氧化失重曲线。由图可知，对于试样 6、试样 28 和 C/C 材料，不同温度下的失重率均随氧化时间近似呈直线变化，表明其氧化过程受同一种机制控制，即由碳与氧的反应速率控制。同时随着温度的增加，曲线的斜率逐渐增大，说明氧化速率加快。试样 6、试样 28 和 C/C 材料在 500℃氧化 5h 后的失重率分别为 0.9%、8.7%和 0.6%；在 600℃氧化 5h 的失重率分别为 3.7%、9.9%和 1.1%；在 700℃氧化 5h 的失重率分别为 4.7%、21.8%和 3.5%。

由图 11-27 还可知，除在 500℃氧化时的最初阶段外，试样 7 在相同温度下短时间内的氧化失重率均大于其他试样。试样 7 在 500℃氧化 5h 的失重率为 20.3%，是试样 28 的近三倍，而试样 6 和 C/C 材料的失重率均低于 1%。试样 7 在 600℃氧化 5h 后失重率为 49.8%，并在此过程中随氧化时间的延长，失重曲线的斜率减少，说明氧化速率降低。随氧化温度的进一步升高，试样 7 在相同时间下的失重率也迅速增加。在 700℃氧化初期的失重率明显高于其他材料，当氧化时间延长至 120min 后，失重率达 55.6%，随后失重曲线不再变化，因为在 700℃时试样中的残留 Si 和 SiC 不可能发生氧化，这说明 120min 后试样的碳几乎氧化殆尽，同时说明试样 7 中碳含量(包括炭纤维和基体炭)约为 55.6%。而试样 6 和试样 28 在 500～700℃的空气中氧化 300min 后试样中依然含有基体炭和炭纤维。

图 11-28 为分别是试样 7 和试样 28 在 500℃空气中氧化 5h 时后的表面形貌。由图 11-28(a)可知，试样 7 氧化严重，炭纤维表面产生了较多的絮状残留物，炭纤维与基体炭及基体炭与 SiC 陶瓷基体之间产生了明显的间隙。而试样 28 的纤维发生了轻微的氧化[图 11-28(b)]，材料的失重主要来自于石墨基体的氧化。

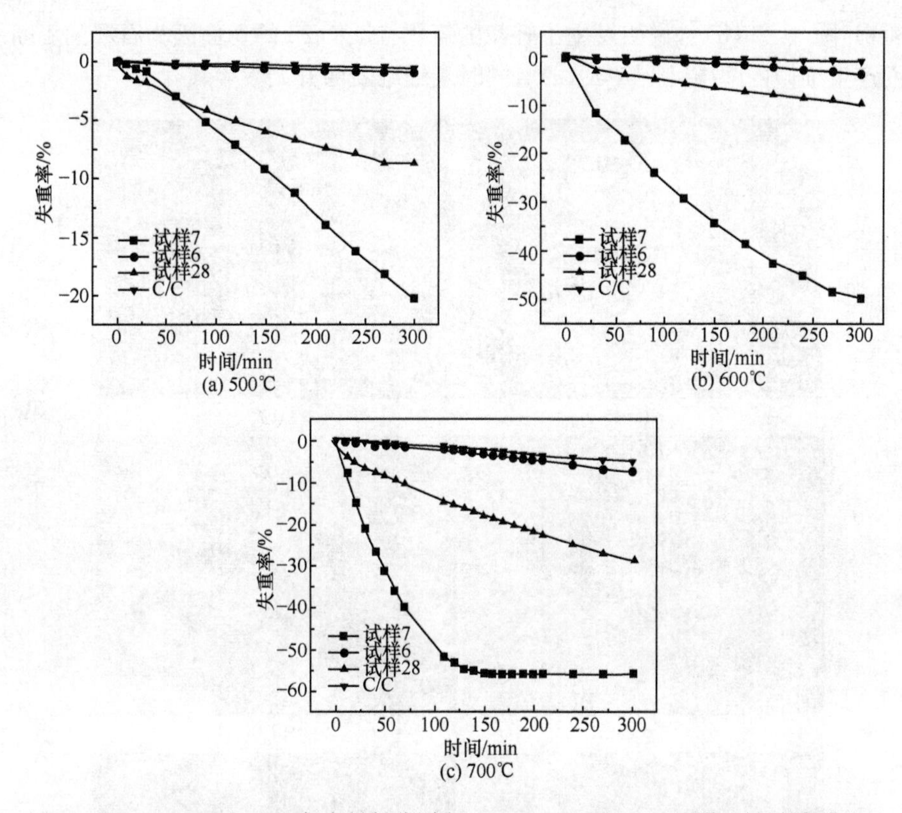

图 11-27　C/C-SiC 和 C/C 复合材料分别在 500℃、600℃和 700℃下长时间的氧化行为

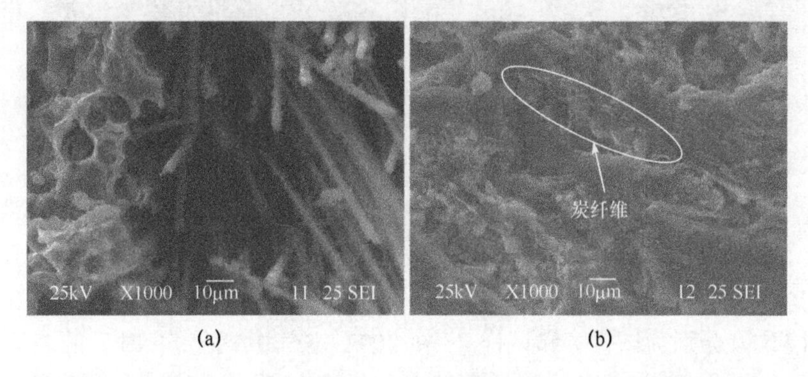

图 11-28　试样 7 和试样 28 在 500℃空气中氧化 5h 后的微观形貌

(a) 试样 7；(b) 试样 28

图 11-29 为是 C/C-SiC 试样在 600℃空气中氧化 5h 时后的表面形貌。由图 11-29(a)和(b)可知，试样 7 炭纤维已全部氧化，只留下包裹纤维的 SiC 空壳。试样 6 的切面还非常平整[图 11-29(c)]，树脂炭未发生氧化，而单根炭纤维表面变

得粗糙[图 11-29(d)]，说明发生了轻微的氧化。试样 28 的切面因为石墨的不断氧化而产生细微的间隙[图 11-29(e)]，同时炭纤维断面开始发生氧化。

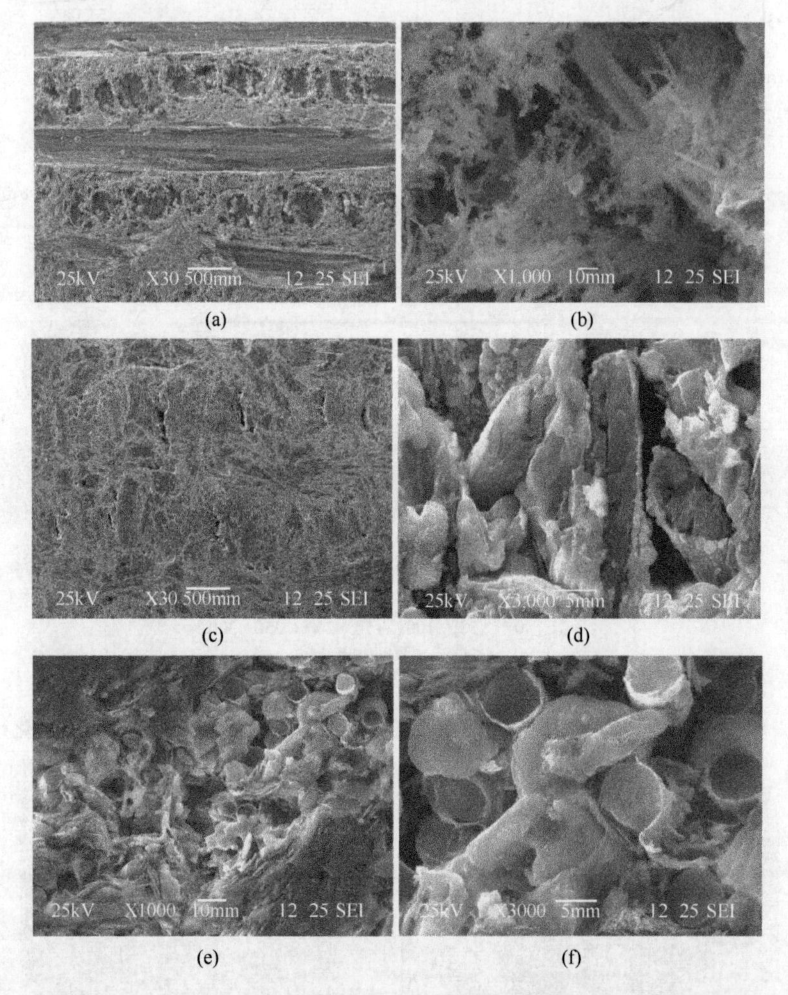

图 11-29 试样 7、试样 6 试样 28 在 600℃空气中氧化 5h 后的微观形貌

(a)，(b) 试样 7；(c)，(d) 试样 6；(e)，(f) 试样 28

图 11-30 分别为试样 7 和试样 28 在 700℃空气中氧化 5h 时后的表面形貌。由图 11-30(a)可知，试样 7 中炭已经基本全部氧化，只留下由 SiC 和残留 Si 组成的网络状陶瓷基体(图中孔洞主要是炭纤维及热解炭氧化后留下的)。而试样 28 的纤维外端也已氧化，在材料表面留下氧化孔洞，这些孔洞增大了材料的表面积，进一步提供了 O_2 的扩散通道，加速材料的氧化。从图 11-30 还可以看出，试样 7 的孔洞较试样 28 中更加连贯，这说明一旦氧化发生，试样 7 中的氧气更易扩散，即自催化作用更加明显。

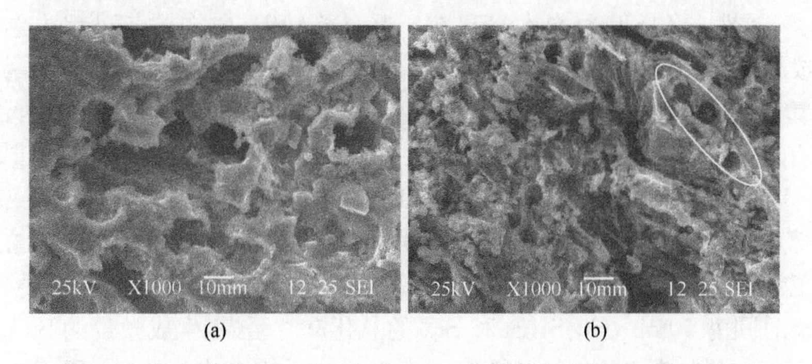

图 11-30　试样 7 和试样 28 在 700℃空气中氧化 5h 后的微观形貌

(a) 试样 7；(b) 试样 28

11.5　Cu_3Si 改性 C/C-SiC 的氧化行为及机理

11.5.1　材料的等温氧化行为

将表 8-2 中试样 1＃、试样 2＃、试样 3＃和试样 4＃切割成 10mm×10mm×10mm的试样，表面经抛光后，进行超声波清洗并烘干，测试四组材料在 600～1300℃的氧化性能。图 11-31 为不同试样在空气中氧化 10 min 的等温氧化失重曲线。由图可以看出，材料的起始温度点都在 700℃左右；Cu_3Si 改性 C/C-SiC 材料在 1000℃以下(C/C-SiC 在 1100℃以下)氧化曲线呈上升趋势，此温度点以后材料的氧化失重趋于稳定。从图中还可以看出，在整个温度段内，Cu_3Si 改性 C/C-SiC 材料的失重率都比 C/C-SiC 材料的要低。

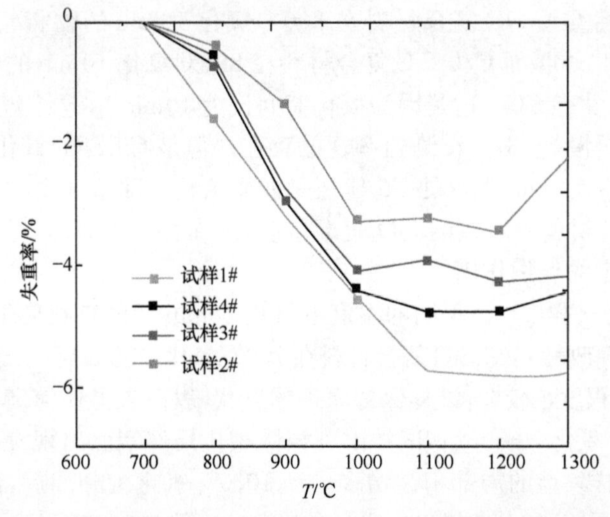

图 11-31　Cu_3Si 改性 C/C-SiC 复合材料 600～1300℃的定时变温氧化行为

Cu_3Si 改性 C/C-SiC 材料本身存在一些晶格缺陷，它在制备过程中会因内应力而造成缺陷，这些缺陷和杂质使得材料存在一些活性点，这些活性点处易吸附空气中的氧气，使材料在较低温下就开始发生反应。但在低于 700℃范围内，四组材料都只有非常小的失重率，试样 3＃在 700℃氧化 10min 的氧化失重率仅为 0.049%。摩擦材料的使用温度一般在 700℃左右，这为 Cu_3Si 改性 C/C-SiC 材料作为摩擦材料的使用提供了可能性。对于 Cu_3Si 改性 C/C-SiC 材料，在 700～1000℃范围内，随温度升高，材料氧化失重迅速增大，碳的氧化失重仍为主要方式。由于氧化时间为 10min，Cu_3Si，Si 和 SiC 的氧化非常缓慢，生成微量的 SiO_2。对于 C/C-SiC复合材料，在 700～1100℃范围内氧化失重率都在增大，主要因为在此阶段主要为碳的氧化失重，只有有少量的 SiC 和 Si 氧化，与 Cu_3Si 改性 C/C-SiC 材料相比少了 Cu_3Si 的氧化，所以 C/C-SiC 复合材料达到氧化失重稳定的温度点要高于 Cu_3Si 改性 C/C-SiC 复合材料。在刹车过程中，能载突然上升，材料局部闪点温度较高，造成材料氧化失重。在 1000～1300℃，随温度升高，氧化失重趋于稳定，Cu_3Si 改性 C/C-SiC 复合材料最大失重率为 4.260%。此阶段 Si 和 SiC 氧化生成一定量的 SiO_2，且随着温度的升高 Cu_3Si 的氧化也开始加剧，Si、SiC 和 Cu_3Si 的氧化增重与碳的氧化失重达到平衡。高温下氧化生成的玻璃态 SiO_2 覆盖在材料表面，这既可以阻断氧的继续侵入，又可以减少反应活性点，从而阻止内部基体的进一步氧化，对材料起到一定的保护作用。根据以上的分析，在整个温度段内，Cu_3Si 改性 C/C-SiC 材料的失重率都比 C/C-SiC 材料的要低，一方面是因为 Cu_3Si 的氧化吸氧增重；另一方面是生成了 SiO_2，降低了氧气渗透率，提高了材料的抗氧化性能。

图 11-32 为试样 3＃在不同温度下氧化 10min 后的 XRD 图谱。从图中可以看出，Cu_3Si 改性 C/C-SiC 复合材料在 800℃氧化 10min 的物相组成主要为 C、SiC、Si、Cu_3Si 和 SiO_2，而 C/C-SiC 复合材料在 800℃氧化 10min 的物相组成主要为 C、SiC 和 Si，没有 SiO_2，这是因为氧化时间仅为 10min，在这个温度点 Si 和 SiC 氧化速率比较缓慢，基本上没测到 SiO_2 的存在。但是 Cu_3Si 的氧化温度较低，虽然氧化时间仅有 10min，少量的 Cu_3Si 还是发生氧化。随着温度的升高，Cu_3Si 改性 C/C-SiC 复合材料中生成的 SiO_2 逐渐增多，附在材料表面，对材料内部的基体和纤维起到一定的保护作用。

图 11-33 为试样 3＃在不同的温度下氧化 10min 后的宏观形貌照片，从图中可以看出，Cu_3Si 改性 C/C-SiC 复合材料在 700℃氧化 10min 后，由于温度较低，氧化时间短，氧化程度也较弱，试样保持原来的形状，表面未见任何肉眼可见的氧化痕迹。经 800℃氧化 10min 后，试样由于轻微氧化局部表面出现发蓝现象，900℃氧化 10min，试样发蓝的局部稍微增多。经 1000℃氧化 10min 后，试样局部表面开始发白，应该是 Si 和 SiC 氧化生成一定的 SiO_2 所致。1200℃氧化 10min 后，发

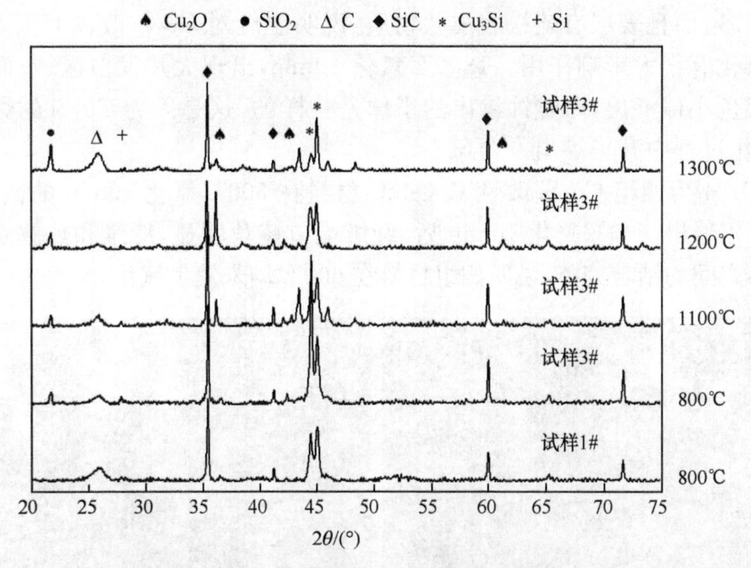

图 11-32　Cu_3Si 改性 C/C-SiC 复合材料在不同温度下氧化 10min 后的 XRD 图谱

图 11-33　Cu_3Si 改性 C/C-SiC 复合材料氧化后的宏观形貌

白区域增多，而且表层有疏松表皮状物质，说明温度对 Cu_3Si 改性 C/C-SiC 复合材料的氧化有很大影响作用。1300℃氧化 10min，出现大片发白区域，而且发现表面有银色小球渗出，跟烧蚀渗出的小球是一样的，这是因为 Cu_3Si 的熔沸点较低，在氧化过程中升华渗出。

图 11-34 为四组 Cu_3Si 改性 C/C-SiC 材料在 600℃氧化 10min 的微观形貌。从图中可以看出，600℃氧化 10min 后，纤维端口棱角明显，纤维和热解炭以及热解炭基体之间均结合完整，说明四组材料在 600℃均未发生氧化。

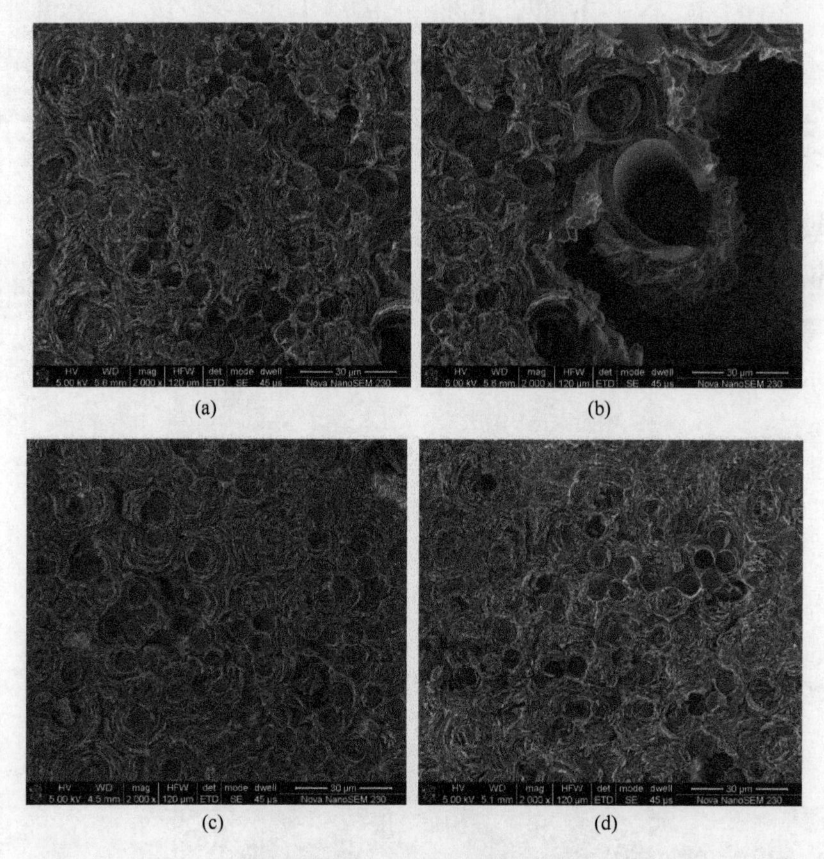

图 11-34　四组试样在 600℃氧化 10min 后的微观形貌

(a) 1＃；(b) 2＃；(c) 3＃；(d) 4＃

图 11-35 为试样 1＃和试样 3＃在 700℃氧化 10min 的微观形貌。从图中可以看出，700℃氧化 10min 后，与 600℃氧化 10min 的形貌差不多，热解炭与基体结合完整，只有部分纤维和热解炭以及纤维与纤维之间发生了微量的氧化，但并不明显。试样 3＃在 700℃氧化 10min 对应的氧化失重率仅为 0.049％，所以材料的起始氧化温度在 700℃左右。

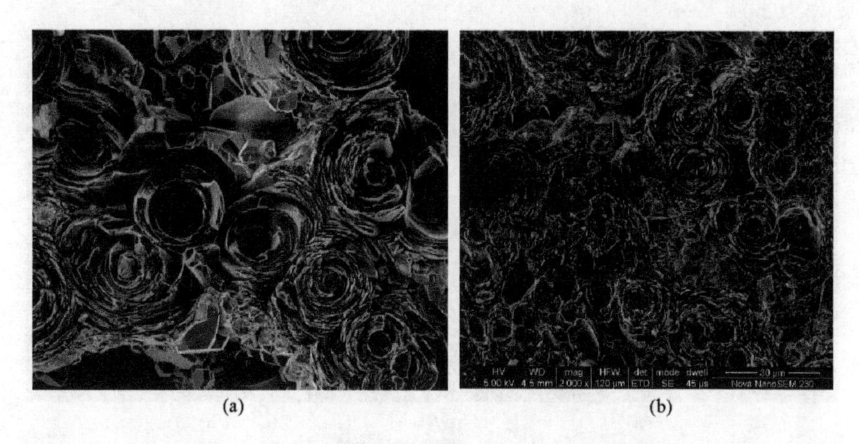

图 11-35　材料在 700℃氧化 10min 后的微观形貌

(a) 1＃;(b) 3＃

图 11-36 为试样 1＃和试样 3＃在 800℃氧化 10min 的微观形貌。从图中可以看出,800℃氧化 10min 后,材料中的纤维边缘因氧化其直径明显减小,与外部壳层分离,基体间隙显著,这些间隙为 O_2 迅速扩散至材料内部提供了通道,加速材料的氧化,试样 3＃对应材料的氧化失重率为 0.58 %。部分氧化后的纤维表面附着着一层蜘蛛网状物质[图 11-36(b)],应该是材料氧化气体蒸发后残留的物质。

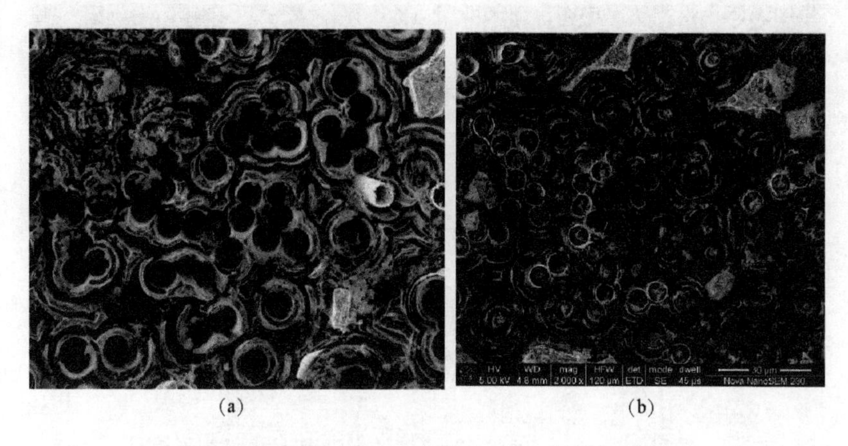

图 11-36　材料在 800℃氧化 10min 后的微观形貌

(a) 1＃;(b) 3＃

图 11-37 为试样 3＃在 1200℃氧化 10min 的 SEM 照片,与 800℃氧化 10min 的显微形貌(图 11-36)相比,材料表面氧化严重,纤维差不多消耗殆尽,只残留包裹纤维的 SiC 空壳,其表面有一层熔融态物质,对其进行 EDS 分析表明,其成分为 C、Si 和 O,应是氧化生成的 SiO_2。

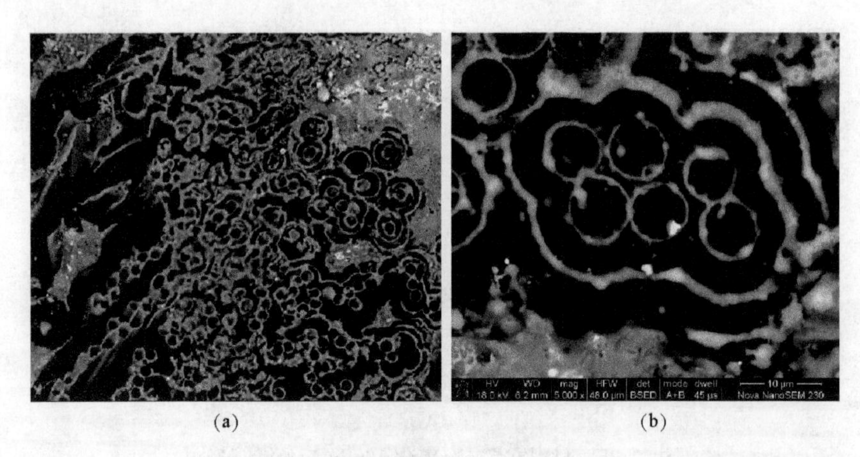

(a)　　(b)

图 11-37　试样 3＃在 1200℃氧化 10min 后的微观形貌

(a) 低倍图像；(b) 高倍图像

材料中的氧化反应为放热反应，局部温度能达到很高，而 SiO_2 玻璃化温度在 1000℃左右。因此，材料中氧化生成的 SiO_2 以玻璃态的形式存在于材料中，主要分布在包裹着炭纤维的 SiC 空壳上、Cu_3Si 和 SiC 基体上(图 11-38)。这些 SiO_2 一方面起到填补缝隙，防止 O_2 进入材料内部；另一方面附在材料表面，减少了反应活性点，对材料的氧化起到一定抑制作用。

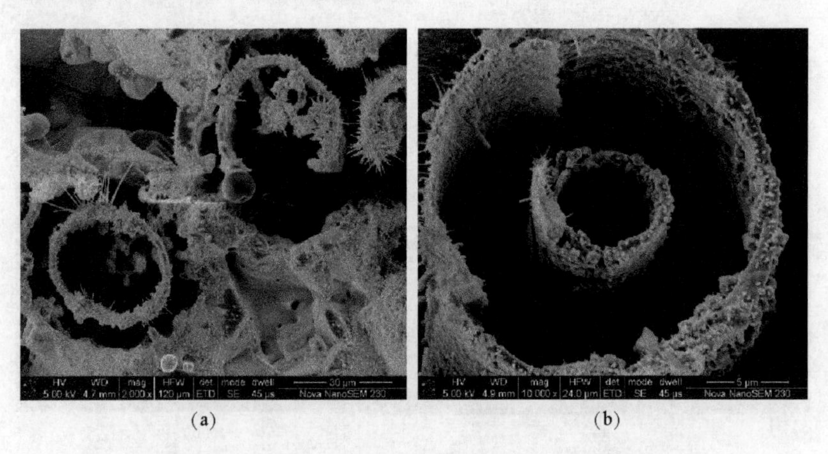

(a)　　(b)

图 11-38　试样 3＃在 1300℃氧化 10min 后的微观形貌

(a) 低倍图像；(b) 高倍图像

11.5.2　材料的长时间氧化行为

图 11-39 为四组材料在 800℃下长时间的氧化-失重曲线。从图中可看出，四组材料的氧化曲线很相似，从氧化初始阶段，材料的失重率趋于直线上升，随氧化

时间的延长，材料的氧化失重逐渐增大。经过 4h 后，最终试样失重率为 40%左右，达到稳定。不同的是，在整个时间段内，Cu_3Si 改性 C/C-SiC 复合材料的氧化失重率都要低于 C/C-SiC 复合材料。

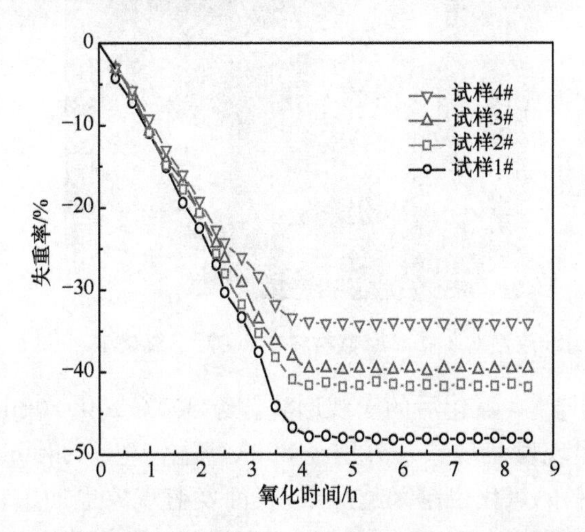

图 11-39　C/C-SiC 和 Cu_3Si 改性 C/C-SiC 复合材料 800℃的长时间氧化行为

对于 C/C-SiC 材料，在 800℃的低温下，Si 和 SiC 的氧化非常缓慢。因此主要为 C 的氧化，随着时间的延长，C/C-SiC 复合材料的失重率也迅速上升，当时间延长至 4h 左右的时候，材料的 C 几乎氧化殆尽，但由于残留 Si 和 SiC 和部分氧化形成的 SiO_2，失重率最终达到稳定。

对于 Cu_3Si 改性 C/C-SiC 复合材料，在 800℃长时间氧化过程中，首先也是碳发生氧化，随时间的增长，氧化失重率趋于直线上升。氧化时间继续延长，Si 和 SiC 部分开始发生微量氧化，生成 SiO_2 覆盖在纤维和基体上。Cu_3Si 在氧化过程中发生反应 $Cu_3Si+O_2 \longrightarrow SiO_2+3Cu$ 生成 SiO_2 和 Cu，生成的 Cu 扩散过 SiO_2 薄层与 Si 在 SiO_2/Si 界面生成新的 Cu_3Si。随着氧化的进行，新的 Cu_3Si 再与氧气发生反应生成 SiO_2 和 Cu，周而复始，此过程 Cu_3Si 起到催化氧化的作用。最终将残留相 Si 耗尽，此时组织为 Cu_3Si 和 SiO_2。此后为 Cu_3Si 自身的氧化，氧化形成了 SiO_2 和单质 Cu，其周围已不存在残留 Si，因此，Cu 被氧化成 CuO。氧化生成的 SiO_2 和 CuO 覆在基体表面，对内部纤维和基体起到了一定的保护作用。当氧化时间延长至 4h 时，试样中的碳几乎氧化殆尽，失重率最终达到稳定。

图 11-40 为 800℃下 Cu_3Si 改性 C/C-SiC 复合材料氧化 150min 的背散射照片。由图可知，裸露的炭纤维已经氧化殆尽，只留下包裹纤维的 SiC 空壳，其表面有珠状物生成，对其 EDX 分析为氧化形成的 SiO_2。基体表面附有两种物质，一种呈白色熔融态，一种呈小颗粒团簇状。EDX 分析结果表明，熔融态物质为 SiO_2，团簇状物质为 CuO。

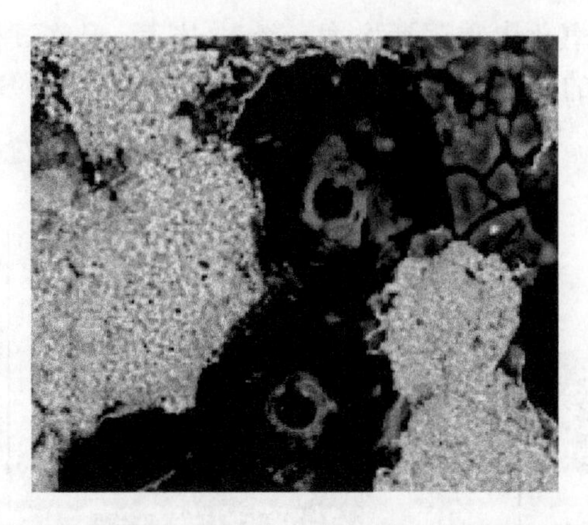

图 11-40 Cu_3Si 改性 C/C-SiC 摩擦材料在 800℃下氧化 150min 后背散射照片

图 11-41 为试样 3＃氧化后的宏观形貌。经 800℃氧化 20min 后，试样由于轻微氧化局部表面出现发蓝现象。分别经 800℃氧化 40min、60min 和 80min，由于氧化时间延长，材料的氧化也越来越严重，表面发蓝现象也加重，但材料均保持原来的形状。经 800℃氧化 120min，材料由于表层 Cu_3Si 氧化生成 CuO 和 SiO_2，加上少量 SiC 的氧化，材料表层出现一层白色物质。经 800℃氧化 150min，试样由于氧化变得有点疏松，边缘出现毛刺，局部发生脱落现象。经 800℃氧化 170min 和 200min，整块试样都由于氧化出现发白现象，基体出现一定的脱落，但由于 Si 和 SiC，还有氧化生成的 CuO 和 SiO_2 等物质构成了网络结构，即使表层的 C 严重氧化，试样仍能保持原有形状。

图 11-41 Cu_3Si 改性 C/C-SiC 复合材料长时间氧化后的宏观形貌

参考文献

[1] 闫志巧. C/SiC 复合材料的制备、氧化性能和氧化防护. 长沙：中南大学博士学位论文，2008

[2] Donnet J B, Bansal R C. 炭纤维. 李仍元，过梅丽，译. 北京：科学出版社，1989：157-166
[3] 杨永岗，贺福，王茂章，等. 炭纤维表面结构和性质的评价. 炭素，1997(1)：17-23
[4] Lamouroux F, Bourrat X, Naslain R. Structure/oxidation behavior relationship in the carbonaceous constituents of 2D-C/PyC/SiC composites. Carbon, 1993, 31(8)：1273-1288
[5] Cheng L F, Xu Y D, Zhang L T, et al. Effect of carbon interlayer on oxidation behavior of C/SiC composites with a coating from room temperature to 1500℃. Materials Science and Engineering A, 2001, 300：219-225
[6] Narushima T, Goto T, Yokoyama Y, et al. Active-to-passive transition and bubble formation for high-temperature oxidation of chemically vapor-deposited silicon carbide in $CO-CO_2$ atmosphere. Journal of the American Ceramic Society, 1994, 77(4)：1079-1082
[7] Gulbransen E A, Jansson S A. The high temperature oxidation, reduction, and volatilization reactions of silicon and silicon carbide. Oxidation of Metals, 1972, 4(30)：181-201
[8] Vinod P. Oxidation of SiC in environments containing potassium salt vapor. Journal of the American Ceramic Society, 1991, 74(3)：556-563
[9] Lutha K L. Some new perspectives on oxidation of silicon carbide and silicon nitride. Journal of the American Ceramic Society, 1989, 69(5)：1095-1103
[10] Filipuzzi L, Naslain R, Jaussaud C. Oxidation kinetics of SiC deposited from CH_3SiCl_3/H_2 under CVI-Conditions. Journal of Materials Science, 1992, 27：3330-3334
[11] 叶大伦，胡建华. 实用无机热力学数据手册. 北京：冶金工业出版社，2001
[12] 陆佩文，薛万荣，余桂郁. 硅酸盐物理化学. 南京：东南大学出版社，1991
[13] 阮玉忠，于 岩，吴万国. 硅微粉结合 SiC 窑具氧化动力学. 无机化学学报，1999, 15(1)：110-113
[14] Sharp J H, Wendworth S A. Kinetic analysis of thermogravimetric data. Analytical Chemistry, 1969, 41(14)：2060-2062
[15] Satava V, Setak J. Computer calculation of the mechanism and associated kinetic data using a nonisothermal integral method. Journal of Thermal Analysis, 1975, 8(3)：477-489
[16] Coats A W, Redfern J P. Kinetic parameters from thermogravimetric data. Nature, 1964, 201(4)：68-69
[17] 胡荣祖，史启祯. 热分析动力学. 北京：科学出版社，2001
[18] Gabal M A. Kinetics of the Thermal decomposition of CuC_2O_4-ZnC_2O_4 mixture in air. Thermochimica Acta, 2003, 402(1)：199-208
[19] Mahfouz R M, Monshi M A S, Abd El-Salam N M. Kinetics of the thermal decomposition of γ-irradiated gadolinium acetate. Thermochimica Acta, 2002, 383(1)：95-101
[20] 李贺军，曾燮榕，朱小旗，等. 炭/炭复合材料抗氧化研究. 炭素，1999(3)：2-6
[21] 日本炭素材料学会. 新炭素材料入门. 中国金属学会炭素材料专业委员会编译，1999：1-5
[22] 高朋召，王红浩，金志浩. SiC 涂层/三维炭纤维的氧化动力学和机理研究. 无机材料学报，2005, 20(2)：323-331
[23] Zhao L R, Jian B Z. The oxidation behavior of low-temperature heat-treated carbon fibers.

Journal of Materials Science, 1997, 32：2811-2819
[24] 邓景屹，刘文川，杜海峰，等. C/C-SiC 梯度基复合材料氧化行为的研究. 硅酸盐学报，1999，27(3)：357-361
[25] Kim Y K, Lee J Y. The effect of SiC co-deposition on the oxidation behavior of carbon/carbon composites prepared by chemical vapor deposition. Carbon, 1993, 31(7)：1031-1038
[26] 陈 强，李贺军，白瑞成，等. 石墨化处理对高压浸渍炭化碳/碳复合材料抗氧化性能的影响. 硅酸盐学报，2004，32(12)：1516-1519
[27] 王世驹，安宏艳，陈渝眉，等. 碳/碳复合材料氧化行为的研究. 兵器材料科学与工程，1999，22(4)：36-40
[28] Liao J Q, Huang B Y, Shi G, et al. Influence of porosity and total surface area on the oxidation resistance of C/C composites. Carbon, 2002, 40(13)：2483-2488

第12章　C/C-SiC摩擦材料的摩擦磨损行为及机理

C/C-SiC摩擦材料的摩擦磨损性能是衡量其能否用作摩擦材料的重要指标之一。优异的摩擦磨损性能主要包括适中的摩擦系数，较低的磨损量，对偶件不受损伤且磨损小、制动平稳和环境适应性强等。同时，摩擦学的研究表明[1]：摩擦磨损性能不是材料的一种固有特性，而是系统性能，与接触类型(滚动、滑动等)、工作条件、环境、试验材料的材料特性以及摩擦副材料有关。因此，要尽可能在模拟实际工况的条件下研究C/C-SiC摩擦材料的摩擦磨损特性。

C/C-SiC摩擦材料的结构十分复杂，一般含有炭纤维、无定形碳、SiC、Si和其他添加相等多种物相。同时制备工艺、材料结构、各相的分布及比例等也有很大差别。因此，不同的C/C-SiC摩擦材料其摩擦磨损性能可能波动较大，其摩擦磨损机理也会不同。

12.1　LSI-C/C-SiC的摩擦磨损性能及影响因素

12.1.1　预制体结构

将试样1和试样2(试样密度等见表9-1)在QDM150型(Q-全自动型，D-多功能，M-干式摩擦材料)可调速调压干式摩擦材料性能试验机上进行不同速度下的摩擦磨损性能测试。其工作原理是：电机经过传动，带动摩擦盘以定速转动，两块试样装在上支撑臂中，并通过加载杠杆系统与摩擦盘接触[2]。摩擦盘表面有热电偶测量，加热装置置于摩擦盘下，摩擦力矩有弹簧系统的测力杆和转鼓记录。

实验采用盘-块接触形式，对偶件为ϕ300mm的圆盘，材质为灰铸铁。试样尺寸为25mm×25mm×10mm，25mm×25mm面作为摩擦面。如没有特别说明，本研究中定速摩擦实验的条件如下。①对偶材质：灰铸铁(HT180～250HB)；②实验压力：0.98MPa；③实验圆盘转速分别为8m/s、12m/s、16m/s、20m/s和24m/s，分别对应于510r/min、764r/min、1020r/min、1275r/min和1528r/min；④每个速度下摩擦距离：1884m(即2000r)

摩擦系数由试验机直接记录，线性磨损按式(12-3)计算：

$$w=\frac{\Delta L\times S}{\mu pl} \tag{12-1}$$

式中：w为线性磨损量，$cm^3/(N\cdot m)$；ΔL为试样实验前后平均厚度差，mm；S为摩擦面的面积，m^2；μ 为平均摩擦系数；P 为作用于试样摩擦面的摩擦压力，MPa；l 为摩擦距离，N·m；

1. 摩擦磨损性能

试样 1 和试样 2 的摩擦磨损性能随制动速度变化的关系如图 12-1 所示。由图可知，制动速度较低(8m/s)时，两个试样的摩擦系数和线磨损量均较大，尤其是试样 2 的摩擦系数高达 0.6。这是由于 C/C-SiC 摩擦材料表面微突体(包括基体炭、SiC 和残留 Si)在制动初期出现相互啮合、变形、剪切及断裂等情况，使滑动方向的阻力增加，从而导致制动初期摩擦系数较大；同时由于微突体的断裂会产生大量的磨粒，磨粒会在摩擦表面引起犁沟作用，使得低速时表现为磨粒磨损机制。

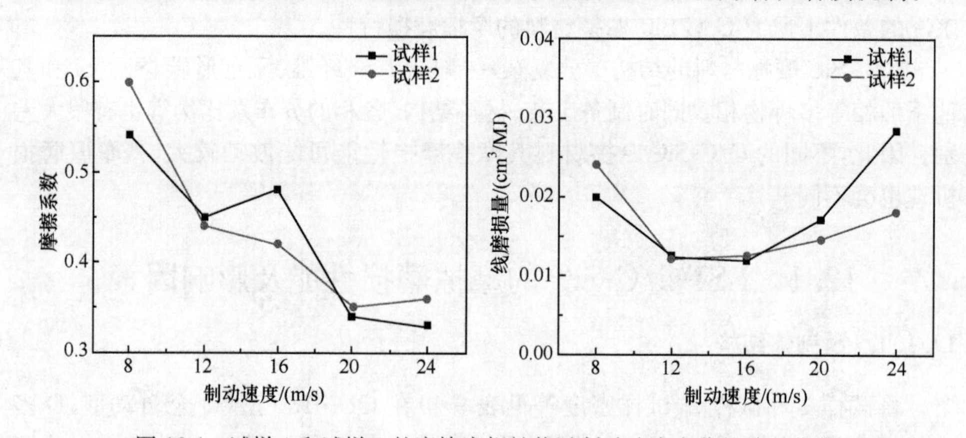

图 12-1 试样 1 和试样 2 的摩擦磨损性能随制动速度变化的关系曲线

当制动速度升至 12m/s 时，摩擦表面已较为光滑，两个试样的摩擦系数和线磨损量均急剧下降至同一范围。当制动速度为 16m/s 时，试样 1 的摩擦系数略有升高，而试样 2 的摩擦系数继续下降，两者的磨损量维持稳定。

20m/s 时两者的摩擦系数持续降低，而线磨损量略有升高。随制动速度的升高，大量摩擦能量转化为摩擦热后导致摩擦表面温度急剧升高。当制动速度达到 24m/s 时，摩擦系数基本保持稳定，但磨损量继续增大，尤其是试样 1 的磨损量急剧增大至 0.028cm^3/MJ 左右时。

不同制动速度下 C/C-SiC 材料的摩擦系数-距离曲线如图 12-2 所示。由图可知，低速摩擦时曲线相对较平稳(8m/s)，但在制动初期试样表面微突体的存在使摩擦系数增大导致“前峰”现象。这是因为当摩擦作用开始时，在较大的法向载荷作用下，表面微凸体互相嵌入，要发生变形才能克服静摩擦力。由于有相对运动，部分微凸体的立即断裂而生成碎屑，这一过程导致摩擦力的上升，曲线出现“前峰”现象。随着制动速度的增加，曲线在 12m/s 和 16m/s 更加平稳，但在 20m/s 时开始波动。制动速度为 24m/s 时,曲线波动较大,尤其是后半程比较剧烈,这主要是随着摩擦距离的延长,摩擦表面温度急剧升高,局部温度高达 1000℃。由于摩擦副体积远远大于接触峰点,一旦脱离接触,峰点温度便迅速下降,一般局部高温持续时间只有几毫秒。于是,在后期整个制动过程就重复出现这种黏着、破坏、再黏着的交替过程,所以在摩擦系数-距离曲线的后半程可以看到重复的波动。

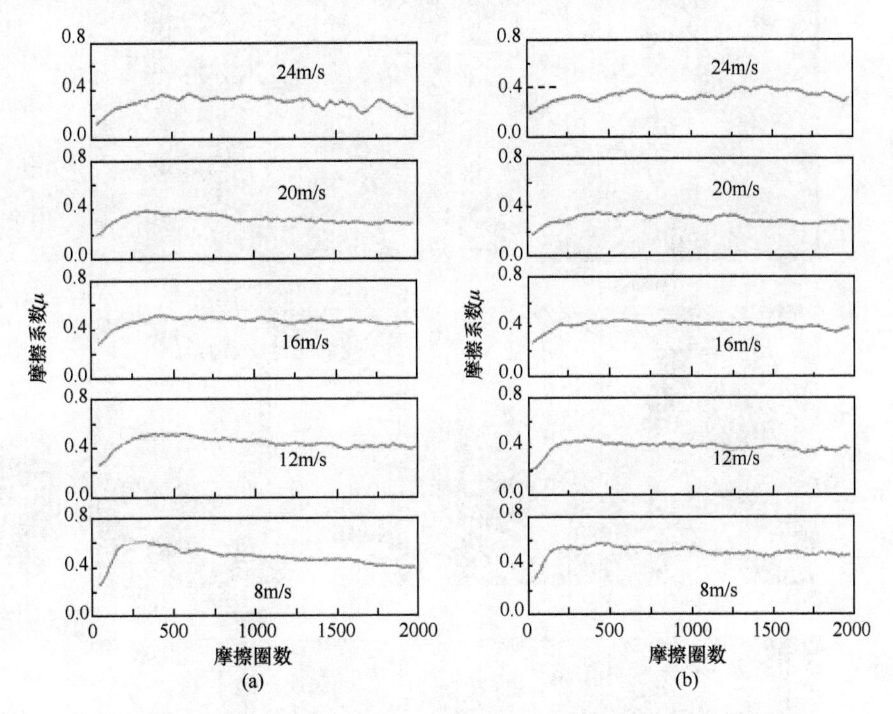

图 12-2　C/C-SiC 材料在不同速度下的摩擦系数-距离曲线

(a) 试样 1;(b) 试样 2

2. 摩擦表面形貌

图 12-3 所示为试样在不同制动速度下摩擦表面的显微形貌照片。由图可知,经过 8m/s 摩擦后,试样 1 的摩擦表面聚集有大量细小的磨屑(亮白色区域)和大量裸露的炭纤维[图 12-3(a)],而试样 2 的摩擦表面上磨屑较少,同时可见因磨粒磨损而产生的犁沟划痕[图 12-3(b)]。经过 24m/s 摩擦后,试样 1 的表面局部形成了连续的摩擦膜[图 12-3(c)],磨屑经过与相对较硬的对偶件反复摩擦被碾磨得非常细小且粒度很均匀[图 12-3(e)]。试样 2 在 24m/s 摩擦后摩擦表面也形成了摩擦膜,但摩擦膜更加分散,这是由于试样 2 中全网胎中炭纤维呈杂乱分布使得基体不连续,而摩擦膜主要依附在基体上。

随着制动速度提高,微突体受到更大的冲击力,进而发生脆性断裂,从摩擦表面脱落为磨屑，并在相对高速转动的两摩擦面间碾磨变细，磨屑在摩擦过程中易变形并填满周围的凹坑，在局部开始形成连续的摩擦膜，摩擦膜有润滑作用并产生黏着磨损，使得摩擦系数降低。试样 1 的摩擦膜较试样 2 更加连续，因而在高速下其摩擦系数也就更低。

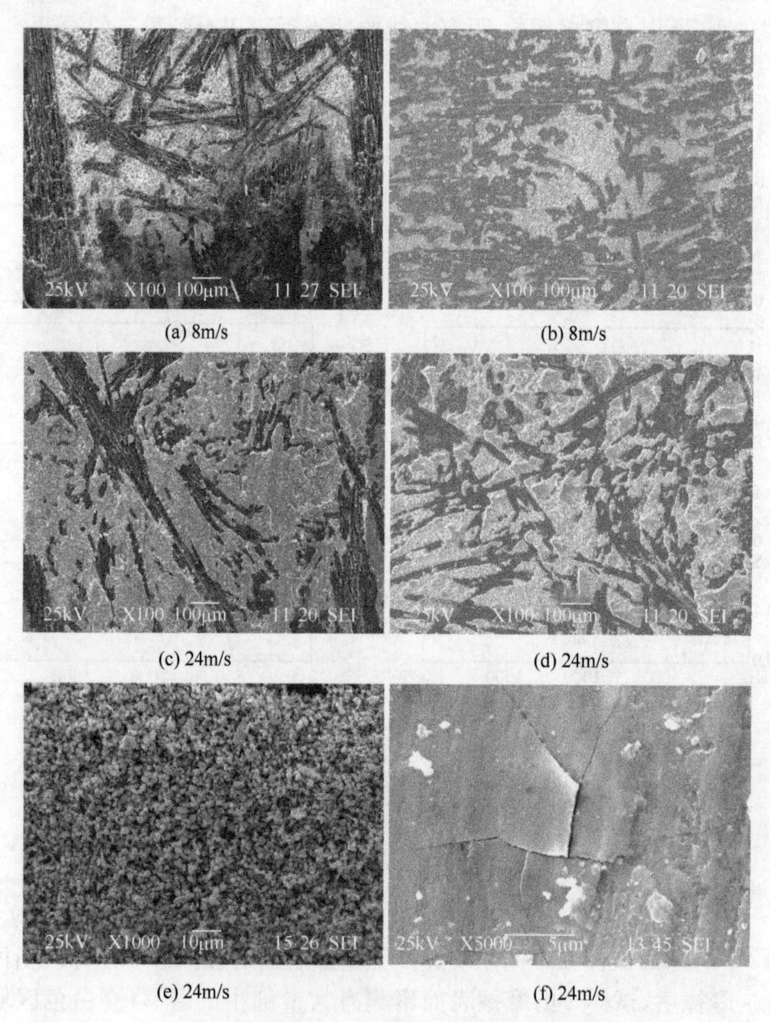

(a) 8m/s　(b) 8m/s

(c) 24m/s　(d) 24m/s

(e) 24m/s　(f) 24m/s

图 12-3　试样 1 和试样 2 在不同速度下摩擦表面形貌的 SEM 照片

(a)、(c)和(e)试样 1；(b)、(d)和(f) 试样 2

同时在惯量一定的条件下，摩擦能量与速度的平方成正比，因此摩擦表面单位面积的能载随摩擦速度的提高快速上升。摩擦过程中材料表面受到压力和摩擦热的双重作用，足以使表面形成不稳定的温度场和压力场[3,4]。又因为 C/C-SiC 摩擦材料中各组元的热膨胀系数不同，从而导致受热表面层和次表层的热膨胀率不同，以及表面层中不同区域热膨胀率的差异。因此摩擦表面层会产生疲劳磨损，形成的疲劳磨损裂纹[图 12-3(f)]易导致摩擦膜脱落，磨损率也随之增大。因为试样 1 的热扩散率较试样 2 低(表 9-1)，所以其摩擦表面的温度越高，磨损也就越厉害，试样 1 在 24m/s 时磨损量的增大幅度就更加明显。从图 12-3(f)还可以看出，C/C-SiC 摩擦表面形成的摩擦膜厚度小于 1μm。

12.1.2　基体炭结构

将以树脂炭为基体炭，采用 LSI 制备的试样 6(试样密度等见表 9-2)在 MM-1000 型摩擦磨损试验机进行了不同速度下的模拟摩擦实验。

MM-1000 型摩擦磨损试验机可进行摩擦热稳定性实验和热冲击摩擦性能实验，这种测试方法可以确切地模拟出摩擦系数的变化。MM-1000 的摩擦试验方法为热冲击法，即将动环通过键槽与驱动主轴相连并随驱动主轴和惯性飞轮一同加速到规定的制动速度下，施加一定的压力使静环和旋转的动环发生摩擦而实现摩擦磨损，摩擦磨损试验机直接记录摩擦力矩与时间关系。实验中以 C/C-SiC 摩擦材料作为静盘，对偶件为 30CrSiMoVA 合金钢或者自身材料，30CrSiMoVA 合金钢硬度为 HRC41，按照 GB 13826—98 进行测试。摩擦试环尺寸：外径为 ϕ75mm，内径为 ϕ53mm，厚度为 15mm。试验前试环表面磨合到 80%后测定 10 次，取试样摩擦系数和磨损率的平均值。

(1) 摩擦系数按式(12-2)计算：

$$\mu=\frac{M}{1000PSR} \tag{12-2}$$

式中：μ 为平均摩擦系数；M 为平均摩擦力矩，N · m；P 为作用于试样摩擦面的摩擦压力，MPa；S 为摩擦面的面积，m^2；R 为摩擦面内外圆的平均半径，m。

(2) 线性磨损按式(12-3)计算：

$$\Delta l=\frac{\Delta L}{n}\times 1000 \tag{12-3}$$

式中：Δl 为单位线性磨损量，μm/次；ΔL 为试样实验前后平均厚度差(用精确至 0.01mm 的螺旋测微器测量试环上五点处摩擦前后的尺寸变化)，mm；n 为实验次数。

稳定系数、平均功率和摩擦能量等均由试验机直接记录，同时在材料摩擦次表面装热电偶记录温度变化。如没有特别指明，则本研究中 MM-1000 摩擦实验时测试参数为：摩擦比压 1.00MPa，惯性当量 0.1kg · m^2，摩擦线速度分别为 5m/s、10m/s、15m/s、20m/s 和 25m/s，分别对应 1500r/min、3000r/min、4500r/min、6000r/min 和 7500r/min。冷态静摩擦系数是在试样磨合完后和摩擦实验前，加载压力后采用人工拉动惯量盘的方法测得。热态静摩擦系数在摩擦实验后迅速采用相同的方法测得。

1. 摩擦磨损性能

试样 6 在不同制动速度下的平均功率和摩擦表面瞬时温度如图 12-4 所示。平均功率即单位面积能载(即摩擦片所转化的能量)与摩擦时间的比值。在惯量一定的条件下,平均功率随制动速度的提高快速上升,转化为摩擦热后试环摩擦表面的瞬时温度也相应提高。由图 12-4 可知,5m/s 摩擦时摩擦次表面的最高瞬时温度低于 200℃,25m/s 摩擦时温度迅速升高到 459℃,摩擦表面温度则更高。

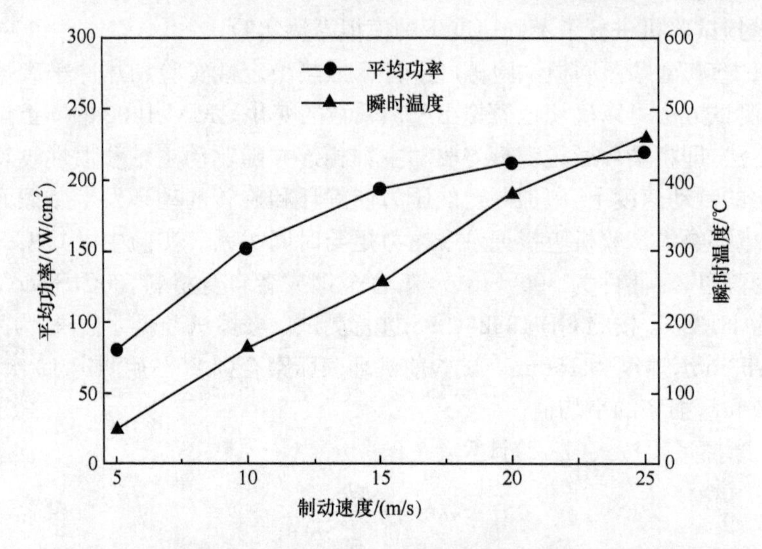

图 12-4 不同制动速度下试样 6 的平均功率和摩擦表面瞬时温度

试样 6 的摩擦磨损性能随制动速度的变化曲线如图 12-5 所示。由图可知,试样 6 的摩擦系数高且稳定。随着制动速度的增加,其摩擦系数由 5m/s 时的 0.67 下降到 25m/s 时的 0.38,自身线磨损率也由 4.7μm/次增大到 9.3μm/次,对偶件的线磨损也相应地由 1.1μm/次增大到 4.6μm/次。

试样 6 在不同速度下的制动曲线如图 12-6 所示。由图可知,5m/s 时试样 6 的制动曲线呈梯形[图 12-6(a)],制动曲线波动起伏较大。随着速度的提高,制动曲线线形由梯形向马鞍形转变,速度越快,曲线翘尾越明显。同时,曲线波动幅度减少,但是其频率增大,尤其是 25m/s 时[图 12-6(d)],摩擦前期波动特别明显。

2. 摩擦表面形貌

图 12-7 是试样 6 与对偶件材料制动后的摩擦试环的宏观形貌。由图 12-7(a)可知,试样 6 的摩擦表面出现了片状的、具有金属光泽的摩擦膜,说明摩擦过程中

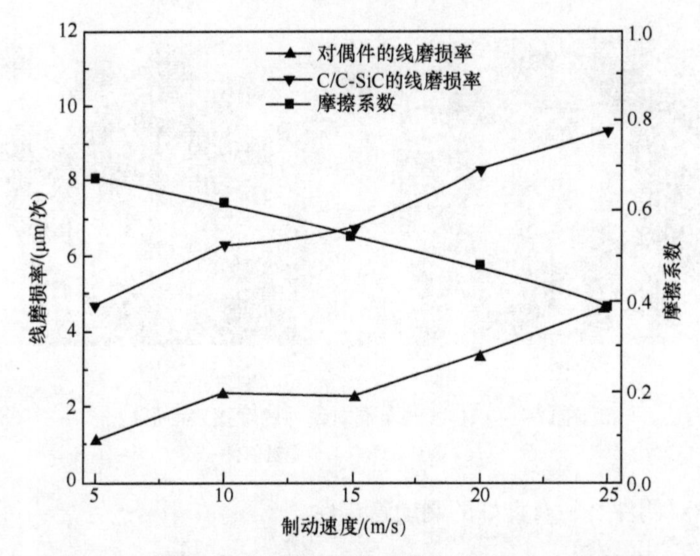

图 12-5　试样 6 的摩擦磨损性能随制动速度变化的关系曲线

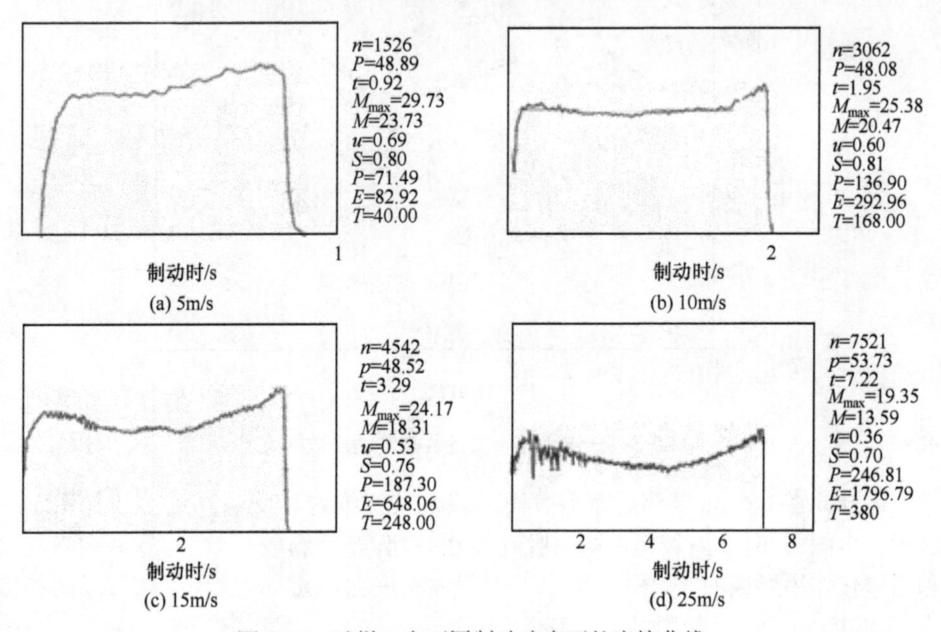

图 12-6　试样 6 在不同制动速度下的摩擦曲线

C/C-SiC 与合金钢产生了黏着磨损，导致材料相互转移。相应地，对偶件的摩擦表面[图 12-7(b)]也出现了因为黏着磨损使得金属材料沿制动的反方向转移的痕迹。对偶件表面也同时出现了大量“蓝斑”，这说明制动过程中发生了氧化磨损。

试样 6 的摩擦系数与制动次数的关系如图 12-8 所示。由图可知，摩擦系数在不同制动次数下最大摩擦系数和最小摩擦系数之间仅相差 0.04，这说明 C/C-SiC

图 12-7 试样 6 与金属对偶件的摩擦表面形貌

(a) C/C-SiC；(b) 金属对偶件

摩擦材料与对偶件之间有良好的制动稳定性。

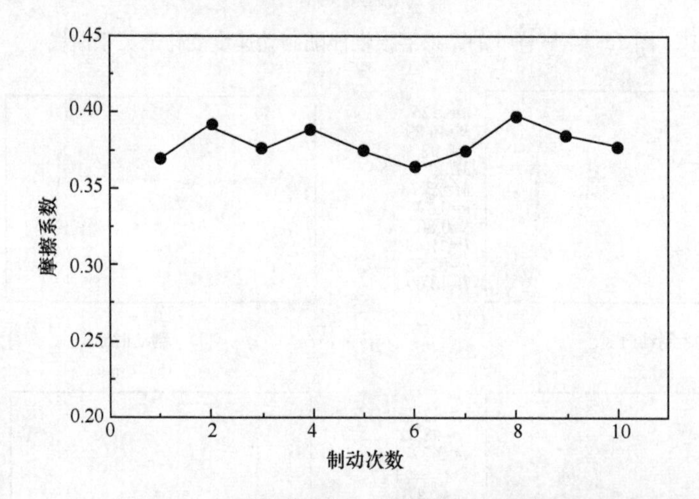

图 12-8 试样 6 的摩擦系数与制动次数的关系

试样 6 在 25m/s 摩擦后摩擦表面形貌及其三维网格图和高度曲线如图 12-9 所示。由图可知，摩擦表面由摩擦膜叠加在一起，摩擦膜较平整，并有许多微裂纹和因氧化作用形成的“绿斑”。由 A—A 截面高度曲线可知，最表层摩擦膜的高度为 11.308μm。

随着制动过程的进行，微突体不断被碾细并且在制动压力的作用下在摩擦表面形成摩擦膜[如图 12-10(a)1 区所示]。同时大量制动能量转化为摩擦热后摩擦表面温度急剧升高，测得摩擦次表面的最高瞬时温度达 459℃左右(图 12-4)，摩擦表面最高瞬时温度则更高。与试样 1 相似，试样 6 在制动过程中受到的压力和摩擦热的作用使得其摩擦表面形成不稳定的温度场和压力场，导致摩擦表面层产生热应力裂纹[如图 12-10(a)2 区所示]。摩擦膜经过与相对较硬的对偶件反复摩

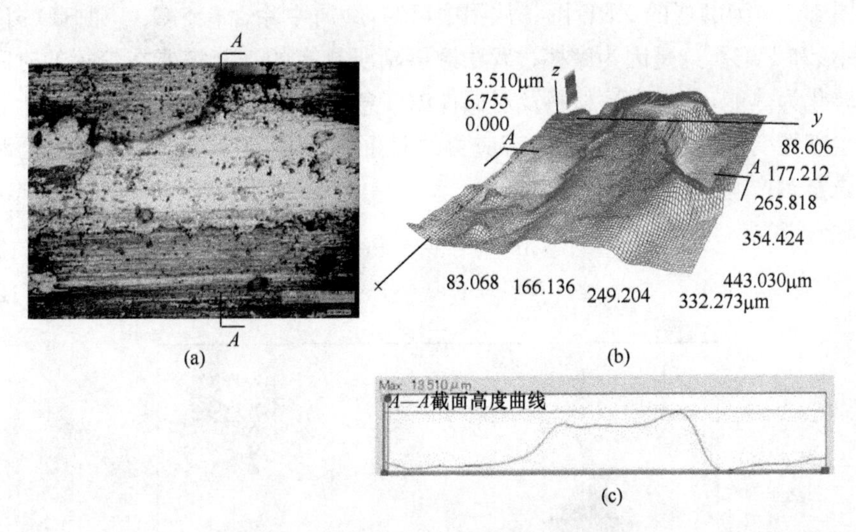

图 12-9　试样 6 在 25m/s 摩擦后摩擦表面

(a) 摩擦膜形貌；(b) 其三维网格图；(c) 高度曲线

擦，微裂纹便造成了摩擦膜的撕裂和脱落。图 12-10(a)3 区为即将脱落的摩擦膜，图 12-10(a)4 区为已经脱落摩擦膜而露出的新鲜表面。磨屑在不断的制动过程中被碾磨得更加细小，部分来不及脱落的磨屑填充在摩擦表面的凹坑内[图 12-10(b)]，当凹坑内的磨屑积聚到填满整个凹坑时，这些磨屑便被挤压形成摩擦膜。在随后的制动过程中这些摩擦膜又被撕裂形成磨屑，此过程不断循环。另外，大量的摩擦热导致摩擦表面“闪点”温度可达 1000℃以上。碳在 350℃以上即开始氧化生成 CO_2，SiC 在 800～1140℃抗氧化性能较差，易氧化生成疏松的 SiO_2 层[5]，C/C-SiC 材料因摩擦热不断被氧化。

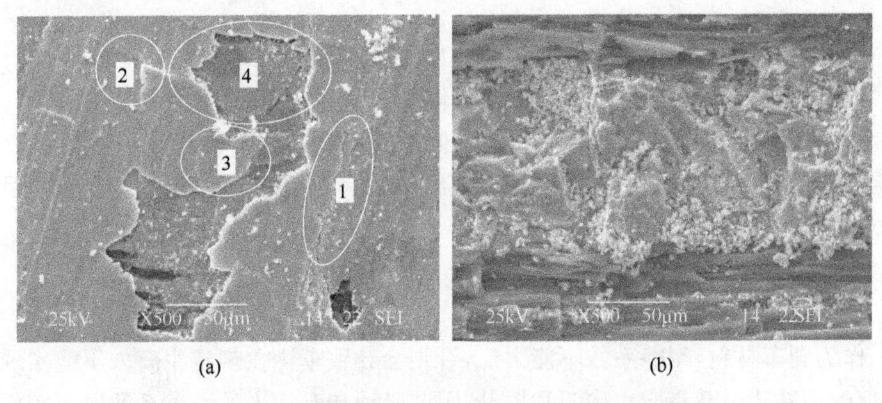

图 12-10　试样 6 在 25m/s 摩擦后的摩擦表面形貌

(a) 摩擦膜；(b) 微凸体和磨屑

图 12-11 为磨屑的 XRD 图。从图中可知，磨屑中除含有 SiC、C 和 SiO_2 外，还有 Fe_3C 和 FeC。这是因为摩擦过程中摩擦副所具有的动能需要在较短的时间内全部转化为热能，使得摩擦材料及对偶件温度急剧升高，导致合金钢表面发生软化而产生塑性变形。在热应力和疲劳应力的双重作用下，C/C-SiC 摩擦材料会和对偶件合金钢产生如下反应：

$$3Fe + C = Fe_3C \tag{12-4}$$

$$Fe + C = FeC \tag{12-5}$$

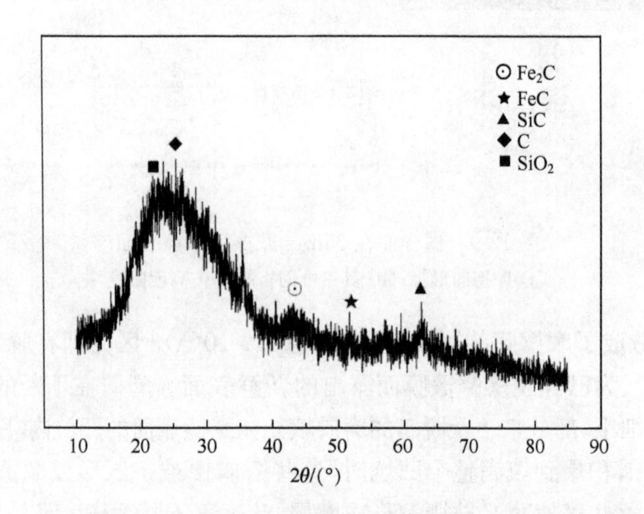

图 12-11　试样 6 在 25m/s 摩擦后磨屑的 XRD 图

12.2　WCISR-C/C-SiC 的摩擦磨损性能

短炭纤维增强 C/C-SiC 摩擦材料中既有摩擦组元(如 SiC 基体)，又有润滑组元(如石墨)；既有致密组元(如 SiC 基体)，又有疏松组元(如树脂炭基体)；既有导热高的组元(如炭纤维)，又有导热低的组元(如树脂炭基体)。因此，短炭纤维增强 C/C-SiC 摩擦材料复杂的材料组成，决定了其摩擦磨损性能影响因素的复杂性。

1. SiC 含量

作为刹车材料，摩擦系数不能太低，否则会导致车辆在规定距离内不能实现制动，但摩擦系数过高易产生尖叫和振动，因此必须具有适当的摩擦系数以及较低的磨损量。在 C/C-SiC 制动材料中，碳化硅作为硬质磨粒相，起提高材料摩擦系数和降低磨损量的作用，其体积分数必然有最佳值。设计体积分数为 10%、20%、30%、40%和 50%的 C/C-SiC 试样作为比较分析。由于在混料及高温热处理时，单质 Si 或多或少会有一定量的损失，所以其体积分数并不能准确代表最后材料中 SiC 的体积含量，仅能表示其一种相对递增关系，其基本数据如表 12-1 所示。

表 12-1　不同 SiC 含量的 C/C-SiC 试样基本数据

试样	SiC 体积含量/%	开孔率/%	导热系数/[W/(m·K)]	密度/(g/cm^3)
4-1	10%	7.8	6.2(//)	1.806
4-2	20%	9.7	—	1.823
4-3	30%	13.1	—	1.788
4-4	40%	14.4	—	1.832
4-5	50%	15.1	5.0(//) 4.6(⊥)	1.792

注：//指平行摩擦面方向的导热系数；⊥指与摩擦面方向垂直的导热系数。

由表 12-1 可知，五组试样密度相差不大，随着 SiC 含量的增加，材料的开孔率也越大。可能是因为高温热处理是在高于单质 Si 熔点(1410℃)的温度下进行的，当加入的 Si 粉量较多时，会导致更多单质 Si 的挥发，因此材料的开孔率较大。选取 SiC 含量最低和最高的两组试样进行导热系数的测定，可以发现试样 4-1 的导热系数[6.2W/(m·K)]明显高于试样 4-5[4.6W/(m·K)]，这是由于试样 4-5的孔隙率远远大于试样 4-1(将近试样 4-1 的两倍)，孔隙的存在能显著降低材料的导热性能，导致试样 4-5 的导热系数较低。比较试样 4-5 平行和垂直方向的导热系数，可以发现其平行方向的导热系数高于垂直方向的，这是因为纤维在材料中的取向对复合材料的导热系数影响很大。在 C/C-SiC 复合材料中，炭纤维是材料导热的主要因素之一，而炭纤维具有明显的各向异性，炭纤维轴向的导热能力要远远大于径向，纤维轴向的热导率约为径向的数倍甚至数十倍，例如，PAN 基高模炭纤维，其径向导热系数是 10W/(m·K)，而轴向热导率则达到了 100W/(m·K)[6]。因此，平行于摩擦面方向(平行纤维轴向)的导热系数要大于垂直摩擦面方向(平行纤维径向)。不同 SiC 含量的五个试样在定速摩擦试验机上模拟汽车制动试验，摩擦磨损性能如表 12-2 所示。

表 12-2　不同 SiC 含量材料的摩擦磨损性能

试样	温度/℃	摩擦系数	线性磨损/mm	质量磨损/g	磨损率/10^{-7}[cm^3/(N·m)]
4-1	100℃	0.407	0.172	0.3920	0.915
4-2	100℃	0.441	0.166	0.4389	0.815
4-3	100℃	0.454	0.147	0.3934	0.701
4-4	100℃	0.548	0.089	0.1975	0.351
4-5	100℃	0.470	0.122	0.2565	0.562

对比五个试样摩擦磨损性能(表 12-2)可知，SiC 体积含量的不同引起了摩擦因数和磨损率的变化。在 SiC 体积分数低于 40%时，C/C-SiC 复合材料的摩擦系数随碳化硅含量的增加而增大，而磨损率一直递减。当 SiC 体积含量达到 50%时，其摩擦系数有所下降(由 0.548 降至 0.470)，磨损率上升。SiC 作为硬质相，是制动压力主要承载支点，在法向载荷力的作用下，硬度较高的 SiC 相易于压入对偶材料，造成对偶件的微切削，故摩擦表面分布的 SiC 相越多，产生的微切削就越多，相应摩擦系数就越高。同时，SiC 结合强度较高，在摩擦过程中，以硬质点形式存在，起形成骨架和固定磨屑的作用。SiC 含量越高，摩擦表面骨架越密集，磨屑容易填充在 SiC 骨架当中，有利于形成摩擦膜。

图 12-12 为试样摩擦表面形貌的 SEM 照片。由图可以明显看出，试样 4-4 能形成相对比较完整的摩擦膜，而试样 4-1 基本上没有摩擦膜的形成。而完整摩擦膜的形成有利于摩擦面通过膜与对偶表面紧密接触，使真实接触面积增大，产生黏着磨损，使摩擦系数增大；同时较为完整的摩擦膜又阻止了与对材料的进一步磨损，因而材料的磨损率较小。相比之下，摩擦膜不完整使摩擦面的真实接触面积小，因而摩擦因数较低；同时由于摩擦表面骨架与磨屑间成膜性较差，磨屑脱落导致材料磨损较大。另外，SiC 的硬度较高，其莫氏硬度可达 9～10，当其含量较高时，使材料整体硬度提高，从而提高耐磨性。

图 12-12　试样摩擦表面形貌 SEM 照片

(a) 试样 4-1；(b) 试样 4-4

当 SiC 体积含量达到 50%时，由于高温热处理是在高于单质 Si 熔点(1410℃)下进行的，而炭纤维没有热解炭的保护，液态或气态 Si 会优先与炭纤维反应生成 SiC，且纤维束间存在的小孔隙对液态 Si 有强大的毛细管力，液 Si 能迅速向纤维束内渗透，进一步加速了其与炭纤维的反应。随着加入 Si 粉含量的增加，必然会有更多的单质 Si 与部分炭纤维反应生成 SiC。生成较多 SiC 的同时，必然也会对炭纤维产生一定的侵蚀作用，使炭纤维的结构受损，容易断裂，降低其增强作用，材料的抗弯抗剪强度下降，摩擦时纤维层也容易发生层间剥落，从而使材料抵抗表面剥落磨损的能力下降，加剧了材料的磨损。因此当 SiC 含量继续增加时，其磨损量又有所上升。

图 12-13 为不同试样磨屑的 SEM 形貌。由图可以看出，在同样的放大倍数下，试样 4-5 磨屑粒度明显大于试样 4-1、试样 4-3，经能谱分析可知，大块颗粒为 SiC。说明在摩擦过程中，纤维增强作用减弱后，材料在摩擦界面正应力和剪应力的作用下，容易产生块状剥落，然后被磨碎，硬质颗粒对摩擦面产生犁沟作用，导致其磨损量较大。试样 4-1 和试样 4-3 的磨屑较细，粒度大致相当，形貌主要为颗粒状，磨屑物质主要为石墨和软质的基体炭，没有类似试样 4-5 的块状剥落。主要是由于材料中 SiC 相结合强度较高，在摩擦过程中通过细小硬质磨粒不断的犁沟作用将摩擦面的炭一点点剪切下来，使材料产生磨损。

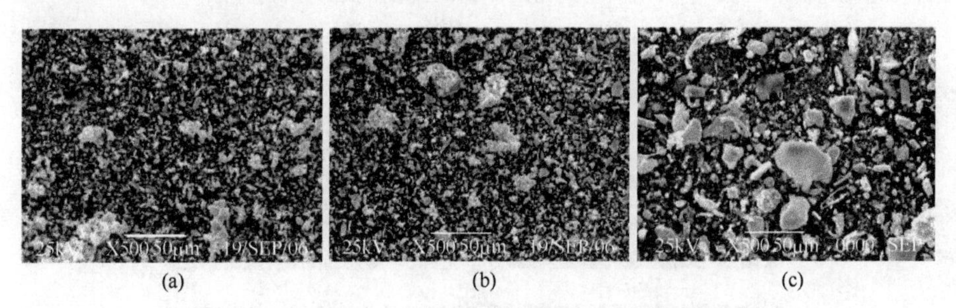

图 12-13　不同试样磨屑的 SEM 形貌

(a) 试样 4-1；(b) 试样 4-3；(c) 试样 4-5

总之，SiC 含量对 C/C-SiC 复合材料的摩擦性能有两方面的影响：一方面由于 SiC 的高硬度，其可提高复合材料的整体硬度，从而提高材料抵抗犁沟磨损的能力，提高耐磨性。另一方面，SiC 体积分数过高，对炭纤维侵蚀加剧，导致材料脆性加大，塑性的降低又降低了复合材料抵抗表面剥落磨损的能力，所以降低了耐磨性。硬度的升高和塑性的降低两种效果同时作用于复合材料，所以 SiC 含量对 C/C-SiC复合材料的摩擦性能有个最佳值。本研究中，当 SiC 体积含量为 40%时，材料的摩擦系数最高(0.548)，磨损率最低[0.351×10^{-7} $cm^3/(N\cdot m)$]。

2. 石墨种类

为了研究不同类型石墨对 C/C-SiC 复合材料摩擦磨损性能的影响，实验选用了四种石墨(T 型石墨、鳞片、颗粒石墨和人造石墨)，石墨粉经球磨机球磨至 200 目，粒度约为 75 μm，这些石墨的相关技术指标如表 12-3 所示。

表 12-3 各种石墨主要技术指标

石墨种类	灰分含量/%	挥发分含量/%	水分含量/%	固定碳/%	粒度
T 型	≤0.5	≤2.5	≤0.2	≥99	<200 目
鳞片	≤2.5	≤3.0	≤1.0	≥85	<200 目
颗粒	≤0.2	≤0.5	≤1.06	≥85.57	<200 目
人造	≤1%	≤0.5	≤0.5	≥98.5	<200 目

从表 12-3 可以看到，四种石墨的灰分及挥发分含量不一样，颗粒石墨的灰分和挥发分含量较低，而鳞片石墨的相对较高。由于制造工艺的差异，不同种类石墨粉的形貌也不太一样。图 12-14(a)、(b)、(c)、(d)分别是 T 型、鳞片、颗粒和人造石墨的显微形貌。从图中可以看出，鳞片石墨尺寸大小比较均匀，以片状为主。其他石墨颗粒均匀性较差，以形状不规则的颗粒状和长条状为主。

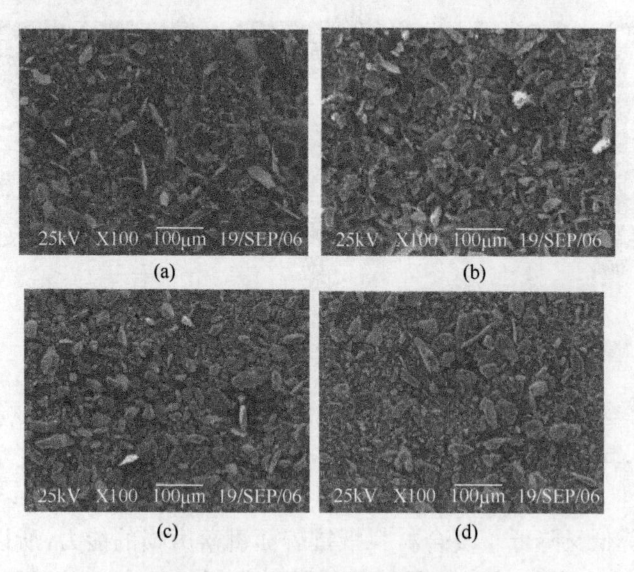

图 12-14 不同种类石墨的形貌

(a) T 型石墨；(b) 鳞片石墨；(c) 颗粒石墨；(d) 人造石墨

在 QDM150 型定速摩擦试验机进行摩擦性能测试，按国标 GB 5763—2008 模拟汽车制动，其摩擦磨损性能如表 12-4 所示。

表 12-4　C/C-SiC 材料的摩擦磨损性能

试样	密度 /(g/cm^3)	开孔率 /%	石墨种类	温度/℃	摩擦系数	质量磨损/g	线性磨损/mm	磨损率 /[$\times 10^{-7}cm^3/(N \cdot m)$]
4-6	1.913	18.1	T 型	100	0.637	0.29	0.077	0.262
4-7	1.767	25.5	鳞片	100	0.579	0.37	0.153	0.572
4-8	1.832	22.6	颗粒	100	0.643	0.22	0.064	0.216
4-9	1.795	19.0	人造	100	0.582	0.32	0.103	0.383

石墨粉在摩擦衬片中主要作为一种固体润滑粉，调节摩擦系数及稳定摩擦值。从表 12-5 可以看出，不同形态石墨对应的摩擦材料具有不同的摩擦系数和磨损率，颗粒石墨对应的摩擦材料摩擦系数较高(0.643)，磨损率最低[$0.216\times 10^{-7}cm^3/(N \cdot m)$]，而鳞片石墨相应的材料磨损率最高[$0.572\times 10^{-7}cm^3/(N \cdot m)$]。这可以从不同种类石墨粉的形貌以及其具有不同的技术指标予以解释，从图 12-14可以看出，四种石墨粉中，鳞片石墨的粒度比较均匀，且以片状为主，润滑性能最好，因此其对应的材料摩擦系数最低。由表 12-3 可知，鳞片石墨的挥发分含量比较高，且分布不均，制备过程中常常引起“气泡”，这也导致了其对应材料的开孔率最大(25.5%)，密度最低($1.767g \cdot cm^{-3}$)，因此会导致刹车衬片的开裂并影响摩擦因数的稳定性；同时，材料灰分含量较高时，往往会引起摩擦材料及对应偶件的额外磨损，导致材料的磨损率增大。另外，几种石墨粉中，颗粒石墨的灰分含量最低($<0.2\%$)，极少有挥发物质，这也避免在摩擦材料上造成“划痕”，防止开裂及在高温下摩擦值的变化，有利于减少摩擦材料的磨损率，提高稳定系数。

3. 残留单质 Si

两组试样的摩擦实验在 MM-1000 型摩擦试验机上进行，实验结果如表 12-5 所示。

从表 12-5 可以看出，两组试样的摩擦系数完全一样，而材料 4-11 的线性磨损远远大于试样 4-10，将近试样 4-10 的 10 倍，同时其对偶的磨损量也较大。试样 4-10 的稳定系数要略高于试样 4-11。

表 12-5　残留单质 Si 对 C/C-SiC 复合材料摩擦磨损性能的影响

试样	残留 Si	摩擦系数	质量磨损/(g/次)	材料线性磨损 /(μm/次)	对偶线性磨损 /(μm/次)	稳定系数
4-10	有	0.34	0.0995	7.2	3.6	0.738
4-11	无	0.34	0.268	70	16	0.708

图 12-15 为两组试样的典型制动曲线。由图可以看出，4-10 号试样的摩擦

曲线稳定系数要大于试样 4-11。主要是因为试样 4-10 在摩擦过程中形成了较为完整的摩擦膜，摩擦膜的形成对制动过程中稳定性有利，所以其线形较为平稳。

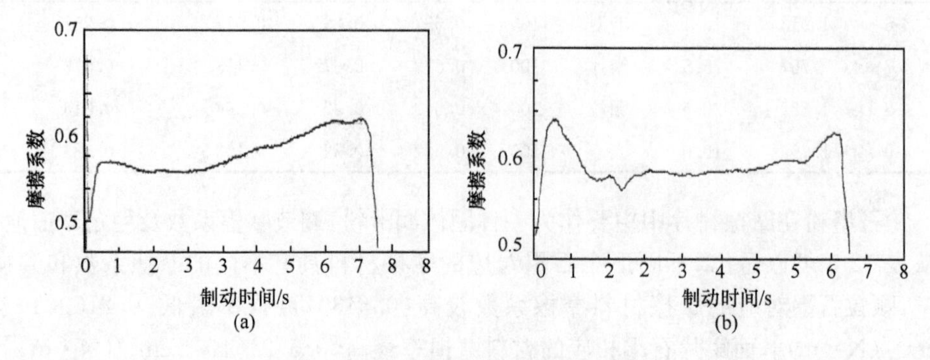

图 12-15　两组试样的典型制动曲线

(a) 试样 4-10；(b) 试样 4-11

当 C/C-SiC 复合材料中含有一定量的单质 Si 时，可以认为其是一种 C/C-SiC-Si 复相陶瓷。作为复相组织材料，SiC 与游离 Si 在化学、力学性能等方面的差异必然在摩擦磨损过程中有所表现。采用温压-原位反应制备 C/C-SiC 复合材料时，原位反应过程中 Si 与 C 反应生成 β-SiC，SiC 的结合强度较高。在摩擦过程中，SiC 以硬质点形式存在，起形成骨架和固定磨屑的作用，而游离 Si 对 SiC 提供有效的支撑作用；同时，在摩擦剪切力的作用下，游离 Si 与 SiC 的力学行为均发生变化，游离 Si 硬度低且与基体的结合力弱，在摩擦过程中，很容易被硬的 SiC 颗粒切除，脱落形成磨屑并填充于 SiC 颗粒间，其中游离 Si 可表现一定的塑性，有利于形成摩擦膜，从而降低材料的磨损率。其示意图如 12-16 所示。

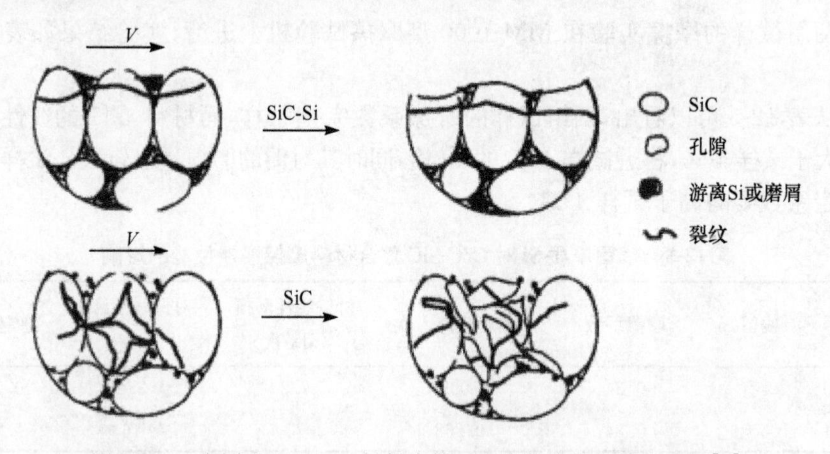

图 12-16　磨屑在 C/C-SiC 材料摩擦过程中的摩擦行为示意图[13]

Hogmark 等研究了室温下 SiC-Si 复相陶瓷的干摩擦磨损，认为游离 Si 比 SiC 氧化倾向大，从而在摩擦表面形成较多的 SiO_2 膜，使 SiC-Si 复相陶瓷的磨损率低于 SiC 陶瓷的磨损率。

各种材料组分在摩擦表面的分布情况对于研究摩擦材料的摩擦磨损特性非常重要。图 12-17 为试样的摩擦表面形貌及表面元素分布图。从图中可以看到：碳元素在摩擦面上分布广泛，摩擦面上也存在一定的氧元素，且分布比较均匀。因为碳和氧在一定温度下的化学反应产物是气体，所以氧很难在炭基体上存在，认为是对偶材料中的铁屑转移到材料上并被氧化生成铁的氧化物中的氧以及单质 Si 氧化形成的 SiO_2。试样 4-10 摩擦面上的凹坑内填充有一些白色物质，即明亮区域。对比图 12-17(a)和(d)可以发现，凹坑内的月亮区域和 Si 元素的面扫描图能很好地吻合。这也从侧面印证了游离 Si 在摩擦过程中易于脱落，并填充于摩擦表面凹坑，有利于摩擦膜的形成。

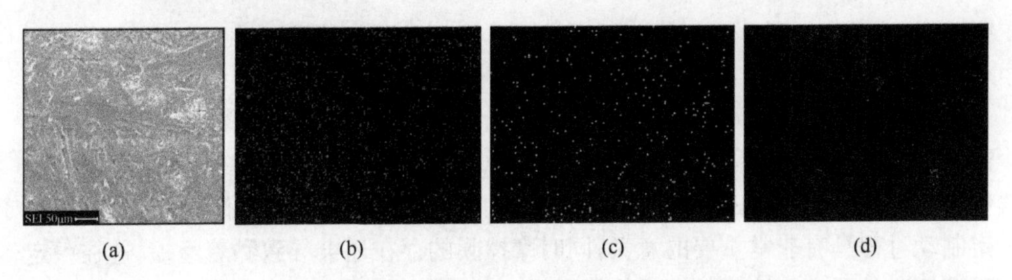

图 12-17　试样 4-11 摩擦表面的形貌及元素分布图和 4-10 号试样摩擦表面的元素分布图
(a) 表面形貌；(b) C 元素；(c) O 元素；(d) Si 元素

12.3　CVI-C/C-SiC 的摩擦磨损性能

12.3.1　自对偶低载能

1. 摩擦磨损性能

通过 MM-1000 型摩擦试验机，检测了 CVI 制备 C/C-SiC 试样 S1～S4（试样密度等见表 5-4）自对偶低载能条件下的摩擦磨损性能。实验条件为：大气环境下干摩擦(空气相对湿度为 50%)；摩擦压力为 1.0MPa；滑行速度为 25m/s；转动惯量为 0.1kg·m²；动盘与静盘的材质相同，均为同一 C/C-SiC 摩擦擦料。为保证测试结果的可靠性，相同实验条件下，每组试环均重复 10 次。该实验条件下，各试样的摩擦磨损性能如表 12-6 所示。

表 12-6　CVI-C/C-SiC 试样的摩擦磨损性能

试样	静摩擦系数	动摩擦系数	制动稳定系数	制动时间/s	质量磨损率/(mg/次)	
					静盘	动盘
S1	0.20	0.160	0.56	14.14	1.25	1.05
S2	0.35	0.225	0.57	6.15	2.37	2.20
S3	0.38	0.239	0.59	6.15	5.74	5.12
S4	0.30	0.214	0.61	6.84	7.78	6.16

由表可知，对于 CVI 工艺制备的试样，试样 S1 的摩擦系数最小，然后摩擦系数逐渐增大，试样 S3 的摩擦系数最大，而后再次减小。相应的制动时间则表现出完全的变化趋势。而制动稳定系数则表现出完全不同的变化趋势，其持续增大。此外，试环的质量磨损率（动环和静环）也持续增大。

2. *摩擦表面及磨屑形貌*

在制动过程中，微突体受到巨大的冲击力，进而发生脆性断裂，从摩擦表面脱落成为磨屑，并在高速转动的两摩擦面间反复碾磨而变细。这些磨屑在摩擦过程中填满周围的凹坑，在局部逐渐形成连续的摩擦膜，其具有润滑作用，因此对于稳定制动过程具有非常重要的意义；同时摩擦膜的存在还会导致黏着磨损，这在一定程度上弥补了由摩擦膜的润滑作用所导致的摩擦系数降低。

同时，在惯量和转速一定的条件下，制动时间越短，则单位时间内摩擦表面单位面积的能载越高，摩擦表面的温度越高。又由于 C/C-SiC 摩擦材料中各组元的热膨胀系数不同，因此受热表面层和次表层的热膨胀率不同，并导致表面层中不同区域热膨胀率的差异。因此摩擦表面会形成疲劳磨损，磨损率也随之增大。

由图 12-18 可知，在所有试样的表面均发现了大量的沟槽，这是典型的磨粒磨损所留下的痕迹。同时，摩擦表面沟槽的形貌从试样 S1 到试样 S4 逐渐发生变化。

沟槽的宽度由试样 S1 的约 0.5μm，逐渐增大至试样 S4 的 10μm 左右，深度也逐渐增大。沟槽宽度和深度的增加，说明磨屑中颗粒状磨屑的尺寸在逐渐增大。此外，这些宽且深的沟槽表明，试样 S2、S3 和 S4 在制动过程后期均有明显的“犁沟效应”，因此上述试样在制动后期摩擦系数均明显增加。而试样 S1 摩擦表面大量的细小的划痕，则说明摩擦表面颗粒的“犁沟效应”受到了明显的抑制，因此试样 S1 在制动后期摩擦系数仅有少量增加。

各试样的磨屑形貌如图 12-19 所示。由图可知，所有试样的磨屑均分为颗粒状磨屑和片状磨屑两大类。为说明两种磨屑的比例及其尺寸的变化情况，本研究中采用统计学方法对各试样中颗粒状磨屑和片状磨屑的比例及其尺寸进行研究，

(a)　(b)　(c)　(d)

图 12-18　CVI-C/C-SiC 试样摩擦表面显微形貌

(a) 试样 S1；(b) 试样 S2；(c) 试样 S3；(d) 试样 S4

其具体过程如下。将磨屑均匀地粘贴在边长为 2mm 的正方形导电胶带上，作为扫描电镜观察试样。将该试样放大至 5000 倍进行观察，此时扫描电镜观察视场的大小为 48μm×48μm；随机选取 80 个视场(抽样数占整个样本数的 5%)，统计各视场内两类磨屑的数量和尺寸；计算两类磨屑的比例及其平均尺寸。最终的统计结果如表 12-7 所示。

由表可以看出，对于 CVI 工艺制备试样，从试样 S1 到试样 S4，磨屑中颗粒状磨屑的平均尺寸逐渐由 1.5μm 增加至 5.6μm，这与摩擦表面沟槽尺寸的增加相吻合，但其比例逐渐由 99.8%逐渐下降至 57.6%。同时，磨屑中片状磨屑的平均尺寸则逐渐由 2.5μm 增加至 17.4μm，且其比例逐渐由 0.2%上升至 42.4%，这与摩擦表面摩擦膜的连续程度相吻合。造成这一现象的主要原因是 CVI 工艺制备试样中组成的变化。颗粒状磨屑主要由断裂或脱落的 SiC 颗粒形成，而片状磨屑则主要由热解炭和(或)炭纤维形成。从试样 S1 到试样 S4，基体的热解炭含量逐渐增加，SiC 含量逐渐下降，因此片状磨屑的比例逐渐增加，而颗粒状磨屑的比例逐渐减小。且由于片状磨屑较为柔软，容易在制动压力和剪切力的作用下聚集，从而使其尺寸增大。同时，热解炭含量的增加还使摩擦表面逐渐形成连续的摩擦膜，摩擦膜的形成在一定程度上保护了颗粒状磨屑不被制动压力和剪切力破碎，从而使颗粒状磨屑的尺寸增加。

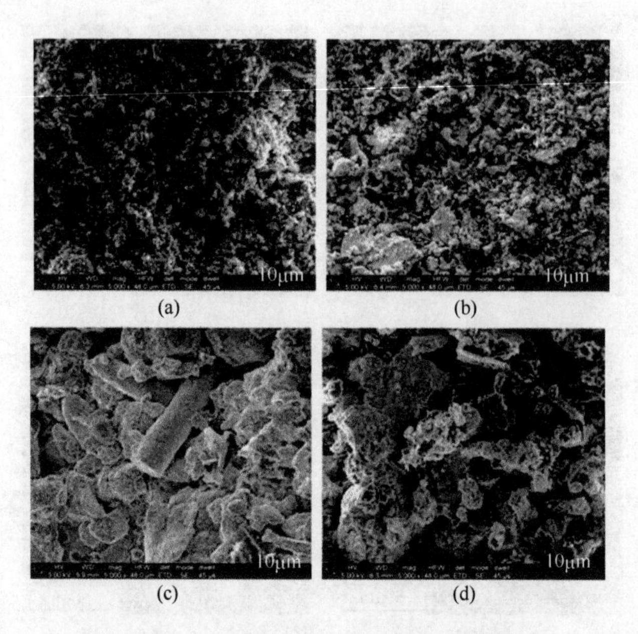

图 12-19 CVI-C/C-SiC 试样磨屑的显微形貌

(a) 试样 S1;(b) 试样 S2;(c) 试样 S3;(d) 试样 S4

表 12-7 CVI-C/C-SiC 材料两类磨屑的比例及其平均尺寸

试样	比例/%		磨屑总数量	平均尺寸/μm	
	颗粒状磨屑	片状磨屑		颗粒状磨屑	片状磨屑
S1	99.8	0.2	20548	1.5	2.5
S2	89.3	10.7	17548	3.5	8.6
S3	76.3	23.7	12684	5.2	12.8
S4	57.6	42.4	6258	5.6	17.4

12.3.2 自身对偶高载能

1. 摩擦磨损性能

采用 MM-1000 型试验机对试样 S1～S4 的摩擦磨损性能进行研究,实验条件为:同种材料对偶;大气环境下(相对湿度 60%);摩擦压力 0.8MPa;滑行速度 25m/s;转动惯量为 0.3kg·m²。该实验条件下,各试样的摩擦磨损性能如表 12-8 所示。

表 12-8　各试样的摩擦磨损性能

试样	平均静摩擦系数	平均动摩擦系数	制动稳定系数	制动时间/s	质量磨损率/(mg/次)	
					静盘	动盘
S1	0.38	0.310	0.82	13.4	6.7	8.5
S2	0.32	0.231	0.70	18.1	8.4	9.5
S3	0.20	0.213	0.71	19.6	15.1	17.7
S4	0.18	0.210	0.74	20.3	19.4	24.9

由表可知，在高载能自对偶条件下，CVI 工艺制备 C/C-SiC 试样的摩擦性能的变化趋势，较之低载能自对偶条件已发生了显著的改变。高载能自对偶制动条件下，CVI 工艺制备试样的摩擦系数由试样 S1 至试样 S4 持续降低，其中试样 S1 的平均摩擦系数最高，达 0.31，且该试样的稳定系数高达 0.82。而其余各 CVI 工艺制备试样的摩擦系数较低载能条件下，不但没有增加，反而有所下降，但其稳定系数有明显增加，均在 0.70 以上。此外，值得注意的是，尽管 CVI 工艺制备试样的质量磨损率保持了由 S1 至 S4 逐渐增加的趋势，但相应的摩擦系数反而下降。造成这些变化的主要原因是摩擦表面的温度显著增加。

由于高载能自对偶制动条件下的转动惯量为低载能条件下的三倍，而转速则保持不变，因此，制动过程中需转化为热能的动能也为低载能条件下的三倍，从而大大提高了摩擦表面的温度。两制动条件下，各试样的次表面平均温度如表 12-9 所示。由表 12-9 可以看出，自对偶高载能制动条件下，各试样的次表面温度均高于 600℃，最高可达 800℃以上，远高于低载能条件下的各试样次表面温度。由于基体导热系数的限制，摩擦表面的实际温度可能远高于此。随着摩擦表面温度的升高，摩擦面及摩擦面附近的基体被剧烈氧化，从而对不同的试样造成了不同的影响。对于 SiC 含量较高的试样(如试样 S1)，剧烈的氧化使得基体表面附近的组织结构变得疏松，降低了摩擦面的硬度；同时，基体中 SiC 分布的不均匀性，使得基体表面附近 SiC 聚集的位置氧化速度较慢，而热解炭聚集的部位氧化速度较快，使得 SiC 聚集的位置逐渐突出于热解炭聚集的部位，从而在试样表面形成骨架结构。骨架结构的形成，不但有利于磨屑的固定，而且增加了摩擦表面的粗糙度。表面硬度的降低和粗糙度的增加，有利于摩擦表面硬相质点的相互啮合和嵌入摩擦面，促进“犁沟效应”发挥作用，使得摩擦系数增大。而对于 SiC 含量较低的试样(如试样 S3 和试样 S4)，由于热解炭和炭纤维的起始氧化温度为 500～600℃，因此制动过程中，摩擦表面附近基体内的热解炭和炭纤维被大量氧化。由于试样中的 SiC 含量较低，无法在试样表面形成骨架结构，从而固定磨屑，促进“犁沟”效应的发挥，同时摩擦表面附近热解炭和炭纤维的剧烈氧化，抑制了摩擦表面的相互粘贴，从而限制了“黏结”效应发挥作用，因此造成试样摩擦系数有所恶化。

表 12-9 两制动条件下各试样的次表面温度

制动条件	温度/℃			
	试样 S1	试样 S2	试样 S3	试样 S4
低载能自对偶	460	381	278	255
高载能自对偶	864	816	620	626

此外,较高的摩擦表面温度还促进了氧化磨损的发生,由于热解炭和炭纤维的氧化产物为气态,对摩擦制动过程毫无贡献,因此造成热解炭含量较高的试样质量磨损率高,摩擦系数低的现象。

2. 摩擦表面及磨屑形貌

各试样摩擦表面的宏观形貌如图 12-20 所示。由图可以看出,各试样摩擦面的形貌与普通制动条件下的完全不同。各试样的摩擦表面并非光滑或简单的凹凸不平,而是存在一定数量的同心环形犁沟[图 12-20(a)],且两对偶上的犁沟存在一定程度的啮合关系,这印证了前面中关于摩擦表面粗糙度增大的分析。犁沟的存在,不但增加了摩擦面的接触面积,而且增加了表面粗糙度,对增大摩擦系数有利。

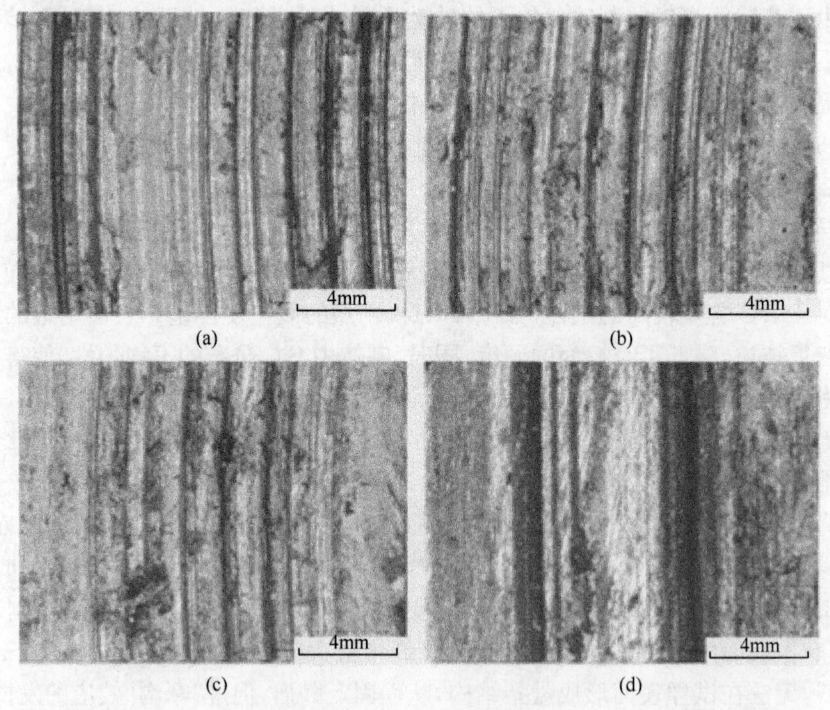

图 12-20 CVI-C/C-SiC 材料在自身对偶高能载条件下摩擦表面的光学形貌

(a) S1;(b) S2;(c) S3;(d) S4

值得注意的是，各试样上的犁沟数量并不相同。为进一步分析，采用肉眼观测和游标卡尺测量，统计每一静盘同心犁沟的总数、位置和平均宽度，如表 12-10 所示。由表 12-10 可知，对于 CVI 工艺制备的试样，按照 S1 至 S4 的顺序，其表面的犁沟数量逐渐减少，这与摩擦系数的变化趋势相吻合，而犁沟宽度逐渐增大，且分布逐渐集中，其中试样 S4 的表面仅在其中心部位存在四条犁沟，其中有两条犁沟的宽度达 3mm 左右[图 12-20(d)]。这从另一侧面印证了 SiC 分布随基体热解炭含量的升高越来越集中的变化趋势。

表 12-10　摩擦表面犁沟的数量、平均宽度及分布

试样	犁沟		
	数量/条	平均宽度/mm	分布
S1	52	1.1	整个试样环宽度方向
S2	34	1.28	试样环宽度中心左右 5mm
S3	18	1.53	试样环宽度中心左右 3mm
S4	4	1.87	试样环宽度中心左右 2mm

自对偶高载能条件下，各试样的磨屑形貌如图 12-21 所示。所有试样的磨屑均分为颗粒状磨屑和片状磨屑两大类。由图可知，试样 S1 磨屑中以颗粒状磨屑为

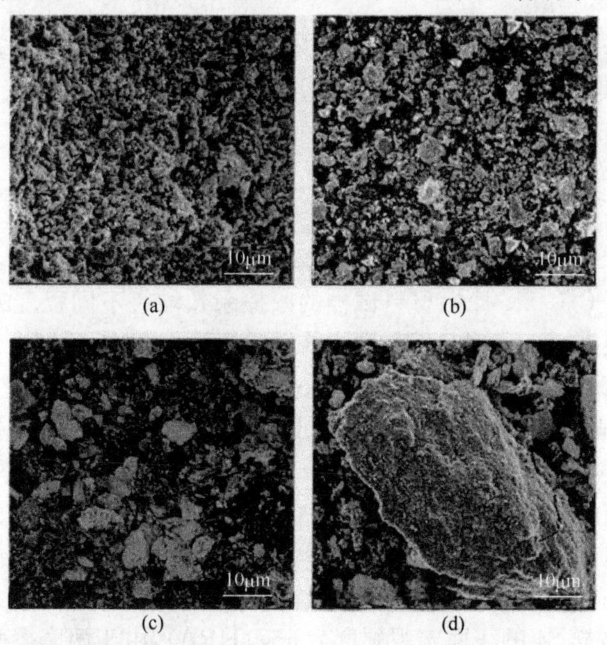

(a)　(b)　(c)　(d)

图 12-21　自对偶高载能条件下，各试样磨屑的显微形貌

(a) S1；(b) S2；(c) S3；(d) S4

主，且颗粒状磨屑的尺寸较为相近，多小于 5μm。而试样 S2 至试样 S4 的磨屑中，片状磨屑的比例逐渐增加，且尺寸逐渐增大。

为了进一步研究两类磨屑比例及尺寸的变化情况，采用与 12.3.1 节中相同的统计方法，对各试样的磨屑进行统计，统计结果如表 12-11 所示。由表可以看出，由试样 S1 至试样 S4，磨屑中颗粒状磨屑的比例由 99.94％逐渐下降至 32.7％，其平均尺寸由 3.4μm 逐渐升高至 10.2μm。同时，片状磨屑的比例由 0.06％逐渐升高至 67.3％，平均尺寸逐渐由 5μm 升高至 20μm。

表 12-11　自对偶高载能条件下，两类磨屑的比例及其平均尺寸

试样	比例/％		磨屑总数量	平均尺寸/μm	
	颗粒状磨屑	片状磨屑		颗粒状磨屑	片状磨屑
S1	99.96	0.04	22345	3.4	5
S2	95.2	4.8	12414	5	9.7
S3	48.2	51.8	6358	7.2	10.8
S4	32.7	67.3	2155	10.2	20

12.3.3　与钢对偶

本实验中，对偶（静盘）材料为 30CrSiMoVA 合金钢圆环（表面宏观硬度 62.1HRA）。实验条件为：大气环境下（空气相对湿度 62％），摩擦压力 0.6MPa；滑行速度为 22m/s；转动惯量为 0.25kg · m^2。

1. 摩擦磨损性能

试样 S1～S4 的摩擦磨损性能如表 12-12 所示。由表可以看出，相对于自对偶制动条件，所有 C/C-SiC 摩擦材料试样的摩擦系数均有不同程度的升高，其中试样 S1 的增幅最大（$\Delta\mu$＝0.11），而试样 S3 的增幅最小（仅为 0.06）。这种增幅上的差异，使得 C/C-SiC 摩擦材料的摩擦系数呈现出先降低，后升高的变化趋势，且摩擦系数的最小值出现在试样 S3 处。造成这一现象的主要原因是摩擦机理的变化。当基体中 SiC 含量较高（如试样 S1 或 S2）时，基体的硬度高于钢对偶（62.1HRA），此时，摩擦表面的硬相质点较多，可以深深地刺入金属制对偶中，增强"犁沟"效应，从而增加滑动阻力；而随着 SiC 含量的降低，摩擦表面的硬相质点数量减少，从而导致"犁沟"效应下降，引起摩擦系数降低；但当基体的表面硬度下降至与钢对偶硬度相近时（试样 S4 的表面宏观硬度为 65.1HRA），由于两摩擦面的硬度较低，易于相互嵌入和贴合，从而促进了"粘贴"效应发挥作用，进而使得摩擦系数上升。

表 12-12　CVI-C/C-SiC 材料与钢对偶配对的摩擦磨损性能

试样	平均摩擦系数	制动稳定系数	制动时间/s	质量磨损率/(mg/次)	
				静盘	动盘
S1	0.270	0.70	15.4	9.21	1.12
S2	0.251	0.61	16.5	8.23	2.04
S3	0.245	0.65	16.9	6.51	3.86
S4	0.290	0.69	14.9	8.22	7.42

各试环的摩擦制动曲线如图 12-22 所示。由图可知,曲线中的“前锋”现象极不明显。“前锋”现象可分为两个阶段:一为前期摩擦系数的急剧上升,二为随后摩擦系数的快速下降。由图 12-22 可知,在“前锋”现象的第一阶段,钢对偶条件下,所有试样在制动开始阶段摩擦系数均急剧上升至 0.3 左右。这主要是由于钢制对偶为塑性材料,其强度远低于 CVI 工艺制备的 SiC 颗粒,因此两摩擦表面的微凸体相互啮合、嵌入后,变形所需的剪切力较小,从而造成滑动摩擦阻力较低,因而该峰值较小。

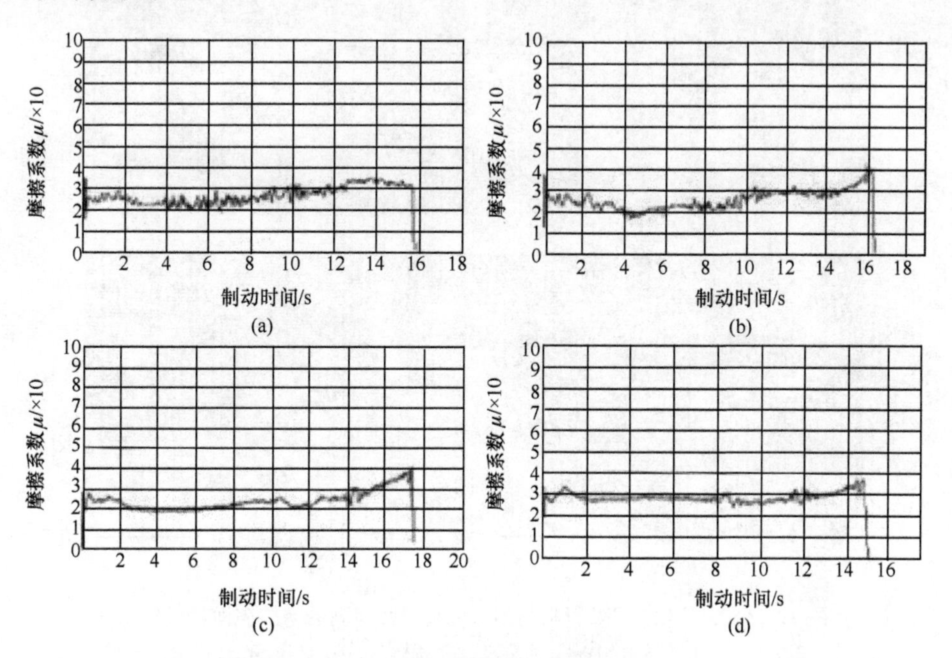

图 12-22　各试环的制动曲线

(a) 试样 S1;(b) 试样 S2;(c) 试样 S3;(d) 试样 S4

“前锋”现象的第二阶段中,钢对偶条件下,各试样的摩擦系数最多只下降了 0.05,且用时可长达 1～2s“前锋”现象中摩擦系数的迅速下降,主要是由于摩擦表面微凸体数量急剧减少。由于摩擦表面 SiC 硬相质点所受剪切力较小,且由钢制对偶摩擦面刮擦下来的金属屑会迅速在摩擦面间形成连续的摩擦膜,从而保护了摩擦表面的微凸体,延缓了其降低速度,进而造成该阶段中摩擦系数的下降速度较慢。因此,钢对偶条件下“前锋”现象并不明显。

2. 摩擦表面及磨屑形貌

图 12-23 是各试样制动后摩擦试环的表面宏观形貌。由图 12-23 可知,与普通制动条件不同,各试样的表面均发现有明显的摩擦膜,这些摩擦膜表现出一些共有的特征:①多呈片状;②具有金属光泽;③摩擦膜表面多有裂纹。这说明摩擦过程中 C/C-SiC 与合金钢产生了黏着磨损,导致材料相互转移。此外,在摩擦膜表面还发现有划痕,这说明在制动过程中发生了颗粒磨损,且摩擦膜表面的金属光泽,呈现蓝色,这说明制动过程中发生了氧化磨损。

图 12-23 CVI-C/C-SiC 材料与钢对偶配对摩擦副的摩擦表面显微形貌

(a) 试样 S1;(b) 试样 S2;(c) 试样 S3;(d) 试样 S4

各试样的磨屑形貌如图 12-24 所示。由图 12-24 可知,所有试样的磨屑均分为颗粒状磨屑和片状磨屑两大类,但以片状磨屑为主,且片状磨屑的尺寸大,多在 0.3mm 左右,其中最大的可达 1mm 以上,如图 12-24(a)所示。

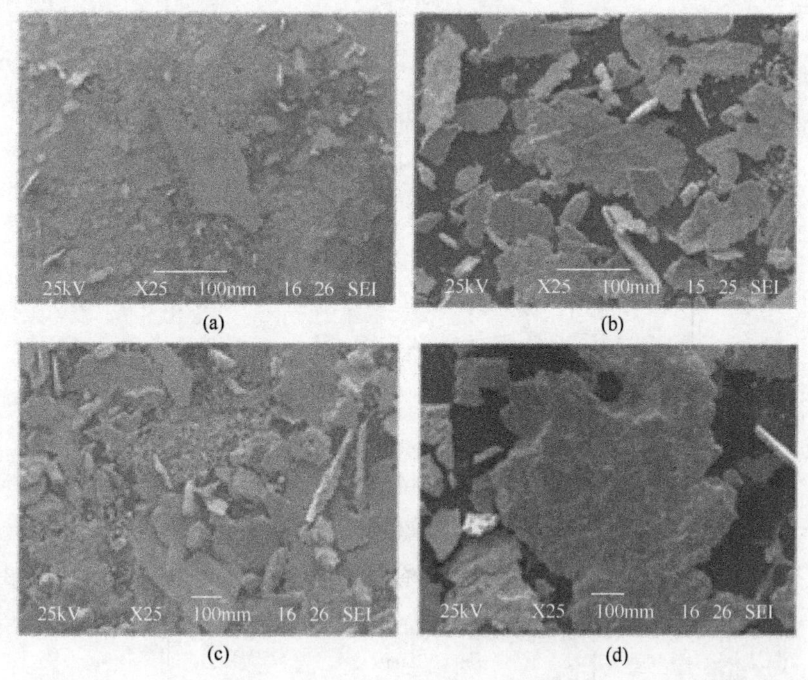

图 12-24　CVI-C/C-SiC 材料与钢对偶配对摩擦副的磨屑显微形貌

(a) 试样 S1；(b) 试样 S2；(c) 试样 S3；(d) 试样 S4

12.4　改性 C/C-SiC 的摩擦磨损性能

将 Fe_xSi_y 改性 C/C-SiC 试样 16(基本性能见表 9-5)在 QDM150 型干摩擦试验机上进行摩擦磨损性能测试，采用盘-块接触形式。实验条件为：干摩擦；摩擦压力 1.50MPa；滑行速度分别为 8m/s、12m/s、16m/s、20m/s 和 24m/s；滑行距离各为 1884m。

1. 摩擦磨损性能

试样 16 的摩擦磨损性能随制动速度变化的关系如图 12-25 所示。由图可知，制动速度较低(8m/s)时，摩擦系数为 0.47，线磨损量仅为 0.012cm^3/MJ。当制动速度升至 12m/s 时，摩擦系数达到最大值 0.59，线磨损量也随之剧增至 0.031cm^3/MJ。制动速度为 16m/s 和 20m/s 时，摩擦系数和线磨损量均没有继续上升，而是持续降低。虽然 20m/s 时的摩擦系数(0.46)和 8m/s 时接近，但其磨损量(0.024cm^3/MJ)却是 8m/s 时的近两倍。当制动速度达到 24m/s 时，摩擦系数降低至 0.41，但线磨损量却上升到最大 0.033cm^3/MJ。由图还可以看出，与试样 1 相比[图 12-1(a)]，试样 16 在不同制动速度下的摩擦系数均提高 0.1 左右，而磨损量却相差不大。

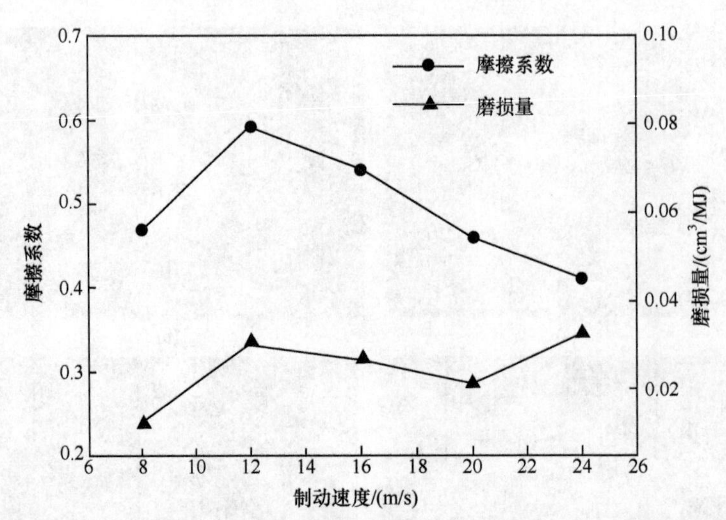

图 12-25　Fe_xSi_y 改性 C/C-SiC 材料的摩擦磨损性能随制动速度变化的关系曲线

试样 16 在不同制动速度下的摩擦系数-距离曲线如图 12-26 所示。由图可

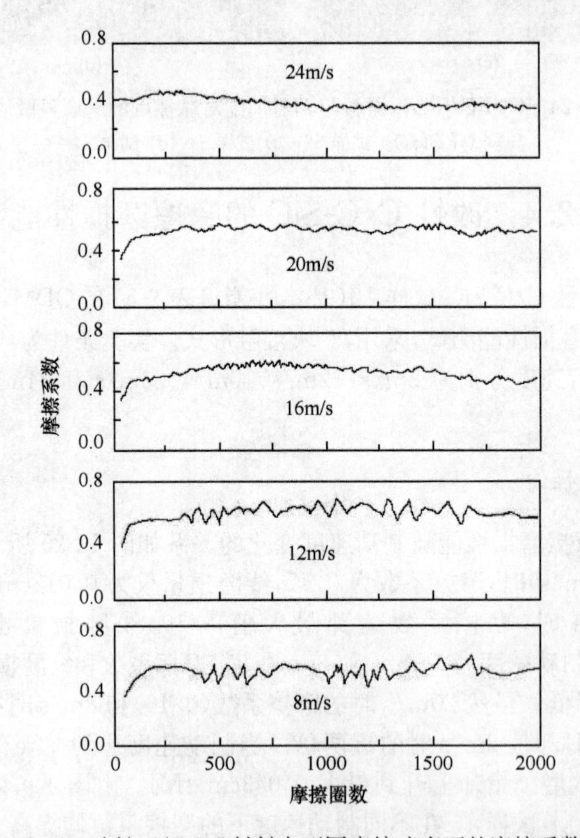

图 12-26　Fe_xSi_y 改性 C/C-SiC 材料在不同摩擦速度下的摩擦系数-距离曲线

知,低速摩擦时曲线波动较大。随着制动速度的提高,曲线越来越平稳。与试样 1 摩擦材料的摩擦曲线相比[图 12-2(a)],试样 16 在不同制动速度下的平稳性均有所提高,尤其是高速摩擦时不会产生试样 1 那样的高频振动现象。

2. 摩擦表面及磨屑形貌

图 12-27 所示为不同制动速度下试样 16 的摩擦表面显微形貌照片。由图 12-27(a)可知,在制动速度为 8m/s 时摩擦表面聚集有断裂的大块磨屑。由于

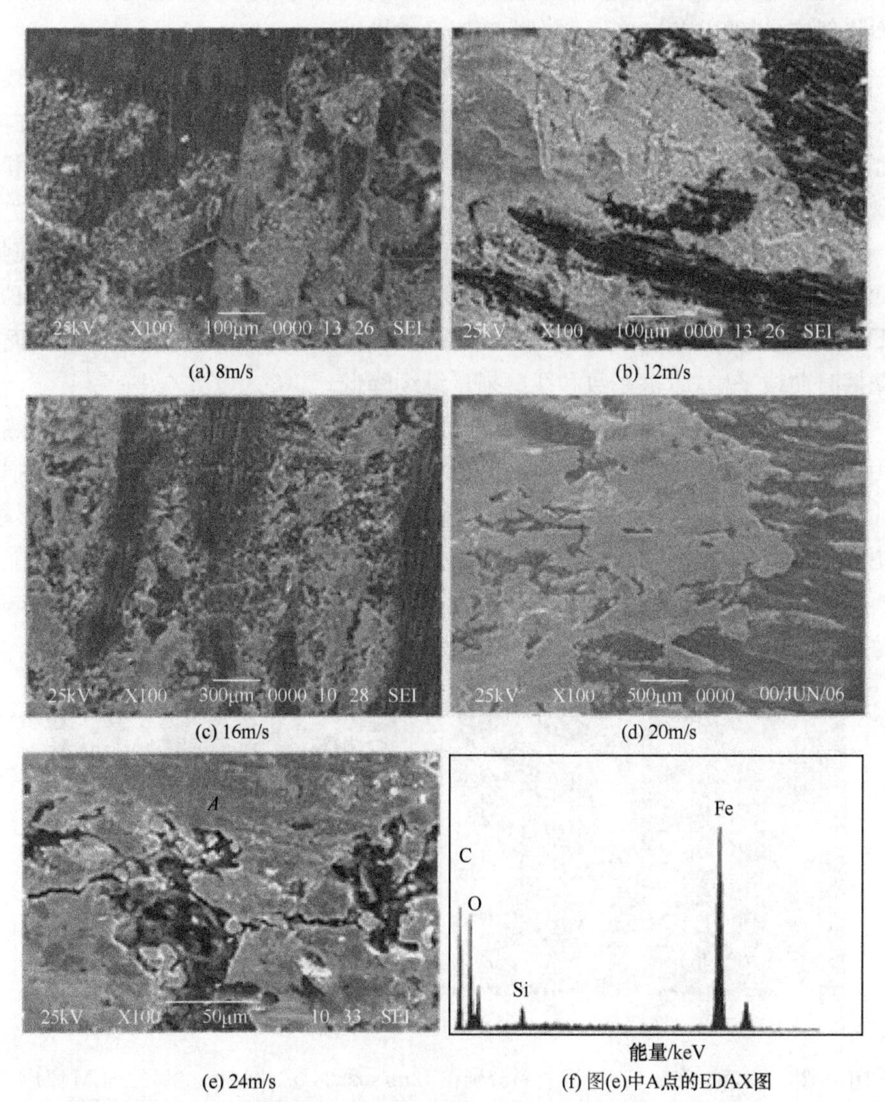

图 12-27　Fe_xSi_y 改性 C/C-SiC 材料
在不同速度下摩擦表面的 SEM 照片及图(e)中 *A* 点的 EDAX 图

摩擦表面的剪切力较小，试样 16 的摩擦表面只有少量的微突体(由基体炭、SiC 和硅铁化合物脆性相组成)在摩擦过程中由于剪切力的作用断裂脱落而成为磨屑，且断裂的微突体在低能载下难以进一步磨细。

制动速度为 12m/s 时摩擦系数达到最大，磨损量也急剧增加(图 12-25)。图 12-27(b)显示，摩擦表面形成了大量的磨屑。其磨屑显微形貌如图 12-28(a)所示，图中显示有大块磨屑和断裂的炭纤维。因为当制动速度升至 12m/s 时，摩擦表面剪切力增大，断裂的微突体相应增加。实验过程中观察对偶件摩擦表面可见犁沟状划痕，说明在此速度下表现为磨粒磨损机制。

当制动速度为 16m/s 时，能量增加导致试样表面的微突体进一步断裂并被不断碾细；同时摩擦表面温度升高，磨屑在摩擦过程中易变形并填满周围的凹坑，在局部开始形成连续的摩擦膜[图 12-27(c)]，摩擦膜有润滑作用，使得摩擦系数和磨损量均降低。

在制动速度为 20m/s 时，大量摩擦能量转化为摩擦热后摩擦表面温度急剧升高，摩擦表面形成相对连续的摩擦膜[图 12-27(d)]。另外，试样中不易氧化的FeSi 和 $FeSi_2$磨屑在界面聚集或填充空洞，起到缓冲作用，可有效地降低振动。因而高速摩擦时曲线平稳，摩擦系数和线磨损量继续降低。

当制动速度达到 24m/s 时，摩擦过程中材料摩擦表面受到的压力和摩擦热的作用促使表面形成不稳定的温度场和压力场。因此摩擦表面层会产生疲劳磨损形成的疲劳磨损裂纹，如图 12-27(e)所示，图 12-28(b)为 24m/s 时的磨屑显微形貌，图中大部分磨屑呈片状或丝状。另外，摩擦表面温度继续上升，图 12-27(f)中能谱分析表明摩擦表面有氧存在，说明产生了氧化磨损。因此，制动速度为 24m/s 时，摩擦系数降低，而磨损急剧上升，主要以疲劳磨损和氧化磨损为主。

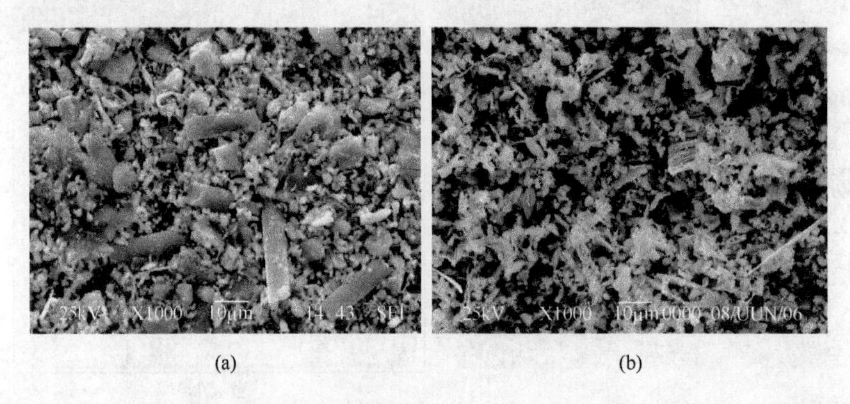

(a)　　(b)

图 12-28　Fe_xSi_y 改性 C/C-SiC 材料分别在 12m/s 和 24m/s 摩擦后磨屑的 SEM 照片

12.5　环境对 C/C-SiC 摩擦磨损性能的影响

影响摩擦性能的因素除了 C/C-SiC 摩擦材料结构和制动条件(如能载、制动速度、制动压力等),还受环境因素(如温度、湿度和大气等)的影响。所以,研究 C/C-SiC材料在不同环境下的摩擦磨损特性具有重要的现实意义。

12.5.1　湿态条件

将试样 1(试样基本性能见表 9-1)和试样 28(试样基本性能见表 9-14)在 MM-1000 摩擦试验机上分别进行了干态和湿态条件下的摩擦实验。实验条件为:制动比压 1.00MPa,惯性当量 0.1kg · m^2,制动速度为 25m/s。在进行湿态实验前,先将试样在水中浸泡 24h。

C/C-SiC 摩擦材料在干态和湿态条件下的摩擦磨损性能如表 12-13 所示。由表可知,试样 1 和试样 28 在干态和湿态条件下的摩擦系数没有明显的变化,没有出现 C/C 复合材料因摩擦表面存在水膜而呈现出的低速低摩擦系数的现象[7]。试样 1 在湿态下材料的磨损不到干态条件下的 1/2,对偶件的磨损也有类似的趋势,同时在干态下的稳定系数要高。而试样 28 的在湿态下的磨损比干态条件下要略高,湿态下的稳定系数也要高。同时 C/C-SiC 的摩擦系数湿态衰减小(8%),恢复快。从实验过程中的制动曲线可知,C/C-SiC 在湿态条件下制动一次后便基本恢复到干态水平。而 C/C 复合材料在湿态制动时,连续进行三次制动后,摩擦系数才基本恢复[8]。

表 12-13　C/C-SiC 摩擦材料在干态和湿态条件下的摩擦磨损性能

试样编号	制动条件	动摩擦系数	稳定系数	制动力/(W/cm^2)	制动能量/(J/cm^2)	线磨损/μm	对偶件线磨损/μm
1	干态	0.25	0.75	302.08	1738.32	2.88	2.13
	湿态	0.23	0.63	302.71	1719.39	1.25	0.95
28	干态	0.28	0.61	325.89	1765.73	4.25	3.16
	湿态	0.28	0.70	324.18	1720.24	5.75	4.0

图 12-29 分别是试样 1 和试样 28 在干态和湿态条件下摩擦后的表面摩擦形貌。由图 12-29(a)和(c)可见,干态条件下摩擦后摩擦表面存在许多微裂纹,摩擦过程中试样 1 和试样 28 的摩擦次表面温度分别达到 444℃和 570℃。而湿态条件摩擦后的摩擦表面微裂纹非常少[图 12-29(b)和(d)],但见许多被涂抹形成的摩擦膜。

图 12-29 C/C-SiC 摩擦材料在干态和湿态条件摩擦后的摩擦表面形貌

(a) 试样 1,干态;(b) 试样 1,湿态;(c) 试样 28,干态;(d) 试样 28,湿态

图 12-29(d)中,摩擦膜,一边已经脱离 C/C-SiC 材料,说明摩擦过程中 C/C-SiC 材料和对偶件发生黏着磨损,摩擦表面的材料发生相互转移。

图 12-32 是试样 1 在干态和湿态条件下制动后的磨屑形貌。由图可知,干态下脱落磨屑彼此不能相互吸附团聚,而是以单独磨粒的形式存在[图 12-30(a)]。而湿态下的磨屑由于水的吸附作用更容易团聚[图 12-30(b)],其形状并没有干态磨屑规则,且小颗粒的磨屑团聚在大磨屑的周围。

通过与文献[9]、[10]、[11]C/C 复合材料的湿态摩擦磨损性能对比可知,C/C 复合材料中,炭纤维和热解炭的微观组织属过渡乱层石墨结构。C/C 复合材料在摩擦过程中,乱层石墨易产生沿石墨片层间的劈裂,劈裂面能量较低,而石墨晶体的棱缘活性很高,在湿态下棱缘易与水和氧气作用形成具有不同含氧基团的表面,从而表现出低摩擦行为。

此外,一方面 C/C 复合材料结构的缺陷处通过化学键的形式吸附氧原子,形成如 C—OH、C ═O、O—C—O 等的结合键,在此基础上,氧原子的外面又通过物理吸附吸附了水分子(图 12-31)[9]。另外,湿态条件下水分存在于 C/C 复合材料微孔中,在摩擦热的作用下,水分向摩擦表面扩散并形成气膜,起到润滑剂的作用,降低了摩擦系数，因此湿态下 C/C 复合材料的摩擦系数衰减明显。

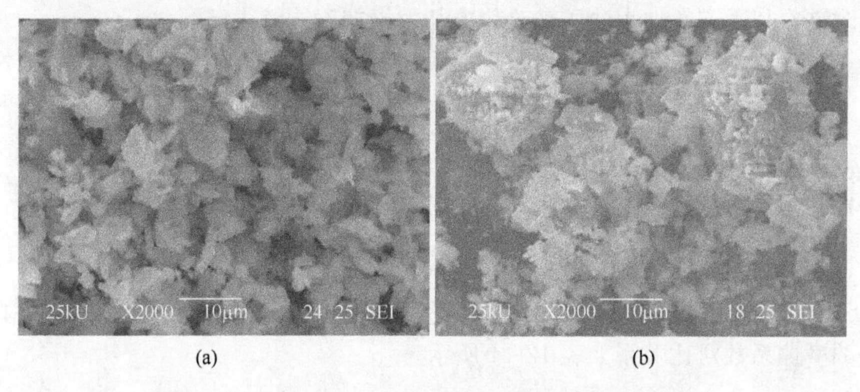

图 12-30　试样 1 在干态和湿态条件摩擦后的磨屑形貌
(a) 干态；(b) 湿态

由于 C/C 复合材料开孔率高，吸水性强，湿态制动时产生的摩擦热难以将微孔中的水分蒸干，导致后续摩擦过程中在摩擦面间仍然会形成水蒸气膜，出现湿态衰减。直到摩擦热将微孔中水分蒸干，湿态衰减才会消失。而 C/C-SiC 摩擦材料的开孔率低，吸湿性差，摩擦过程中受水分的影响小，且湿态条件下摩擦时产生的摩擦热很容易将对偶中水分蒸干。一次湿态制动后，摩擦副中几乎不再存在水分，后续摩擦过程中就不会有水分影响，因此 C/C-SiC 湿态恢复快。

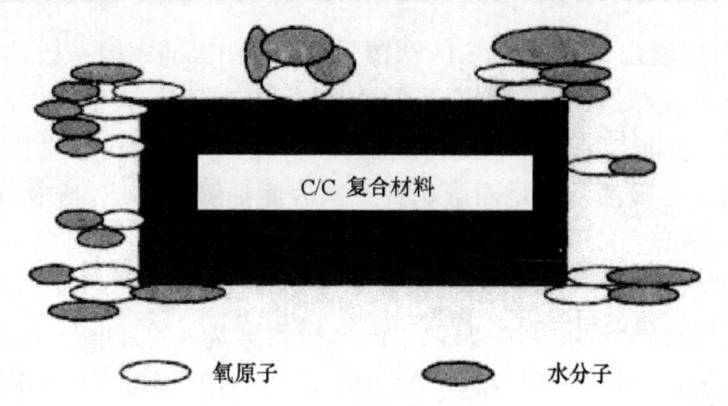

图 12-31　炭/炭复合材料对水分子和氧分子吸附示意图[9]

12.5.2　油性环境

近年来我国的湿式摩擦材料研发取得了一定进展，摩擦系数有一定提高，但仍存在摩擦系数小、磨损量大的问题，不能满足各类工程机械和重型车辆的湿式离合器的使用要求（摩擦系数≥0.08），大量军用重型车辆离合器片仍需进口。实验数据表明：摩擦片的翘曲变形、黏着、断裂等为摩擦片的主要失效形式。主要失效原因是摩擦片冷却不够充分，工作时所产生的热量超过了材料热容极限。研究人员尝试改进冷却通道并加大油压来改善冷却效果却不能解决问题。

本实验采用长城牌柴油机油 CD 15W-40 为介质研究 C/C-SiC 材料在油性环境下的摩擦行为。CD 15W-40 机油最低使用温度在 -15℃ 左右，运动黏度为 14.67mm^2/s(100℃)和 110.6mm^2/s(40℃)；闪点为 225℃；倾点为 -27℃。

1. 机油对 C/C-SiC 自身对磨时摩擦性能的影响

在转速为 4000r/min，转动惯量 0.1kg·m^2，刹车压力为 1.0MPa 的条件下采用 LSI-C/C-SiC 试样 Y1、Y2、Y3 和 Y4 进行实验。四种不同原始密度的样件自身对磨的摩擦系数对比关系如表 12-14 所示。

表 12-14　不同密度 C/C-SiC 摩擦材料与自身对磨的摩擦性能

试样	密度/(g/cm^3)	平均摩擦系数		静盘线性磨损量/(μm/次)		动盘线性磨损量/(μm/次)	
		干态	油态	干态	油态	干态	油态
Y1	1.52	0.26	0.11	53.6	36.5	49.7	35.1
Y2	2.26	0.28	0.10	3.9	0.1	4.2	0.1
Y3	1.60	0.24	0.11	5.2	0.5	5.0	0.1
Y4	2.11	0.30	0.09	0.6	0.2	0.5	0.2

由表 12-14 可以看出，干态下 Y2 的摩擦系数大于 Y1 的摩擦系数，因为 Y1 密度低，磨屑可以镶嵌在摩擦面上起到润滑的作用；而油态下则是 Y1 的摩擦系数大于 Y2 的摩擦系数，可能是因为 Y1 的孔隙率较 Y2 更高，反而由于孔隙过大而导致毛细孔力作用减小，吸油量不足而影响到摩擦表面油膜的形成，造成 Y1 油态下的摩擦系数较 Y2 稍高。而无论在干态还是油态，由于密度的原因，Y1 的静盘和动盘线性磨损量都大大高过 Y2 的磨损量。

在干态下 Y3 的摩擦系数为 0.24，Y4 的摩擦系数为 0.30，增长了 25%；而油态下则正好相反，Y3 为 0.11，Y4 为 0.09，下降了 18%，原理与 Y1 和 Y2 一样；不论干态还是油态，Y3 的静盘和动盘线性磨损量都大于 Y4，是由于 Y3 的密度小于 Y4 的密度，但差距并没有 Y1 与 Y2 的差距大。

总体看来，Y4 的摩擦磨损性能最佳，干态下摩擦系数在四组样中最高，油态下摩擦系数虽然较别组有所下降，但是差距并不是很大，且静盘和动盘的磨损量均是最小的。

图 12-32 为试样 Y1 和 Y2 与自身对磨时的摩擦表面形貌。由图可知，干态下 Y1 的摩擦表面比油态下的看上去致密一些。这是由于 Y1 试样密度较低，在摩擦过程中产生大量的磨屑填充试样表面的沟壑，也起到了润滑的作用(图 12-33)。

因此从摩擦系数来看，Y1 的摩擦系数要小于 Y2 的摩擦系数，但是 Y1 的不管静盘磨损量还是动盘磨损量都远远大于 Y2 的相应数值。

图 12-32　C/C-SiC 摩擦材料 Y1 和 Y2 自身对磨的干湿摩擦表面形貌

(a) Y1 干态；(b) Y1 油态；(c) Y2 干态；(d) Y2 油态

图 12-33　C/C-SiC 摩擦材料 Y1 和 Y2 自身对磨磨屑 SEM 形貌

(a) Y1；(b) Y2

从图 12-34(b)和(d)可以看出，在油态下 Y1 摩擦表面比较粗糙，Y2 摩擦表面比较平滑，而油态下 Y1 的静盘和动盘线性磨损量虽然比干态少了一些，但是数值依然很大，而摩擦系数小了很多，和 Y2 的摩擦系数接近，证明 Y1 发生了边界润滑，油膜有效降低了摩擦系数。但毛细孔力减小导致吸油量不足，影响了摩擦面的油膜形成，所以 Y1 表面的油膜并没有完全隔断两摩擦面之间的粗糙峰，所以仍然造成了 Y1 动盘和静盘的线性磨损。尽管 Y2 的摩擦系数与 Y1 的接近，但是动盘和静盘的线性磨损量少了很多，基本可以忽略，我们认为是发生的流体润滑。

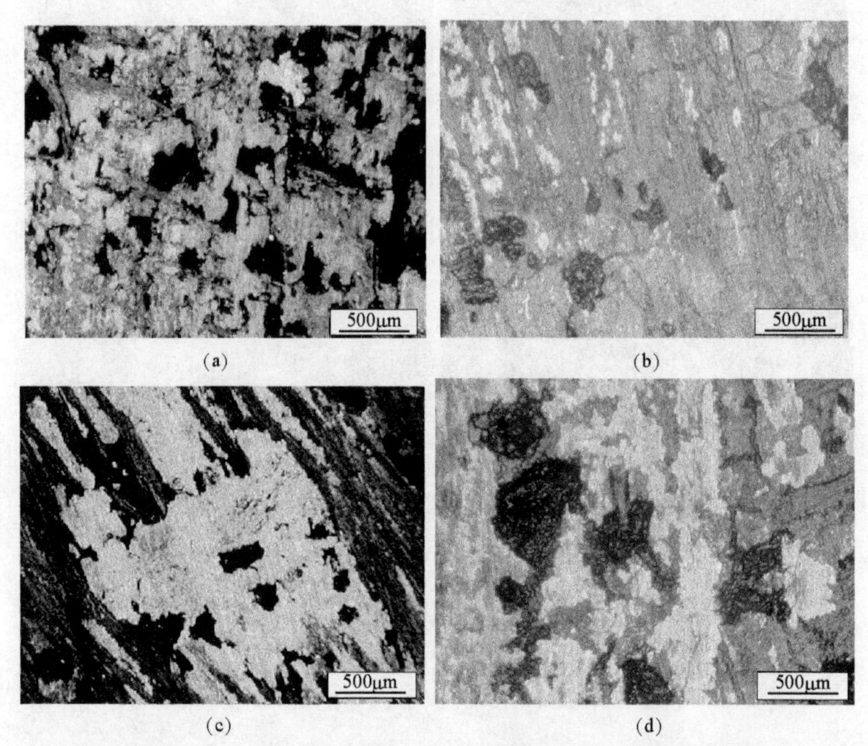

图 12-34 C/C-SiC 摩擦材料 Y1 和 Y2 与钢对磨的干湿摩擦表面形貌

(a) Y1 干态；(b) Y1 油态；(c) Y2 干态；(d) Y2 油态

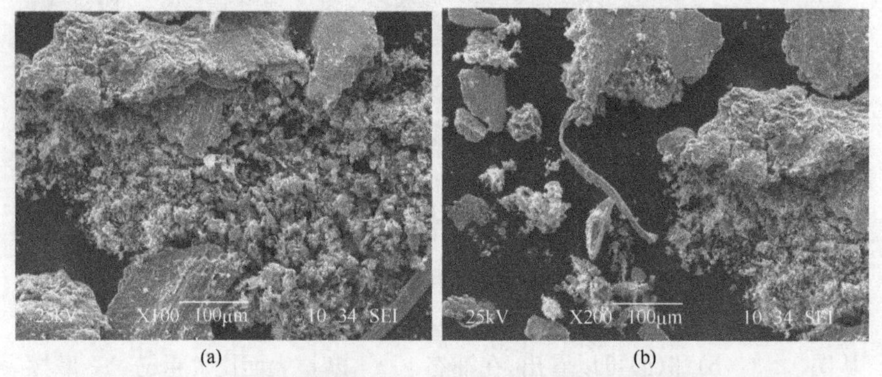

图 12-35 C/C-SiC 摩擦材料 Y1 和 Y2 与钢对磨时磨屑 SEM 形貌

(a) Y1 与钢对磨；(b) Y2 与钢对磨

从图 12-35 可以看出，Y1 的磨屑中除了有较细的热解炭，还有较大尺寸的炭纤维碎片和碳化硅颗粒；Y2 的磨屑相对较细密，没有见到明显的炭纤维碎片，而且从宏观来看，Y2 的磨屑数量远远小于 Y1 的磨屑数量，所以 Y2 没有足够多的磨屑来起到润滑作用。

2. 机油对 C/C-SiC 与金属对磨时摩擦性能的影响

在转速为 4000r/min，转动惯量 0.1kg・m^2，刹车压力为 1.0MPa 的条件下，采用试样 Y1、Y2、Y3 和 Y4 为静盘，30CrSiMoVA 合金钢对偶为动盘。

C/C-SiC 摩擦材料在与 30CrMoSiVA 对磨时，由于法向载荷的作用，摩擦表面的 SiC 颗粒硬质相很容易压入钢环，不仅造成对钢对偶的微切削，同时在摩擦表面产生大量的摩擦热。如果热量不能及时散发，就会导致摩擦表面温度升高，摩擦表面温度的升高会导致钢对偶表面软化，在产生塑性变形的同时也会导致金属膜转移到 C/C-SiC 试样摩擦表面，从而形成黏着磨损，此时的摩擦过程接近于金属与金属之间的摩擦。

从表 12-15 可以看出，Y1 和 Y2 在干态下与钢对磨的摩擦系数一样；而在油态下，Y1 与钢对磨的摩擦系数小于 Y2 与钢对磨的摩擦系数；Y2 的静盘和动盘线性磨损量无论在干态下还是油态下均小于 Y1 对应的磨损量。干态下 Y3 的摩擦系数大于 Y4；而在油态下，Y3 的摩擦系数却小于 Y4；静盘和动盘线性磨损量也呈现出相同的趋势，干态下 Y3 大于 Y4 对应的数值，油态下 Y4 大于 Y3 对应的数值。

表 12-15　不同密度 C/C-SiC 摩擦材料与钢对磨的干湿摩擦性能对比

试样	密度/(g/cm^3)	平均摩擦系数		静盘线性磨损量/(μm/次)		动盘线性磨损量/(μm/次)	
		干态	油态	干态	油态	干态	油态
Y1	1.52	0.25	0.16	0.5	0.4	1.1	2.4
Y2	2.26	0.25	0.21	0.2	0.1	0.9	1.8
Y3	1.60	0.28	0.13	0.5	0.3	0.6	2.6
Y4	2.11	0.22	0.24	0.2	1.0	0.3	1.9

从图 12-36 可以看出，干态下 Y1 和 Y2 的摩擦表面都有明显的大片的钢对偶转移膜，肉眼可看到金属光泽。两者平均摩擦系数一致，很可能是由于两者摩擦表面均形成了大片金属转移膜，摩擦过程中实际是金属与金属的对磨，所以摩擦系数没有差别；由于 Y1 密度小于 Y2，所以静盘线性磨损量大于 Y2。油态下，可以看出，两者的摩擦表面都有金属转移膜产生，但是 Y1 上的金属膜少于 Y2。

从图 12-37 可以看出，在宏观上，Y1 的磨屑比 Y2 多，Y1 在干态下的磨屑很细小，有片状和棉絮状两种，Y2 的磨屑中可以看到明显的被硬质相挂擦下来的金属丝，证明了 SiC 对动盘的磨粒磨损。结合能谱分析可以看出，S1 与钢对磨的磨屑中主要以 Si 和 C 为主。

12.5.3 制动速度

将试样 28(试样的组分含量及基本性能见表 9-14)在 QDM150 型摩擦试验机进行了不同速度下的摩擦磨损性能测试。试样 28 的摩擦磨损性能随制动速度变化的关系如图 12-36 所示。由图可知，8m/s 时其摩擦系数为 0.57，随后随制动速度的升高摩擦系数也增加，在 16m/s 时达到最高(0.67)，随后不断下降，至 24m/s 时的 0.61。磨损率的大体趋势是随制动速度的升高不断增加，在 20m/s 时达最大($2.02cm^3/MJ$)，24m/s 时磨损率略微降低。与试样 1 的摩擦磨损性能[图 12-1(a)]相比较可知，在制动条件完全一样的情况下，试样 28 在不同制动速度下的摩擦系数均较试样 1 高，而其磨损率比试样 1 大将近两个数量级。这主要是由材料的制备工艺决定的，因为试样 28 是采用 WCISR 制备而成的，其摩擦表面的微凸体在摩擦力的剪切作用下更易脱落形成磨屑，并在摩擦表面之间以磨粒的形式增大摩擦力。同时，试样 1 的硬度较试样 28 高，因此在相同压力条件下试样 28 与对偶件贴合得更加紧密，即真实摩擦面积更大，因此摩擦系数也就更高。

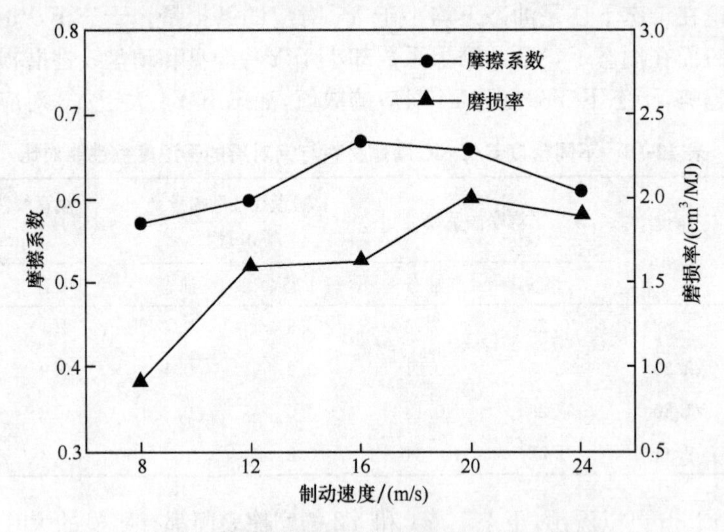

图 12-36 试样 28 的摩擦磨损性能随摩擦速度变化的关系曲线

图 12-37 是试样 28 在不同制动速度下的摩擦曲线。由图可知，摩擦曲线均非常平稳，与 LSI 制备的试样 1 的定速摩擦曲线[图 12-2(a)]相比，试样 28 的摩擦更加平稳。这一方面是因为试样 28 的硬度低；另一方面是试样 28 中含有石墨基体，在摩擦过程中能很好地起到润滑作用。

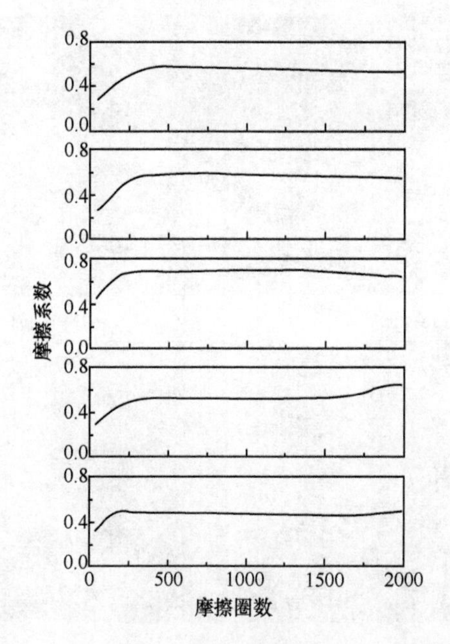

图 12-37　试样 28 的不同摩擦速度下的摩擦曲线

图 12-38 为试样 28 在不同制动速度下的摩擦表面显微形貌照片。由图 12-38(a) 可知，8m/s 摩擦后的摩擦表面产生了明显的沟槽。这是因为试样 28 的摩擦表面存在 SiC、树脂炭和残留 Si 等较硬的微凸体，开始摩擦时这些微凸体会受到剪切力的作用而脱落成磨屑。在低速摩擦时，摩擦能量不足以把这些脱落的微凸体挤压成更为细小的磨屑，因此在摩擦过程中微凸体会嵌入 C/C-SiC 和对偶件中，并对其进行切削，而在表面留下沟槽。由图可知，8m/s 摩擦后，磨屑中不但存在有尺寸大小不等的磨粒，还存在有长纤维状及层状磨屑。12m/s 摩擦后的表面同样存在沟槽[图 12-38(b)]。

随着制动速度的升高，摩擦能量足以把脱落的微凸体挤压成细小的磨屑并涂抹在摩擦表面。如图 12-38(c)、(d)和(e)所示，试样 28 的摩擦表面均形成了摩擦膜，且随着速度升高，摩擦膜越来越连续。摩擦膜的形成使得 C/C-SiC 摩擦材料和对偶件的真实接触面积增大，因此摩擦系数和磨损均增加。从图 12-38(f)还可以看出，试样 28 在 24m/s 摩擦过程中其摩擦膜表面在不稳定的温度场和压力场作用下同样产生了疲劳裂纹。

随着制动速度的升高，其磨屑也越来越细，24m/s 摩擦后其磨屑的最大直径约为 10μm 磨屑中含有层片状、大小不一的颗粒状和不规则形状。对试样 28 在 24m/s 摩擦后的磨屑进行能谱分析，结果表明磨屑中除 C 和 Si 元素外，还有 O 和 Fe 元素存在。

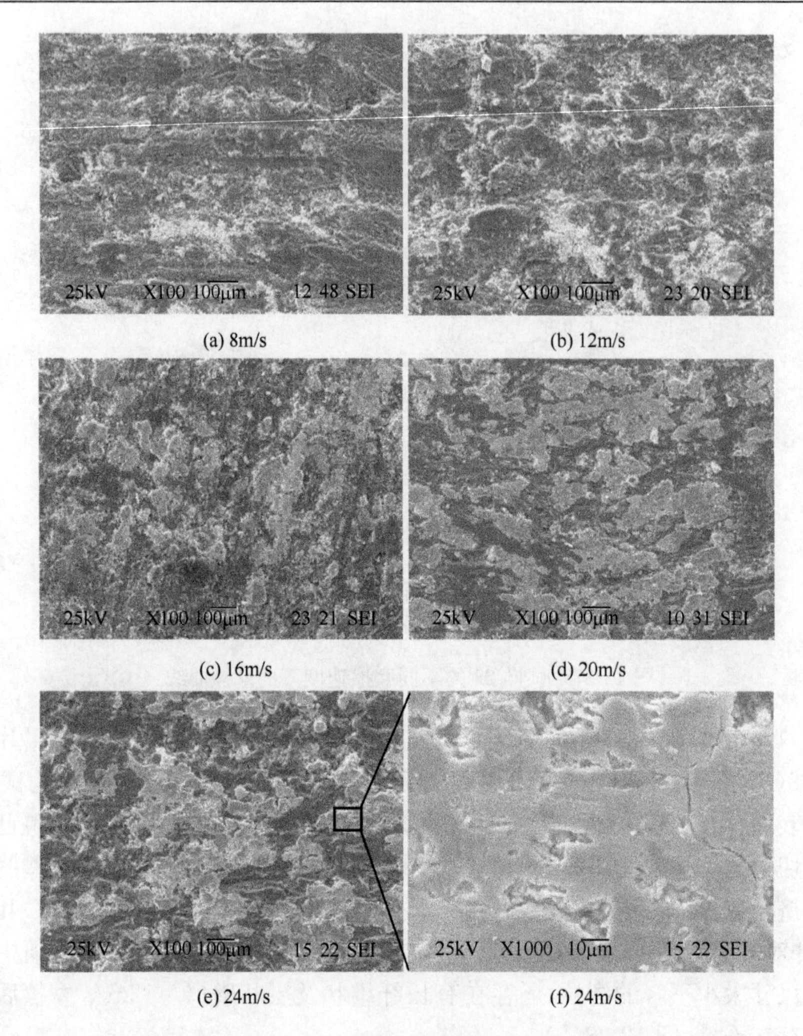

(a) 8m/s　(b) 12m/s

(c) 16m/s　(d) 20m/s

(e) 24m/s　(f) 24m/s

图 12-38　试样 28 不同速度下摩擦表面的 SEM 形貌

12.6　C/C-SiC 的摩擦磨损机理

C/C-SiC 摩擦材料主要含炭纤维、基体炭(包括热解炭、石墨和树脂炭中的一种或多种)、SiC 和残留 Si,不同的组元在摩擦过程中起着不同的作用。

(1) 炭纤维主要起增强增韧的作用,在摩擦过程中垂直摩擦面的炭纤维能极大提高材料的散热能力。

(2) 热解炭的基本结构为乱层结构(turbostratic structure)或介于乱层结构与石墨晶体结构之间的过渡型炭,硬度低,易于形成摩擦膜。石墨的晶格层间距离较大,很容易沿层间解理,分离出薄层,可以起到很好的润滑作用,它能减少或完全消除黏结和卡滞,促使材料制动平稳,减小表面磨损。树脂炭晶体结构不发达,结晶程度较低,为无定形碳,其硬度和强度均高于石墨,主要起黏结各成分及调整摩擦系数的作用。

(3) SiC 硬度高、耐磨、耐蚀、导热高、强度高,在 C/C-SiC 摩擦材料中以面心立方 β-SiC 形式存在。在摩擦过程中以硬质点形式存在,起增摩和固定磨屑的作用。但是如果材料中 SiC 含量过高,则会对对偶件造成刮伤。

(4) 残留 Si 是 C/C-SiC 摩擦材料中硬度仅次于 SiC 的组元,不但能提高摩擦系数,同时在高速高能载摩擦过程中易氧化生成 SiO_2,以摩擦膜的形式存在于摩擦表面,提高摩擦稳定性。但是如果材料中残留 Si 的含量过高,则会导致材料脆性增大,同时 Si 的氧化也会导致材料产生显著的氧化磨损。

12.6.1　摩擦机理

C/C-SiC 摩擦材料摩擦实验前,摩擦副表面具有微观和宏观的几何缺陷,真实摩擦面积远小于计算摩擦面积,使得摩擦面在开始摩擦时的实际接触峰点压力很高,因而磨损剧烈。为此,摩擦实验前需要对摩擦副进行磨合。在磨合过程中,通过接触峰点磨损和塑性变形,使摩擦副表面的形态逐渐改善,而表面压力、摩擦系数和磨损率也随之降低,从而达到稳定的磨损阶段。

由于磨合期表面形态发生急剧变化,通常的磨损率较正常时大 50～100 倍。通过磨合不仅使摩擦副在几何上相互贴合,同时还使表面层的组织结构发生变化,获得适应实验条件的稳定的表面品质。图 12-39 表示 C/C-SiC 磨合前后表面形貌变化。磨合前摩擦表面存在 SiC 和残留 Si 等微凸体,同时还存在加工缺陷。磨合后接触面积显著增加,同时峰顶半径增大[12]。

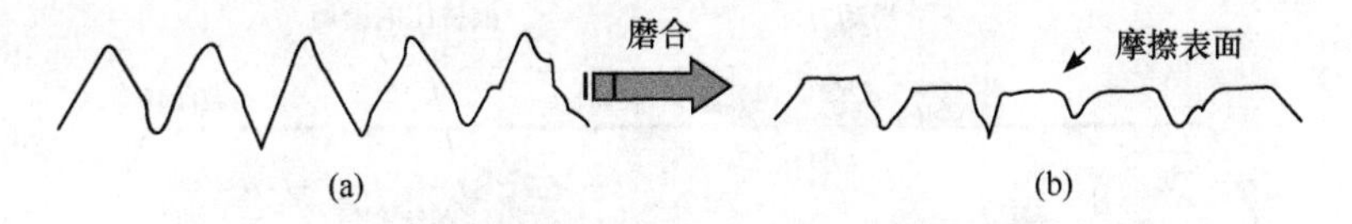

图 12-39　摩擦材料磨合前后表面形貌示意图

(a) 磨合前;(b) 磨合后

Bowden 和 Tabor 经过系统的实验研究,建立了较完整的黏着摩擦理论[13]。此理论认为:当两个无润滑的固体表面在做相对运动时,产生的摩擦力由两个主要因素构成,一个是黏着效应,另一个是犁沟效应,这两种因素产生通常占摩擦力的 90%以上。

图 12-43 是黏着效应和犁沟效应的示意图。由图可知,黏着效应是指两个摩擦表面上的接触点因为分子力的作用易于吸引并黏着,滑动时发生剪切[12-40(a)]。黏着效应是黏着磨损和疲劳磨损中摩擦力的主要分量。犁沟效应是摩擦副中较硬

材料的粗糙峰嵌入较软的对偶材料后[图 12-40(b)]，在滑动中推挤较软的材料，犁出一条沟槽。犁沟效应是磨粒磨损中摩擦力的主要分量。

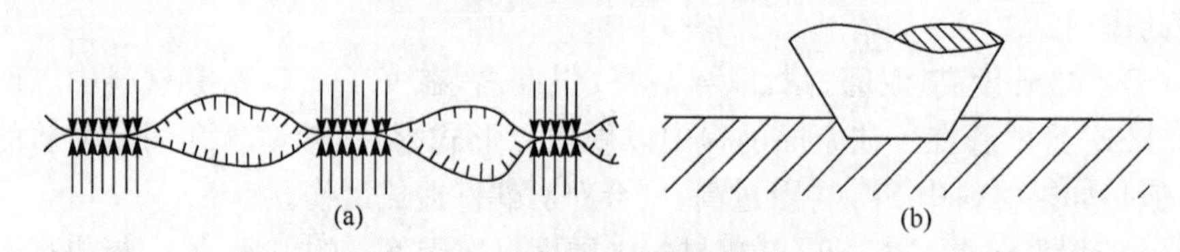

图 12-40 摩擦表面接触状况示意图

(a) 黏着磨损；(b) 磨粒磨损

结合前面章节对不同实验条件下 C/C-SiC 摩擦材料的摩擦磨损性能分析，下面对其摩擦机理进行系统阐述。

制动初期，C/C-SiC 摩擦副在法向载荷作用下，摩擦表面微凸体出现互相啮合、变形、剪切及断裂等情况，使滑动方向上的阻力增加，从而引起制动初期出现的摩擦系数增大现象。由于微突体的断裂会产生大量的磨粒，磨粒会在两摩擦表面产生犁沟效应，使摩擦系数增大，同时导致摩擦曲线出现“前峰”现象。

随着摩擦表面微突体逐渐被磨损，微突体的犁沟效应逐渐减弱，导致摩擦系数减小。同时部分来不及脱落的磨屑(包括微突体磨损形成的磨屑、基体及纤维磨损形成的磨屑)，在载荷的作用下被挤压，并以摩擦表面的微凸体为“钉扎点”形成摩擦膜[14,15]，其示意图如图 12-41 所示。摩擦膜紧密接触，产生黏着效应。微凸体越密集，则摩擦膜越完整。同时，产生的磨屑的量与磨屑被挤压形成摩擦膜的量达到一个动态平衡。摩擦膜的形成增大了真实摩擦面积，同时起到了一定的润滑作用，使得摩擦力下降，摩擦系数的变化趋于平缓。

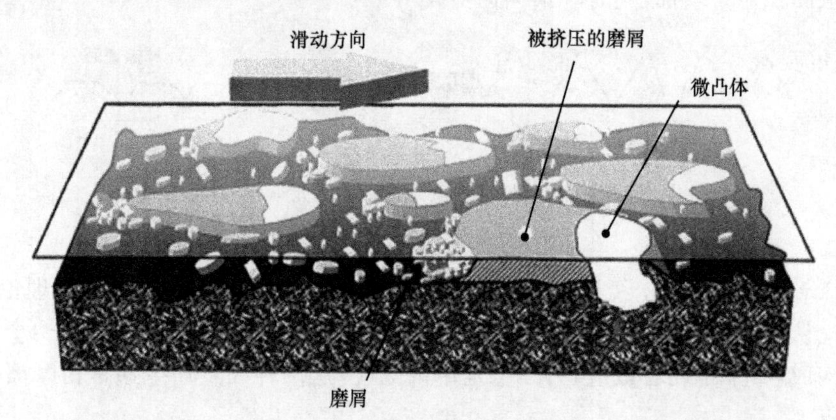

图 12-41 C/C-SiC 摩擦材料在摩擦过程中摩擦表面状况的示意图

图 12-42 是 C/C-SiC 摩擦材料的摩擦表面形貌。由图可知，摩擦表面上形成了不连续的摩擦膜，其面积大小不一。摩擦膜周边的凹坑聚集有许多细小的磨屑

[图 12-42(b)],当磨屑完全填满凹坑时即被挤压形成摩擦膜,使得凹坑两边的摩擦膜连接成整块。

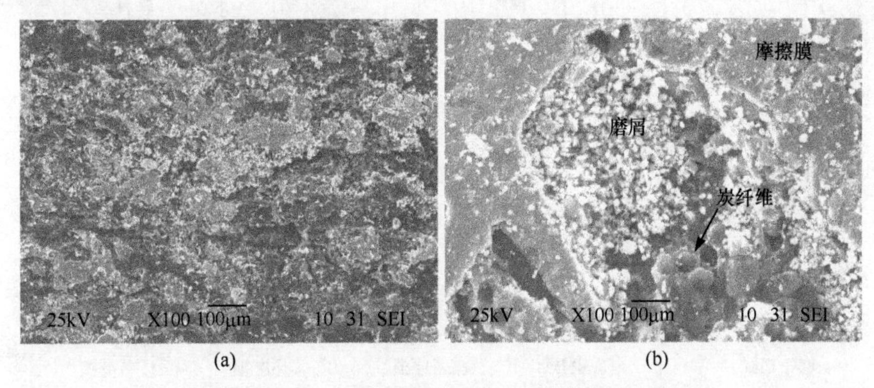

图 12-42　C/C-SiC 摩擦材料的摩擦表面形貌

制动后期速度较低,静摩擦系数高于动摩擦系数,摩擦系数的变化主要受材料的静摩擦性能影响。同时由于速度较低,即摩擦能量降低,C/C-SiC 产生磨屑与磨屑被挤压形成摩擦膜的动态平衡被打破,磨粒导致的犁沟效应又开始突出。另外,由于摩擦是一个把动能转化为热能的过程,摩擦过程中摩擦表面温度会急剧升高,导致炭纤维、炭基体甚至残留 Si 的氧化,产生氧化磨损。同时摩擦副的连续摩擦会导致摩擦表面产生疲劳磨损。因此在摩擦后期(低速时),C/C-SiC 的摩擦系数会逐渐升高,磨损增大。

12.6.2　磨损机理

C/C-SiC 摩擦材料复杂的材料组成使得其磨损机理也极为复杂。一般来说,摩擦系数越高,摩擦所产生的剪切阻力越大,表层所受的切应力也越大,因而摩擦面材料的流失和破坏会越严重,产生的磨损越大。因此,摩擦系数与磨损是摩擦过程中密切相关又矛盾的两个方面。

Крагельский 在 1962 年提出了较为全面的磨损分类方法,他将磨损划分为三个过程,根据每一过程的分类来说明相互关系[1]。本研究根据 C/C-SiC 摩擦材料的特点也把其磨损分为三个过程,如图 12-43 所示,磨损的三个过程依次如下:

(1) 表面的相互作用。C/C-SiC 摩擦材料与对偶件的相互作用可以是机械的和(或)分子的。机械作用包括弹性变形、塑性变形和犁沟效应。它可以是摩擦表面的粗糙峰直接啮和引起的,也可以是三体摩擦中夹在摩擦表面之间的磨粒造成的。而表面分子作用包括相互吸引和黏着效应两种,前者作用力较小。

(2) 表面层的变化。在摩擦表面的相互作用下,表面层将发生机械的、组织机构的、物理和化学的变化。这是由表面变形、摩擦温度和环境介质等因素的影响所造成的。

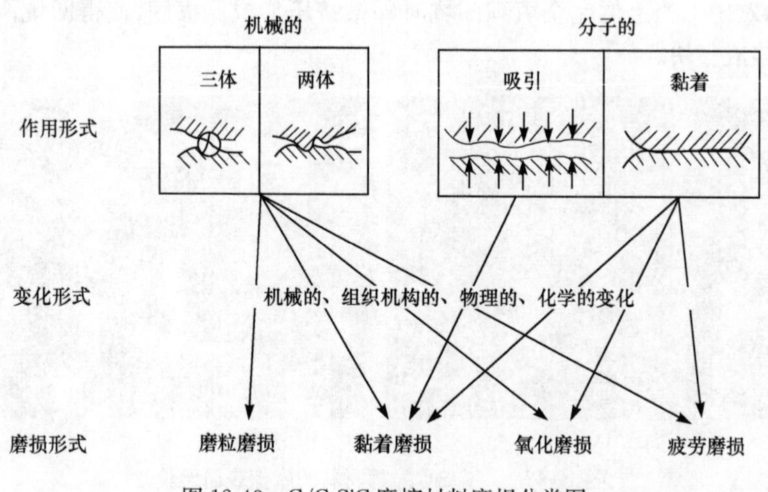

图 12-43　C/C-SiC 摩擦材料磨损分类图

(3) 磨损形式。根据相关理论和实验情况,可将 C/C-SiC 摩擦材料的磨损划分为四个基本类型:SiC 等表面微凸体引起的磨粒磨损、摩擦表面温度引起的黏着磨损、炭及残留硅引起的氧化磨损和压力场引起的疲劳磨损。在实际的摩擦过程中,通常是几种形式的磨损同时存在,而且一种磨损发生后往往诱发其他形式的磨损。

1. SiC 等表面微凸体引起的磨粒磨损

磨粒磨损是指硬的磨粒或微凸体在摩擦过程中,使摩擦表面材料发生损耗的现象。两个摩擦表面上的微凸体所产生的磨损称为两体磨粒磨损,当两摩擦表面之间存在第三种物质时,由此发生的磨损称为三体磨粒磨损[16,17]。

图 12-44 为 C/C-SiC 摩擦材料与对偶件发生磨粒磨损后的摩擦表面形貌。由图可见,两个摩擦表面均存在清晰的犁沟,说明在摩擦过程中犁沟效应较明显。这是因为摩擦过程中,C/C-SiC 摩擦材料表面的微凸体与对偶金属盘之间在载荷作用下会产生高应力接触,导致微凸体在对偶盘表面划出深而长的划痕,产生两体磨粒磨损。另外,在摩擦力的反复作用下,少数微凸体被剪断、脱落后在摩擦副之间滚滑并与摩擦面发生犁沟效应,进而在摩擦表面形成犁沟,构成了表面的三体磨粒磨损[18]。

C/C-SiC 中 SiC 等表面微凸体断裂及犁沟切削导致的磨粒磨损是其磨损的主要形式。同时磨粒磨损主要存在于磨合阶段、低速摩擦阶段以及每次制动初期和后期。另外,由磨粒磨损形成的摩擦表面形貌还可见于图 12-3(a)和图 12-38(a)等。

图 12-44　C/C-SiC 摩擦材料与对偶件发生磨粒磨损后的摩擦表面形貌
(a) C/C-SiC；(b) 对偶件

2. 摩擦表面温度引起的黏着磨损

当摩擦副表面相对滑动时，由于黏着效应所形成的黏着结点发生剪切断裂，被剪切的材料或脱落成磨屑，或由一个表面迁移到另一个表面，此类磨损统称为黏着磨损。

对于高速高能载摩擦副，摩擦过程中接触峰点的表面压力有时可达 5000MPa，并产生 1000℃以上的瞬时温度。而由于摩擦副体积远远大于接触峰点，一旦脱离接触，峰点温度便迅速下降，一般局部高温持续时间只有几毫秒。摩擦表面处于这种状态下，接触峰点产生黏着，随后在滑动中黏着结点破坏。这种黏着、破坏、再黏着的交替过程就构成黏着磨损。

图 12-45 是 C/C-SiC 与对偶件发生黏着磨损后的摩擦表面形貌。由图 12-45(a)可见，摩擦膜边缘部分即将脱落。而对偶件摩擦表面可见金属材料沿滑动的反方向迁移[图 12-45(b)]，同时可见从 C/C-SiC 摩擦材料摩擦表面转移过来的黑色膜状物(图中右上角)，这说明该处发生了剧烈的黏着磨损。这是因为摩擦过程中，摩擦表面来不及脱落的磨屑被挤压形成新鲜的摩擦膜，同时摩擦表面本身也因为微凸体的断裂及摩擦膜的脱落显露出新鲜的表面。在物理键和化学键的作用下，新鲜表面与对偶“焊合”，随后在摩擦剪切力的作用下结合处被剪断，从而导致黏着磨损。从图 12-10(a)和图 12-27(e)等也可见黏着磨损后形成的摩擦表面形貌。

3. 炭及残留硅引起的氧化磨损

在 C/C-SiC 摩擦过程中有大量的动能转化为摩擦副之间两摩擦表面的热能，热量由摩擦表面逐渐向基体内部传递从而形成温度梯度，温度沿深度的分布如图 12-46所示。由图可知，在摩擦表面的接触峰点温度最高，峰点附近形成半球形的等温面，随着深度的增加，温度急剧下降。

图 12-45 C/C-SiC 摩擦材料与对偶件发生黏着磨损后的摩擦表面形貌

(a) C/C-SiC；(b) 对偶件

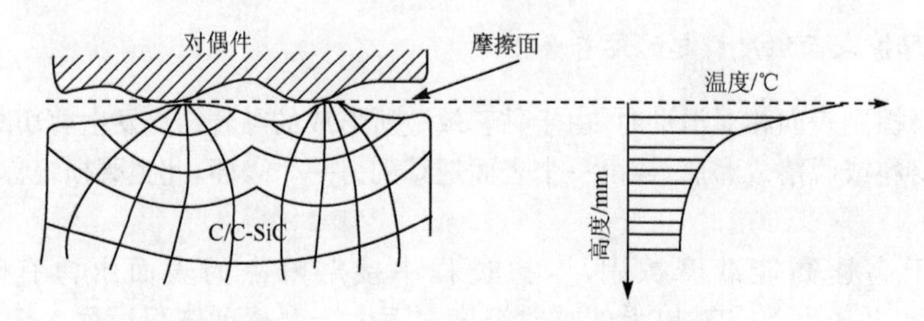

图 12-46 C/C-SiC 摩擦材料摩擦表面温度沿深度的分布

在高温下，C/C-SiC 中炭纤维以及基体炭与空气中的氧起作用，形成气体氧化物挥发导致材料磨损。氧化反应是典型的表面反应，钢对偶材料中，表面的氧化铁层将氧和内层的铁隔开，从而降低了反应速度，因此其氧化磨损相对较小。

由图 12-11 和图 12-27(f)等可知，C/C-SiC 摩擦表面及磨屑中，除了 C、Si 元素，还有 Fe 和 O 元素。说明在摩擦过程中，摩擦热使得摩擦表面的残留 Si 和(或)对偶件上的 Fe 发生了一定程度的氧化。由于氧化使摩擦表面弱化，当与制动继续进行时，表面氧化所生成的氧化膜被撕裂并且脱落，又很快形成新的氧化膜。所以 C/C-SiC 在产生氧化磨损的同时，其机械磨损也增大。

4. 压力场引起的疲劳磨损

疲劳磨损与滚动接触的表面相相关，是摩擦表面反复多次承受剪切力作用的结果。在滚动接触的物体中，摩擦表面层以下的地方产生很大的应力集中，然后形成微裂纹。同时摩擦表面粗糙峰周围应力场变化所引起的微观疲劳现象也属于此类磨损。

影响 C/C-SiC 疲劳磨损的因素主要有以下四个方面：在干摩擦下的宏观应力场；C/C-SiC 摩擦材料与对偶件的力学性质和强度；C/C-SiC 摩擦材料内部缺陷的

几何形状和分布密度；摩擦表面之间的第三体与摩擦副材料的相互作用。

图 12-47 是 C/C-SiC 摩擦材料与对偶件发生疲劳磨损后的摩擦表面形貌。由图 12-47(a)可知，摩擦表面出现了微裂纹，这是因为在不断循环摩擦过程中，摩擦表面的次表层形成了不稳定的应力场。由图 12-47(b)可见，对偶件材料摩擦表面产生了沿径向的微裂纹，同时可见图中右上角产生蓝斑，说明疲劳磨损一般伴随有氧化磨损。从图 12-29(a)和(c)也可见疲劳磨损后形成的摩擦表面形貌。

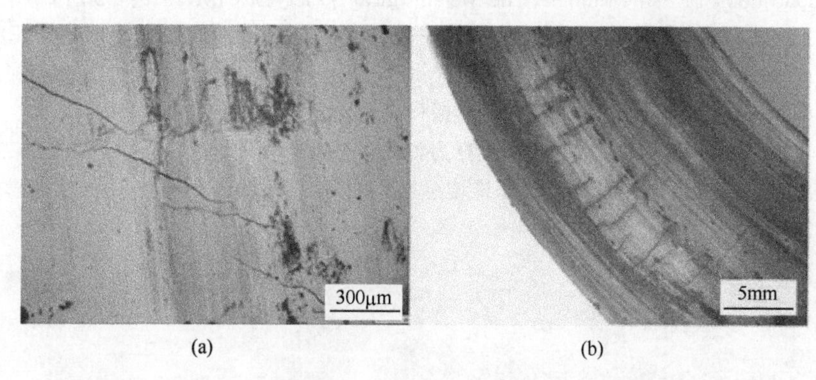

图 12-47　C/C-SiC 摩擦材料与对偶件发生疲劳磨损后的摩擦表面形貌
(a) C/C-SiC；(b) 对偶件

参 考 文 献

[1] 温诗铸，黄平. 摩擦学原理. 2 版. 北京：清华大学出版社，2002：2-5

[2] http://www. xastc. com/product_info. asp? id=197[2015-5-25]

[3] Xiao P，Li Z，Xiong X. The microstructure and tribological properties of carbon fibre reinforced carbon/SiC dual matrix composites. Key Engineering Materials，2010，434/435：95-98

[4] 杜心康，石宗利，叶明惠，等. 高速列车铁基烧结闸片材料的摩擦磨损性能研究. 摩擦学学报，2001，21(4)：256-259

[5] 周松青，肖汉宁. 碳化硅陶瓷摩擦化学磨损机理及磨损图的研究. 硅酸盐学报，2002，30(5)：641-644

[6] 刘涛，罗瑞盈，李进松，等. 炭/炭复合材料的热物理性能. 炭素技术，2005，5(24)：28-33

[7] 毕燕洪，金志浩. C/C 复合材料的吸湿性研究进展. 材料工程，2003，3：44-46

[8] 范尚武，徐永东，张立同，等. C/SiC 摩擦材料的制备及摩擦磨损性能. 无机材料学报，2006. 21(4)：927-934

[9] Blanco C，Bermejo J，Marsh H，et al. Chemical and physical properties of carbon as related to brake performance. Wear，1997，213(1)：1 12

[10] 于澍，熊翔，刘根山，等. 炭/炭复合材料航空刹车副的湿态摩擦性能. 中国有色金属学报，2006. 16(5)：841-846

[11] 罗瑞盈，李贺军，杨峥，等. 湿度对炭/炭材料摩擦性能影响. 新型炭材料，1995，11(3)：

61-64

[12] Panier S, Dufrenoy P, Weichert D. An experimental investigation of hot spots in railway disc brakes. Wear, 2004, 256: 764-773

[13] Bowden F P, Tabor D. The Friction and Lubrication of Solid. Oxford: Clarendon Press, 1964

[14] Hogmark S, Olsson M. Tribological performance of ceramical materials in face seal applications//Hawthorne H M, Troczynski T. Advanced Ceramics for Structural and Tribological Applications. British Columbia: The Metallurgical Society of CIM, 1995: 199-213

[15] 陈东. 复合摩擦材料表面摩擦磨损特性与机理研究. 广州：华南理工大学博士学位论文，2005

[16] 邵荷生，张清编. 金属的磨料磨损与耐磨材料. 北京：机械工业出版社，1988

[17] 桑可正. 碳化硅复相陶瓷的摩擦磨损行为和机理. 西安：西安交通大学博士学位论文，2000

[18] 关庆丰，李晓宇，李光玉，等. 炭纤维增强摩阻材料的摩擦磨损特性研究. 摩擦学学报，1999, 19(1)：87-90

第 13 章　C/C-SiC 摩擦材料在不同制动系统上的应用

随着科学技术的发展，人们对交通运输工具和动力机械的速度、负荷和安全性要求越来越高。世界上最好及最快的闻名于世的布加迪(Bugatti)跑车，极速达到431km/h[1~3]，如在此速度下强行制动，则普通摩擦材料会迅速失效。因此，研究高性能和高可靠摩擦材料以满足制动系统在高速高能载工况条件下的安全运转是当前的迫切需求。因此，为保证制动系统和摩擦传动的可靠性，摩擦材料应满足以下几点要求[4~6]：

(1) 具有高且稳定的摩擦系数，对速度、载荷和温度等的改变不敏感；

(2) 具有良好的耐磨性，同时对摩擦对偶件的表面不易划伤及严重黏着，磨合性好；

(3) 环境适应能力强，耐腐蚀、耐油和耐潮湿等；

(4) 良好的力学性能，有一定的高温机械强度；

(5) 摩擦过程中不易产生火花、噪声和振动；

(6) 原材料来源广泛，价格便宜，符合环保要求；

(7) 制造工艺简单，易操作。

要完全满足上述各点要求是很困难的，但基本上应依据工况条件，满足所需要的摩擦系数及其在摩擦过程中允许的变化范围和预定的寿命，即应有足够的耐磨性[7]。本章主要介绍 C/C-SiC 摩擦材料在交通运输行业及装备制造业的台架考核结果和应用情况。

13.1　汽　　车

制动系统是汽车最重要的系统之一，也是汽车驾驶者最应重视的一个方面。制动系统能保证在安全的前提下尽量发挥出汽车高速行驶的性能，目前不同汽车采用不同的制动系统，例如，有四轮盘刹、前盘后鼓或前通风盘、后实体盘等。汽车制动的结构上有如此多的区别，最主要差别就是制动热衰退性能。

现代汽车上常用的行车制动系统有两种，即鼓式制动系统和盘式制动系统。盘式制动器又称碟式制动器，它由液压控制，主要零部件有制动盘、分泵、制动钳、油管等，如图 13-1 所示。盘式制动器的优点在于系统裸露在空气中，散热性能好。当车辆在高速行驶状态急刹车或在短时间内多次刹车时，刹车的性能不易衰退，所以更适合高速刹车。盘式制动系统质量轻,构造相对简单,维修方便,特别是高负载时,耐高温性能好,制动效果稳定,刹车盘受热后尺寸的改变并不使刹车踏板的行程增加。同时系统反应快速,可做高频率的刹车动作,更适合 ABS 的安装,因为系统裸露盘式刹车的离心力可以将一切水、灰等污染物向外抛出,因此摩擦片磨损产生的碎屑不易于沉积在摩擦表面,从而保证了二者之间的接触面。尤其冬季或恶劣路况下行车,盘式制动比鼓式制动更容易在较短的时间内令车停下。

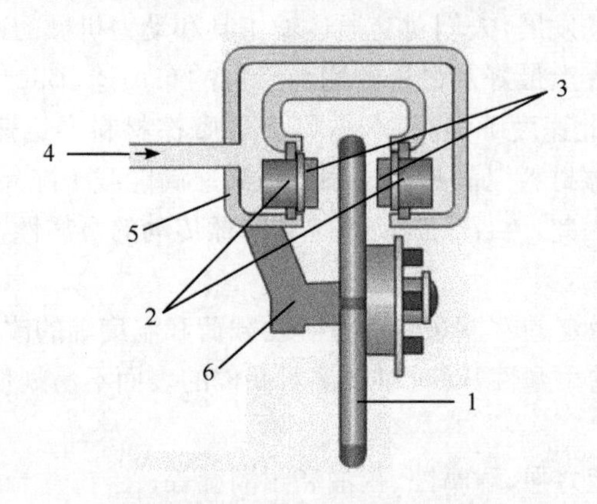

图 13-1　盘式制动器结构示意图

1. 制动盘; 2. 活塞; 3. 摩擦块; 4. 进油口; 5. 制动钳体; 6. 车桥部

13.1.1　台架考核

1. 碳陶制动盘

20 世纪 90 年代以前,国内对摩擦材料的摩擦磨损性能进行研究的手段,主要依靠 DMS 定速摩擦试验机以及 MM-1000 摩擦试验机。DMS 定速摩擦试验机和 MM-1000 摩擦试验机通过调节速度和压力,计算模拟惯量,来准确地反映出制动材料的摩擦磨损性能特征及变化规律,对研究分析刹车材料的摩擦磨损性能有较强的指导意义,但是,无论 DMS 试验机还是 MM-1000 试验机,都是小样试验机,试验机结果与台架试验结果存在一定的差距,而用于汽车制动材料是否安全可靠,关系到人身和车辆的安全,因此,评价制动材料的综合性能要经过台架试验来检验[8]。

汽车制动器台架试验是模拟汽车制动过程中的运行环境和条件来全面测试制动器的制动性能、热稳定性、磨损等性能。制动器台架试验是检测摩擦材料最有效的方式。台架试验台也是不断发展的,以适应汽车制动性能的新要求。从早期开发的单端制动器总成性能试验台到后来的双端试验台,这两种试验台比较起来,双端试验台的工作效率高,能反映前后、左右轮制动力的差异,从而推断在车上使用时,前后制动力的分配和左右制动力的不平衡程度等情况。单端试验台用于单端的制动器实验，即该制动器性能不受另一制动器性能的影响，单一地考察该制动器的性能。例如，双端试验台进行衰退实验中，前后制动器结构不一样时，制动器之间会相互影响，一个制动器力矩大，则其制动时间就短，由此产生温度升高程度小，如果另外一个制动器的制动力矩小，则其制动时间长，由此产生的温度升高程度大，由此实验时就会相互影响，使得实验结果发生偏离。

依托中南大学技术生产的汽车制动系统用碳陶制动盘，于 2015 年 1 月通过了全球最知名摩擦测试平台 LINK 3000 的全面测试。采用 2.5D 纤维编织，CVI 制备炭基体后熔硅浸渗得到 C/C-SiC 摩擦材料，碳陶制动盘及炭/炭刹车片在 LINK 3000 台架试验按照 SAE J2522-AK Master 测试标准进行。碳陶制动盘在台架试验测试前和测试过程中的宏观照片分别如图 13-2 所示，台架考核后摩擦表面非常光滑。部分测试结果如图 13-3 所示，碳陶制动盘摩擦副的平均摩擦系数为 0.75，最小摩擦系数为 0.71，热衰退几乎为零。

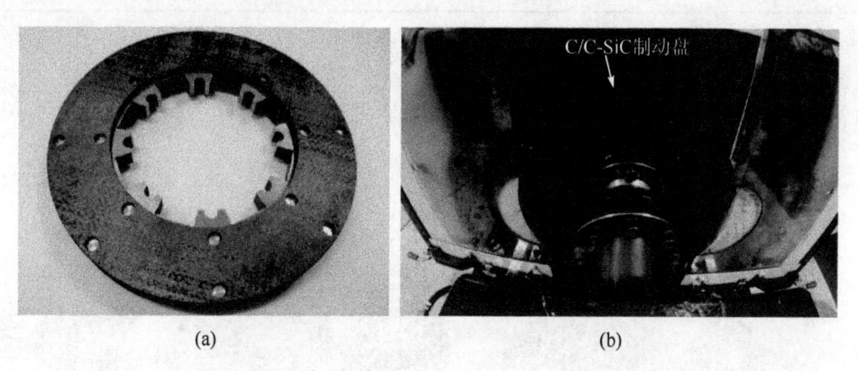

图 13-2　汽车用碳陶制动盘及刹车片在 LINK 3000 台架试验测试后宏观照片
(a) 碳陶制动盘；(b) 碳陶制动盘摩擦副测试过程中

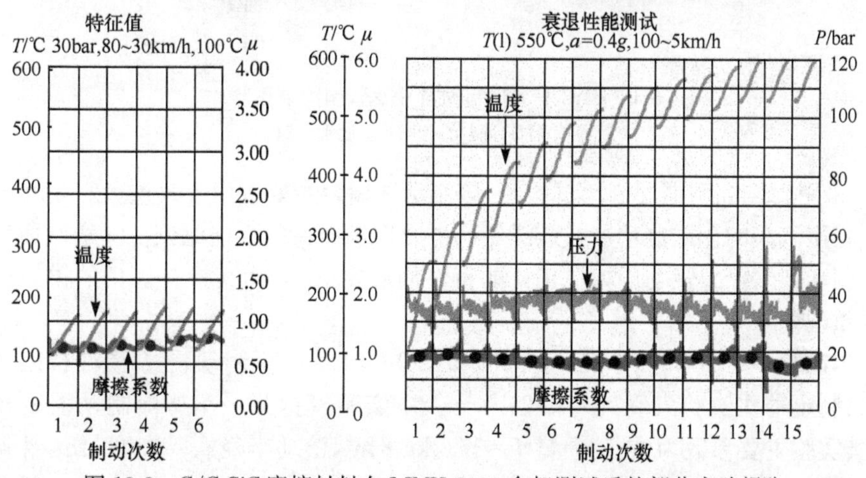

图 13-3　C/C-SiC 摩擦材料在 LINK 3000 台架测试后的部分实验报告

2. 碳陶刹车片对金属制动盘

为了研究模拟汽车制动条件下 C/C-SiC 刹车片的摩擦磨损性能，分别采用整体毡(纤维体积含量为 30%)和全网胎(纤维体积含量为 5%)预制体制得试样 Z1、Z2、Q1、Q2 四组试样，试验的基本特性如表 13-1 所示。

表 13-1 C/C-SiC 材料的基本性能

试样编号	炭纤维体积分数%	坯体密度/(g/cm^3)	最终密度/(g/cm^3)	开孔率/%
Z1	30	1.35	2.02	10.5
Z2	30	1.48	1.92	12.9
Q1	5	1.52	1.75	12.1
Q2	5	1.30	1.75	16.7

注：坯体密度为预制体 CVI 处理后密度；最终密度为 LSI 处理后密度。

图 13-4 为制备好的 C/C-SiC 制动衬片，由钢背和衬片组成，其中的一片上打测温孔，用来插入热电偶进行实时测温。

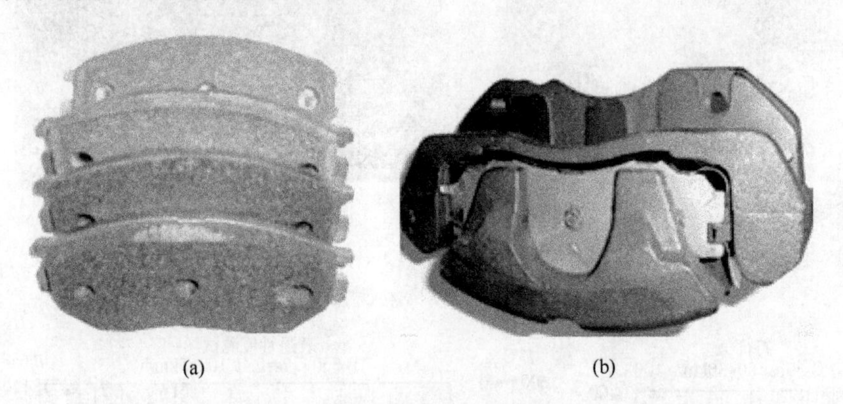

(a) (b)

图 13-4 C/C-SiC 制动衬片及其制动卡钳照片

(a) C/C-SiC 制动衬片；(b) 制动卡钳

采用 JF122 型惯性制动试验台，该制动试验台主要应用于载重量≤3.0t 的轿车及轻型汽车的盘式制动器或鼓式制动器及摩擦衬片的性能测试。其实验原理是依据制动副摩擦力矩与压力成正比的特性而确定的，因而其具有优良的模拟性和数据重现性。

本试验中按照日本汽车工业标准 JASO-C406《客车-制动装置-惯性台架实验方法》制定本次实验大纲(表 13-2)[9~11]。本实验模拟某一车型前制动器制动工况，其实验主要参数为：转动惯量 $I=27.3kg \cdot m^2$，滚动半径 $r_k=0.2934m$，计算系数 $k_{mu}=2.099$，额定最高车速 $v_{max}=140km/h$。

实验采用恒力矩制动根据制动力矩要求，调节制动管压，当制动力矩 M 达到预定值时的压力即为实验压力。

台架实验后，制动盘不允许有明显的裂纹和刮痕，制动底板不允许有影响功能的残余变形。制动片不允许有明显的裂纹和碎裂现象。制动钳体和活塞不得损坏，制动液不允许渗漏。

表 13-2　JASO-C406 惯性台架实验步骤

序号	实验项目	制动方式	制动初速度/(km/h)	制动温度/℃	制动次数	制动周期	风机
1	测厚度、称重量						
2	磨合前检查	0.3g	65	—	10	120s	开
3	一次效能	0.3～0.7g	50,100	80℃	10		开
4	一次磨合	0.35g	65	120℃	100		开
5	二次效能	0.3～0.5g	50,100,130	80℃	15		开
6	二次磨合	0.35g	65	120℃	35		开
7	一衰基准	0.3g	50	65℃	3		开
	一衰	0.45g	100		10	35s	开
	一衰恢复	0.3g	50	—	12	120s	开
	检查点	0.45g	100	—	3	120s	开
8	三次磨合	0.35g	65	120℃	35		开
9	二衰基准	0.3g	50	65℃	3		开
	二衰	0.45g	100		15	35s	开
	二衰恢复	0.3g	50	—	12	120s	开
	检查点	0.45g	100	—	3	120s	开
10	第四次磨合	0.35g	65	120℃	35		开
11	三次效能	0.3g～0.7g	50,100,130	80℃	15		开

1）制动效能实验

制动效能是指汽车迅速降低行驶速度直至停车的能力，是制动性能最基本的评价指标，由制动力、制动减速度、制动距离和制动时间来评价。

第一次效能实验，分别在 v=50km/h 和 v=100km/h 的制动初速度下进行；每个速度下，调整管路压力，使制动力矩分别达到 M=280N・m、380N・m、480N・m、580N・m 和 680N・m，并记录达到规定制动力矩时各压力值和制动减速度。第二次和第三次效能实验额外进行了 v=130km/h 制动初速度的测试，实验方法与第一次相同。第一次和第二次效能实验是在热衰退之前进行的,第三次效能实验是在两次热衰退及恢复之后进行的。

图 13-5 所示为不同试样的效能实验摩擦系数变化曲线。从图中可以看出,试样在效能的过程中,随着制动次数的增加,摩擦系数不断地变化。摩擦系数的变化减小取决于实验条件的改变,如前所述,效能实验并不是单一的条件下的重复实验。同一制动初速度下会改变压力来调整力矩到固定值,然后在不同速度下重复实验。前五次实验制动初速度都是 50km/h,对比图中曲线可以看出,试样 Z1 一次和二次效能摩擦系数随着制动力矩的增大而增大[图 13-5(a)],试样 Z2[图 13-5(b)]和试样 Q1[图 13-5(c)]随着制动力矩的增大摩擦系数也增大,试样 Q2[图 13-5(d)]则出现了先增大后减小的趋势。

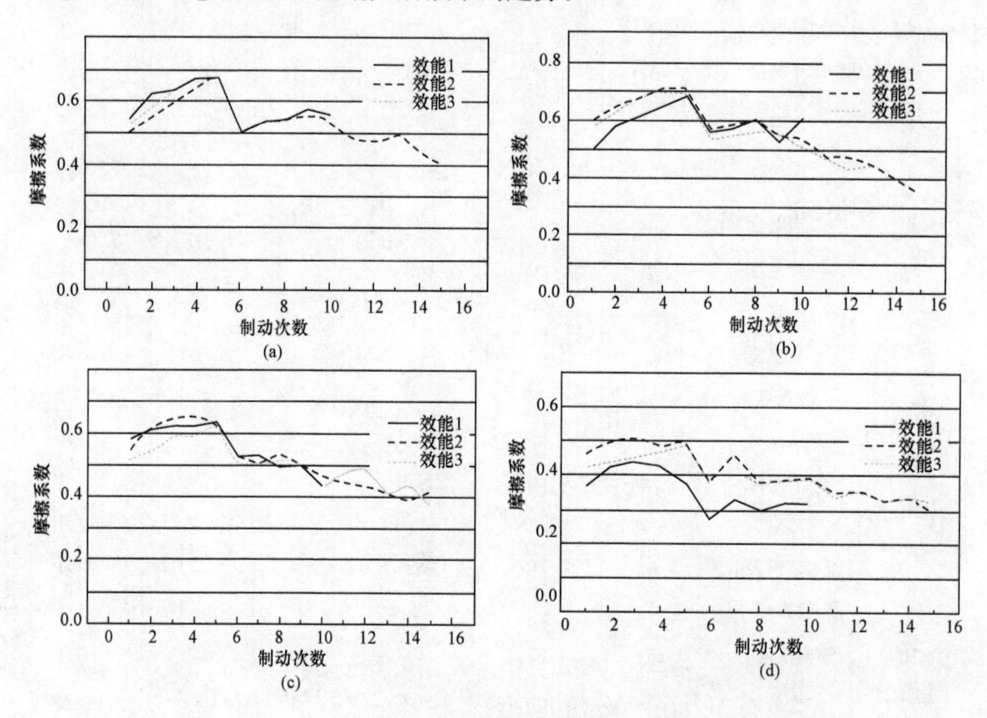

图 13-5　C/C-SiC 制动衬片效能实验中摩擦系数随制动次数的变化图

(a) Z1;(b) Z2;(c) Q1;(d) Q2;

制动力矩的增大是通过制动压力的增大来直接实现的,制动压力增大,摩擦表面的压力就明显增大,由于 SiC 相的硬度大于铸铁对偶盘的硬度,此时摩擦衬片表面的凸起部分更易于切入对偶盘中,切削造成摩擦阻力的增大,摩擦系数增大。5～10次制动初速度为 100km/h 下的实验,所有试样的摩擦系数相比制动初速度为 50km/h 时,均发生了下降。10～15 次为制动初速度 130 km/h 下的实验,其摩擦系数对比 100km/h 时小。

2）衰退恢复实验

摩擦系数热稳定性是指摩擦材料在制动过程中所表现出的摩擦系数随温度变化的特性，主要反应为其热衰退性能。热衰退是指摩擦材料在高速制动时，动能转化为热能，产生大量的热量，摩擦表面的温度瞬间升高，摩擦系数降低的一种现象，测试制动材料的摩擦系数恢复能力。实验是在打开风机的条件下进行的，两次制动间隔为 120s。图 13-6 为试样的衰退恢复实验曲线。图中摩擦系数的变化可以反映出摩擦衬片在连续不降温的制动条件下的制动性能稳定性，衰退恢复实验可以用三个阶段来描述。

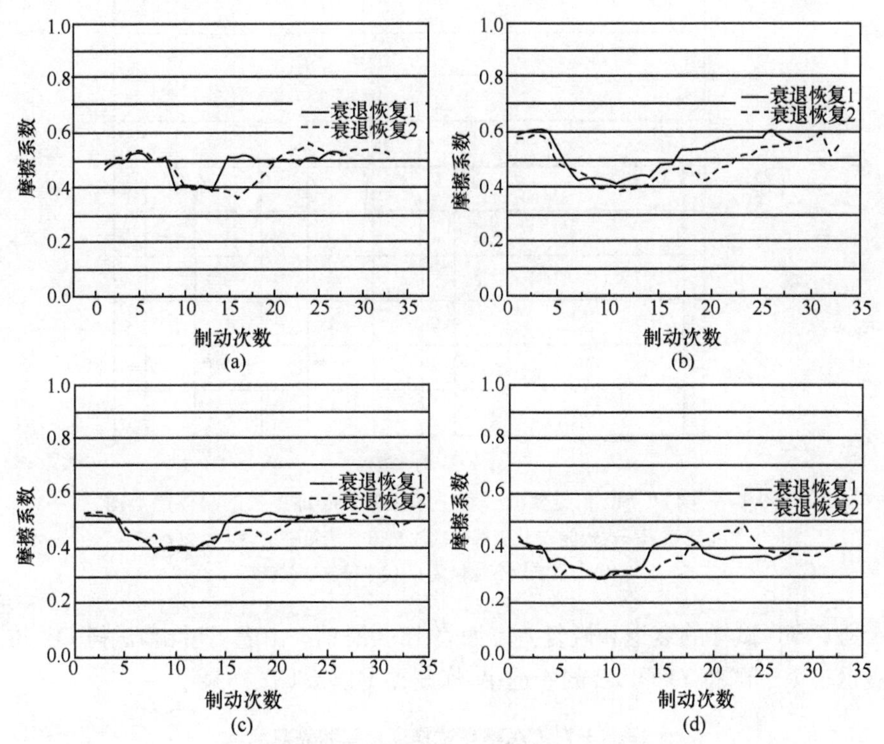

图 13-6　C/C-SiC 制动衰退恢复实验中摩擦系数随制动次数的变化图

(a) 试样 Z1；(b) 试样 Z2；(c) 试样 Q1；(d) 试样 Q2

不限定初温的连续制动条件下，材料的摩擦系数存在随着温度变化而变化的趋势。图 13-7 试样 Z3 C/C-SiC 台架实验过程中摩擦系数的总体趋势图。摩擦系数随着制动次数的增加而降低，这是由于连续制动使得摩擦面的温度不断升高，C/C-SiC 制动材料与钢对偶盘摩擦界面的性质发生了变化，即阶段 1，摩擦系数下降阶段。

衰退发生后，经过不断的磨合，摩擦界面的性质由刚开始发生衰退的不稳定向稳定过渡，此时摩擦系数维持在一个平稳状态，但摩擦系数比较低，即阶段 2，热稳定阶段。

衰退实验结束后,随着温度的降低,高温时形成的摩擦界面再次发生变化,摩擦表面的平衡打破,趋向于形成衰退实验前低温的摩擦界面,伴随着这个阶段的形成摩擦系数渐渐增大,即阶段 3,摩擦系数回升阶段。

当新的摩擦界面形成时,材料的摩擦系数也回升到了基准实验的水平,并开始处于一个稳定的阶段。可以看出,C/C-SiC 制动材料的摩擦性能在连续高速制动后能很快地恢复到正常状态下。

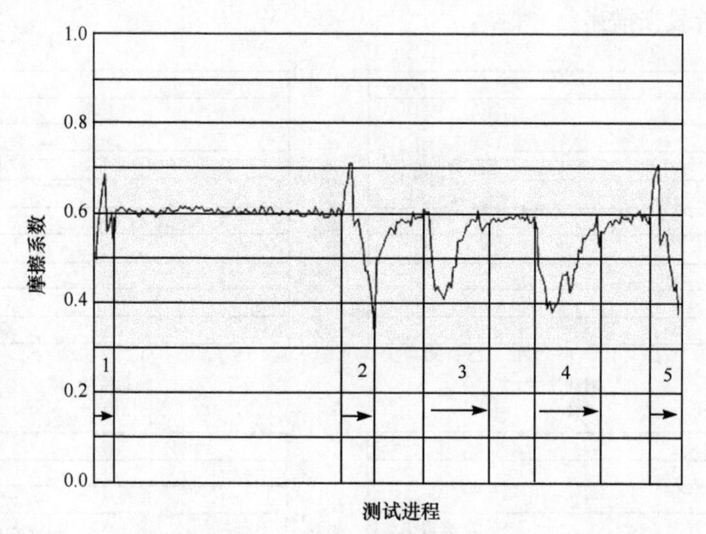

图 13-7　C/C-SiC 台架实验过程中摩擦系数摩擦系数的总体趋势图

1 代表第一次效能;2 代表第二次效能;3 代表第一次衰退恢复;
4 代表第二次衰退恢复;5 代表第三次效能

C/C-SiC 试样的衰退和恢复差率如表 13-3 所示。由表可看出,试样 Q1 和 Q2 的衰退率小于试样 Z1 和 Z2 的衰退率,恢复差率以 Q1 试样最小。

表 13-3　C/C-SiC 试样衰退率和恢复率

试样	一次衰退率/%	一次恢复差率/%	二次衰退率/%	二次恢复差率/%
Z1	26.7	1.6	31.7	3.4
Z2	32	3	31.7	2.3
Q1	23	1	26	2
Q2	19	7	22	4

3) 摩擦表面形貌分析

摩擦系数的波动和材料本身的特性有关,影响摩擦系数波动的关系式如式(13-1)所示[12]：

$$P/A = \mu p v(W/m^2) \tag{13-1}$$

式中：P 为刹车性能，W；p 为刹车压力，MPa；A 为摩擦面积，m^2；v 为摩擦速度 m/s；μ 为摩擦系数。pv 擦副材料的重要性能参数，正比于刹车性能 P/A 并且是摩擦系数 μ 形成的原因。材料特性 P/A 的上限取决于摩擦副材料本身，其实际值取决于 pv 值。pv 是不变的固定值，理论上，只要 pv 值不超过材料所能承受的 P/A 上限，摩擦系数 μ 就不会发生大幅度波动。

C/C-SiC 材料中，SiC 为主要摩擦相，承受制动器法向压力载荷[13]。受制备工艺影响，材料中的 SiC 不是呈片状连续分布，在剪切力作用下，随着摩擦的进行，摩擦表面易磨损的炭纤维、残留硅先于碳化硅相而脱落。实际摩擦面主要为 SiC 与对偶盘的接触区域，并产生应力集中，硬度高的 SiC 相嵌入对偶盘中，形成“犁沟”磨损。伴随着速度的增加，摩擦面的剪切力增大，与基体结合弱的部分 SiC 相被剪断“拔出”，形成磨粒而掉落，断裂脱落的磨屑在表面压力和剪切力的作用下进一步形成更小的磨粒，细小的磨粒在摩擦面上形成一种“滚动机制”，同时嵌入“犁沟”中细小的磨粒，削弱了“犁沟”的切削作用，使得摩擦系数减小[14]。

实验中摩擦系数发生了较大的波动，这是由于在衰退过程中，随着温度的升高，摩擦副发生了失效，不能维持更高温度下的刹车性能。制动实验中摩擦表面局部的温度远大于实际测量温度，C/C-SiC 制动材料具有优异的耐高温性能，400℃以下性能和组成基本保持稳定，但这样的温度足以使对偶盘表面的低熔点合金发生软化，形成软化层，随着表面温度的不断升高，软化区域增大形成软化层，软化层的出现使得表面形成了一层润滑膜，摩擦系数随之降低。试验后发现 C/C-SiC 制动材料摩擦表面具有金属光泽的片状磨屑。分析得出，片状磨屑为刹车盘被剥落的合金表层。衰退实验结束后，摩擦表面的温度降低，当温度低于合金的熔点时，软化层发生凝固，在表面剪切力的作用下，成片状脱落，新的摩擦表面开始形成，此时的摩擦磨损机制和衰退实验前相同，材料的摩擦系数也回升到了基准实验的水平。

图 13-8 为台架实验后试样摩擦表面形貌图。从图中可以看出，Z1 和 Z2 试样有明显的刮痕，表面几乎没有摩擦膜的形成，Q1 和 Q2 试样表面没有刮痕且有光亮的摩擦膜形成。对比图 13-8(b)和图 13-8(f)可以看出，在摩擦过程中炭纤维都参与了表面的摩擦，但是试样 Z1 纤维体积含量为 30%，表面纤维分布致密，磨屑不易填充在纤维之间，阻碍了摩擦膜的形成；相反，5%体积含量的 Q1 试样其表面纤维分布疏松多孔，磨屑填充于孔隙中在压力的作用下易于形成摩擦膜，摩擦膜的形成，可以使摩擦系数稳定，磨损量降低。

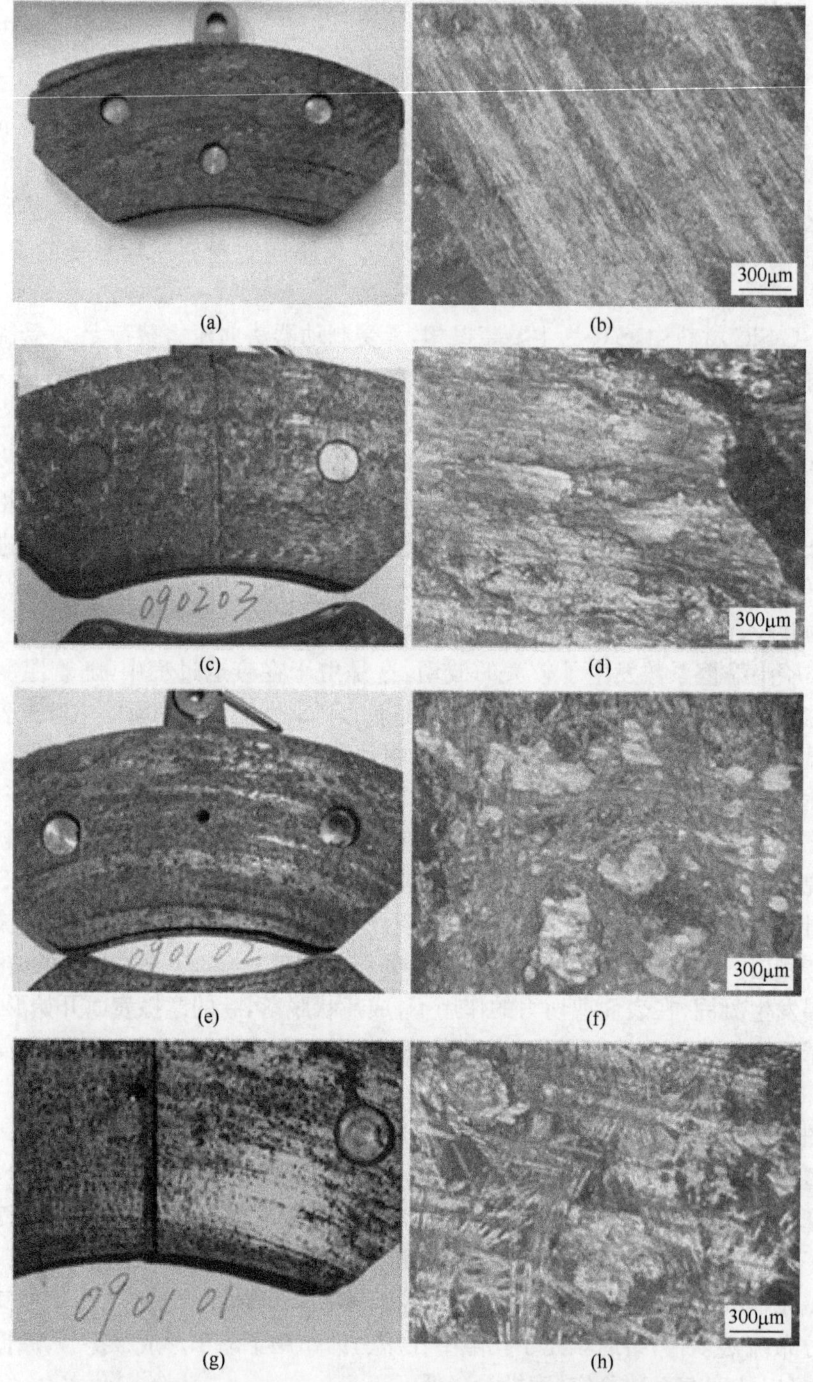

图 13-8 C/C-SiC 制动衬片台架实验后摩擦表面形貌图

(a)和(b)试样 Z1；(c)和(d)试样 Z2；(e)和(f)试样 Q1；(g)和(h)试样 Q2

13.1.2 应用

1. 短纤维模压制备碳陶制动盘

在 1999 年法兰克福国际汽车交易会(IAA)上,碳陶刹车片首次被揭开了神秘的面纱。高科技材料的使用彻底颠覆了传统的刹车片技术:与传统的灰铸铁刹车片相比,碳陶刹车片的质量减轻了大约 50%,非悬挂质量减轻了近 20kg。碳陶刹车片更显著的优点还有:刹车反应速度提高且制动衰减降低、热稳定性高、无热振动、踏板感觉极为舒适、操控性能提升、抗磨损性高等。因此,碳陶刹车片的使用寿命更长,而且几乎不会产生灰尘。目前,国外 C/C-SiC 摩擦材料的生产主要由德国 SGL 公司和英国的 Surface Transforms 公司主导。德国西格里碳素集团(SGL Group-the Carbon Company)是全球领先的碳石墨制品生产商之一,在全球拥有 47 个生产基地,负责碳陶摩擦材料生产的是西格里刹车片公司(SGL BRAKES)。SGL BRAKES 主要从事刹车片的设计、刹车片的制造以及摩擦层和卡钳的选用,使刹车片与汽车整车的设计理念完美融合[15]。

刹车制动系统的设计取决于汽车的最高时速、使汽车从最高时速的行驶状态变为瞬间停止静止状态的全制动时序、所需制动的质量以及轴载分布和汽车的空气动力等主要参数。确定刹车片尺寸和设计的主要目的是确保汽车能够在任何可能的行驶条件下安全刹车。制动系统的设计还应确保刹车片本身或刹车片附近的其他任何部件都不会过热。SGL BRAKES 对每个汽车模型冷却叶片的最佳几何形状通过数值方法(计算流体力学)确定(图 13-9),同时还将积聚在汽车下方和轮罩拱内部的气压作为汽车空气动力设计和行驶速度的函数。

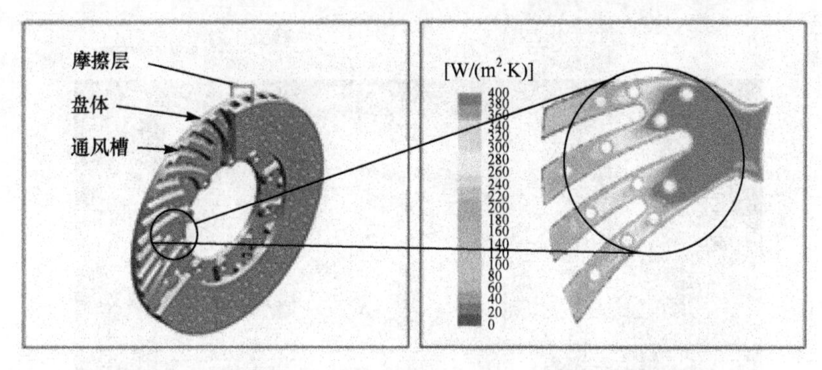

图 13-9　通过数值模拟确定碳陶刹车片的最佳几何形状[16]

西格里刹车片公司在生产碳陶刹车片时使用涂有一定特殊保护层的炭纤维,然后将这些纤维切割成一定厚度和长度的纤维段。然后,在高真空条件下通过 900℃时的炭化和 1700℃时的硅化将黏合树脂预成型件在陶瓷组件中转换成所谓的生坯。该生产工艺中还使用了“熔芯”技术(该技术使用塑料模具确定冷却叶片的几何形状，该塑料模具在炭化时完全燃烧不留残渣）以及不同纤维成分的刹车片、环外侧的摩擦层和嵌在摩擦层上的点状磨损标志。

2002 年，布雷博集团(Brembo，是全球高性能汽车和摩托车以及商用车制动系统设计和制造的领先品牌，其产品在世界多达 70 个国家/地区进行产品销售)首次将适用于汽车的碳陶制动盘应用于 Ferrari Enzo 车型，此后便一直致力于制造这类部件[16]。在 2004 年，碳陶制动系统获得了意大利工业设计协会（ADI）颁发的"黄金罗盘"奖。

2009 年 6 月，布雷博与西格里碳素集团进行业务合并，在意大利米兰成立了股份均分的合资企业"布雷博-西格里炭纤维陶瓷制动盘"企业(Brembo-SGL GROUP Carbon Ceramic Brakes，BSCCB)，目标是专门针对乘用车和商用车的原装设备市场，开发炭纤维陶瓷制动系统，以及制造和销售炭纤维陶瓷制动盘[17]，其碳陶制动盘的流程图如 13-10 所示[18,19]。

图 13-10　布雷博-西格里炭纤维陶瓷制动盘公司碳陶制动盘生产流程[19,20]

“布雷博-西格里炭纤维陶瓷制动盘”企业是目前炭纤维陶瓷制动盘的领先制造商，为最具声望的品牌（如法拉利、玛莎拉蒂、阿尔法·罗密欧、阿斯顿·马丁、克尔维特、日产、雷克萨斯、帕加尼 Zonda、迈凯伦、大众、保时捷、奥迪、宾利、兰博基尼、布加迪和奔驰）最独特的车型提供这些部件，其产品和应用的车型如图 13-11所示。2009 年销售额达近 7000 万欧元，并且期望炭纤维陶瓷复合刹车盘的年销售额达到 70 亿美元。

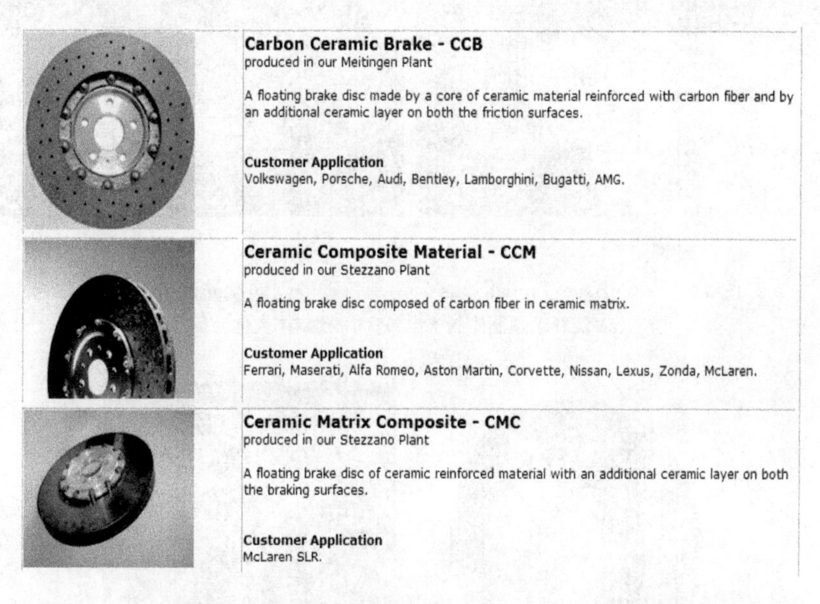

图 13-11　“布雷博-西格里炭纤维陶瓷制动盘”公司的产品及其应用车型[18]

英国的 Surface Transforms 公司制备碳陶制动盘的工艺是[20]：首先制备 3D 炭纤维预制体，然后炭化，进而化学气相渗透，热处理后初加工，然后渗硅，精加工后做抗氧化处理，然后无损检测，最后是组装。图 13-12 是炭纤维预制体制备及炭化设备。Surface Transforms 公司制备碳陶制动盘形貌如图 13-13 所示[21]，并主要应用在 Porsche 997 GT2、GT3 and Turbo，Nissan GTR R35，Ferrari F458、F430、F360 和 Aston Martin 四个品牌。

如今，碳陶制动盘已经陆续广泛应用于各大豪华汽车和跑车，如图 13-14 所示。但是现阶段，碳陶制动盘在以下两个方面存在不足[22]：①价格高，一般汽车承受不了，如 Nissan GTR R35 用一套碳陶制动盘系统（共四盘）的价格为 18995 美元[23]，Ferrari 599 GTB 用一个碳陶制动盘（直径为 380mm）的价格为 38000 元[24]，同时普通汽车平时的速度一般也不会超过 160km/h，金属制动盘能达到制动要求；②在寒冷的条件下陶瓷制动盘会变脆，同时制动效率降低，这主要是因为纤维和陶瓷基体的热膨胀率不一致。

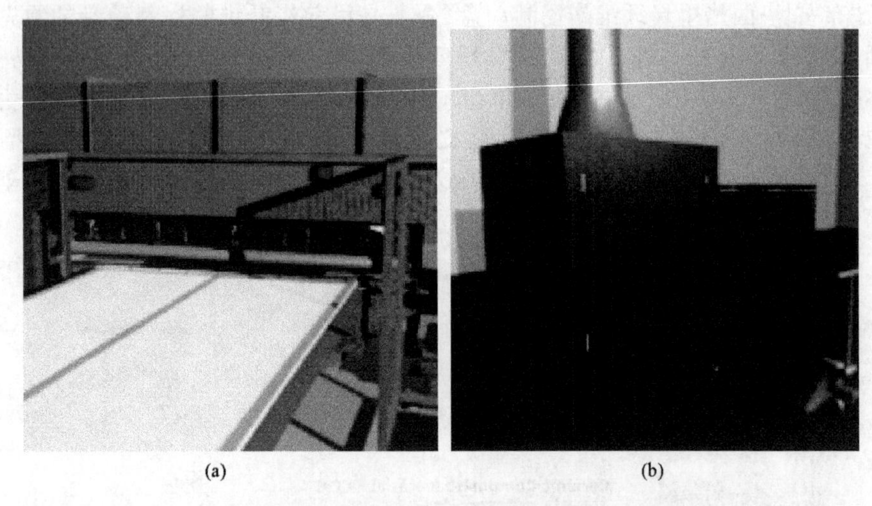

图 13-12　Surface Transforms 公司制备碳陶制动盘的部分设备[19]

(a) 炭纤维预制体制备设备;(b) 预制体炭化设备

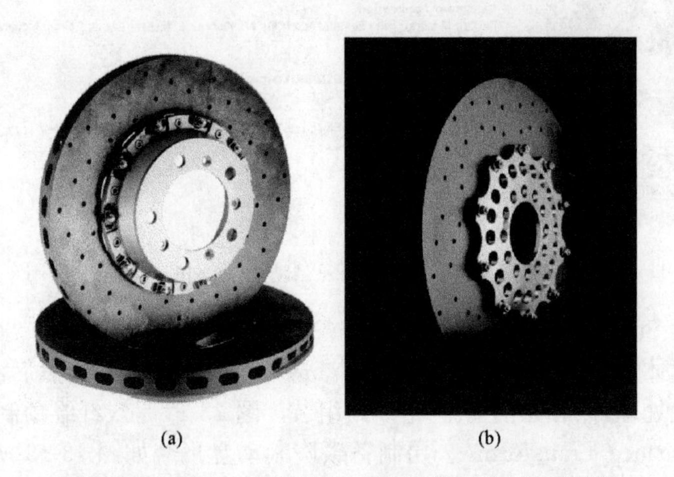

图 13-13　Surface Transforms 公司制备碳陶制动盘[20]

2. 连续纤维预制体制备碳陶制动盘

中南大学以连续炭纤维针刺,然后采用 CVI 和 LSI 制备的汽车用碳陶制动盘如图 13-15 所示。与布雷博-西格里炭纤维陶瓷制动盘生产的短纤维增强碳陶制动盘相比,连续炭纤维增强的碳陶制动盘力学性能更高,能承受更大的冲击,同时在低温下摩擦性能表现更加优异。

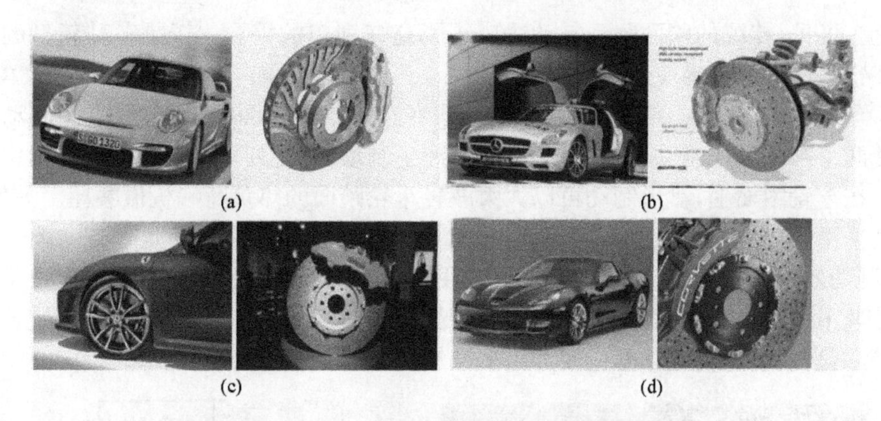

图 13-14　高档汽车制动系统用碳陶摩擦材料[25,26]

(a) 保时捷 GT2；(b) 法拉利 Enzo；(c) 奔驰 AMG；(d) 克尔维特 ZR1

图 13-15　中南大学制备的碳陶制动盘

13.2　高速列车

摩擦制动是高速列车最终实现停车必要的基础制动方式。由于盘型制动摩擦系数稳定，制动功率大，有利于平稳停车并能有效减少车轮踏面的热损伤等方面的优势，成为高速列车摩擦制动的主导方式，得到广泛应用。高速列车上的摩擦制动一般采用踏面制动或轮装盘式制动(其示意图如图 13-16 所示)[27]，制动能量一般为列车制动能量的 10%左右，主要起辅助制动和驻车的作用。

踏面制动[图 13-16(a)]是用铸铁或其他材料制成的瓦状制动块，在制动时抱紧车轮踏面，通过摩擦使车轮停止转动。使用这种制动方式时，闸瓦摩擦面积小，大部分热负荷由车轮来承担。列车速度越高，制动时车轮的热负荷也越大。即使采用较先进的合成闸瓦，车轮踏面温度也会高达 400～450℃。当车轮踏面温度增高到一定程度时，就会使踏面产生磨耗、裂纹或剥离，既影响使用寿命也影响行车安全。可见,传统的踏面闸瓦制动适应不了高速列车的需要。于是一种新型的制动装置——盘形制动应运而生。

盘形制动[图 13-16(b)]是在车轴上或在车轮辐板侧面安装制动盘,用制动夹钳使两个闸片紧压制动盘侧面,通过摩擦产生制动力,使列车停止前进。由于作用力不在车轮踏面上,盘形制动可以大大减轻车轮踏面的热负荷和机械磨耗。另外,制动平稳,几乎没有噪声。盘形制动的摩擦面积大,而且可以根据需要安装若干套,制动效果明显高于铸铁闸瓦,尤其适用于 120km/h 以上的高速列车,这正是各国普遍采用盘形制动的原因所在。但不足是车轮踏面没有闸瓦的磨刮,将使轮轨黏着恶化;制动盘使簧下重量及冲击振动增大,运行中消耗牵引功率。

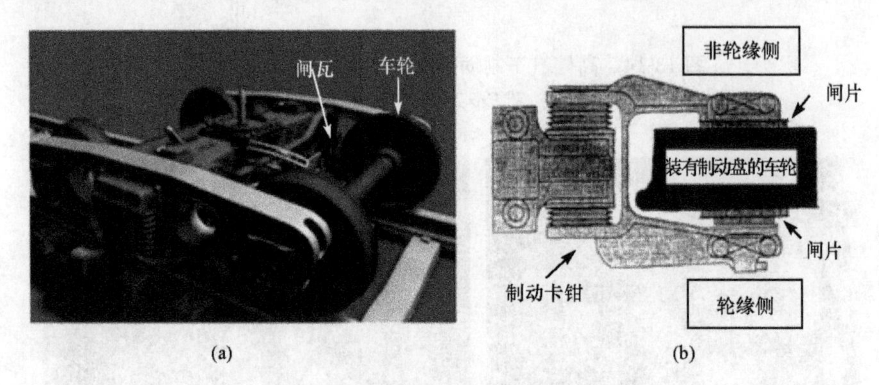

图 13-16　高速列车用制动器结构示意图[24]

(a) 踏面制动;(b) 盘形制动

制动盘实质上是一种能量转换装置,将列车高速运动的动能转变为热能,并消散到大气中。提速后,列车运营速度从 160km/h 提高到 250km/h 左右,正在建设的高速客运专线,列车设计速度将达到 350km/h 以上。列车速度提高,对基础制动装置的性能提出了更加苛刻的要求。为满足未来 350km/h 以上运行要求,制动盘需要吸收与速度的平方成正比的运动能量;同时,要具有良好的摩擦性能、耐磨性能、机械强度、热强度,并保持与摩擦副另一侧材料之间的摩擦系数稳定性。

制动盘的失效主要有热疲劳破坏、过度磨损、变形和机械断裂等几种形式,其中热疲劳破坏是失效最主要的形式。

制动摩擦产生大量热能,大部分被制动盘和闸片吸收并通过热传导方式在内部扩散,热量从制动盘表面通过热对流和热辐射方式向周围环境传递。来不及耗散的热量导致制动盘温度剧升,并在内部产生温度梯度,再加上结构上的制约,在制动盘内部就产生了热应力,反复作用就会产生热疲劳,一旦超过材料的强度极限,就会产生裂纹。

热疲劳破坏实质上是一种在热应力作用下材料的行为,是一个复杂的力学损伤和组织蜕变过程,它包含在交变温度和交变热应力同时作用下的机械损伤、组织蜕变和氧化腐蚀作用。由疲劳损伤出现的裂纹形貌主要有两种(图 13-17)。

(1) 呈网状分布的“龟裂纹”,这些裂纹较浅,分布在制动盘摩擦面上;

(2) 制动盘摩擦面上的径向裂纹,一般都比较长,裂纹数目不多,但发现时往往较深,容易导致制动盘的脆性断裂。

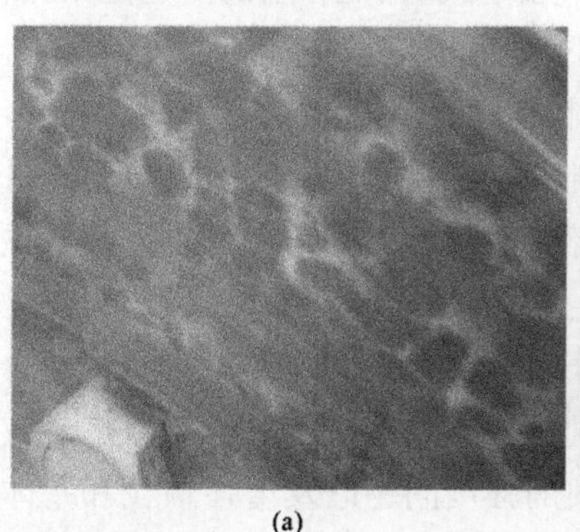
(a)

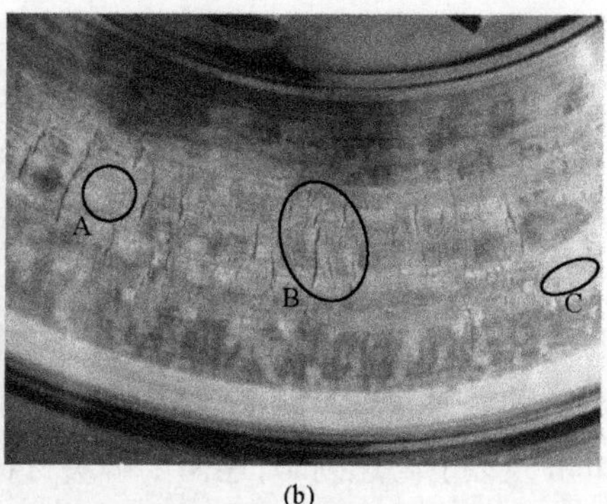

(b)

图 13-17　高速列车制动盘由疲劳损伤出现的热点及裂纹形貌[28]
(a) 热点;(b) 裂纹

由于盘形制动结构上的局限性,制动盘能力的提高只有从材料上寻找突破口。现代高速列车制动盘的主要材料有锻钢、铝基复合材料、C/C 复合材料和陶瓷基复合材料。锻钢材料作为高速列车制动盘已经得到广泛的应用,其技术已经成熟,经济效益较好[29]。鉴于传统的低合金锻钢材料能力有限,国内外开始研究高纯净抗热裂锻钢材料。所谓纯净钢就是指钢中杂质元素硫、磷、氧、氮、氢(有时包括碳)和非金属夹杂物含量很低的钢,基于钢性能要求的不同,纯净度所要求的控制因素也不同。法国在 300km/h 列车上采用的就是高纯净锻钢材料制动盘,其硫、磷、氮、氢等杂质含量低、纯净度高,这意味着该材料具有高的抗疲劳性能,尤其是具有较好的抗热疲劳性能。同时,综合力学性能良好(强度和塑韧性指标都比较高)。

铝基复合材料是金属基复合材料中应用最广泛的一种,它主要由金属基体材料和增强材料通过搅拌铸造、粉末冶金、无压渗透、喷射沉积等方法组合而成,金属基体材料可以是纯铝也可以是铝合金,增强材料主要有纤维、晶须以及颗粒。现在应用于列车制动盘的铝基复合材料主要以 SiC、Al_2O_3 和 C 纤维或 SiC、Al_2O_3 颗粒作为增强材料。这种组合可同时发挥铝基体密度低、塑韧性好、导热快以及增强材料高强度、高耐磨的优点。

国际上对铝基复合材料在制动盘方面的应用尚处于研究与实验阶段。国内在此领域的研究还刚刚起步。德国和日本在铝基复合材料制动盘方面做了很多研究,其中德国于 1997 年,在一列 ICE 高速列车上全部安装 SiC 颗粒增强铝基复合材料制动盘,安全运行了 60 万 km,按磨耗结果测算,制动盘使用寿命预计可以超过 15 年;日本三菱铝业制备的铝基复合材料制动盘也在 100N 系新干线电动车组上装车运行实验。铝基复合材料密度是锻钢材料的 1/3,比热容约是锻钢的一倍,导热系数是锻钢材料三倍到五倍。这些充分反映出铝基复合材料在减重和散热性能上的优越性。因此，在相同热量输入的条件下，铝基复合材料制动盘摩擦表面的温度明显低于锻钢制动盘，使盘表面和内部的温度梯度较小，因此摩擦面的热应力低于锻钢制动盘的热应力，减小了热裂纹出现概率。但是存在的问题是，屈服强度较低，特别在 350℃以上时，屈服强度急剧下降，所以综合来讲，300℃以上时，锻钢制动盘抗热疲劳性能要优于铝基复合材料制动盘。同时，铝基复合材料还存在以下两方面问题：一是颗粒增强铝基复合材料中，增强颗粒塑性较差，与基体材料塑韧性相差较多，制动盘在承受交变载荷时，容易在基体与增强材料的界面首先出现裂纹，在铝基复合材料中一旦出现裂纹萌生，很容易沿界面扩展；二是与其对磨的有机摩擦材料磨耗较大，配副闸片更换频繁。因此，现在的铝基复合材料适合作为 200km/h 的高速列车制动盘，并且已经得到国外实际运行的验证。但是要应用到 300km/h 及以上高速列车，还需要解决材料的强度问题以及增强颗粒和基体界面开裂问题，同时要研制出适合与其相配合的闸片材料。

陶瓷基复合材料密度约为锻钢的 1/3，如用于制造制动盘，其减重效果与铝基复合材料相当。但陶瓷复合材料拥有更好的高温性能和制动效能，这种材料可在低于 2000℃的温度范围内保持其力学性能和制动性能，即使在高浓度的氧气中也不会腐蚀，同时在紧急制动时陶瓷盘理论上可以消耗近 50MJ 的能量，而性能较好的锻钢盘也只能消耗 20MJ 左右。

最初开发的陶瓷制动盘侧重于用等离子喷涂方法把各种陶瓷喷到铸铁盘或钢盘上，铸铁盘在高温下易出现裂纹，钢盘的效果较为良好，能与陶瓷喷涂层结合紧密。但喷涂陶瓷盘的主要缺陷是相对于一定的涂层厚度，其磨损变快。因此陶瓷制动盘的涂层研制较为关键，以保证其在服役期内可靠工作。陶瓷制动盘的另一种方案则是使用整体陶瓷盘，但该类型盘的脆性大，使用过程中易破碎，要运用到高速列车上，还需进一步研发。因此，设计碳陶制动盘的结构及显微组织成为高速列车用陶瓷基复合材料的热点。

随着列车不断提速，高速列车刹车副要经受强烈的高温冲击和机械刹车的摩擦磨损。为满足未来高速列车 350km/h 以上的运行要求，制动盘需要吸收与速度的平方成正比的运动能量，还要具有良好的摩擦性能、耐磨性能、机械强度、热强度及保持与摩擦副另一侧材料之间的摩擦系数稳定性。由于盘形制动结构上的局限性，制动盘能力的提高只有从材料上寻找突破口。传统列车制动材料如球墨铸铁等难以满足高热冲击、高能载和高摩擦因素的要求，随着技术的不断完善，具有更高效能的材料相继投入使用，如锻钢、铝基复合材料和碳陶摩擦材料。

目前国外已开始使用少金属含量的制动闸片，并高度重视炭纤维制动闸片在重载、高速行驶汽车车型上的应用[30]。德国 Knoor Bremse 公司在 1995 年获得政府基金资助并得到联邦铁路部门支持研制了炭纤维复合材料盘式制动装置,实验证明在高达 250km/h 速度下制动时质量尚好[31]。法国研制的“Sepcarb SA3D”炭/炭复合材料盘型制动器,可吸收制动功高达 90MJ,目前已在 TGV2A 和 TGV-PSE 列车上试用[32]。

法国 TGV New Generation(NG)高速列车使用的碳陶制动器是 Ferodo 公司和 SAB Wabco 公司联合开发的,最先在 1998 年于英国伯明翰举行的铁路技术博览会上展出,采用轴装式炭纤维增强的碳陶盘与碳陶制动闸片组成一对摩擦副,在对时速 350km/h 的列车上一次制动中,就可消耗 50MJ 以上的能量[33],且碳陶制动盘的摩擦力非常稳定。制动盘处在完全磨损条件下,测出盘面和心部温度分别为 1000℃和 700℃。

碳陶制动盘在制动性能方面的重大改进,使得可以用一个碳陶制动盘代替两个钢制动盘。这样每轴可减少簧下质量 250kg,因此,转向架可减轻 500 kg,此外,还能减轻卡钳和制动缸上的簧上质量 350kg。以高速列车运行 30 年计算,成本核算显示,采用完整的陶瓷盘制动装置,可比钢盘制动器节约成本 50%。Ferodo 公司认为,大量减少簧下质量后,也可大大节约高速列车运营和维修成本,也减少了对轨道的损坏。同时,Ferodo 公司的 3204F 制动闸片与 SAB Wabco 公司的碳陶制动盘组成的摩擦副,正在被安装在英国的 Tntercity Mark3 车辆上,大大降低了现有的维修成本。与 Ferodo 公司签订采用碳陶制动器合同的车型还有希思罗特快列车,英国的 168 型、365 型和 465 型列车,以及韩国的 TCV 型列车等。

Daimler Chrysler 公司研制出一种成本较低的炭纤维增强陶瓷,在轻型汽车上实验表明,该材料制动盘工作性能在走行 30 万 km 后仍能完全保持。装有 36 个该材料制动盘的 ICE 列车,总质量减少了 6t。日本采用在 C/C 材料中浸渍金属硅的制造方法生产出碳陶摩擦材料[34],试制了新干线用的轮装式制动盘,采用 12 个螺栓安装在车轮侧面,配合铜基粉末冶金闸片,完成了初速度 300km/h,平均摩擦系数为 0.65 的紧急制动实验。实验结果表明,碳陶制动盘的最高温度为 600℃左右,而该材料耐热温度为 1350℃,远高于锻钢制动盘的 630℃。同时该盘变形量非常小,原因在于其线膨胀系数远小于锻钢材料,变形小意味着内部残余应力小。所以碳陶制动盘与锻钢盘相比,具有更高的耐热裂性能和高温性能。

碳陶摩擦材料密度约为锻钢的 1/3,同时碳陶摩擦材料拥有更好的高温性能和制动效能,可在低于 2000℃的温度范围内保持其力学性能和制动性能,即使在高浓度的氧气中也不会腐蚀。我国中南大学等研究机构对陶瓷基复合摩擦材料进行了研制。但由于国际上对于碳陶制动盘仍处于研究试制阶段,对于该盘的脆性开裂机理仍然不明,也没有做过“在多大载荷和热负荷情况下就会开裂”的相关实验。同时,碳陶摩擦材料制造成本较高,约为锻钢盘的两倍,制成制动盘这样的大尺寸部件较困难。因此,虽然碳陶摩擦材料优点众多,未来也极有可能应用到高速列车制动盘的制造中,但还需要一个很长的过程。

中南大学以连续炭纤维为预制体,CVI 和 LSI 制备的高速铁路用碳陶制动闸片(图 13-18),在铁道部产品质量监督检验中心机车车辆检验站按照 TB/T 3118—2005 铁道车辆用合成闸瓦完成了台架实验考核。闸片与闸瓦相比,力学性能更好,由于闸片摩擦表面开有排屑槽,因此制动过程中磨屑能及时排出,同时提高了摩擦副的散热能力。

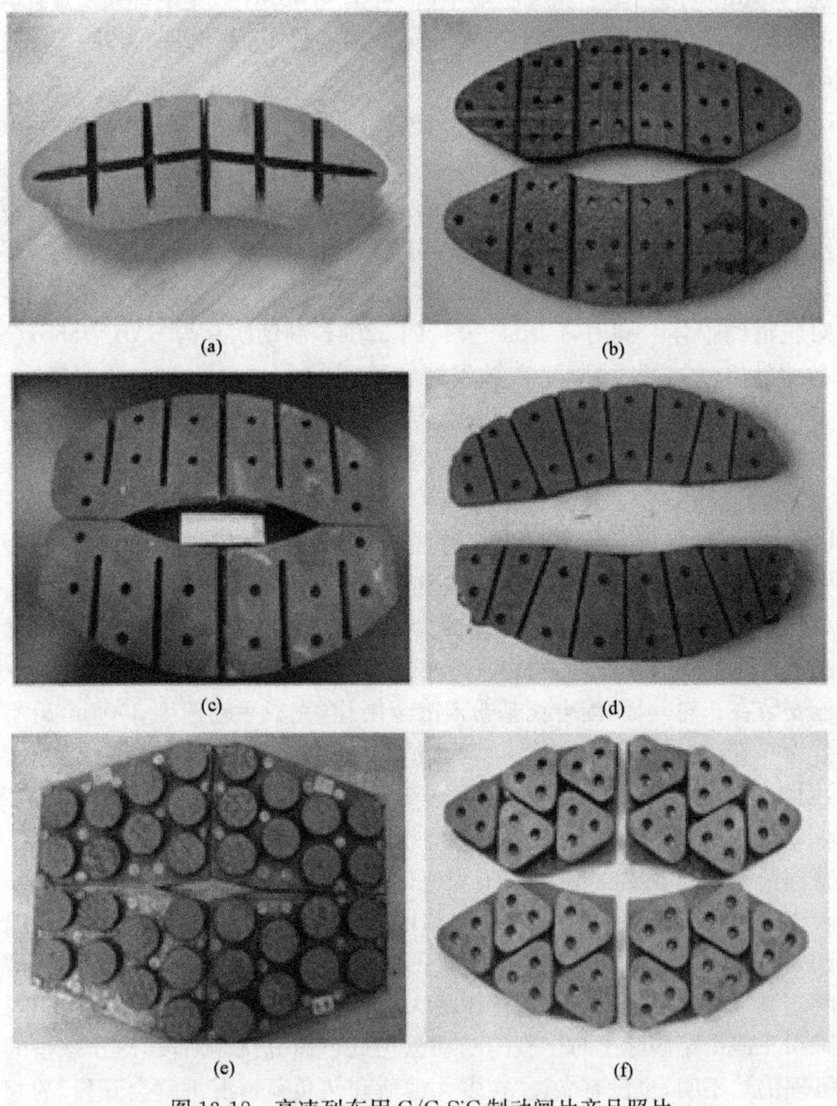

(a) (b) (c) (d) (e) (f)

图 13-18 高速列车用 C/C-SiC 制动闸片产品照片

2012 年 12 月 24 日，中南大学制造的高速列车碳陶制动闸片和制动盘在中国南车戚墅堰机车车辆研究所德国 Renk 公司生产的 1∶1 制动动力试验台进行了台架考核实验，Renk 公司的 1∶1 制动动力试验台及碳陶制动盘照片如图 13-19 所示。

Renk 公司生产的 1∶1 制动动力试验台的主要性能参数是：①无级模拟转动惯量，最大转动惯量为 5950kg · m^2；②最大制动扭矩为 30000N · m；③电机最高转速 3400r/min，模拟最高时速可达 550km/h；④最大闸瓦（闸片）压力为 8t；⑤被试件最大直径 1300mm；⑥专业的环境仓，能模拟风、沙、雨、雪、极寒等各种气候条件，模拟温度范围－40～＋45℃；⑦能进行气动和液压两种形式的制动实验。适用于轨道机车车辆、重载汽车及矿山机械等基础制动装置（制动盘和制动闸片、车轮和闸瓦、制动夹钳系统、踏面清扫器等）的摩擦磨损性能实验、研究性和可靠性实验，包括模拟风、沙、雨、雪、极寒等气候条件下的性能实验，能测量基础制动装置的摩擦系数（静、瞬时以及平均摩擦系数）、被测件表面和内部的最高、瞬时、平均温度和应力、制动距离、制动时间、噪声、火花情况、耐磨性、持续疲劳寿命等。

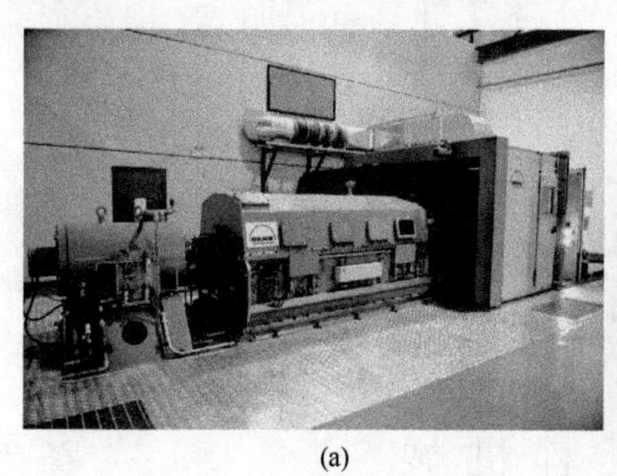

(a)

(b)

图 13-19　Renk 1∶1 制动动力试验台及碳陶制动制动盘照片
(a) Renk 1∶1 制动动力试验台；(b) 碳陶制动盘

碳陶制动盘和闸片在制动时及制动后的照片如图 13-20 所示。由图 13-20(a)可知，实验后制动盘表面光滑，没有划痕和掉块。检测报告表明：碳陶摩擦材料制动盘和闸片摩擦副，300km/h 和 380km/h 的一次停车紧急制动距离分别为 3626m 和 5830m，摩擦系数稳定为 0.32，磨损率为 0.353cm^3/MJ。典型制动曲线如图 13-21所示。由图可知，开始制动时摩擦系数为 0.62，制动曲线虽然有小范围的波动，但均在要求范围内。碳陶制动盘性能完全满足《国际铁路联盟规程 UIC541-3》，可解决我国 380km/h 高速列车制动盘和制动闸片的国产化问题。

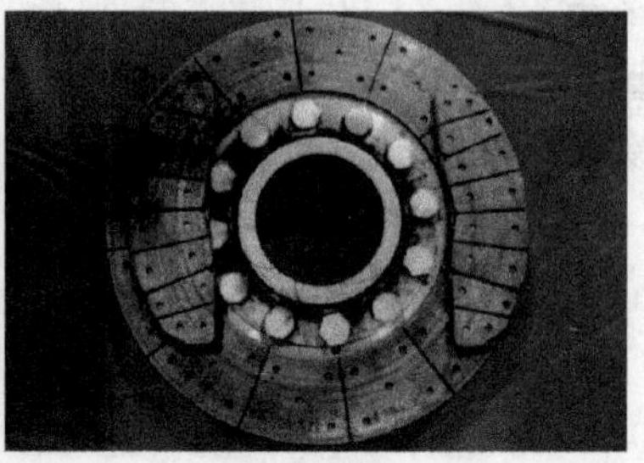

图 13-20 碳陶制动盘和闸片在制动时及制动后的照片

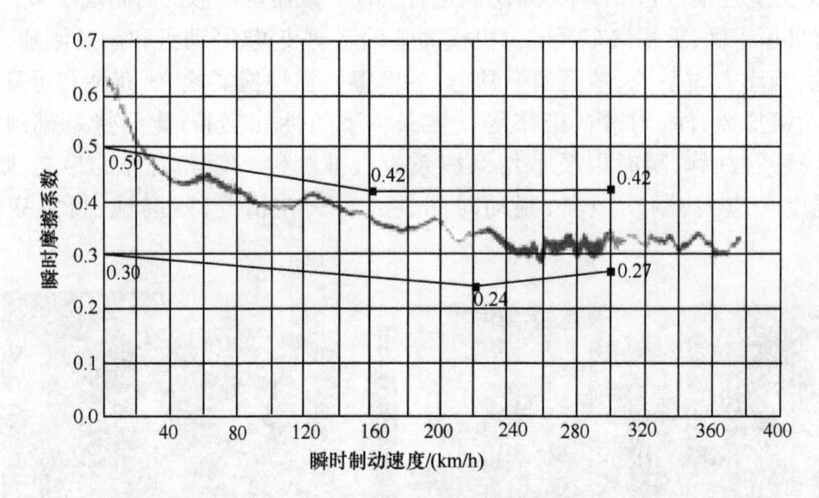

图 13-21 高速列车用碳陶制动盘的典型制动曲线

13.3 工程机械

随着我国装备制造业快速发展以及国家对装备制造业自主创新的高度重视，中国装备制造业总产值已超过美国，跃居世界第一，某些重大装备已经成为世界市场的重要供应制造国。装备制造业（尤其是港口装卸机械、冶金成套设备、风力发电设备等交通、钢铁、新能源领域的重大装备制造业）的快速发展和自主研发实力的快速提高，拉动了配套机械的快速发展和巨大的市场需求，同时拉动了工业制动器这一重要部件技术的快速进步和市场的巨大需求。

制动技术是各种起重装卸机械、冶金压延机械以及风电设备等整体技术当中的重要组成部分，尤其是重大装备当中的大型和超大型起重装卸机械、兆瓦级风电机组、核电场辅助作业机械等，各种机构的制动技术水平对其作业安全水平和工作性能具有重要影响。

工业制动器用摩擦材料，从使用要求(制动工况)方面来说是介于汽车制动和航天制动之间的一种专用材料，主要用于港口装卸、矿山和冶金机械、高速列车和重载货车制动器的摩擦材料。设备的大型化和超大型化使得其主要驱动机构的驱动功率也朝大型化和超大型化方向发展，这一变化对大功率和超大功率工业制动器用摩擦材料提出了如下三方面的要求。

(1) 在高温状态下制动时摩擦性能不能出现明显衰减。

驱动功率的大型化和超大型化使得其工作时对应的制动功也很大(一般在 $2\times10^6\sim5\times10^6$J 及以上)。实验研究和使用经验证明，这样大的制动功使制动器在一次制动过程中，制动覆面的温度可达到 600～800℃，有时甚至超过 1000℃；制动器用摩擦材料在这种高温状态下摩擦系数应稳定，不得出现 20%以上的明显衰减。

(2) 在高速状态下制动时摩擦和磨损性能不能有明显变化。

与大功率和超大功率机构配套的工业制动器规格和制动盘(轮)的直径较之以前有明显的增大(制动盘径由过去的 500mm 发展到目前大多数为 800～900mm，部分已经达到 1000mm)，从而使制动时的相对初速度大幅度提高(由过去的 20～40m/s 发展到目前大多数为 40～90m/s，部分已经达到近 100m/s)。

(3) 摩擦材料应能承受较高的工作比压。

大功率和超大功率机构的制动必然需要相匹配的大制动力矩，目前由于受到摩擦材料工作比压的限制，使得大制动力矩的制动产品在设计上存在很大难度，目前一般只能通过一个机构使用 2～4 台制动器来满足机构所需的制动力矩要求。这种现状一方面大幅度增加配套成本，同时也给机构的设计带来很大困难。假如摩擦材料的工作比压能提高到 5～8MPa，则可使大规格制动器的设计容易实现。

工业制动器用摩擦材料按制动工况可分为两大类，其一为低比压、低线速度工况条件下的工业制动器用摩擦材料；其二为高比压(通常 $p\geqslant$4MPa 以上，下同)、高线速度(通常 $v\geqslant$75m/s 以上，下同)工况条件下的工业制动器用摩擦材料。

对于低比压、低线速度工况条件下的工业制动器用摩擦材料，目前国际上一些先进工业国家在工业制动器上使用的摩擦材料主要有两种：一种是半金属型复合材料，一种是粉末冶金材料。对高比压、高线速度工况条件下的工业制动器用摩擦材料，目前国际上使用较多的仍是粉末冶金摩擦材料。但随着设备朝大型化和超大型化及其机构驱动功率的大型化和超大型化方向发展，要求摩擦材料能满足高比压和高线速度工况条件下(通常制动材料表面瞬间温度可达 800℃以上)的制动要求。就目前情况而言，粉末冶金材料仍然不能较好地解决高温(600℃以上)、高速(90m/s 以上)工况条件下的制动问题。为了解决这一难题，世界上某些先进工业国家(如德国)自 20 世纪 90 年代中期便开始了研究，但至今仍未获得较理想的进展。目前国内外对于大功率和超大功率机构的制动器没有得到较好解决结果的主要问题(实际上也是关键问题)是摩擦材料性能问题。

所以,适用于高比压、高线速度工况条件下的工业制动器用摩擦材料,特别是能够较好地在高温(600～800℃)、高线速度($v \geqslant 90$m/s 以上)、高比压($p \geqslant 5$～8MPa)工况条件下,适合于大功率和超大功率机构的重负荷制动的摩擦材料是未来的发展方向。高技术含量的新材料、新工艺(如高性能碳陶摩擦材料等)是解决这一问题的关键。

中南大学以整体毡为预制体,采用 CVI 与 LSI 相结合制备了工程机械用C/C-SiC制动器闸片,并在上海振华港机(集团)丰城制动器有限公司检测中心进行了模拟实际工况条件的惯性台架实验,对偶件材料为 45 钢。工程机械用 C/C-SiC 制动闸片台架实验的技术参数如表 13-4 所示,台架实验现场照片如图 13-22 所示。

表 13-4　工程机械用 C/C-SiC 制动闸片台架实验条件

实验内容	实验值	实验内容	实验值
测试类型	Unload	夹紧力/N	58900.00
制动盘直径/m	0.80	额定力矩/N·m	16500.00
转动惯量/kg·m^2	151.50	制动压强 /(N/m^2)	2.80
摩擦直径/m	0.70	制动初速度/(r/min)	800～1800

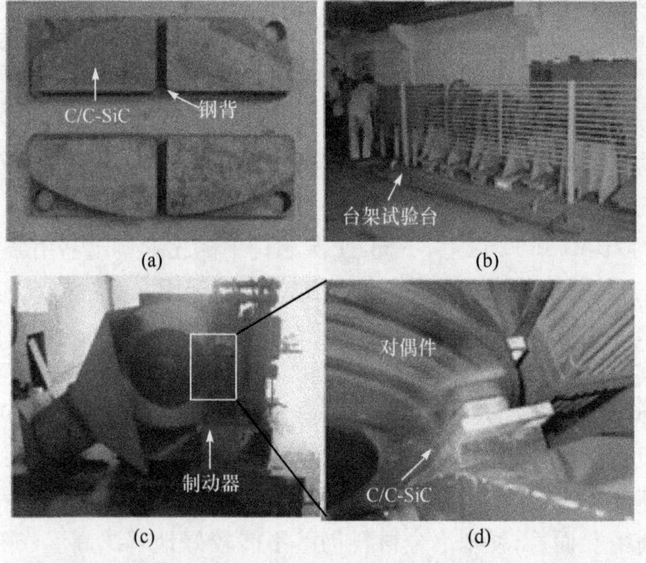

图 13-22　工程机械用 C/C-SiC 制动闸片台架实验现场照片

C/C-SiC 制动闸片台架实验过程中摩擦系数及制动时间随制动速度的关系变

化曲线如图 13-23 所示。由图可知,摩擦系数随制动速度的提高逐渐降低,制动时间相应延长。800r/min 时的摩擦系数为 0.40,制动时间为 0.79s,而 1800r/min 时摩擦系数仅为 0.22,而制动时间增加到 3.17。

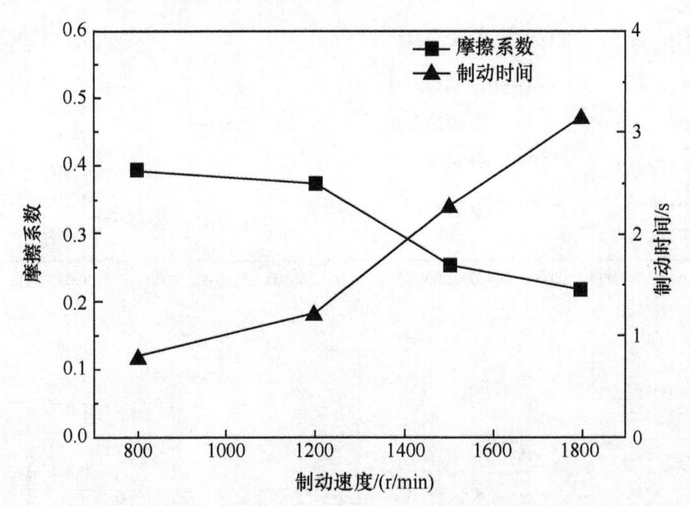

图 13-23　C/C-SiC 制动闸片摩擦系数及制动时间随制动速度变化的关系曲线

C/C-SiC 制动闸片在制动实验前其冷态静摩擦系数为 0.41,制动实验后期热态静摩擦系数为 0.45。采用螺旋测微仪测量 C/C-SiC 制动闸片制动前后六点处的厚度尺寸变化,取其平均值作为线磨损量,其磨损率(制动一次平均单片线磨损)为 4.205μm/次,不到粉末冶金闸片的 1/6。

C/C-SiC 制动闸片在不同制动速度下的动态测试结果如图 13-24 所示。由图可知,每个制动速度下的结果包含五条曲线,分别是制动力矩、转速、摩擦系数、温度和制动力。随着制动速度的提高,摩擦系数曲线的线形逐渐由梯形向马鞍形转变。同时在不同制动速度下,摩擦系数曲线均有明显的翘尾。这是因为制动后期,速度较慢,摩擦系数的变化主要受材料的静摩擦性能影响。由于 C/C-SiC 制动闸片的静态摩擦系数高于动态摩擦系数,因此在制动后期(低速时),其摩擦系数会逐渐升高,出现翘尾现象。在制动后期速度较低时,适度的翘尾有利于迅速制动,缩短制动距离和时间。

从图 13-24 还可知,随着制动速度的增加,C/C-SiC 制动闸片背面温度不断升高。800r/min 制动后闸片背面温度为 110℃左右,而 1800r/min 制动后已上升至 310℃左右。根据现场用热电偶人工测量,摩擦表面的温度平均比摩擦背面温度高出大约 200℃,因此摩擦表面温度约为 500℃。

图 13-25 是 C/C-SiC 制动闸片和对偶盘台架实验后的表面形貌。由图 13-25(a)可知,C/C-SiC 制动闸片的摩擦表面形成了光滑的摩擦膜。这是因为在高速高能载制动条件下,磨屑不断被涂抹在摩擦表面,不易脱落。对偶材料表面也很光滑[图 13-25(b)],并黏结有黑色膜状物,这是制动过程中摩擦表面材料相互转移所致。

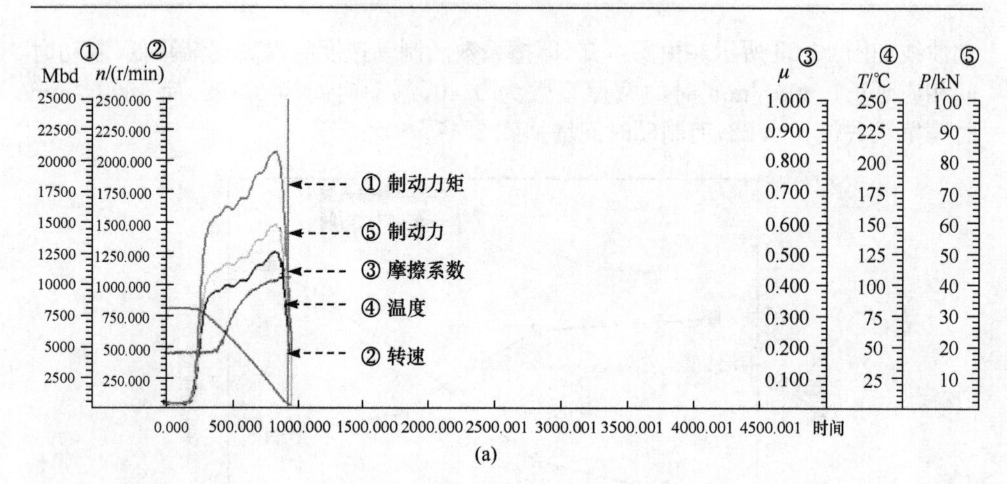
①
②
Mbd
n/(r/min)
μ ③
④ T/℃
⑤ P/kN
① 制动力矩
⑤ 制动力
③ 摩擦系数
④ 温度
② 转速
时间
(a)

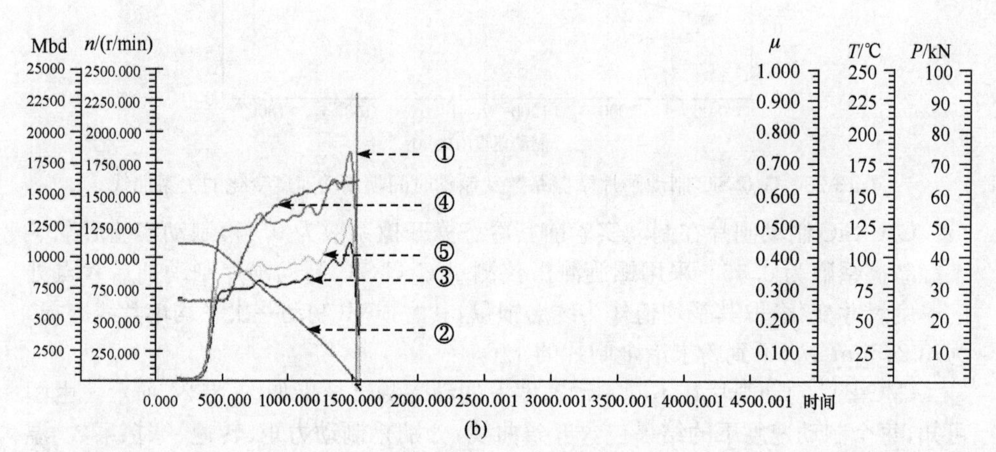
Mbd
n/(r/min)
μ
T/℃
P/kN
①
④
⑤
③
②
时间
(b)

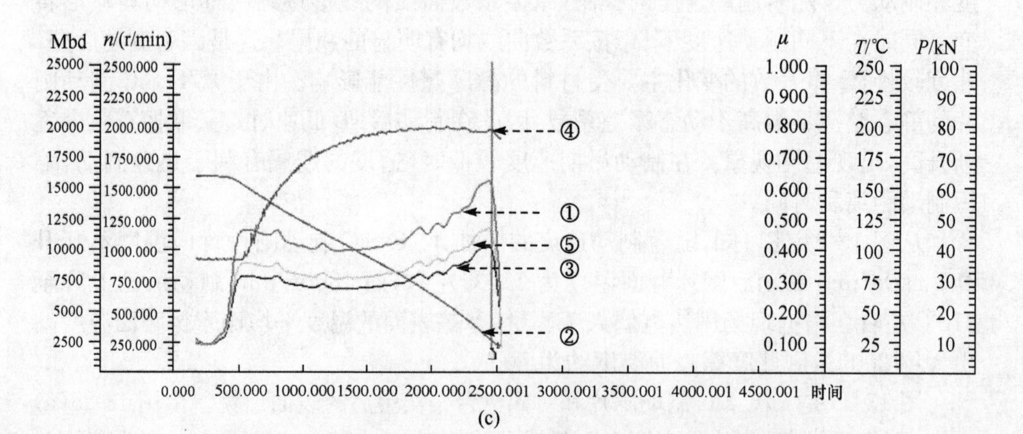
Mbd
n/(r/min)
μ
T/℃
P/kN
④
①
⑤
③
②
时间
(c)

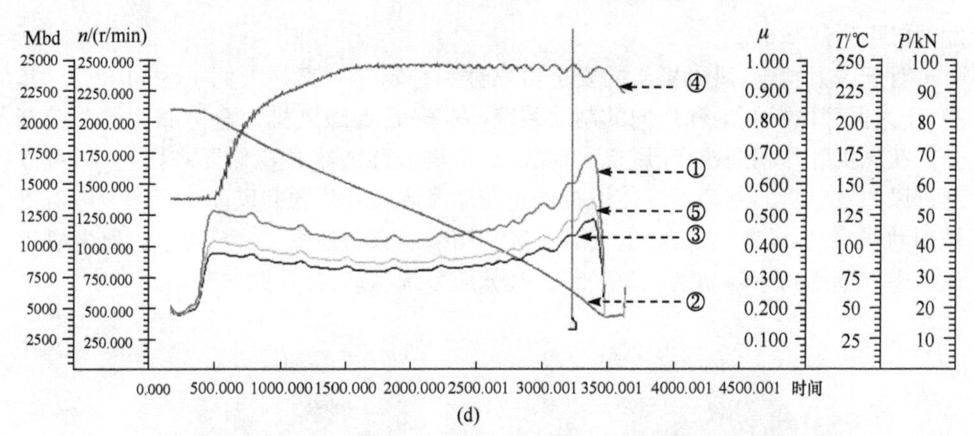

图 13-24　C/C-SiC 制动闸片在不同制动速度下的动态测试报告

(a) 800r/min；(b) 1200r/min；(c) 1500 r/min；(d) 1800 r/min

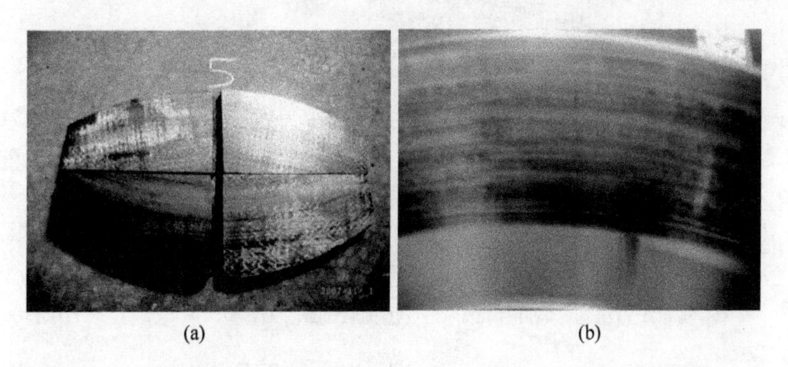

图 13-25　工程机械台架实验后 C/C-SiC 制动闸片和对偶件的表面形貌照片

(a) C/C-SiC 制动闸片；(b) 钢对偶盘

13.4　风力发电机组

被称为"蓝天白煤"的风能是一种取之不尽、清洁的可再生能源。随着能源、环境问题的加剧，风力发电逐渐成为各国争先发展的新兴能源，世界风电产业取得了很大进展，特别是海上风电已成为发展的新趋势。风力发电机是将风能转换为机械功的动力机械，又称风车。广义地说，它是一种以太阳为热源，以大气为工作介质的热能利用发动机。

我国现代风力发电事业开始于 20 世纪 70 年代[35]，虽然我国开发风能、利用风电的时间不长，但作为节能环保的新能源，风电产业赢得历史性发展机遇，发展势头迅猛。截至 2010 年年底，我国的风能装机容量已突破 30000MW，海上风电大规模开发正式起步[36]。目前中国是全球最大的风电市场，也是全球最大的风力发电机组生产基地。

对于风力发电,风电机组的安全可靠性和稳定性一直是人们关注的重点。其中,作为保障风机制动和换向的制动系统(刹车)是保障风机安全可靠性的关键部分。在风机叶片朝向改变、风机出现故障、电网故障或维护检修要求停机时,可以通过风力发电机的制动系统使风机停止转动或改变叶片的迎风面。风力发电机机械制动器(简称风电制动器)的安装位置和结构示意图如图 13-26 所示。风电机组设计中常选用高速轴制动(安全制动)和偏航系统制动(叶片调向制动)。

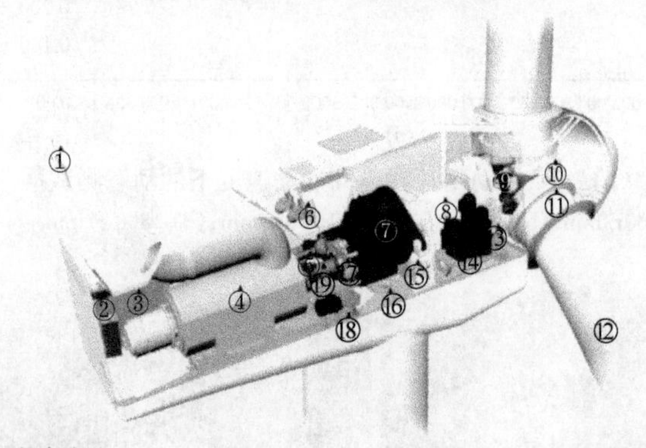

①超声波风传感器　②维修用吊车　③带变频器的VMP顶部控制器　④发电机　⑤斜角调节液压缸　⑥油/水冷却器　⑦齿轮箱　⑧主轴　⑨斜角调节系统　⑩叶片轮壳　⑪叶片轴承　⑫叶片　⑬风轮锁定系统　⑭液压控制单元　⑮扭矩臂　⑯机舱底座　⑰碟式机械制动器　⑱偏航齿轮　⑲复合型碟式耦合器

(a)

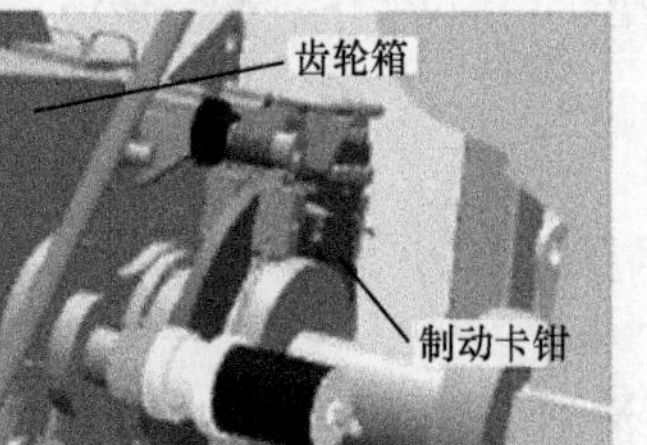

(b)

(c)

图 13-26　风力发电机机械制动器安装位置和结构[38]

(a) 风力发电机机舱内的组成;(b) 风电机械制动器示意图;(c) 浮动钳式制动器

1) 高速轴制动

风力发电机从正常运行到停机需经历两个阶段:气动刹车阶段和机械刹车阶

段。气动刹车并不能使风机完全停住，在风力发电机速度降低之后，必须依靠机械制动系统才能使风机完全停止。风力发电机机械制动系统由制动盘和制动夹钳组成。制动盘固定安装在齿轮箱高速轴上[图 13-26(b)]，随高速轴一起旋转；制动夹钳固定安装在齿轮箱箱体上。

高速轴制动部分在硬件上主要由叶尖气动刹车和盘式高速刹车构成，由液压系统来支持工作。在风力发电机组发生故障或由于其他原因需要停机时，控制器根据机组发生的故障种类判断，分别发出控制指令进行正常停机、安全停机以及紧急停机等处理，叶尖气动刹车和盘式高速刹车先后投入使用，达到保护机组安全运行的目的。在制动过程中，制动夹钳在液压压力或弹簧力作用下，夹紧制动盘，直至其停止转动。与其他工业制动器类似，风机制动器采用浮动钳体式结构。浮动钳式制动器的制动钳体是浮动，钳体可沿滑轴平行滑动。制动油缸是单侧的，制动时在油液压力或弹簧力的作用下，活塞推动该侧的摩擦片压靠制动盘，而制动盘的反作用力则推动制动钳体连同固定于其上的摩擦片压向制动盘的另一侧，直到两侧的摩擦片受力均等。浮动钳式风机制动器如图 13-26(c)所示。

2) 偏航系统制动

同时，为了使风机的桨叶转子工作始终朝向某个方向，在风机内安设了偏航系统。精密的测风仪器将检测信号传输给计算机软件，经过分析后驱动偏航系统的电机和齿轮箱使风机尽可能地减少风能损失，增加有效工作时间。偏航机构由一个带内齿圈的四点接触球轴承、两套带有电磁刹车装置的偏航减速电机及四套液压驱动的机械刹车装置构成。偏航工作时，四个偏航刹车闸都加部分刹车载荷，在偏航时，液压刹车系统处于释放状态，机舱能平稳运转；当不进行偏航时，液压刹车系统处于刹车状态，四个刹车闸施加全部载荷与偏航闸盘结合，将主机室固定在相应的位置上，降低整套系统的磨损及外部载荷对系统的冲击。

风力发电分为陆地和海上两种。海上风速大且稳定，比陆地高出 20%～100%，利用小时数可达到 3000h 以上。同容量装机，海上比陆上电量增加 50%以上。海上风电是近年来国际风电产业发展的新领域、新潮流，是大方向[40]。与陆地风电相比，海上风电有以下优点：①高风速、低风切向；②低湍流；③高产出。但海上风电要承受更强的载荷和海浪的冲击，要能抵抗海洋环境的盐雾腐蚀，吊装和维护的工作、基础建设都比陆地困难[41]。对于海上风机，最大的问题在于抗腐蚀抗盐雾。

摩擦材料是制动系统的关键组成部分，其性能直接影响刹车系统工作质量。在风机故障、电网故障或维护检修要求停机时，要求摩擦和制动材料具有高且稳定的摩擦系数；在风力机需要频繁刹车时，就要求摩擦和制动材料具有很低的磨损率，在风机高速运转时，要求摩擦和制动材料具有高的耐热性能。不满足要求的摩擦材料会导致刹车失稳失效，从而造成严重后果。

海基风电机组用摩擦材料具有“三高一特殊”(高速、高压力、高力矩和耐腐蚀)

的制动要求。海基风力发电机的大功率，决定了摩擦材料必须具备承受高速度、高力矩、高压力的能力。同时，海基风电机组的工作环境很特殊，海上环境的水雾、盐雾比较大。风机海面以上的部分主要受到盐雾、海洋大气、浪花飞溅的腐蚀，防腐蚀成了海上风电发展亟待解决的关键问题，这就决定了海基风电机组用摩擦材料必须具有高的耐腐蚀性能。

在风电机组的发展过程中，制动摩擦材料主要包括树脂基非金属摩擦材料和粉末冶金摩擦材料。树脂基非金属摩擦材料在高速区摩擦系数高，且不随制动速度的改变而变化，耐磨性好等。但是，潮湿状态下，其摩擦系数大为降低，制动能力下降；而且导热性能较差，易热裂，造成安全隐患。粉末冶金摩擦材料强度较高、摩擦系数稳定、工作平稳可靠、耐磨及污染少，是现代摩擦材料家族中应用面最广、用量最大的材料，目前国际上大功率风电机组用摩擦副均采用铜基粉末冶金摩擦材料与合金结构钢制动盘配副(图 13-27)，但是在海水环境下，粉末冶金摩擦材料不可避免地存在腐蚀，同时摩擦副易“锈死”。

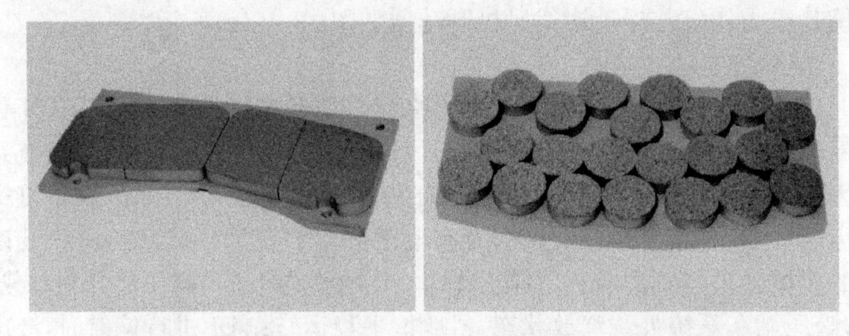

图 13-27　风力发电机机械制动器高速轴制动用粉末冶金闸片

C/C-SiC 摩擦材料不含有金属组元，全环境适用，除具备普通摩擦材料的高性能和高可靠要求外，还有较强的防盐雾、防霉菌、防潮湿的“三防”能力，是风电机组，尤其是海洋风电机组制动系统用理想的新一代摩擦材料。

13.5　其　　他

13.5.1　磁悬浮列车

高速磁浮列车是 20 世纪的一项技术发明，克服了传统轮轨铁路提高速度的主要障碍，发展前景广阔。自 20 世纪 60 年代以来，以德国、日本为代表，对常导和超导两种磁浮技术模式进行了深入研究和反复实验。高速磁浮列车速度快，常导磁悬浮可达 400～500km/h，超导磁悬浮可达 500～600km/h；磁悬浮列车能耗低；同时由于是抱在轨道上悬浮行驶，且按飞机的防火标准配置设施，因此乘坐平稳舒适。

高速磁浮列车是人类挑战地面交通速度极限的象征。作为一种新型的轨道交通工具，高速磁浮列车是对传统轮轨铁路技术的一次全面革新。它不使用机械力，而是主要依靠电磁力使车体浮离轨道，在无接触、无摩擦的状态下实现高速行驶，有"地面飞行器""超低空飞机"的美誉。中国科学院院士严陆光认为：我国目前考虑的主要客运专线大多在 1000km 以上，在旅客选择民航或铁路时，相比 300km/h 的高速轮轨列车，500km/h 的磁悬浮列车具有显著的优越性。

滑橇是磁悬浮列车驻车、紧急刹车和被拖拽时的支撑部件，要求有足够的强度和对轨道极低的磨损率。列车底部安装有 16 个滑橇，紧急情况下，也能让列车在 430km/h 高速运行时平稳停下来。

上海磁浮示范运营线采用的是德国的常导模式，引进的是德国技术。中南大学参与了"十一・五"国家科技支撑计划"高速磁浮交通技术创新及产业化研究"重大项目委外任务"高速磁浮列车滑橇研制"，项目顺利通过验收，验收意见认为"所研制的滑橇性能与进口滑橇性能一致，能满足高速磁浮列车的使用条件"，所生产的碳陶滑橇已成功应用于上海磁悬浮列车(图 13-28)。

(a)

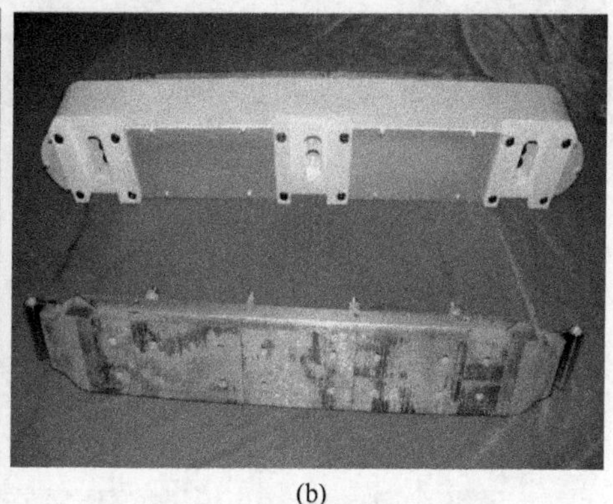

(b)

图 13-28　上海磁悬浮用碳陶滑橇

13.5.2　重载卡车

在如今现代物流的高速发展带动下，卡车技术水平也是水涨船高，车辆的性能与行驶速度与日俱增，安全成为时下各界关注的焦点。刹车系统是整车的安全核心部件，现如今部分卡车也是打破传统地采用盘式刹车来保障行车安全。

在如今的盘式制动器的应用领域中，受车轮轮毂的外形尺寸的限制，在小型车上大量使用的是液压盘式制动器，而重型车使用的是气压盘式制动器。随着 我国汽车工业技术的发展，盘式制动已经渐成气候，特别是能够提高整车性能、保障安全、提高舒适性以及满足物流运输行业对时效性的迫切要求。

重载卡车超载导致的刹车失灵的事故时有发生。一般来说，制动器有三个主要的性能指标：其一是制动效能，也就是短距离内刹车的能力；其二是制动的稳定性，也就是车辆在制动过程中方向控制的能力，车辆在制动过程中会不会侧滑或者跑偏就取决于制动的稳定性；其三则是热衰退性，也可以称为制动效能的恒定性。重载卡车超载或长距离坡路中出现刹车失灵，主要原因就是制动器的热衰退性不能满足要求，而碳陶摩擦材料具有良好的抗热衰退性能。

13.5.3　摩托车

近年来，Brembo 公司也把碳陶摩擦材料应用于高档摩托车，至 2012 年 9 月，和 BrakeTech USA 合作推出了 AXIS/CMC™碳陶制动碟，其产品照片如图 13-29 所示[42]。

图 13-29　Brembo 公司和 BrakeTech USA 合作推出的摩托车用碳陶制动碟[42]

同时，其他摩托车也开始陆续试用碳陶制动碟，包括 Yamaha、BMW、Ducati 等，部分产品照片如图 13-30 所示[43,44]。

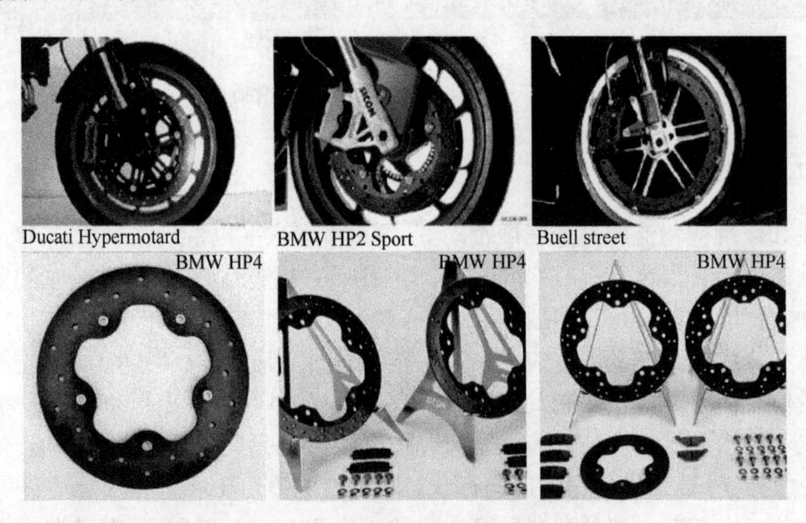

图 13-30　摩托车用碳陶刹车碟[43,44]

13.5.4　特种机械

随着城市建设的不断完善，现代高层和超高层建筑大都在 100 层左右，电梯已经成为现代化都市不可缺少的一部分。（超）高层纵向交通主要依赖电梯，因此电梯的快速、高效、平稳的服务是至关重要的。按制动速度分，可分为超高速电梯（3～10m/s或更高）、高速电梯（2～3m/s）、快速电梯（1～2m/s）和低速电梯（1m/s及以下）。日立电梯 2014 年 4 月宣布，将向广州周大福金融中心（地面高度 530m）提供速度达到 1200m/min（72km/h）的世界最高速电梯，将于 2016 年交付[45]，该产品的应用将实现世界最高速的驱动和控制技术。

制动系统是电梯中最重要的安全和保障部件，在电梯停站时保持电梯轿厢的静止状态，当电梯发生故障时使轿厢能够紧急减速停车并保持其静止状态。其原理是通过制动弹簧牵制制动闸片和导轨紧紧压在一起，使电梯落在相应的楼层。图 13-31 是直梯的结构及安全钳联动机构。安全保护系统是直梯的结构之一，其功能是保证电梯的安全使用，防止一切危及人身安全的事故发生，包括限速器、超速保护装置、安全钳[图 13-31(b)]等机构。安全钳联动机构中摩擦片示意图如图 13-31(c)所示。由图可知，在电梯系统的操作期间，该联动机构可以推动一个或多个制动表面与导轨接合和/或分离以便停止和/或保持电梯轿厢，同时摩擦表面开有槽，便于散热和排除磨屑。

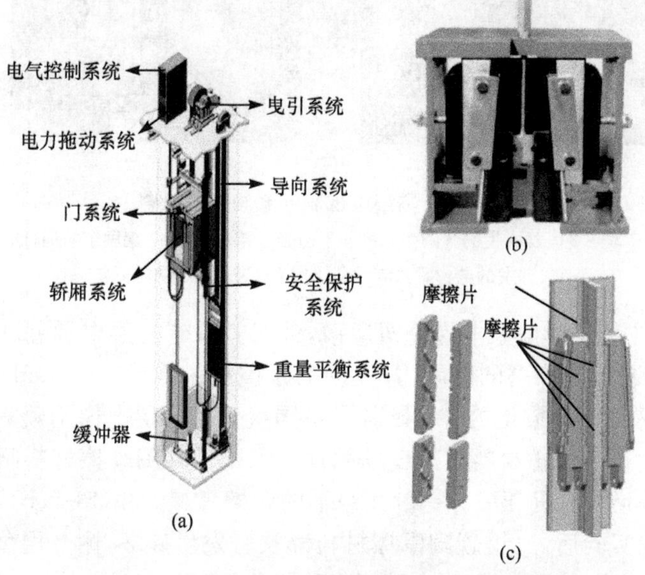

图 13-31　直梯的结构示意图及安全钳联动机构

(a) 直梯的结构示意图；(b) 安全钳联动机构；(c) 安全钳摩擦片示意图

目前高层和超高层建筑中的电梯制动闸片主要采用粉末冶金摩擦材料，但是粉末冶金制动闸片耐温性能较低，在连续制动或者超高层电梯中使用易与对偶材料熔焊导致摩擦表面撕裂，造成安全隐患。图 13-32(a)为日本三菱公司生产的高层电梯用粉末冶金摩擦材料，为提高材料耐温性，在材料中添加了 SiC 颗粒等陶瓷相。图 13-32(b)为德国宇航局(German Aerospace Center，DLR) 在 2004 年为 Schindler Elevator Limited 公司高层电梯开发的电梯紧急制动系统[46,47]。当电梯负载 45t，在 10m/s 条件下制动时，摩擦表面温度高达 1200℃，粉末冶金摩擦材料只有在把尺寸做得相当大的条件下才能在这个条件下制动，而安全钳没有这么大的空间。因此，DLR 采用碳布 2D 叠层和熔硅浸渗的方法制得了 C/C-SiC 摩擦材料，图 13-33 为图 13-32(b)局部图。台架实验结果表明：电梯用 C/C-SiC 闸片的磨损低于 0.5μm/km，与传统粉末冶金闸片相比其闸片体积减小了 65%，质量减轻了 35%，制动性能提高了 33%。另外的优点就是闸片的使用寿命提高，同时制动时对电梯导轨的磨损降低。

(a)

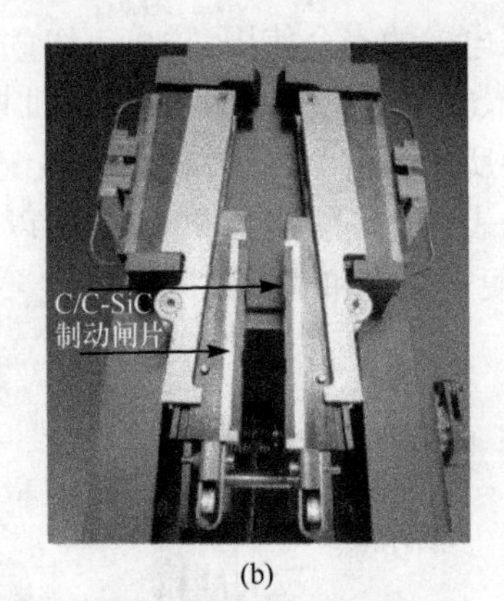

(b)

图 13-32 高层电梯制动系统摩擦材料

(a) 日本三菱电梯开发的含陶瓷相的粉末冶金摩擦材料；(b) 德国宇航局(DLR)开发的电梯紧急制动系统用 C/C-SiC 摩擦材料

2014 年，中南大学应某电梯公司邀请，针对其现有高层电梯制动系统用闸片在重载条件下易熔焊撕裂的问题，开发碳陶摩擦材料闸片。以 2.5D 炭纤维整体毡为预制体，采用熔硅浸渗的方法制备了不同组分的高层电梯用碳陶摩擦材料闸片，图 13-34 为碳陶摩擦材料台架现场照片。完成了碳陶摩擦材料闸片在不同线速度(7.2～20m/s)和面压(15～40MPa)下的台架考核。由 13-5(b)可知，在进行了 150 次拉拔实验后，三组碳陶摩擦材料都没有发生破坏，耐热温度高，其中 B1 试样的摩擦表面最完整光滑。B1 试样在摩擦力(F_s)为 11046kg，正压力(F_n) 为 24457kg 的条件下，摩擦系数为 0.452。

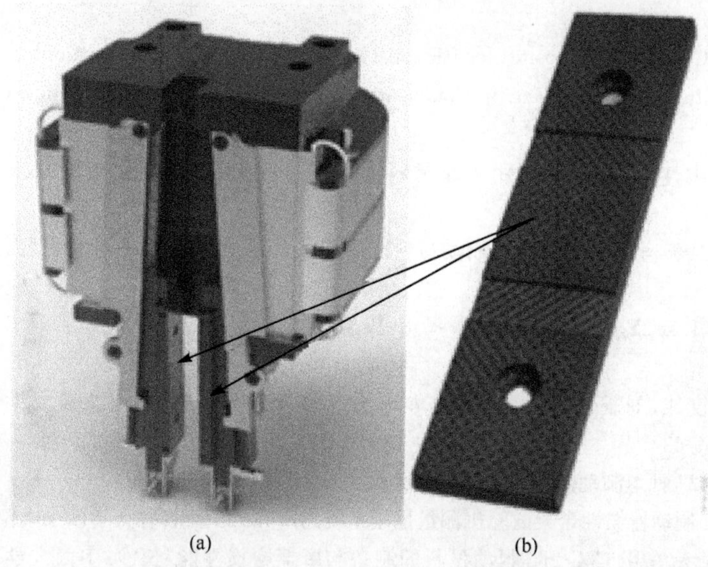

(a)　(b)

图 13-33　德国宇航局采用 LSI 为 Schindler Elevator Limited 公司高层电梯开发的紧急制动系统[47]

(a) 紧急制动系统；(b) C/C-SiC 制动闸片(142mm×34mm×6mm)

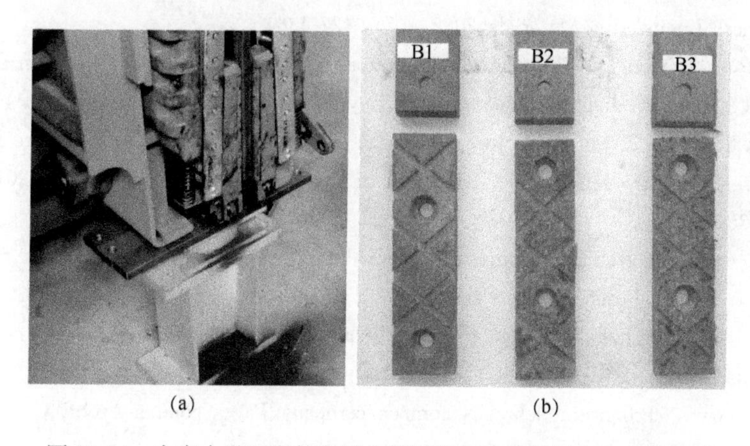

(a)　(b)

图 13-34　中南大学开发的高层电梯用碳陶摩擦材料台架现场照片

(a) 电梯制动系统用摩擦材料台架；(b) 台架试验后的碳陶摩擦材料

参 考 文 献

[1] Krenkel W, Heidenreich B, Renz R. C/C-SiC composites for advanced friction systems. Advanced Engineering Materials, 2002, 4(8): 427-436

[2] 高鸣,陈跃,张永振. 高速铁路刹车片的研究现状与展望. 材料热处理技术,2010,39(24):113-115

[3] 徐永东,张立同,成来飞,等. 碳/碳化硅摩阻复合材料的研究进展. 硅酸盐学报,2006,34

(8)：992-999

[4] Pak Z S. C_f/SiC/C composites for frictional application. 4th International Conference on High Temperature Ceramic Matrix Composites（HT-CMC4）. Munich：Wiley-VCH，2001：820-825

[5] 于川江，姚萍屏. 现代制动用刹车材料的应用研究和展望. 润滑与密封，2010，35(2)：103-106

[6] 熊婷，刘卫来，李宏然，等. 汽车制动材料应用现状及发展. 第十届摩擦学大会，武汉，2011：630-633

[7] Newman L B. 摩擦材料最新进展. 张元民，汤希庆，译. 北京：中国建筑工业出版社，1986：239-247

[8] 苏堤，李度成，刘震云，等. 汽车刹车材料台架实验数据分析. 中南工业大学学报，1999，30(1)：59-63

[9] JASO C427 日本制动磨损制动台架试验标准

[10] 马继杰. 制动器惯性台架试验机测量控制系统的研究. 长春：吉林大学硕士学位论文，2006

[11] 李鹏涛. 汽车用 C/C-SiC 制动材料的制备与摩擦磨损性能. 长沙：中南大学硕士学位论文，2010

[12] Krenkel W，Heidenreich B，Renz R. C/C-SiC composites for advanced friction systems. Advanced Engineering Materials，2002，4(7)：427-436

[13] Xiao P，Li Z，Xiong X. The microstructure and tribological properties of carbon fibre reinforced carbon/SiC dual matrix composites. Key Engineering Materials，2010，434-435：95-98

[14] Wang Y，Wu H Z. Microstructure of friction surface developed on carbon fibre reinforced carbon-silicon carbide (C_f/C-SiC). Journal of the European Ceramic Society，2012，(32)：3509-3519

[15] http://www.sglgroup.com/cms/international/products/product-groups/cc/c-c-racing-brake-disks/index.html?_locale=zh[2015-7-24]

[16] http://www.brembo.com/cn/car/original-equipment/products/Pages/Carbon%20ceramic%20discs.aspx.[2015-7-24]

[17] http://www.carbonceramicbrakes.com/en/company/Pages/company-profile.aspx[2015-7-24]

[18] http://www.speed-werks.com/ceramic-composite-material[2015-7-24]

[19] http://www.renm-performance.com/brembo-sgl-carbon-ceramic-brakes/[2015-7-24]

[20] http://www.surface-transforms.com/cp5.php[2015-7-24]

[21] http://www.surface-transforms.com/cp1.php[2015-7-24]

[22] http://www.appropedia.org/Ceramic_Matrix_Composite_Disc_Brakes[2015-7-24]

[23] http://www.stillen.com/product/brake-kits/stillen-2012-2014-nissan-gtr-r35-carbon-ceramic-matrix-brake-upgrade-apcc1100b-135503.html.[2015-10-30]

[24] http://item.taobao.com/item.htm?spm=a230r.1.14.28.IMwmLk&id=20189554902&ns=1&abbucket=10#detail[2015-10-30]

[25] http://www. brembo. com/cn/car/original-equipment/products/Pages/Carbon% 20ceramic% 20discs. aspx. [2015-10-30]

[26] http://www. autoinfo. gov. cn/autoinfo_cn/lbj/hydt/gjdt/webinfo/2009-06-09/1243753553320897. htm. [2015-10-30]

[27] 小原孝则. 高速列车用制动盘. 国外机车车辆工艺,2008,(2): 39-43

[28] Yang Z, Han J, Li W, et al. Analyzing the mechanisms of fatigue crack initiation and propagation in CRH EMU brake discs. Engineering Failure Analysis, 2013, 34: 121-128

[29] 李继山. 高速列车合金锻钢制动盘寿命评估研究. 北京:铁道科学研究院博士学位论文,2006

[30] 曹献坤,姚安佑,闻荻江. 片状增强制动摩擦材料的探究. 兵工学报,2000,21(3): 249-252

[31] 孙国平. 国外旅客列车的发展成果及发展趋势. 国外机车车辆工艺,1998,(2): 1-5

[32] 吴云兴. 日本,德国,法国高速列车用盘形制动元件的材料和工艺. 机车车辆工艺,1996,(2): 1-8

[33] http://www. railways. com. cn/ShowPub. aspx? id=162[2015-10-30]

[34] 邵守钦,龚浩春. 国外铁道车辆非金属材料应用现状及发展趋势. 国外铁道车辆,1996,(3): 1-7

[35] 黎发贵,郭太英. 风力发电在中国电力可持续发展中的作用. 贵州水力发电,2006,20(1): 74-78

[36] 世界风能协会. 2009年世界风能报告. 第九届世界风能大会,土耳其伊斯坦布尔,2010

[37] http://re. emsd. gov. hk/sc_chi/wind/large/large_to. html[2015-10-30]

[38] http://www. chinabaike. com/t/30188/2014/0518/2224802. html[2015-10-30]

[39] 樊坤阳. 海基风电机组用铜基粉末冶金摩擦材料及其耐蚀性研究. 长沙:中南大学硕士学位论文,2011

[40] 倪安华. 我国海上风力发电的发展与前景. 安徽电力,2007,24(2):64-68

[41] 宋础,刘汉中. 海上风力发电场开发现状及趋势. 电力勘测设计,2006,6:55-58

[42] http://www. braketech. com/index. php? option=com_content&view=article&id=50: axisstarblade-cmc-rotors&Itemid=180[2015-10-30]

[43] http://www. motorcycletoystore. com/sport/shop. php/motorcycle-brakes/rotors/braketech-cmc-ceramic-rotors-yamaha-r1-2007-2008-/p_1324. html[2015-10-30]

[44] http://dream2wheelers. blogspot. com/2009_11_01_archive. html[2015-10-30]

[45] http://www. hitachi. com. cn/about/press/2014/04-06/pdf/Release-20140421a. pdf[2015-10-30]

[46] El-Hija H A, Krenkel W, Hugel S. Development of C/C-SiC brake pads for high-performance elevators. International Journal of Applied Ceramic Technology, 2005, 2(2): 105-113

[47] Bansal N P, Lamon J. Ceramic Matrix Composites: Materials, Modeling and Technology. Hoboken: Wiley Publisher, 2014: 656-668